八溝の山間地大子町の特産こんにゃくを製粉するタービン水車
【茨城県大子町付所在　1932-1972 年稼働】

〈構造図〉手前の水路を流れる水は水槽に設置したフランシス型竪軸タービン水車のランナー（羽根車）を回転させ底部から排出される．回転により得られた動力は平ベルト・Vベルトを介して，杵を上下させるシャフトの回転力となり，こんにゃく粉を生みだした．自家発電用に小型発電機を回転させる水車もあった．〈外観図は後見返し〉

作図・提供：茨城工業高等専門学校勝山昭夫名誉教授

多賀・八溝山地

小型タービン水車の研究

小水力自家発電と茨城県電気事情の調査

鈴木 良一

八溝山地旧緒川村小瀬地区 30 年ほど前の航空写真　■タービン水車跡　☆バス停タービン前
蛇行する緒川を引水して稼働したタービン水車跡を 21 箇所確認している (⇒243 ページ)
(『航空写真集 茨城県』)

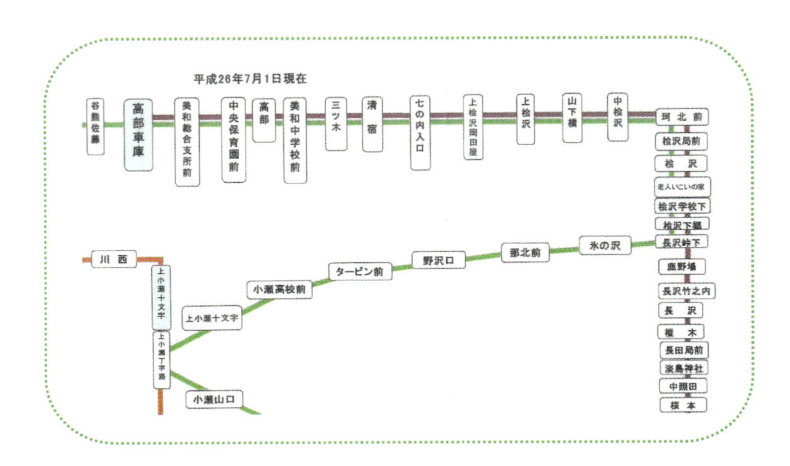

〈茨城交通大宮営業所管内バス
運行路線図・系統図/部分〉

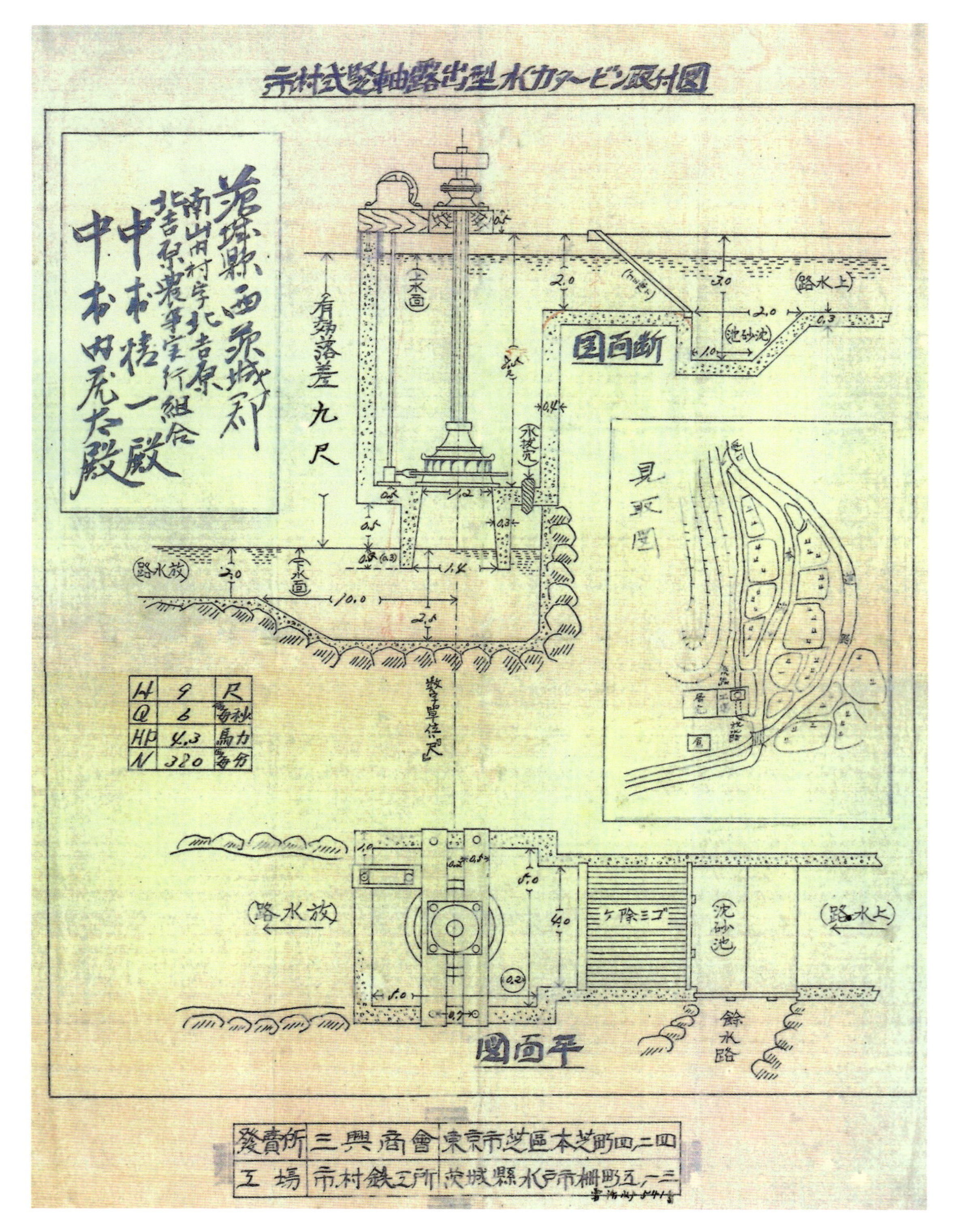

多賀・八溝山地に普及した市村式タービン水車設置の一例（昭和 16 年 現・笠間市⇒15 ページ）

この時期，国は補助金を出して在来型水車から小水力利用（タービン）水車への転換を奨励した．北吉原中村水車も転換の例，水戸の市村鉄工所で製造，東京の三興商会が設置した．用途は精米・製粉，自家発電で電灯も点した．南山田村へ笠間電気が点灯したのは明治 43（1910）年であるが北吉原地区への東京電力による電気導入は昭和 26（1951）年になってからであった．

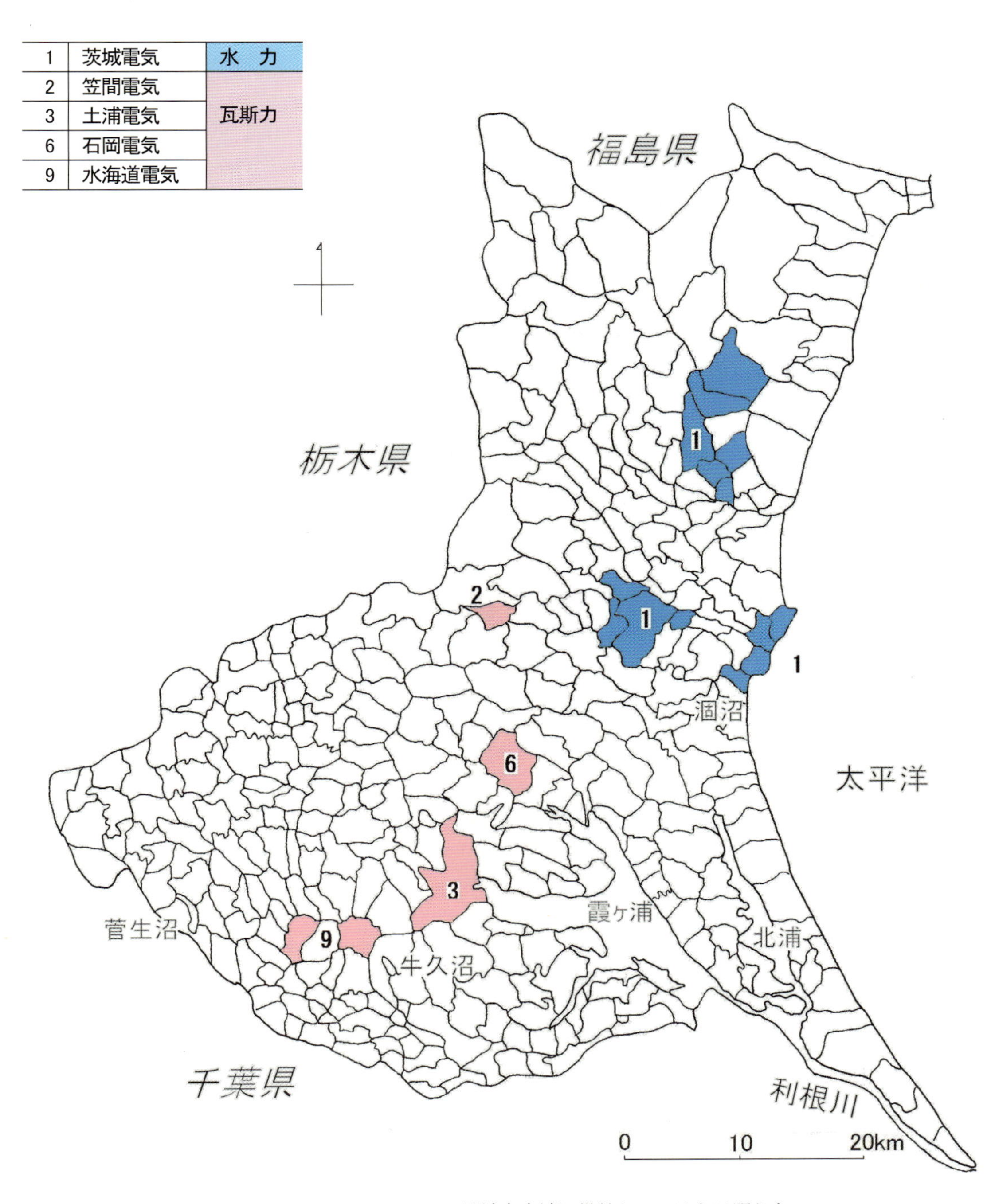

＊地域内全域に供給しているとは限らない

茨城県域電気事業所の供給区域 ①（動力源別）大正元(1912)年

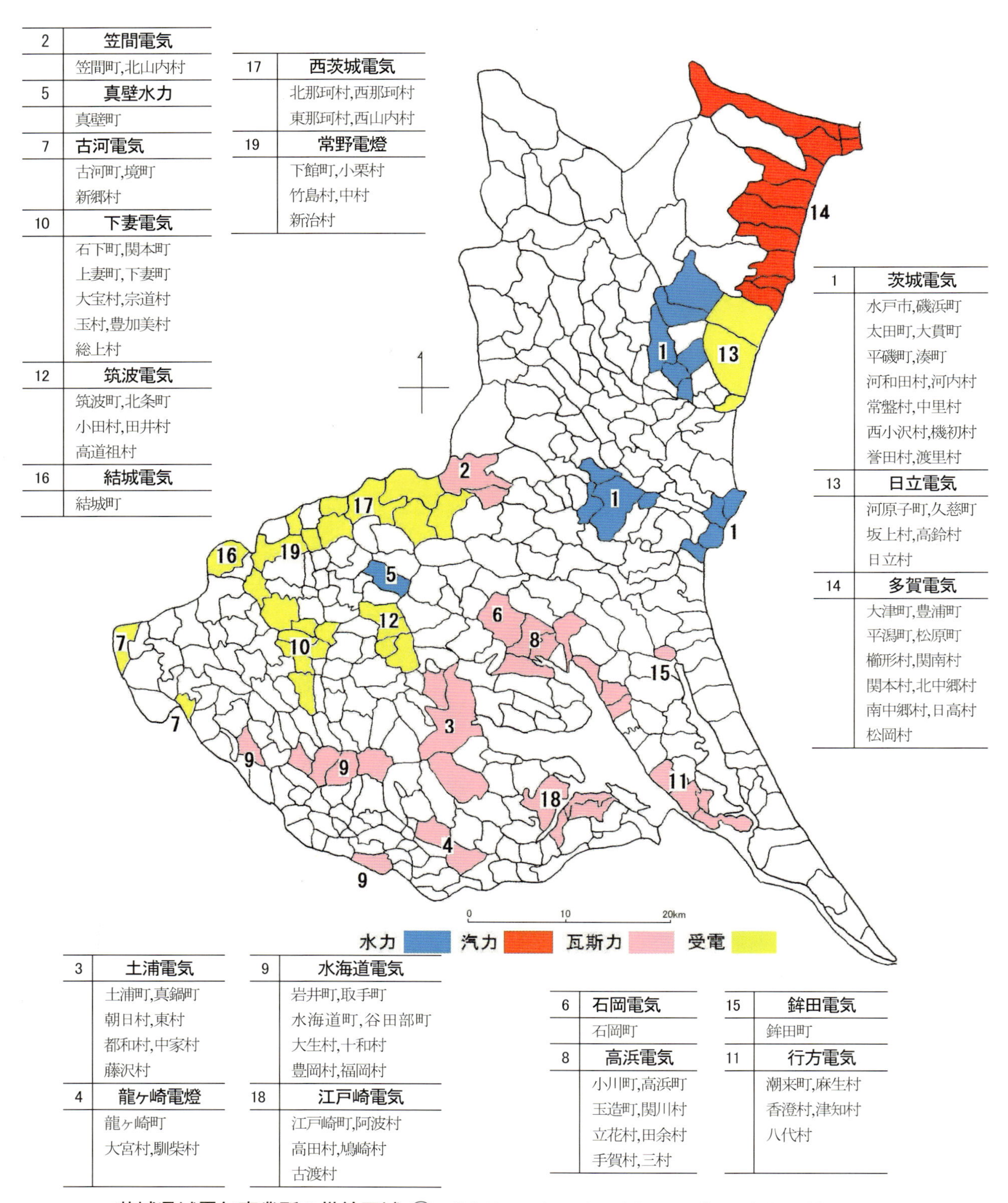

茨城県域電気事業所の供給区域 ②（動力源別）大正 4（1915）年　　（『電気事業要覧』大正 4 年版）

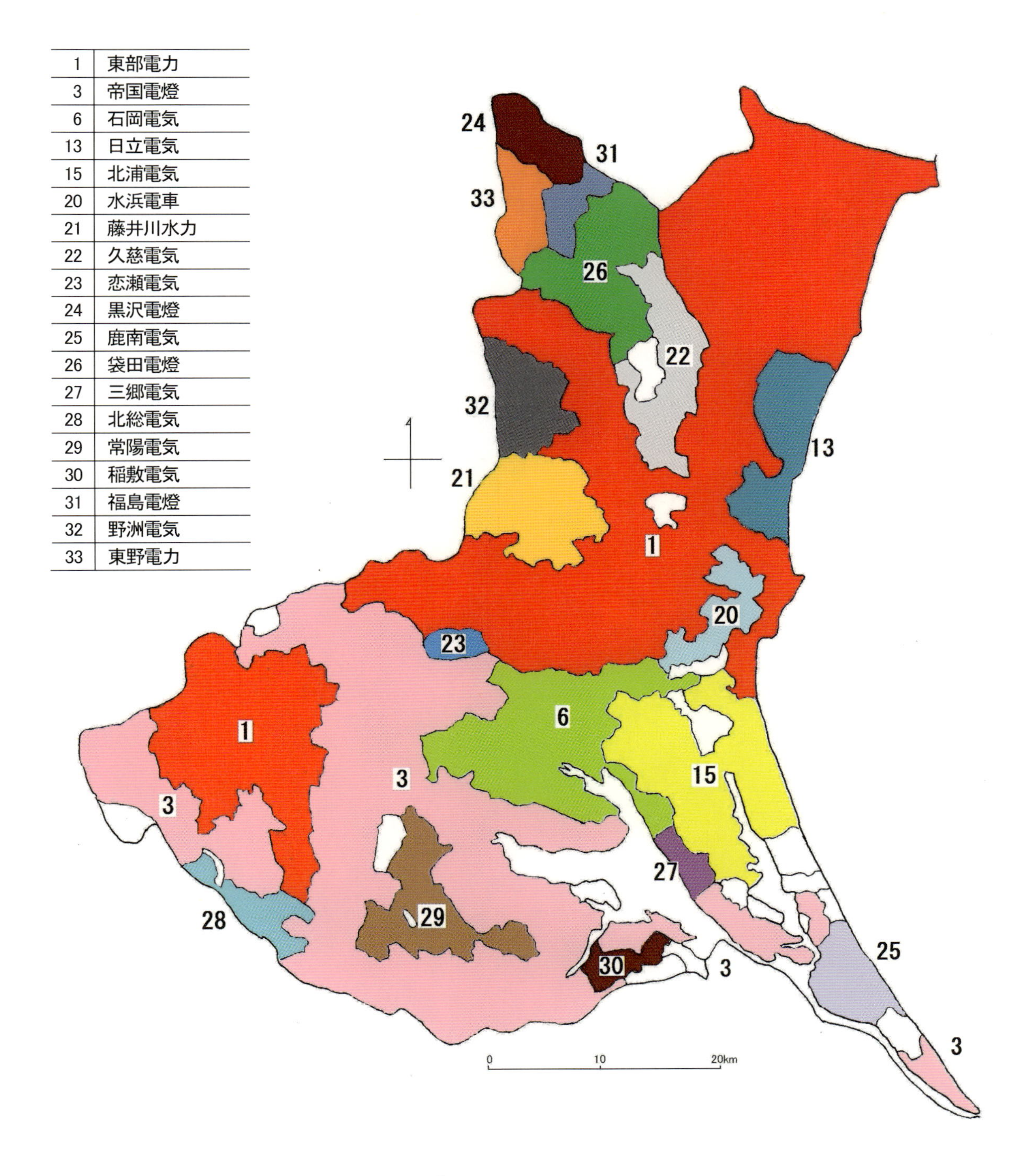

茨城県域電気事業所の供給区域 ③　昭和2(1927)年　(『電気事業要覧』昭和2年版)

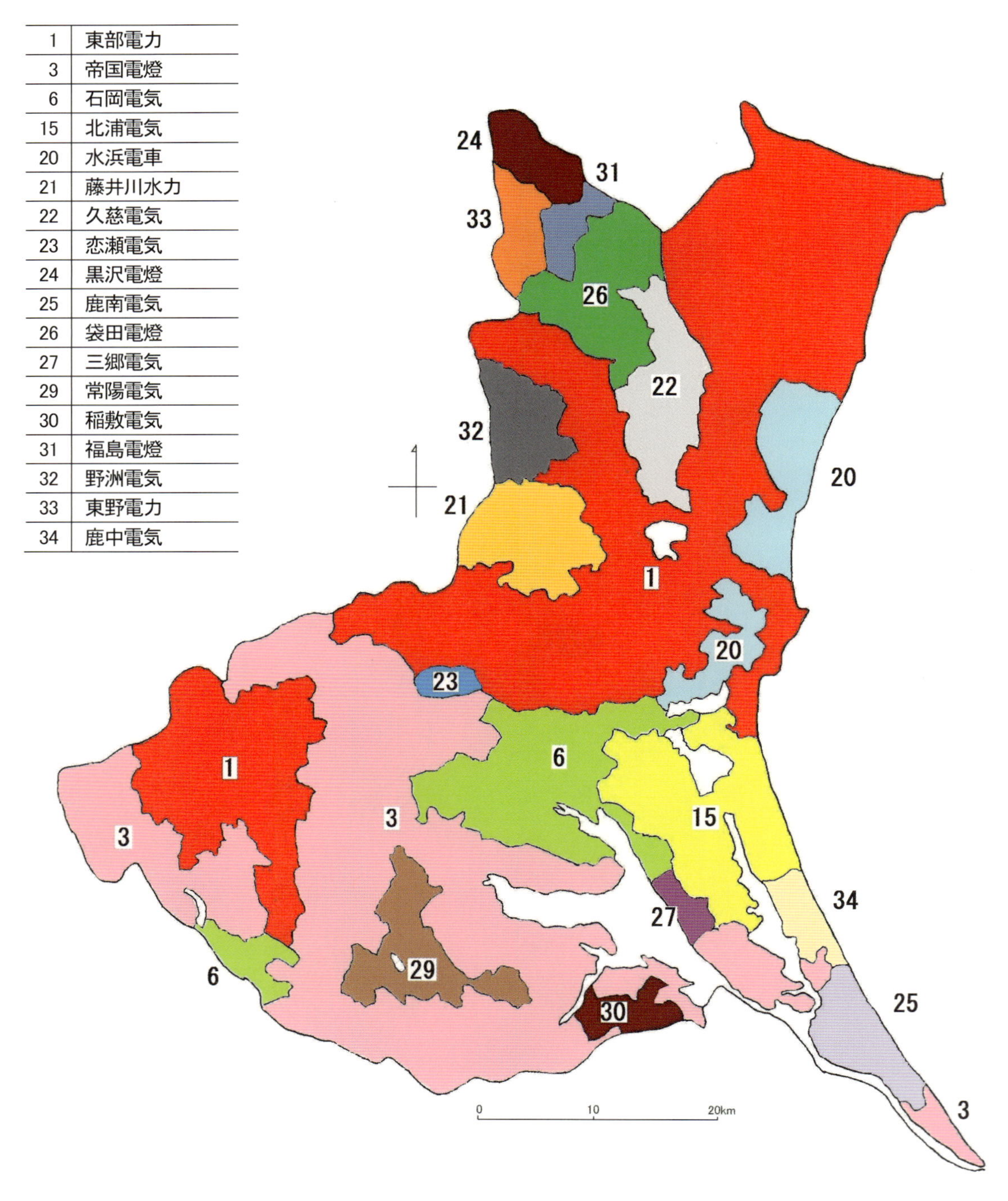

茨城県域電気事業所の供給区域 ④　昭和6(1931)年　(『電気事業要覧』昭和6年版)

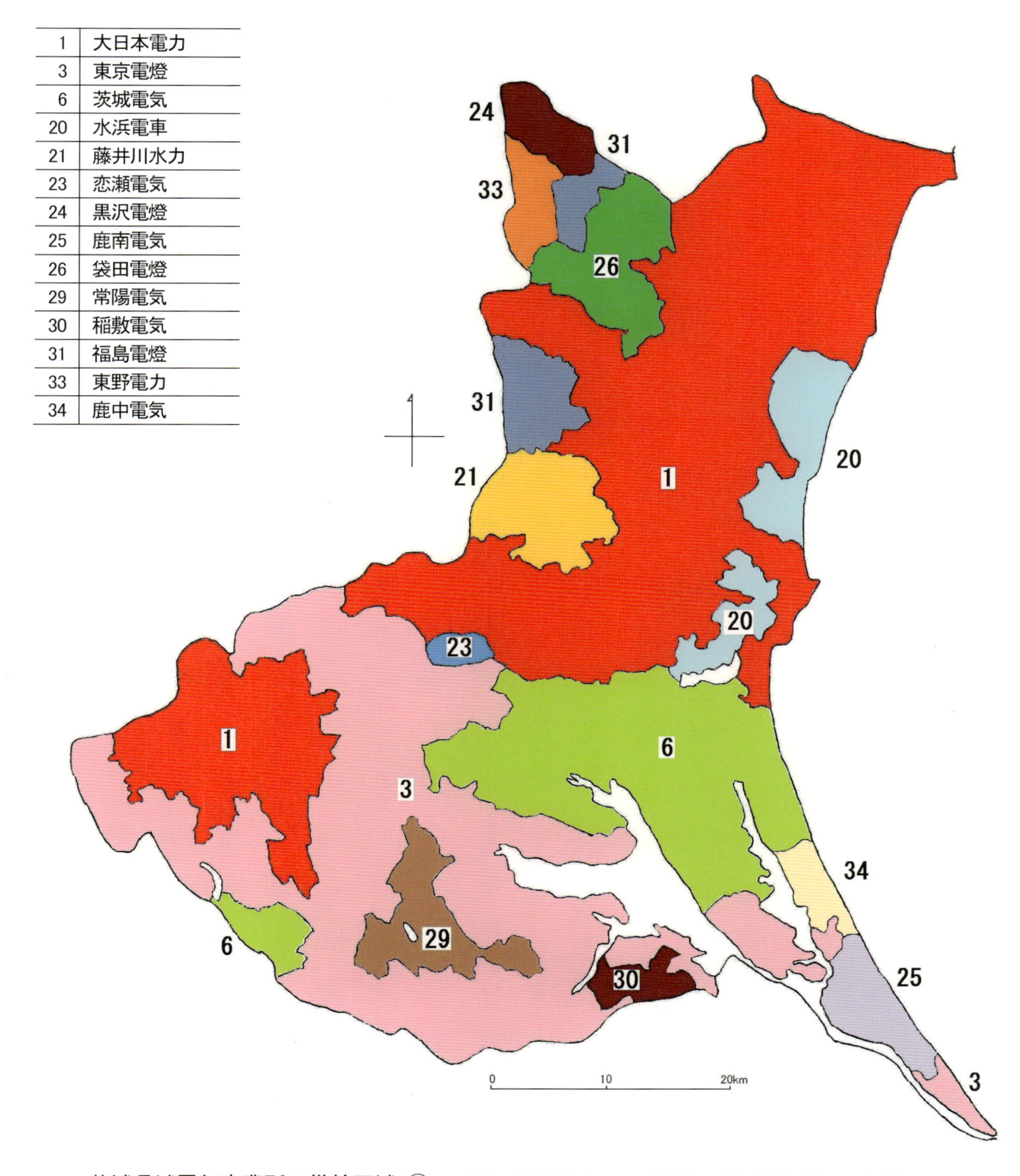

茨城県域電気事業所の供給区域 ⑤　昭和14(1939)年　(『電気事業要覧』昭和14年版)

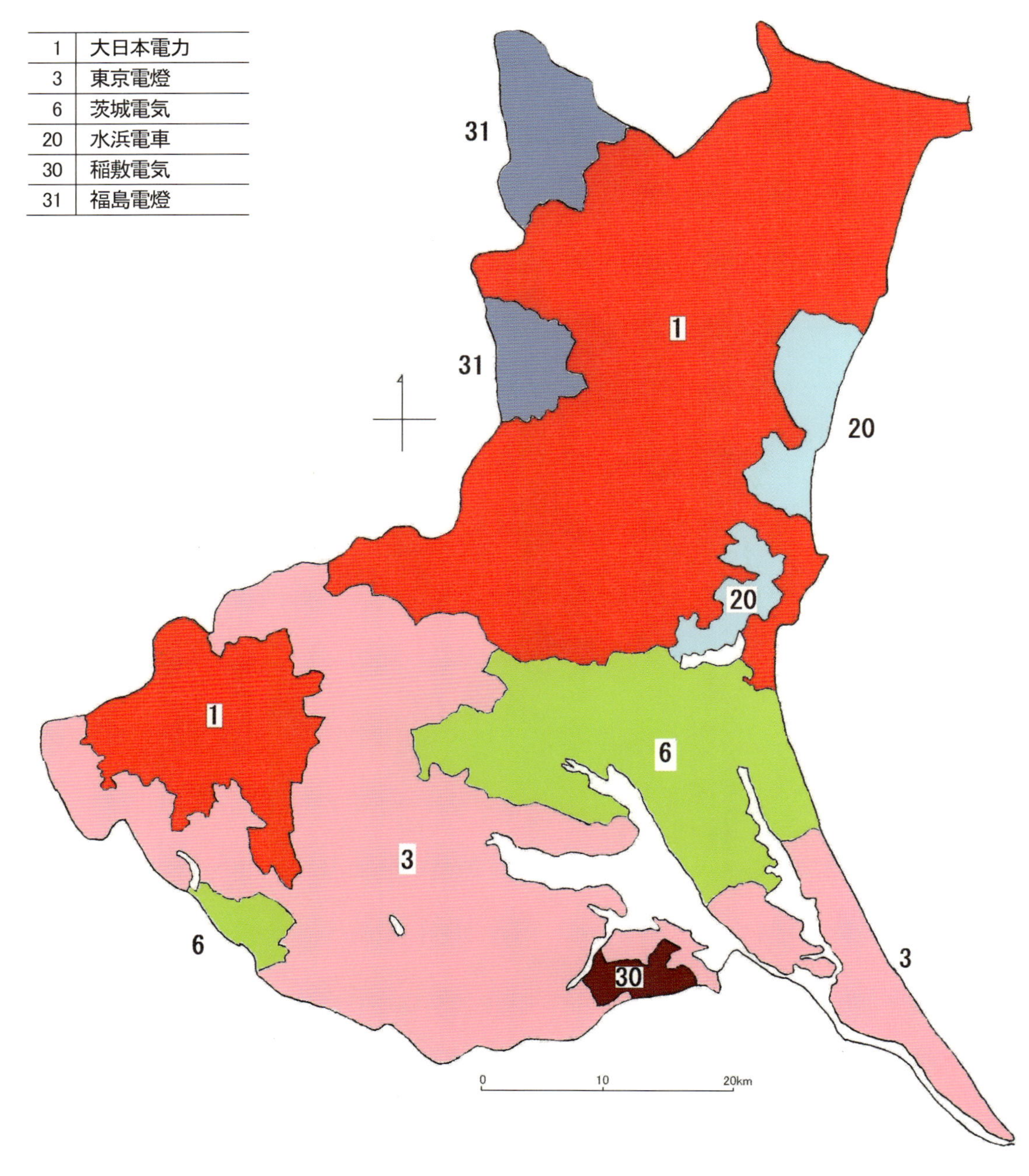

＊2事業所が供給する村もある（⇒300ページ）

茨城県域電気事業所の供給区域 ⑥ 昭和17(1939)年

序 文

教科書を教えるのではなく，教師が学区の内外をこまめに歩き，資料を収集したうえで行ういわば手作りの授業は，そこから伝わる熱意が子どもたちにも深い感銘を与えてくれます。そのおり，提示された素材が，子どもたちをいつくしみ育ててきた父母，祖父母が家族の生活向上を願いながら作り出したものだったと判ったとき，感謝の心が培われるでしょう。

鈴木良一さんの勤務校があった高萩市域の君田地区は，山間部に位置するがゆえに，今ではスイッチを押すだけで瞬時にともる照明，カラフルな画像を写し出すＴＶをはじめ，生活に便利さをもたらす数々の電化器具のどれもが使えない無電化集落だったのです。今の子どもたちが想像さえしない，不便さからなんとか脱けだそうとして，地区住民が一体となって取り組んだのが，小型水車を使う自家発電でした。長い間，気づかれずにいた谷川の水を電気をおこす源ととらえて始めた事業でした。

けれども経済高度成長期に入ってからは国や県，さらに電力会社の拠出資金の使用ができる様になり，地区住民の経済負担も加えると，安定した供給が可能な商業電力の導入が可能となりました。そのため苦心の結晶であった自家発電は無用の存在となり，施設設備は遺跡となって，人びとの記憶から遠ざかってしまいました。

茨城大学への内地留学に基づく研究活動をふまえ，忘れさられようとする先人の努力の証拠を掘りおこし，子どもたちの心をゆり動かしたのが鈴木良一さんの調査とそれをふまえた教材の提示だったのです。

君田地区の調査から得られた感銘にふるいたった鈴木良一さんが，条件を同じくした他地区での事例にも調査を拡大し，その後，教育界での大きな課題となってきた総合学習に役立つことを願ってまとめられたのが，この書物です。多くの先生方に読まれ，自らの教育活動への指針となることを期待します。

茨城大学名誉教授　　中　川　浩　一

多賀・八溝山地　小型タービン水車の研究
－小水力自家発電と茨城県電気事情の調査－

目次

第3部　小型タービン水車の遺構を調べる

第１部　生きている小型タービン水車と出会う

現存するタービン水車の水槽　水路の上を下屋で覆う丁寧な水車小屋　内部では精米・製粉機械が稼働していた。外部へ引出された配電線は自家発電も行った名残り（⇒193 ページ）。

1　はじめに―水車の歴史―

私は昭和60(1985)年8月から主として平成5(1993)年7月まで，多賀・八溝山地に広く普及していた小型タービン水車について調査を行ったが[1)]，20年以上経過した今になって，その姿をまとめてみようと思い立った。その理由は次の三点に要約できる。

第一は，調査に快く協力をしてくださり，導いてくださった方々に対するお礼を述べたい気持ちを，おそまきながら果たさなければならぬとの念からである。まったく面識のない者が突然訪れたにもかかわらず，誰もが自分が知るすべてを話してくださったように思う。

第二は，小型タービン水車が活躍していた事実を，広く多くの方々に知ってほしいと思う願いからである。形あるものはいつかなくなるけれど，そのことを何かに書き留めておけば記録として残るだろう。水車を作った人，設置した人，購入資金の調達など苦労した人は多かったのではないだろうか。それらにかかわる事柄をできるだけ正確に残しておくことにも，時代の進展の中で何らかの値打ちがあるだろう。

第三は，定年退職をして私に余暇ができたことである。現職の時から「いつかまとめてみよう」と，この日が来ることを楽しみにしてきたし，生きがいともなってきた。

以上の動機から始めてはみたが，なに分長い時間が経過しており，記憶のあいまいな点や調査の不備な点も多いことに気づかされた。幸いなことに4冊の調査ノートや，全ての水車についての調査票，集めた写真・その他の資料は大部分が手元にある。これらをもう一度見直し，水車の遺構を再度訪ね，正確を期したつもりである。

昭和40年代に入ると，小型タービン水車は時代遅れのものとして大半が廃棄され，調査当時ですら人々の記憶から忘れ去られようとしていた。その多くはとりはずされ，用地は整地された事例が多かった。だがこうした中でも，私が調査を始めた昭和60年には，まだいくつかのタービン水車が，ついこの間まで使われ，大活躍していたであろうと思われる形で残されていたのである。現役として活躍している水車もあったし，操業に携わってきた方々が健在でもあった。すべてが消え去る前にこれらの小型タービン水車に出会えたことは，まさに幸運だったとしか言いようがない。

今回，この調査事例に，事例をとりまく動きを加えてみた。ご一読いただければ幸いである。

さて日本における年間総降水量はおよそ 1,600mmあって，世界の平均降水量800mmの2倍にあたる。また大陸では降水があっても蒸発が多く，海にたどり着く水は全体の 3%に過ぎないといわれている。日本では河川が短く，降った雨の70%～80%が川となって海に達する。また諸外国に比べ降水量の年変動が小さく，季節による変動も割合小さい。これらのことから中小の河川は水車を稼働させる資源として貴重な働きを負ってきた 2)。

水車とはどのように定義したらよいだろうか。前田清志氏は「水車とは水の持つエネルギーを機械的動力にかえて仕事をさせる機械装置で，軸の回転運動を通じて行われる」としている 3)。筆者もこれにならい動力用水車・箱水車・揚水水車がこれらに含まれると考える。

さらに動力用水車には一般的に在来型の水車と小型タービン水車がある。在来型の水車は上掛水車・胸掛水車・下掛水車に分けられる。これらについては主題から離れるので詳細は略したい。

小型 4) タービン 5) 水車については具体例をもとに後述するが，フランシス水車(写真 1-1)，ペルトン水車(写真 3-8・9) の2種類がある。

フランシス水車は水槽の中に案内羽根（ガイド弁）と水車の羽根車（ランナー）を置いただけの露出型のものが普通である。流水は水車軸に固定された羽根車の

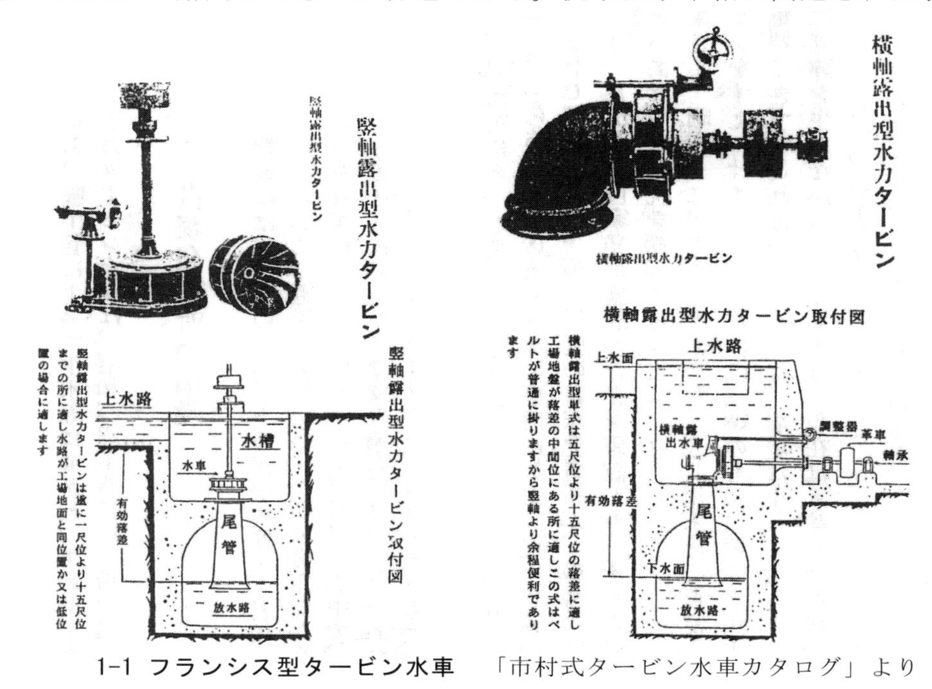

1-1 フランシス型タービン水車　「市村式タービン水車カタログ」より

湾曲した羽根の間によどみなく流れ込む。多数の案内羽根の間を通り抜ける反動によって羽根車を回転させるのである。流水は入水点よりも水車軸に近い箇所から排出される。1851 年ジェームス・B・フランシスはアメリカマサチューセッツ州ローウェルの製粉場に外向き幅流タービン（外側に流水するタービン）と内向き幅流タービン（内側に流水するタービン）の 2 種を設置した。彼はより馬力の出る内向き幅流タービンに注目し，羽根車の設計に関する法則を定めた。その結果彼の名前が内向き幅流性を持つタービンにつけられるようになった 6)。

一方ペルトン水車は流水が水車のバケットにあたる衝撃によって回転を生み出す。19 世紀半ばアメリカ・カリフォルニア州でのことである。高水圧を持った噴流が金の採鉱に用いられていた。ある日，ペルトンという男がこの水流で水車を稼働させていた時，水車軸がゆるんで滑り出した。水はカップ（バケット）の一端をたたき，外の端から排出された。その時水車は力と速度が増すことが認められた。このことが［切り欠きバケット］の発達をもたらし，この種の水車には彼の名が記されるようになった 7)。どちらの小型タービン水車も羽根車が水槽やケーシングの中にあって，大きさも出力のわりには小さくて済む。このため人の目に触れることが少なく，その存在に気づかないことが多い。大型の水輪が回転する在来型水車との大きな違いである。

水車をはじめとする動力の歴史は①人間の筋力によっていた新石器時代②古代諸帝国時代の人力に畜力を加えた時代③ローマ帝国時代後期から始まった水車を活用した時代④水車・風車より大きな動力源となった蒸気機関の時代⑤現代の原子力の時代の五つの時代に分ける見方がある 8)。水車の歴史は古く長い。

水車は紀元前 1 世紀頃にはその存在が認められた。最も原始的な水車は近東（小アジア）の丘陵地帯に発生したらしく，ギリシャまたはノルウェー型と呼ばれるものであった。垂直な軸の下部に水平の回転体が着いたもので，少量の急流が斜水溝から回転体にかかり軸を回転させる。石臼が水車軸の上部に固定され，水車が 1 回転すると石臼の上臼も 1 回転し，1/2 馬力程度の水車であった。さらに前 1 世紀のローマ時代には一技師ヴィトルヴィウスによって垂直型の水車が発明された。河水に対して垂直に水輪が設置され，石臼に動力を伝えるために水車からの水平軸には伝動装置（歯車）がつけられた。3 馬力の出力を持っていた。

ローマ帝国の崩壊後，西ヨーロッパでは 11～12 世紀に産業が発展し，様々な分野で機械化が進んだ。こうした中で水車はその数を増し，たとえばセーヌ川の小さな支流では 10 世紀に 2 個の水車が，12 世紀には 5 個，13 世紀には 10 個，1300 年には 12 個の水車があって次第に複雑な機械の動力として様々な分野で稼働した。16 世紀以降には製粉用だけでなく水力で動かす鉄冶金のための［槌(つち)打ち鍛造機］や，水路橋からの流水を上掛け式水車に導き鉱石粉砕機を稼働させた例，水力で動かす［ふいご］により錬鉄製品の製造などの図が残されている 9)。

イギリスでも同様に人口の増加，町の発展とともに手工業の進展がみられ，これに伴って水車もめざましく増加した。18 世紀は蒸気機関の時代と言われるが水車がなお動力の中心を占め，機械を動かすためには豊富な急流から離れて工場を建設することはできなかった。このためペニン山脈の周辺にはいくつかの工業都市が形成された。少なくとも 1850 年代までは水車はイギリスの機械工業において重要な役割を担っていた 10)。

水車が日本に伝えられたのは聖徳太子の時代とされ，610 年高麗の曇徴（どんちょう）という僧が製粉水車を作ったことが『日本書紀』に記されている。しかし庶民の間に普及したのは近世になってからで，この理由として平岡昭利氏は①日本人は駕籠や荷車など人力を使う傾向が強かったこと，②食文化が粒食であったことを挙げている 11)。

小規模の営業用水車は元禄のころより見られ，元禄 10(1697)年，江戸糀町九丁目の粉屋久兵衛は上仙川村（現・三鷹市）の品川用水（玉川用水からの分水）に粉挽き水車をかけた。これが武蔵野の水車の最初といわれている 12)。江戸時代中期になると大都市江戸は人口が増加し，うどん・そば・菓子類の消費が増え，その原料となる小麦粉やそば粉の需要が増えた。このため水車も増加し，江戸時代後期には武蔵野の至る所で水車が稼働した。代表的な川は渋谷川，目黒川，玉川上水の分水筋，白子川，目黒川などである。天明 8(1788)年には玉川上水筋で 33 台の水車が確認されている 13)。それらの掛け方や堰堤の作り方，水路の掘削等当時の方法が明治期に引き継がれている。

明治期の粉挽きの例は次のようであったという。

「農家は自己栽培の小麦を刈りて俵に包み，これを馬の背に著け，また荷車に載せて近傍の水車小舎に運搬していくを見る。しかして自らその小麦を挽き，終日水車の音をそこに聞きつつ挽き終わるを待ちて一泊し，翌日ようやく終了したる時，水車使用料の代償として麬（ふすま）を小舎主に与え，かくて持ち来りし小麦を粉末として包装し，再び馬背につけて運搬し去るなり」14)

わが国で在来型の水車が最盛期を迎えたのは幕末から明治・大正・昭和初期の約 100 年間とされ，明治 30(1897)年には 62,203 台となり，昭和 17(1942)年の農林省調査によると小型タービン水車を含め全国で約 78,482 台の水車が稼働していた 15)。

水車は旧来よりの精米・製粉用から江戸時代後期には水車による動力革命期を

迎え撚糸用・製茶用・油絞り・鉱石の粉砕などその土地の特産物と結びついて用途が多様化していくが，電動機械が普及してくる昭和25年から30年代には姿を消した。在来型水車より効率がよいタービン水車は，江戸期より長期にわたり水車が稼働し続けた中での最後の姿といえる。

1) 巻末資料「タービン水車調査日記」参照

2) 高橋浩一郎『日本の天気』岩波新書(岩波書店 1963)

3) 前田清志・越智広志『水車のみかた調べかた』(クオリ 1987)

4) 調査対象の小型とは低馬力数・低落差の水車である。馬力数にして5馬力前後，最大で20～30馬力の水車である。落差は数mである。通常水車の分類では30m以下を低落差，30～150mを中落差，これ以上を高落差の水車という（『アルス機械工学大講座』)。

5) タービン(turbine)という用語はフランスの技術者・工学者クロード・ビュルダン（1790～1873）によって最初に用いられた。回転によって動力を仕事に変換する装置である。ラテン語のトゥルボ，トゥルビニス（こま，または回転する物体）からつけられた名称。高木純一訳編『技術の歴史』 第10巻 鉄鋼の時代下（筑摩書房 1979）p439及び，注3）前田清志ほか『同』p10

6) 注5)高木純一訳編『同』p439

7) 注6)『同』p441

8) 平田寛・八杉龍一訳編『技術の歴史』 第4巻　地中海文明と中世下（筑摩書房1978）p519

9) 注8)『同』p534, p536

10) 田辺振太郎訳編『技術の歴史』 第7巻 産業革命上（筑摩書房1979)p130

11) 平岡昭利『水車と風土』(古今書院2001)

12) 伊藤好一『武蔵野と水車屋』江戸近郊製粉事情（クオリ 1984）p76

13) 前田清志「武蔵野の水車遺産について」多摩のあゆみ第70号（たましん地域文化財団1993)

14) 前田清志『日本の水車と文化』(玉川大学出版会1992) p103

15) 注14)『同』p43

茨城県では明治30年1,691台，昭和17年510台（在来型385，タービン水車149，ペルトン水車3）の水車が確認されている。

2 総　論

富国強兵のスローガンをかかげ，輸出の大半を占めた生糸・絹布の売り上げによって資本蓄積，軍備強化が培われた明治前期の時点では，水力の利用が機械駆動の主体であった。養蚕が盆地周縁や山間に位置する集落で発達し，その際に産出するまゆを原料とする製糸業の動力となる水車の設置に役立つ高落差の水流が，数多く存在する事情が介在していた。

蒸気機関に依存する動力の使用は，燃料となる石炭の産地が偏在し，需要地との距離の大きなへだたりが足かせとなって思うにまかせなかったのである。

港湾の整備が進み，鉄道路線網が四大島の各地に及ぶ様になった明治後期には，主要港湾を配する平野部が工業集積の適地となった事情も，水力依存からの脱脚に資する様になった。加えて長距離送電技術の発達が，規模の大きい水力発電所の開発を促し,水力利用も大きな河川や湖沼からの取水が主体になったのである。

こうした事態の到来にもかかわらず，山間僻地ではやがて経済効率が低く小出力の従来型の和式水車を，洋式の小型水車に置き換えて小規模水力の活用を継続する動きが目立ってくる。平野部での動力利用が蒸気機関から電動機（モーター），内燃機関（エンジン）へと変化する中で，山間僻地であるが故に，それらの利用から見放された地域住民が自力更生の手段を，小規模水力の効率的利用に求めだしたからである。

大規模な水力開発によって，電力料金の引き下げが実現しても，電力会社は大きな需要がみこめる平野部の配電網拡充に専念した。需要は少ないにもかかわらず，費用がかさむ配電線の構築を必要とする山間僻地は，企業活動の対象外にされてきたといえるだろう。内燃機関の使用には，液体燃料の石油類を平野部から輸送する必要があったのに加え，輸入に依存する度合の大きい石油類の消費は国策として強く規制されたというハンディも存在した。

山間僻地での小規模水力開発に補助金が交付された体制の成立も，洋式の小型水車が普及する背景となっていた。

茨城県北東部と北部にかけて広がる多賀山地，八溝山地の僻地集落で昭和 10 年代から 30 年代にかけて,洋式の小型水車利用による水力開発が盛んに行われたのは，茨城県域が昭和 30(1955)年の段階でも，電力利用が著しくたちおくれ，北海道についで未電化戸数の比率が高かったという事情にも基いていている。

県域内で平野部がかなりの面積を占めるにもかかわらず，未電化戸数の比率が全戸数の 7%に達したのだから，山間僻地での惨状は察するに余りがあったとみなすべきだろう。平成の大合併により県都水戸市へ編入された内原町鯉渕集落でさえ，アジア・太平洋戦争中に脚光をあびた満蒙開拓義勇軍養成の訓練所が存在したにもかかわらず，未電化のまま放置される状態が，戦後まで継続した。

山間僻地だけでなく，未電化集落の住民が既設の配電網への接続を希望すると，関東配電あるいは東京電力から多額の受益者負担金の支払いを求められていた。

平野部の未電化集落では，住民が点灯を望めば，いわれるままに多額の経済負担に耐えなければならなかったけれど，渓流からの取水による小規模水力開発が可能で外部からの配電線敷設に伴う費用より割安ですむ場合には，洋式の小型水車の自力設置に依存する傾向が強かった。

加えて八溝山地が群馬県下仁田地区につぐ日本有数のこんにゃくいも産地であり，こんにゃく製造に必須の製粉作業を必要とした事情も介在する。製粉は近世以来，和式水車に依存しながら長く続けられてきたのだが，需要の増大に伴って作業の効率向上が求められていたという特性にも指向されていたのである。

（中川　浩一）

1-2 産業考古学会のタービン水車見学会　笠間市中村水車(1987. 5. 17. 左端が中川浩一教授)

3　稼働していた小型タービン水車
—笠間市北吉原の製粉水車と国内のタービン水車—

すでに記したように，小型のタービン水車は大正から昭和初期にかけて全国各地の山間集落に普及した。それにもかかわらずその詳細は，在来型の水車と比較し，なぜかほとんど知られてこなかった。

在来型水車からの転換　それゆえ，茨城県北東山地に数多く残る遺構調査の報告に先立って，稼働状況を観察し，資料を入手できた，茨城県笠間市北吉原の中村内蔵太宅に残されているフランシス型竪軸小型タービン水車を具体例にして，設置の状況と構造を明らかにしよう（写真 1-3）。

茨城県と福島県・栃木県にまたがり，茨城県での最高峰でもある八溝山から，次第に高度を下げながら南へと連なる八溝山地に包みこまれる様にして，笠間盆地が存在する。盆地を取りまく山地から流出する河水は，盆地の南東部から涸沼川となり，海に向っていく。二反田川は合して涸沼川となる支流のひとつであるが，その流れに沿って近世から数多くの水車が設けられてきた。笠間藩が鉄砲の装薬製造に用いる硝石の製粉作業に，水車を用いたからである。常北旧県道づた

1-3　**中村家水車小屋**　水車作業場としては規模が大きい，右端が排水路

いに並ぶ福原，江幡，亀ヶ淵，大淵，大橋，安藤の各集落では，明治になってからは和式（在来型）水車が精米，製粉などの作業に活用され続けた事実が知られている。

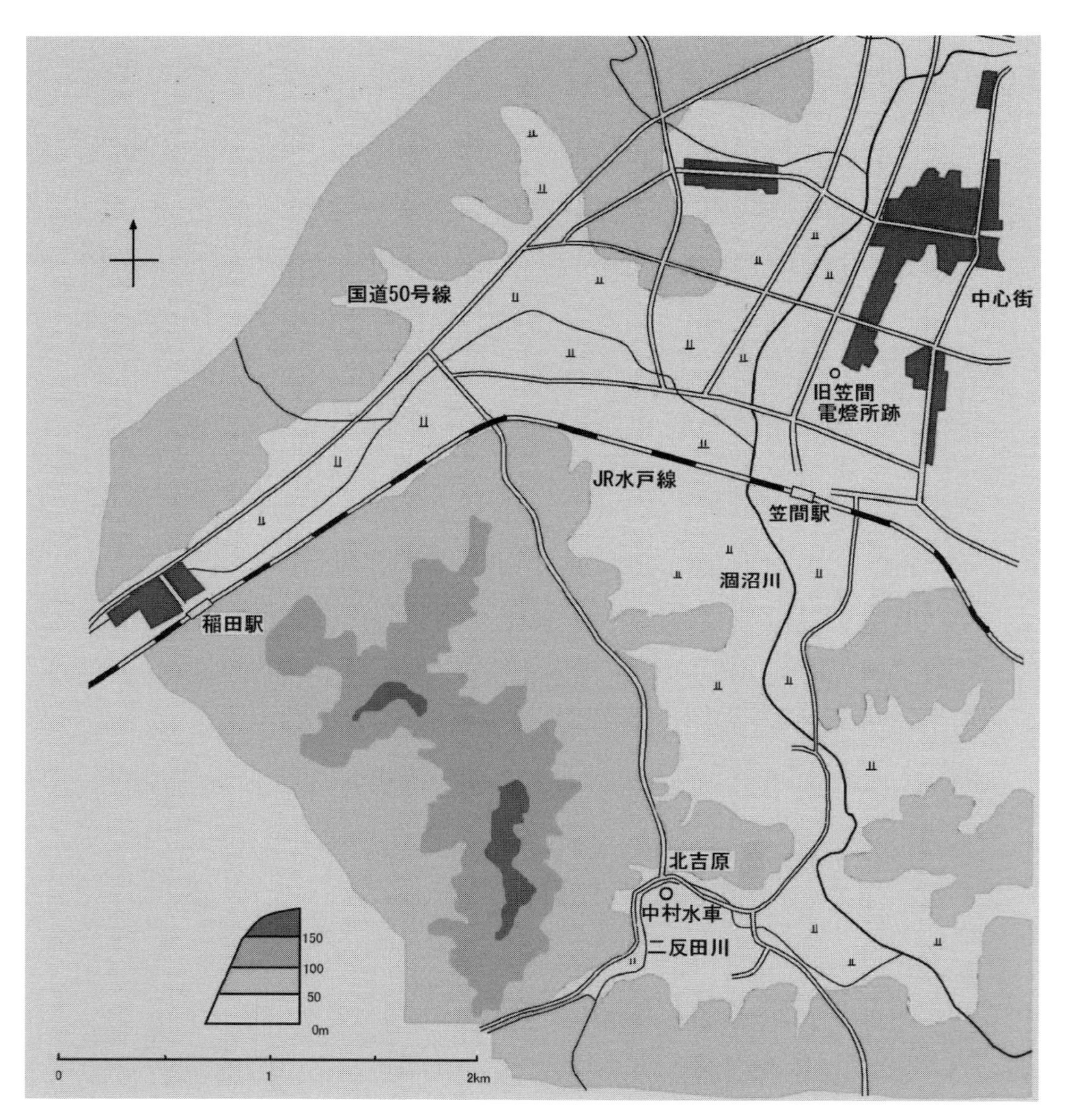

1-1　笠間市概略図　　基図：国土地理院発行２万５千分の１地形図

これらの水車群に伍してきた吉原農事実行組合が共同使用の対象になってきた水車のリニューアルを，洋式採用で実現させたのは，昭和 16(1941)年であった。車大工が伝統的な技術を継承しながら施工する木造の水車を構造，規模が全く異なる露出型竪軸の小型タービン水車に置きかえたのは，鋼製ゆえに簡略化できるメンテナンスと施設設備の耐久性への注目に由来しよう。加えて洋式水車へのリニューアルに際し，農村の小水力利用を奨励するため昭和 13(1938)年から農林省が補助金を交付してきた事情が介在する 1)。

設置場所を二反田川沿いの中村内蔵太宅（現・中村泰）に定め，茨城，栃木，群馬三県にまたがる北関東で，数多くの納入実績を持つ市村式タービン水車が，選定の対象となった。そのおりに販売ならびに取付設計の業務を担当した合名会社三興商会が作成した図面とその送付案内状が残っているので，施工現場の状況観察に先だって原文，原図に眼を通しておこう(口絵　図 1-2･3　写真 1-4)。

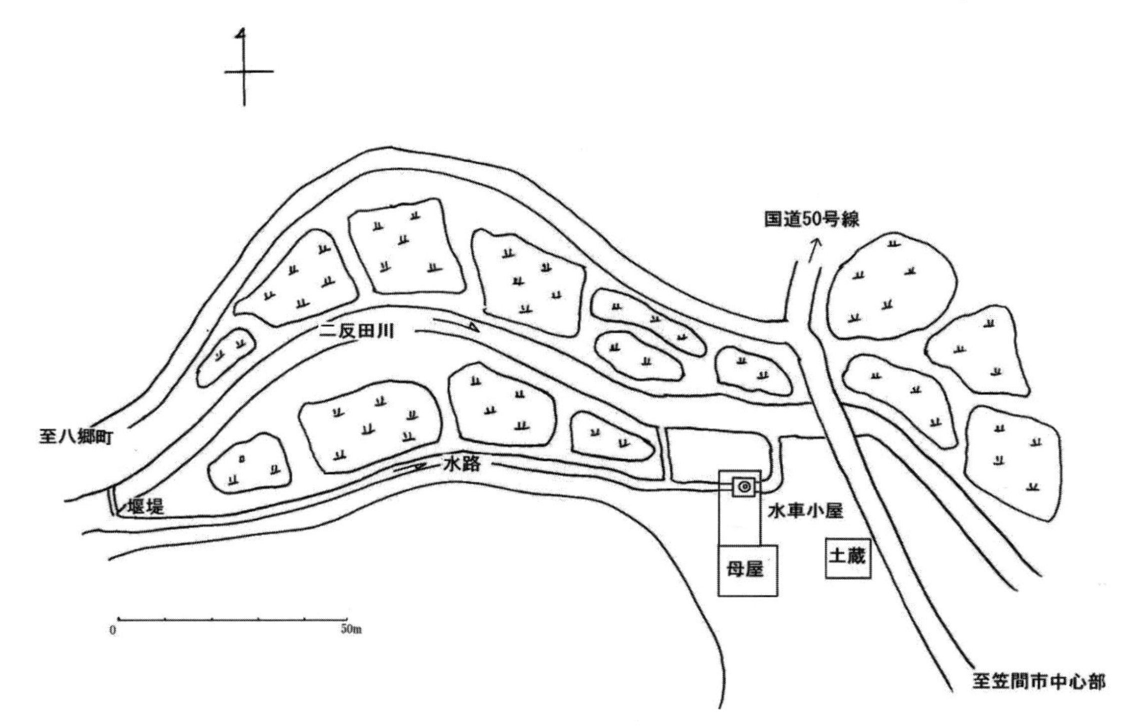

1 - 2　**中村タービン水車見取り図**　昭和 16 年の水車取付図(中村家所蔵)を転写

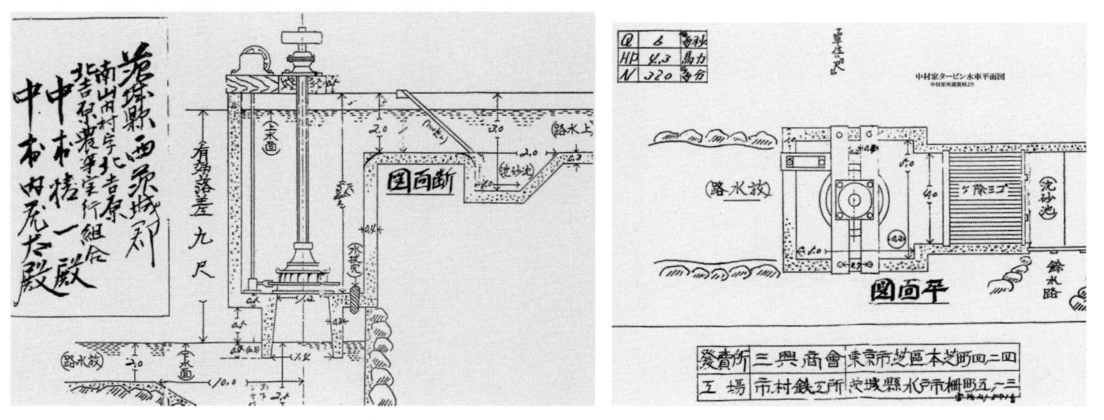

1-3　**中村タービン水車断面図・平面図**　昭和 16 年の取付図(同上)

北吉原農事実行組合
　組合長　中村　精一殿
　責任者　中村内蔵太殿
　　　東京市芝区本芝町四丁目二四(山ロビル)
　　　　市村式タービン水車
　　　　　全国総発売元　合名会社　三興商会
　　　　　電話三田（代）３６８７　３６８８
　拝啓　貴下益々御清栄之段奉賀候
　拙者先般タービン水車設置御下命ニ預リ有難ク御礼申上候　就テハ本日改メテ取付図送付申上候間　水路及ビ水槽ノ工事着手相願度完成次第機械ノ取付ケニ参上仕ル可候故　大体何日頃迄ニ工事終了ノ予定ニ御座候哉　御一報御煩シ度存候　尚ホ取付工事図面ニ就テ御不明ノ箇所有之候場合ハ御手数恐入候得共 当社ニ御問合セ被下バ 早速細部御説明申上可カ或ハ社員ヲ以テ伺ハセ申上可候間 何卒御諒承御願度右得貴意候也
　　昭和十六年弐月廿七日

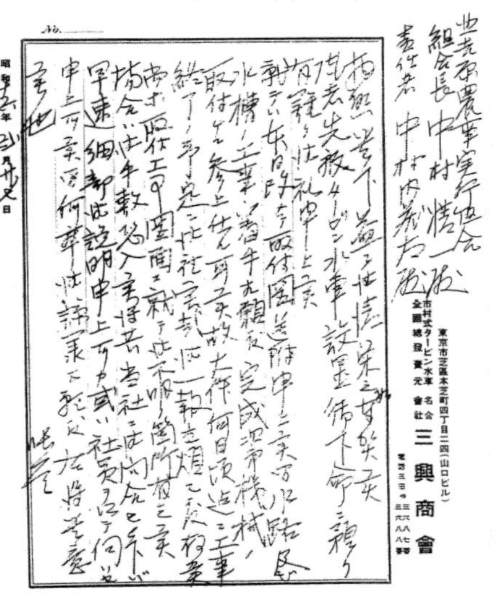

1-4　水車取付図送付書

　この文面から設計図面に基いての水槽や沈砂池，塵埃除去装置の取付工事は地元の土木業者にまかされたと考えられる。

　笠間盆地と八郷盆地を分ける山並みから流出する二反田川の流れに仕掛けた小さな堰堤から(写真 1-5)，中村内蔵太宅の藁葺きの作業小屋屋内に取り付けられたタービン水車へと用水は取り入れられる。河流を横切るコンクリート製の幅 6m，高さ 1.4mの没水堤でせき止められた水は，河流に平行しながら勾配は河流よりゆるく作った用水路へ導かれている(写真 1-6)。木造の取水堰をコンクリート製に改めたのは昭和 35(1960)年であった。取水後は山裾を 160mほど流下すると，底部を１尺掘り下げた沈砂池にたどりつく。必要以上に流入した水量は，余水路を介して河流へもどされる。沈砂池の末端にはゴミ除けの鉄製スクリーンが，水路底に鋭角を作って取り付けられている(写真 1-7)。

　水路の末端には，平面が５尺四方，深さが８尺となる水槽がコンクリートで施工され，その底部に露出型タービン水車が取り付けられる(図 1-3)。 水槽に半分ほど滞水すると，ガイド弁により操作するタービンの翼間をぬけて放水路に落下する水勢の作用を受け，翼を取り付けた軸(ランナー)が回転を開始する。

1-5 用水路取水口の堰堤　昭和 35 年コンクリート改修

用水路と放水路の間に存在する9尺の有効落差によって4.3馬力の回転動力が発生すると見定められている。流量は毎秒6個，水車の回転数は毎分380回の設計である。なお流量1個とは1秒間に1尺の立方体で1個分の水量をあらわしている。回転速度はガイド弁の開閉操作によって調節することができる。小型タービン水車としては，中程度の性能を持っていたという。精米・製粉用水車として50年近く稼働し続けた。

水車小屋は広さが28坪で二反田川寄りにタービン水車がある。高さ1mほどの水槽枠に囲まれた水槽は，普段は上部が板で遮蔽され内部を見ることはできない。タービン水車軸が水槽から天井に向けて4mほど伸びている。木材を渡した部分

1-6　水路を見回る

1-8　天井まで伸びるタービン水車竪軸

1-7　水槽直前に設けたごみ除けスクリーン

1-9　水車小屋内部に立つ中村泰さん

にプーリーを置いて，地面と平行に平ベルトを渡し，水車の動力を配分軸に伝えている(写真 1-8)。配分軸には回転調整用フライホイールをはじめ大小 6〜7 個のプーリーが配置され，それぞれが平ベルトによって地上部にある精米機や製粉機に接続されている。作業目的によって平ベルトを架け替えている様子である。はしごを借用して天井部に上ってみた。流水によってタービン水車が回転を始め，これらのプーリー，ベルトが音もなく一斉に動き出す様は，本当に見事な光景であった(写真 1-9)。

タービン水車は，ほとんどが在来型水車を改修する形で設置されてきた。中村宅もその好例である。古くから水車を利用してきたために，普段は屋号で〈水車〉または〈車〉と称された。中村宅に保存されてきた「宅地建屋水車売渡証」2) によって，在来型の水車を手に入れたときの状況を知ることができる（写真 1-10)。

明治十六年十月十六日売渡
西茨城郡北吉原村三百七十壱番地
建屋壱棟
七間

四間	弐拾八坪

宅地建家水車売渡証
西茨城郡北吉原村地内弐百九十三番字仁反田
一宅地壱反四歩
此売渡代金三拾円也　　　　(印紙：18 銭)
一建家壱棟
一水車壱ヶ所　但シ器械悉皆
此売渡代金百五拾円也
右所有之宅地建家并ニ水車器械不残売渡前書代金正ニ請取申候処確実也 然ル上ハ向後貴殿御勝手次第御所持可被成候 為後日宅地建家水車器械売渡証 依而如件
明治十六年八月　(朱字：十月十六日)
西茨城郡来栖村
売渡人　堀川治左衛門 印
同郡北吉原村
証人　　河内　源五郎 印
同郡北吉原村
中村泰市郎殿

前書之地所并建家水車本人所有相違無之候也
西茨城郡北吉原村
戸長　　青木　庸信　印

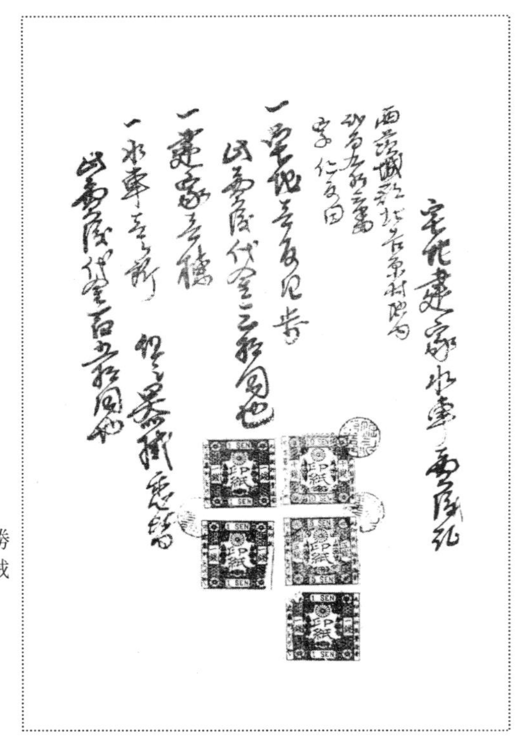

1-10　水車売渡し証文の一部

宅地の代金が30円であるのに対し,水車はその5倍に当る150円とは驚かされる。明治16年の時点では高価な買い物であった。

逓信総合博物館4階の図書室に架蔵されている『電気事業要覧』によれば，笠間地区では明治43(1910)年2月に笠間電気により，笠間村と北山内村に電灯が点されたが，北吉原は笠間中心部より南側に離れて位置するため，昭和26(1951)年まで電灯が点されなかった。そのためタービン水車は，中村内蔵太宅用の自家用発電にも使用された。6Vで電球3個を使用した。昼間の製粉時にはバッテリーへの蓄電を併用し，夜間の使用に補充した。それゆえタービン水車は，日常の生活にも大きな役割を果たしてきたわけである。

しかしながらタービン水車の維持・管理には諸々の苦労が伴い，大変な労力を要した。たとえば水路の管理に例をとれば，毎年春先に水路底部の土砂を取り除くほか，渇水時には崩落した部分の水漏れを補修し，植物の根が流路を妨げることからこれを刈り取るなどの作業は欠かせなかった。又運用にあたっては，増水時や渇水時の水量の調節など，自然相手の作業であるため種々の困難が伴った。水路の途中には<たたき>工法を取り入れて，水量の効率的な利用を図ってこられたとも聞きとった。中村宅では自分の代までは生かしていきたいと語っていたが，年々高齢化していくことに加え，昭和62(1987)年の調査時には自家用精米への活用が主で，他からの需要は年々減少していることを考えると，今後の維持管理は難しいことが予想された(写真1-11)。

1-11 水車小屋前で中村さんご夫妻

1-12　停止したタービンの水槽と中村さん

平成5(1993)年11月，ついに稼働を停止する日が来た。水車小屋の藁葺き屋根の痛みがひどくなり，これを補修する機会に稼働を停止したのである。タービン水車は，周囲を板で囲み内部をうかがうことはできない状態となっている。在来型の水車購入から数えて111年,タービン水車となってから52年間の稼働であった(写真1-12)。

昭和初期の小水力水車の調査　　これまで小水力水車は限定的にある地域の事例調査報告はなされたが，全国的な調査報告はなされてこなかった。こうした中で農林省は昭和13(1938)年5月，全国にある既設39箇所のタービン水車を抽出・調査し『小水力利用ニ関スル調査』(以下「13年調査」）報告書を作成した。また翌14年，前年に設置助成した4)全国の小水力水車298箇所について『小水力水車ノ概要』(以下「14年概要」）報告書を作成している。

これら膨大な資料を分析してまとめられた前田清志先生3)の報告書「昭和13年発行の「小水力利用ニ関スル調査」について」を紹介したい。「13年調査」の内容は次の8項目である。

(1)　組合に関する概要
(2)　水力利用設備
(3)　共同作業の種類
(4)　共同作業の位置
(5)　共同作業場と組合員位置との距離
(6)　設備利用に関する概要
(7)　経費に関する概要
(8)　設備共同利用成績其他

各項目はさらに細分化され，たとえば(1)では作業場の地形図，地勢，土質など，(5)では水車の購入価格，型式，製造会社，水路，作業機の型式，名称，数量，修理回数など詳細にわたりその内容は膨大なものになっているという。

「13年調査」は当時日本にあった模範的な小水力水車を抽出し，まとめたものである。序文には調査の目的が次のように記されている。

「我国ノ農村ニ於ケル小水力ノ利用ハ其ノ源極メテ遠ク，古来水車ハ農家ニトリテ唯一ノ農業用原動機タリシガ，近時石油発動機並ニ電動機ノ一般的普及ニ伴ヒ諸種ノ事情ニ依リテ稍々軽視セラルルニ至レリ。然ルニ今次ノ非常時局ニ際シ，石油，銅等ハ極度ニ其ノ消費ヲ節約スベキヲ要求セラルルヲ以テ再ビ小水力利用ヲ強調スルノ必要ヲ生ジ来レリ。依テ全国各地方ノ農具奨励官ニ型式ヲ内示シテ管下既設ノ優良ナル小水力利用設備ニ付調査報告ヲ求メ，之ヲ集聚シテ印刷ニ付シ以テ小水力利用奨励上ノ参考ニ資セントス」

表 1-1 各種資料による全国の水車数

年度 / 県名	明治 30 年	昭和 13 年 5)	昭和 14 年 6)	昭和 18 年 7)		
	水車場			在来型	タービン	ペルトン
北海道	102	0	11	2,058	214	27
青森	590	2	5	359	32	4
岩手	1,901	2	10	2,721	118	26
宮城	1,180	0	5	290	31	10
秋田	590	0	10	390	41	18
山形	672	2	8	382	60	22
福島	3,129	0	16	981	188	71
茨城	1,691	0	6	385	149	3
栃木	2,938	2	4	1,845	94	13
群馬	2,307	2	11	1,597	41	20
埼玉	499	0	2	571	26	9
千葉	558	1	0	140	84	6
東京	713	0	0	101	1	1
神奈川	1,283	2	7	550	0	0
新潟	2,825	2	14	13,110	173	93
富山	835	2	20	9,385	880	165
石川	370	2	6	313	61	14
福井	590	0	8	549	45	20
山梨	2,670	2	8	973	66	5
長野	6,774	1	9	5,707	249	58
岐阜	1,915	1	2	3,134	60	38
静岡	5,663	2	2	1,700	38	85
愛知	1,512	1	5	1,295	47	333
三重	1,154	0	0	711	69	15
滋賀	815	0	9	410	23	0
京都	1,210	1	13	1,772	58	8
大阪	252	0	0	322	31	26
兵庫	1,702	0	4	1,988	66	20
奈良	378	0	0	746	50	9
和歌山	168	1	8	221	25	6
鳥取	841	0	18	2,236	92	15
島根	505	0	10	2,055	25	1
岡山	1,646	1	5	1,932	47	61
広島	1,627	1	1	2,922	27	25
山口	1,292	0	5	818	70	147
徳島	248	0	5	1,874	25	19
香川	356	0	0	296	0	0
愛媛	530	0	10	639	74	21
高知	563	2	3	1,124	30	9
福岡	948	2	8	2,560	67	24
佐賀	837	1	6	233	46	2
長崎	764	1	3	140	33	2
熊本	1,452	0	5	469	80	25
大分	2,739	1	2	695	71	54
宮崎	533	0	9	378	52	5
鹿児島	319	1	4	77	23	4
沖縄	15	1	1	6	1	0
合計	62,203	39	298	73,160	3,783	1,539

昭和 13・14 年は〔小水力利用水車〕だけの数

（前田清志『日本の水車と文化』,「昭和十三年発行の『小水力利用ニ関スル調査』について」）

表1－2　小水力利用施設の所在地と水力原動機

小水力利用施設の所在地		
番号	県名	組合の名称
1	青森	泥障作共同自家用電燈
2	青森	文治屋敷共同作業場
3	岩手	久保農事実行組合
4	岩手	藤里村第二区農家組合
5	山形	鮨洗水車組合
6	山形	堀内共同作業組合
7	栃木	谷地賀(やじか)農事実行組合
8	栃木	平田連合協同組合
9	群馬	奥中共有水車組合
10	群馬	山田農事実行組合
11	千葉	柏野耕地整理組合
12	神奈川	下谷農事実行組合
13	神奈川	地蔵堂水利電気組合
14	新潟	十日町農業共同施設組合
15	新潟	山寺報徳農事実行組合
16	富山	吉倉農家組合
17	富山	下立村第二区農家組合
18	石川	大沢農事改良組合
19	石川	本郷製縄農事改良組合
20	山梨	保証責任篠尾信用販売購買利用組合
21	山梨	保証責任武川信用販売購買利用組合
22	長野	中上農事実行組合
23	岐阜	恵那郡落合村信用販売購買利用組合
24	静岡	保証責任鷹岡信用販売購買利用組合
25	静岡	保証責任大河内至誠信用販売購買利用組合
26	愛知	保証責任小原信用販売購買利用組合
27	京都	郷村大字郷下作業場
28	和歌山	真妻村松原農事実行組合
29	岡山	山戸原共栄組合
39	広島	宮川準四郎精米所
30	高知	中組自家用電気組合
31	高知	小川村機械製茶組合
32	福岡	南畑村市ノ瀬水力利用組合
33	福岡	保証責任松末村水力利用工場
34	佐賀	保証責任小関村信用販売購買利用組合
35	長崎	上志佐製茶実行組合
36	大分	後河内農産加工利用組合
37	鹿児島	月野信用販売購買利用組合
38	沖縄	無限責任志喜屋水力利用組合

水車の型式	水力原動機				番号
	落差（尺）〈m〉	流量（個/秒）〈m^3/秒〉	出力（馬力）	価格（円）	
竪型オープン型	12	3	4	350	1
竪型オープン型	12	5	6	250	2
横軸オープン型フランシス	5	9	3.3	215	3
竪型露出型プロペラ	7	12	7	350	4
フランシスタービン開放型	7.5	2	1.7	179	5
横軸開放型プロペラ	13	5	3	213	6
竪軸露出プロペラ	2.5	20	4	250	7
竪軸露出プロペラ	2	16	2.7	450	8
竪軸開放型フランシス	4	16	5.5	650	9
ペルトン	51.5	1.3	5.5	120	10
横軸フランシス	17	4.4	8		11
竪形タービン	〈1.36〉	3.6	1.8	300	12
横軸	〈22〉	1	8	420	13
竪軸プロペラ	6.5	4	2.6	290	14
横軸オープン型	15	3.5	3.5	240	15
竪軸フランシス	3	15	3	450	16
竪軸フランシス	11	5	4.5	684.11	17
竪軸露出型タービン	11	3.3	3.9	220	18
横軸露出型タービン	12	5.5	6	650	19
横軸露出フランシス			5		20
竪軸露出フランシス	10.5	10	9		21
竪軸露出	12		3	320	22
竪軸露出フランシス	11.5	9	7	518	23
横軸オープンフランシス	32	5～7	13～18	650	24
横軸オープンフランシス	31	1.5～2	3～5	650	25
竪軸オープンフランシス	11	6～7	5～5.5	375	26
スパイラル格納タービン	26	3	8.4	480	27
横軸スパイラルタービン	24	3.67	10.5	620	28
フロンタルタービン	40	3	8	400	29
竪軸露出フランシス	7	8～4	7	420	39
ペルトン	70	0.5	3.5	500	30
ペルトン	110	0.5	5	500	31
竪軸露出タービン	〈6.7〉	〈0.0535〉	25	870	32
タービン	28	3.5	8	1,050	33
横軸格納型	20	3～6.5	9.5	650	34
開放型タービン	12	8.5	10	1,700	35
タービン	〈8.5〉	2.5	6	800	36
竪軸露出型	17	7	7	850	37
横軸格納フランシス	50	1.5	8.3	805	38

石油資源が貴重になる中で水力が見直されようとしている点は，エネルギー源が見直されている現代に共通する。「13 年調査」の目的は国として小水力水車を奨励するための参考資料作成であった。

また「13 年調査」の附言には次の文章が記されているという。

「地方ニヨリテハ多数ノ小水力利用設備ニ付調査報告アリタルモ，参考資料トシテ適切ナリト認メラルルモノヲ採録シ，又水力原動機トシテ水力タービン若ハペルトン水車ヲ設置セル場合ヲ記載セリ」

この内容から調査は水力タービン水車（フランシス水車，プロペラ水車，ペルトン水車）に限られていたと考えられる。また「他にも多数の水車があったが参考資料として適切な水車を選定し掲載した」とあるも，「多数の水車」にはタービン水車以外の在来型水車を含めるのかがはっきりしない。したがって全国のタービン水車の正確な数は不明である。

前田清志先生は「13 年調査」，「14 年概要」，さらに「農商省統計」をもとに国内の水車数を集計している(表 1-1)。

昭和 14 年に比べ昭和 18 年にはタービン水車数が著しく増加している。14 年調査が前年補助したタービン水車に限られるので単純には比較できないが，農林省の補助金による奨励政策が功を奏していると考えられる。富山，長野，北海道，福島についで茨城県でも 149 箇所（農商省統計）とタービン水車が多く稼働してきた。

「13 年調査」に掲載された国内 39 箇所のタービン水車の詳細は資料のとおりである(表 1-2)。

さらに「13 年調査」にはある組合の沿革として小水力水車に改修する動機，組合員の心情，新式水車との出会い，改修手順，地域に果たす役割について次のように述べられている。わが地域に照らして考えるに興味ある内容なので引用する。

「明治三十二年十二月ノ創立ニシテ当時工費金千二百円以テ竣功シ，組織ハ組合員ノ合資ニ依リ，出資方法ハ当時ノ資産状況ニ依リ出資額ヲ拠出シ経営シテ今日ニ及ベリ，爾後車屋並ニ水車等ノ重要箇所ノ改修三回ヲ実施シ鋭意改修ニ努力シタルモ腐朽甚シク改造ノ時期至レリ。

水車利用ニ新式水車ヲ採用シタル動機。水力ガ農村ニ於ケル天与ノ動力ニシテ之ヲ合理的ニ利用シ農産物ノ加工処理ヲ行フハ経済更生上最モ重要事項タルハ論ヲ俟ズ。然ルニ本水車ハ幸ニシテ地ノ利ヲ得テ創設経営今日ニ及ビタルモ旧態依然タル型式ニテハ能率低ク加工物ノ品質モナキ為メ組合員ニシテ自己ノ水車ヲ使用スル者漸次減少シ能率高キ他ノ施設ヲ利用スルモノ簇出シ人ノ和ヲ失ヒ経営困難ナル事情ニ立至レリ，茲ニ於テ大改善ヲ断行シ種々ノ考究ヲナシ時代ニ適応セル設備トナス可キ機運ニ向ヒツツアリタルニ偶々県農事試験場内選抜農事講習同窓会発行ノ雑誌「農村」ニ掲載シタル同場島津農村技手ノ「水車改造」指導ニ関スル記事ニ感銘シ直ニ同技手ニ其概要ニ付キ指導ヲ受ケ之ヲ組合員総会ニ諮リ一時的ニ固定資産ハ多額ヲ要スルモ将来長期間使用ニ耐エ廻転数早キ新式水車ニ改修シ経営ノ合理化ヲ図リ作業機ノ改良ヲ為スコト等ヲ決定セリ，更ニ設計指導ヲ受ケテ改修委員ニ依リ実施ヲセナリ」8)

在来型水車の老朽化は水車稼働不可能という問題だけでなく，地域住民の和をも損なうほどの状況となっていた。タービン水車への改修は地域住民にとって喫緊の課題であった。昭和16(1931)年に改修された笠間市北吉原のタービン水車も，生産性の変動や組合員の意識の変化の中における，一例と位置づけられる。

こうした農林省調査資料と多賀・八溝山地のタービン水車調査との比較検討は，第3部小型タービン水車を調べる－10 調査結果のまとめで行うこととする。

1) 前田清志「昭和十三年発行の「小水力利用ニ関スル調査」について」九州大学石炭研究資料センター『エネルギー史研究』第13号(財団法人西日本文化協会 1984)

2) 古記録・文書の読解は高萩市史編纂専門委員江尻光昭氏より指導を受けた。

3) 玉川大学工学部教授。産業考古学会会長。「茨城県北部の小型タービン水車の見学会」の際，現地で助言をいただいた。当資料は参考にするようにと産業考古学会例会時に直接手渡された。あとがきによると専修大学の黒岩俊郎先生より，農林省昭和13年発行「小水力利用ニ関スル調査」という書物があることを伺い，前田先生はこれを閲覧し膨大な内容を取捨選択しA4版14ページにまとめて前掲注1)に発表された。2008年逝去。

4) 注1)「同」には，〈農林省農務局「小水力利用ノ概要」昭和14年序文による〉とあり，小水力水車への補助金は昭和13年より開始されたことがわかる。

5) 「小水力利用ニ関スル調査」(水力タービンのみ)

6) 「小水力利用設備ノ概要」昭和13年に農林省が助成したもの（水力タービンのみ）

7) 「第一次農商省統計表，農林統計編」昭和17年現在

8) 注1)「同」

4　小型タービン水車の製作・販売

(1)　製作者市村幸吉

各地のタービン水車に出会うたびに，タービン水車の製作者として市村幸吉の名前を耳にするようになった。「市村式タービン水車」と名付けられる水車の創始者である市村幸吉とはどんな人だったのであろうか。探索した結果，市村さん（以下敬称略）の親類・縁者で，話を聞くことができたのは，市村鉄工所に勤務していた従兄弟の志賀宗一（水戸市元吉田町荒谷　光電気工業所），長女の三輪みつえ（那珂郡瓜連町＝現・那珂市静），四女の志村芳子（水戸市千波町）である。この方々の話から市村幸吉の生涯を追ってみた。

市村幸吉は明治19(1886)年，市村茂三郎の長男として生まれた。生家は栃木県芳賀郡祖母井（うばがい）町520－2に現存する。宇都宮に通ずる街道に面し，市村畳店を営んでいる。姉のタカ，弟の茂泰の3人兄弟である。父茂三郎は福島県石城郡湯本町（現・いわき市）で炭鉱の業務（飯場）に携わっていた。母親は幸吉が十代の時に他界し，子どもの養育は祖母に任された。義務教育は祖母井町で受けたが，卒業後は湯本町に移り住みそこで成人した。彼も父と同様当時隆盛であった炭鉱業務に携わり，茨城無煙炭鉱第二坑（現・北茨城市中郷町石岡）の用度（ようど）1)に勤務するようになって責任者（用度課長）を務めた。やがてキ志と結婚し，みつえ，つね子，フサ，芳子の四女に恵まれた。昭和2(1927)年（市村幸吉41歳）に転機が訪れた。長女の教育のことや将来を考えて職を退いたのである2)。水戸市柵町に転居した。柵町には以前茨城無煙炭鉱で共に勤務した室井がいた。

市村幸吉は水戸に移り住んで様々な職業を試行錯誤し，まもなく水戸市柵町5丁目12番地（現・大塚屋隣地）に［合資会社市村鉄工所］を創設した。室井と共に当時在来型の水車に替わって普及してきたタービン水車3)の製作に従事するようになった（写真1-13）。市村幸吉がどのような経緯でタービン水車と出合ったのかは不明であるが，水車を工夫・研究し，落差・水量にあわ

1-13　**市村鉄工所付近の現況**　道路左側中央

せ効率的な馬力を発揮する水車を開発した。これが利用者から好評を得，また時流にも乗って口コミで広く普及した。これらが[市村式タービン水車]と称された水車であった。

昭和23(1948)年10月現在で市村鉄工所が発行した『市村式水力タービン水車主なる納入先』という販売営業用小冊子がある(写真1-14)。これは水戸市の志賀宗一からお借りしたものである。戦後間もない不安定な世情の中で，活字化してこれだけの冊子を作り，営業販売に供したことは，鉄工場経営の確かさの証明であろう。

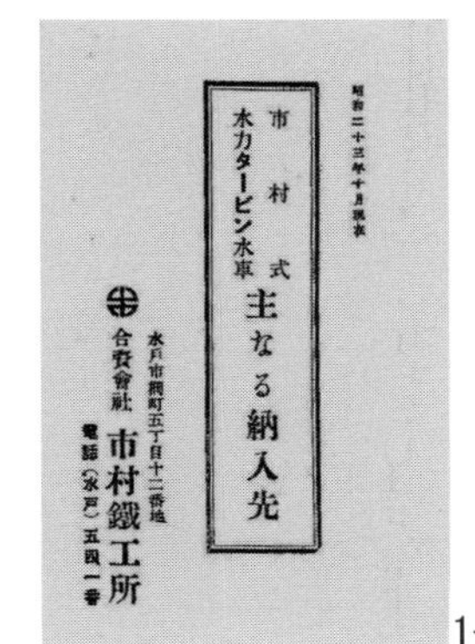
昭和二十三年十月現在

市村式
水力タービン水車
主なる納入先

水戸市柵町五丁目十二番地
合資會社 市村鐵工所
電話（水戸）五四一番

1-14 主なる納入先表紙

ある時編集者の肥留間博氏から「この冊子はタービン水車を納入した順に記載されているのではないか」というご指摘をいただいた。

冊子の最初にはかつて市村幸吉が勤務した茨城無煙炭鉱第二鉱のすぐ近く，多賀郡南中郷村石岡（現・北茨城市石岡）清水幸太郎水車が記されている。清水精米所は石岡小学校近くの日立―勿来線に面し，すぐに確認できた。現在の主人一郎は幸太郎のひ孫にあたる。水車小屋は取り壊されタービン水車も外されていたが，水路の一部を確認した。清水一郎は「用度にいた市村さんと，そこに米を納入していた曽祖父とは旧知の仲であった」

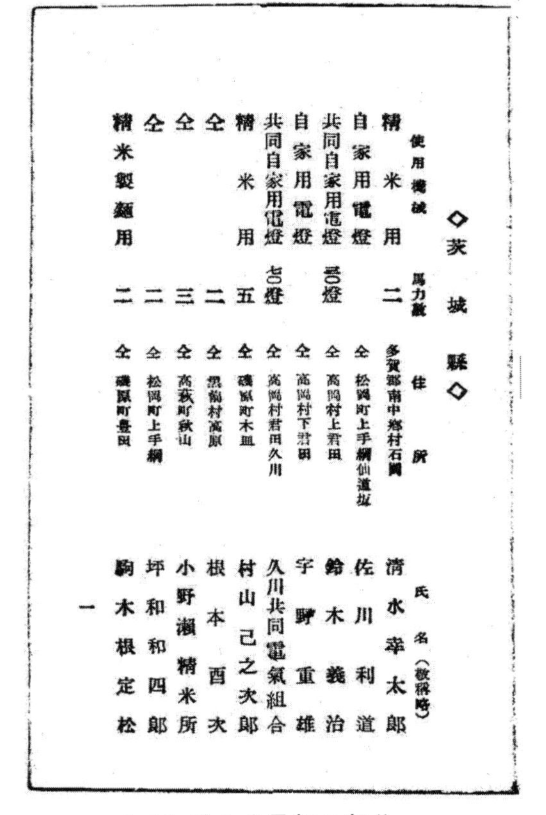
◇茨城縣◇

使用機械	馬力數	住所	氏名（敬稱略）
精米用	二	多賀郡南中郷村石岡	清水幸太郎
自家用電燈		仝 松岡町上手綱仙道坂	佐川利道
共同自家用電燈	三〇燈	仝 高岡村上君田	鈴木義治
自家用電燈		仝 高岡村下君田	宇野重雄
共同自家用電燈	七〇燈	仝 高岡村君田久川	久川共同電氣組合
精米用	五	仝 磯原町木皿	村山己之次郎
仝	二	仝 櫛形村高原	根本酉次
仝	三	仝 高萩町秋山	小野瀬精米所
仝	二	仝 松岡町上手綱	坪和和四郎
精米製麺用	二	仝 磯原町豊田	駒木根定松

一

1-15 納入先最初の部分

と話してくださった。最初の納入箇所と見てよいだろう。タービン製作第一号は知人へ納入していたのだった。これより旧松岡町上手綱仙道坂（現・高萩市）佐川利道水車，さらに旧高岡村君田地区久川共用水車（現・高萩市）へとつながるタービン水車導入の経緯が明確になった(写真1-15)。

冊子を詳しく見てみよう。表紙には市村鉄工所の主要営業種目として次の事柄が載せられている。

1 市村式各種水力タービン水車の設計，製造，取付，修理
2 市村式石ロール，圓筒複式精粉機（全自動装置）の製造販売
3 市村式精麦機，圧扁機の製造販売
4 各種銑鉄鋳造品の製造
5 精米機，其の他農機具一般の販売，修理
6 電動機，発動機，製材機等機械一般

市村鉄工所はタービン水車の製作・販売を主業務とし，附属各種機械の修理・販売も合わせて行っていた。冊子の序言には，タービン水車のセールスポイントが声高々に謳われている。

「市村式タービン水車は社長市村幸吉が多年にわたり実地運行研究体験よりもっぱら機械本来の得失を極めて，常に出力の堅実と機構の堅牢とを標榜して研鑽を重ねてきたのでありまして，製作にあたっての熱意と技術とが断然他製品を凌駕しつつあるのでありまして，決して偶然の出来ではないのであります。現今電力事情のとかく悪化する時期においては水力タービンは最も時期に適した施設といわれましょう。本書は従来据付を完了した市村式タービン水車の納入先を収録いたしまして大方の実地見学の便に供したい所存でございます。ぜひ一度御試験をお願いしてやみません。」

会社設立年は定かではないが，四女芳子の話によれば，いくつかの職業を試行する中でタービン水車と出会ったという。冊子が作成された昭和 23(1948)年には様々な箇所にて実用を試み，個々の地に合ったタービン水車を作ることに見通しを持った時期であった。当時市村鉄工所には[最新式農機特約発売所]の看板が掲げられていた。完成品の複式横軸タービン水車と部品のランナーを前にした作業員の表情からは自信と活力が伺える(写真 1-16)。一方では戦前・戦後の電力不足を補う手段として国の補助金が支給されたことが，タービン水車の普及に追い風となった。このような事情から市村鉄工所は順調に販路を拡大していく。

市村鉄工所では次のような製品が製作・販売された。

1 横軸露出型タービン水車
5 尺位より 15 尺位の低落差に適し，工場地盤が落差の中間位にある所に最も適当する。この式はベルトが普通にかかるから竪軸よりも便利である。

2 竪軸露出型タービン水車
2 尺位より 15 尺位迄の低落差の場合に適し，水路が工場地面と同位置か又は低位置にあるときに適します。

3 横軸露出複式型タービン水車
水量が非常に多く，落差が 5 尺以上 20 尺位迄の所に適当である。

4 横軸露出型タービン水車
5 尺位より 30 尺位迄の低落差に用ひ，

1-16 ［最新式農機特約発売所］と掲げた鉄工所

製材用精米用製粉用として一般に用えらる。

5 横軸密閉式タービン水車
20 尺以上数百尺の高落差の場合に露出タンクを作ることが困難なときに適する。

6 ペルトン水車
50 尺位より数百尺迄の高落差にして，水量の比較的少ない場合に最も適する。

7 横軸スパイラル型水車
20 尺位より数百尺の高落差にして，比較的水量の多い場合に適する。

1-17 保養所での従業員たち　前列右端が市村幸吉

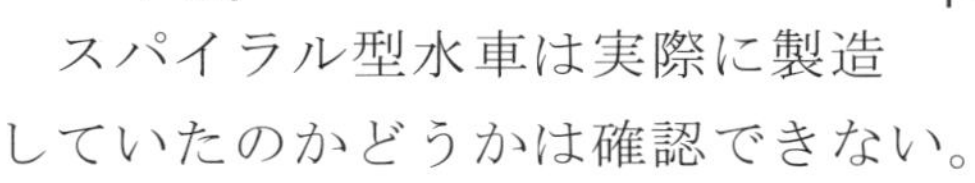

スパイラル型水車は実際に製造していたのかどうかは確認できない。

水車の性能だけではなく，市村幸吉の人間性も会社の成長に大きく影響している。市村幸吉は欲得のない性格で，神様のような存在だったという。この話は各地を聞き取り調査中に，タービン水車を稼働させた人々からよく聞かされた。緒川村上小瀬（現・常陸大宮市）の平塚さんは「市村さんの技術が最高だった。気持ちよく何でもよく聞いてくれる人。技術もあり，外交もよかった」と話している。また勤勉で研究熱心でもあった。四女の芳子は，夜遅くまで図面を描く父の姿を記憶している。どのようにしたら効率よく馬力が出るか，地形や水量に合わせタービン水車の設計・施行に明け暮れていたのであろう。タービン水車にかかわる特許を取り，発明家として表彰されたと聞いた。工場は次第に拡大され，約 30 人が住み込みで仕事をするまでになった。聞き取った社員の名前を挙げると，社長市村幸吉を中心に，旋盤に大内さん（久慈郡金砂郷村藤田），浜松正治さん（ひたちなか市那珂湊），薮田さん，鋳造に半沢さん，山崎さん（常陸太田市），市村正弘さん（北茨城市華川町下小津田），山形鉄五郎さん，大金さん，電気に神永長兵衛さん（台湾からの引揚者），志賀宗一さん（水戸市），事務雑役に大木さんなどである。親類縁者のほか知識・技術を持つ職人が雇用された(写真 1-17)。

タービン水車の完成に至るまでの工程はおおよそ次の通りであった。

まず現在で言う営業マンが各地をまわって注文をとる。在来型の水車を動力として製粉・精米・発電などに携わる個人営業者や財を成す資産家宅を訪問した。セールスポイントは「従来型よりもさらに馬力が大きい水車」である。訪問先は県内外を問わず山間地及びその周辺部である。

注文を受けるとその場で河川や周囲の地形を実測し，水車をかける場所を確定する。さらに水量や落差を計測する。帰宅後は精密にタービン水車のガイド弁の幅や高さ，ランナーの規格を決定し設計図を完成させる。この作業はタービン水車が効率よく稼働するかどうかを左右する重要な作業である。営業マンがこの作業も任され，およその設計書を描いた(図 1-4〜7)。

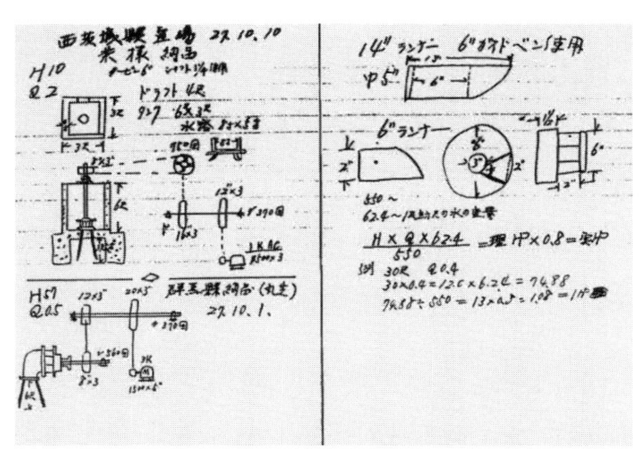

1-4　営業マンによるタービン水車設計書

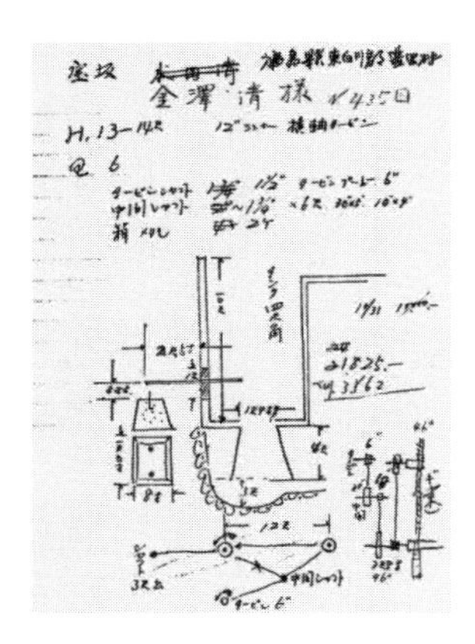

1-5 横軸タービン宝坂の例

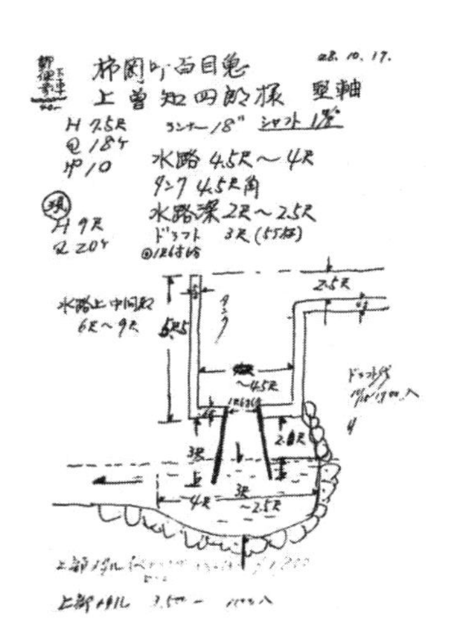

1-6 竪軸タービン百目鬼の例

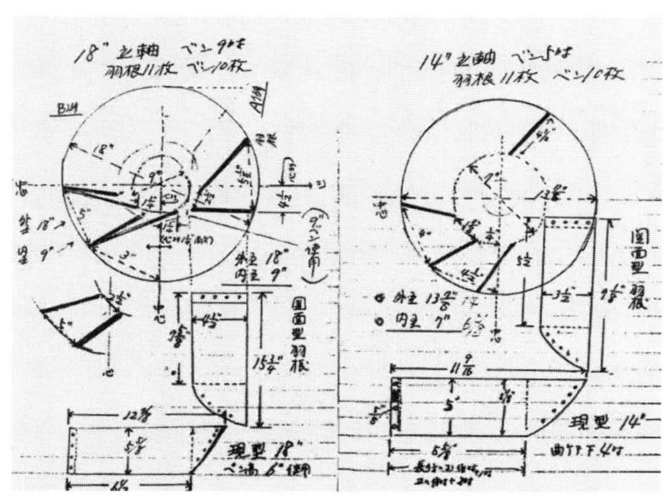

1-7 タービン水車ランナーの設計

たとえば久慈郡賀美村折橋（現・常陸太田市）に現在でも営業中の旅館のタービン水車計画図(図 1-8) をみると，地形や河川の状況から落差が 9〜10 尺，水量 2 個が得られると判定し，横軸タービン水車で製粉機と自家用発電機を稼働させることが計画されている。これに合わせて長年の経験から水槽やランナーの規格を算出している。

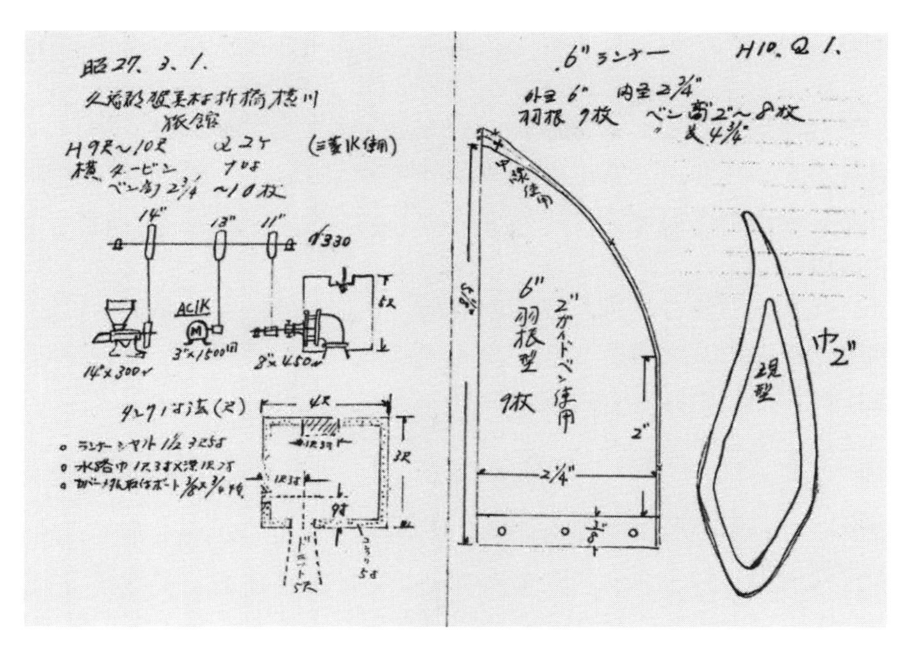

1-8 旧里美村折橋の旅館水車の計画図

この時点でタービン水車の代金も交渉したに違いない。ほとんどが売り手側の言い値で決まった。タービン水車の価格は，大子町の大森さんの農事日記には，昭和 14(1939)年当時で 480 円の記載があり，笠間の中村さん宅もほぼ同じ価格であった。戦後の昭和 29(1954)年の市村鉄工所社員志賀宗一さんの「出張用務日誌」には，群馬県高崎市の丸山鉄工所への納品 78,000 円，小瀬（現・常陸大宮市）益子精米所へ 84,810 円で納品したことが記されている。戦前・戦後の価格比較はできないが，いずれの時期でもタービン水車は庶民にはなかなか手の届かない高価な製品であり，時代の最先端を行く新鋭動力機であった。

1-18 完成した水槽と志賀さん

市村鉄工所では，この設計書を元にタービン水車の製造に取りかかる。ランナーやガイド弁など鋳物で作る部品は，設計図と共に協力工場（後述(3)）へ発注する。 水車軸など鉄製部品は自社でつくり，発注部品と合わせてタービン水車を完成させる。

さらに製品の搬送・納入は全国総販売元［三興商会］（東京市芝区）（写真 1-3）へ委託した。まさに工場の看板にある［農機特約発売所］であった。

一方現地では，堰堤や水路，水槽を作る作業がある。堰堤はコンクリート製が主で，まれに木製の場合もあった。水路は自然の地形をうまく使って水車小屋に通じているが，既存の灌漑用水路と共用するものが多かった。このため各地で水利権上の揉め事が起きた。水槽はコンクリート製で地下の構造が多い。これらの作業は業者と地域の人びととの共同作業により完成させた。営業マンは現地に滞在し，これらを指揮・監督し，農繁期には農作業の手伝いも行った（写真 1-18・19）。

1-19 脱穀作業を手伝う営業マン

市村式タービン水車の納入数を県別にまとめると表の通りである。地元茨城県への納入が最も多く約半数（218 箇所・48.4%）を占める。県外については総発売元が注文を受ける場合が多かったのではないだろうか。用途別では各県の水車ともに製粉用が圧倒的に多いが，茨城県，群馬県，栃木県にみられるこんにゃく粉製造用や群馬県の撚糸用など，その地域の特産物生産との結びつきが深い。栃木県芳賀郡・上都賀郡，福島県双葉郡・東白川郡，群馬県桐生市，岩手県胆沢郡，秋田県雄勝郡，長野県埴科郡，山梨県北巨摩郡など，地形の似た地域へ多く納入されている。

市村式タービン水車の県別納入先

県名	個数（台）	割合（%）
北海道	13	2.9
岩手県	54	12.0
秋田県	7	1.6
山形県	5	1.1
福島県	19	4.2
茨城県	218	48.4
栃木県	44	9.9
群馬県	43	9.5
千葉県	4	0.9
新潟県	8	1.8
山梨県	16	3.5
長野県	19	4.2
計	451	100

市村式タービン水車の茨城県内納入先

郡 名	個数（台）	割合（%）
多賀郡	83	38.1
久慈郡	67	30.8
那珂郡	39	17.9
西茨城郡	11	5.1
東茨城郡	9	4.1
真壁郡	7	3.2
鹿島郡	1	0.4
新治郡	1	0.4
計	218	100

市村式タービン水車の茨城県内用途別数

用　途	個数（台）	用　途	個数（台）
精　米	163	製　粉	19
製　麺	4	発　電	15
製　材	36	木　工	3
その他	8［脱穀　製茶　製縄　石鹸　砥石　瓦　石粉2］		

（この表は主な用途一つを集計したものであり，実際には複数の用途があった。）

茨城県内では多賀郡，久慈郡，那珂郡に広がる多賀・八溝山地に189箇所（全体の86.8%）と大部分のタービン水車がこの地区に納入された。

このようにして市村式タービン水車はその性能のよさが買われ，広い範囲に普及した。しかし社長市村幸吉が昭和25年4月7日64歳で病死すると，会社も大きな転機を迎える。市村鉄工所は市村幸吉の三女フサの夫で，市村幸吉の一番弟子小松正広が二代目社長に就任した。しかし電気が普及し，タービン水車に替わって手軽に活用できる電動機が動力源の主流を占めるような時代の動きの中で，市村鉄工所は昭和33年に操業を停止した。

タービン水車製造所として，聞き取り調査では市村鉄工所以外に，日立市［岡部鉄工所］と栃木県烏山町［みょうがや鉄工所］の名前が挙げられた。しかし事例は少なく未調査である。

1）用度とは炭鉱内の消費物資販売所のことである。米・麦をはじめほとんどの生活物資が，給料日に支払うことを前提に［通い帳］で買うことができた。物資不足の中で生活必需品を扱う用度課長は会社や利用者から信頼されていた。北茨城市石岡の用度は近年まで小売店として存続したが，現在は取り壊され事務所前に建屋基礎部分を残すのみ。

2）余談になるが市村幸吉の長女みつえは教職を志し，県立水戸高等女学校（現・県立水戸第二高等学校）から茨城女子師範学校へと進学した。卒業後は那珂郡美和村立高部小学校教諭を振り出しに，教師としての道を歩まれた。

3）前田清志『日本の水車と文化』（玉川大学出版部 1992）p67には次のことが記されている。明治10年代に明治政府によって大規模な紡績工場が創設された。その動力は1832年フランスで発明されおよそ40年しか経っていない最新式のタービン水車を使用する計画であった。しかし実際には出力不足のところがいくつもあって，設置場所を変更したり，蒸気機関と併用されたところもあった。

(2)　タービン水車の販売・据付けに活躍した人々

市村式タービン水車の販売業務にあたったのは，市村鉄工所社員志賀宗一（光電気工業所）である。全国総販売元となったのは前述のとおり合名会社三興商会であった。

これらの納入状況やその後のメンテナンスの具体例を知る手がかりとして，志賀宗一が常に持ち歩き，行動の詳細をメモした「出張用務日誌」を閲覧させていただいた。事細かな記録を見てみよう。昭和29(1954)年2月から半年間の部分である。

月	日	
2	28	石岡鈴木正治様　夕方高木様へ寄る。汽車240バス100　（注・数字は円）
3	2	群馬高崎市丸山鉄工所　タービン注文取り(78,000)　手付け(40,000)受け取り 前橋の小野塚製粉より見積り　逸見様に行き一泊す
	3	帰る。汽車740 バス140　逸見様に土産物200
	5	上野宮斉藤米屋台取付出張
	6	菊地三吉文吉両氏のところによる
	7	宝坂（注・矢祭町）金沢様
	9	朝帰る　汽車300
	10	上野宮斉藤様試運転に出張
	11	12日帰り。夜宝坂へ出張
	13	宝坂ベアリング取替
	14	宝坂より帰る　汽車250 バス130
	15	上小瀬（注・常陸大宮市）井樋米屋集金に出張　主人留守で帰る　バス110 矢祭山菊地四郎様夜8：20分で出張
	16	ダブルタービン取解体　夜汽車で帰る　汽車280
	17	休み
	18	午後小瀬出張　足田氏一泊　バス220
	19	井樋米屋集金10,000　夕方帰る　夕方5時37分にて矢祭山菊地四郎様出張 汽車300
	20	菊地様タービン修理取付集金 修理代6,400
	21	矢祭山より金沢様に寄る　一泊
	22	下野宮菊地三吉様に寄る　主人留守夕方帰る
	23	工場
	24	工場
	25	工場
	26	240　九時にて石岡町柿岡出張タンク工事
	27	タンク工事指導
	28	同
	29	柿岡発5：50にて夕方帰る バス40　汽車80　持金300
	30	休日
	31	
4	1	(持500)　高崎出張取付
	2	現場コンクリート工事
	3	バス110　朝現場より帰る 丸山氏に1,000借りる
	4	現場出張（尾沢村）
	5	日野物試運転　20,000受取(丸山氏)
	6	藤岡行一泊 バス60

7　山廻り一泊 汽車高崎より水戸 410
8　日野 13：10にて帰る水戸着 3 時 夕方 5 時 37 分にて宝坂出張
9　宝坂より帰る 矢祭下車吉田様へ寄る
10 日から 13 日まで工場
14　宝坂より 5,000 入　宝坂出張ランナー取替
15　宝坂より帰り 12 時 18 分久米村に来る
16　久米村より帰る 10 時ころ
5　25　唐虫（注・北茨城市華川町）来る（9 時 28 分にて）
26　車（注・北茨城市中妻）荒川様取り付けコンクリート工事弟を手伝わす
28　弟と二人で取付試運転す 25,000 領収す
30　下野宮出張　菊地三吉様蒋田敬之助様より 5,000 受領
31　久米集金済
6　1　柿岡町出張 取付セメント工事済
2　雨のため 1 日休み
3　土方手伝及び取付
4　土方手伝 240　4 時にて帰る 5,000 領収
5　（旧節句）休み
6　午後より湯平出張 1 泊 2,000 領収
7　横川集金 15,000
25　9 時にて宝坂出張
26　宝坂より帰る。再生機ランナーメタル分済 4,500 受取
7　20　9 時にて柿岡出張 試運転 240
21
22　柿岡町祭礼
23　同
25　湯袋（小幡村）自家発電水車見学す（2 軒）
26　製麺機試運転
27　朝麦つき一俵
28　ベアリングカラー付（シングル）5 丁板 5 寸丸一枚グリス止用 夕方帰る 2,000 受取
8　10　矢祭山出張 吉田様 3 俵張タンク 1 件
11　（吉田様の分）6,500 受取 宝坂へ
9　1　中里村東河内 梶山米屋ガイド弁取付 4,000 受領す
2　（1 人）11 時発にて桧沢局前 益子精米所に取付 1,000 前内入
3　（1 人）ランナーシャフト合わせに車で水戸に行く（ランナー、台、カバー、パイプ）加工し夕 7 時に桧沢に来る（堀江手伝）
4　（2 人）古タービン解体
5　（1 人）コンクリート工事午前中済 4 時にて水戸へベアリング置きに行く
6　ベアリングカラー合わせて 11 時に桧沢（注・常陸大宮市）へ来る 取付大体でき
7　（2 人）メタル取付 午後試運転す（10 人）4 時にて堀江帰る
8　本日益子様より 5,750 受取 9 時にて帰るベア代 2,400 小瀬 井樋米屋に寄る
足田鉄鋼場に寄る。益子精米所 7 HP（注・馬力）古タービン 84,810
7 月 24 日 手付 40,000
8 月 13 日 旅費 1,000
8 月 30 日 内入 20,000
9 月 5 日 全残 23,810　清算書つくり
27　2 時 2 分にて大内氏と高崎丸山鉄工所清算に行く。高崎着午後 7 時いろは寿司にて主人と会う。いろは別館に来て一泊。
28　朝 7 時 15 分にて上野に向 夕方大内氏と帰る　（注・以下略）

当時は列車・バス等の公共交通手段が唯一の移動手段であった。この状況下で志賀宗一はまさに東奔西走し，タービン水車の販売・修理にあたっている。文面

から需要家との信頼関係がしっかりとできていることが見て取れる。また，領収金額や支払い金額が仔細に記入され，きちょうめんな性格が裏付けられる。記された金額からみてタービン水車の事業は十分採算が取れた内容であったと考えられよう。

一方需要者から見れば，タービン水車の購入は，補助金が出たとはいえ高額の支出で，旧地主や地元の資産家が主に敷設し，庶民にとっては高嶺の花であった。

別のページには，華川村花園地区（現・北茨城市）に設置したタービン水車にかかわる河川使用願の下書きが残されていた。願書の書き方を地域の方々に指導したのではなかろうか。タービン水車を売り込むためには，このような案内も必要だったのであろう。内容は次のとおりである。

河川敷占用並に工作物設置願
花園川通り　多賀郡華川村大字花園地内
一河川敷の実測面積　24 坪
占用料金　壱ヶ年金　　　円壱坪に付金　　円
占用期間　昭和 26 年 4 月 1 日～昭和 31 年 3 月 31 日迄　　満 5 ヶ年
右之通り自家発電水力占用並に工作物設置いたしたく大正 2 年県令第 21 条を遵守いたしますから御許可下されたく別紙面及計画大要などを添えて申請いたします。
昭和 26 年 4 月 30 日
多賀郡華川村大字花園
中坪　代表　略
茨城県知事殿
参加者名　　略　2 枚

水利使用願
多賀郡華川村大字花園　中坪自家発電組合　　組合長
起業の目的　　自家発電をなし文化的生活の向上を図るもの
取水河川　　花園川
取水口　　多賀郡華川村花園 446 番地の 2 附近
放水口　　同所　　　332 番地
使用水量　　毎秒 7.4 立方尺（0.2055 立米）
有効落差　　4 尺 5 寸（1.4 米）
馬力数　　3.83 馬力　　発電力　2.1ｋｗ
水の使用期間　御許可の日より 20 ヶ年間
第一　水路工事
一　水路一覧の図　別紙位置図の通り在来道路側用水路使用
二　水路実測縦断面図 別紙図面通り
三　堰堤水門の制水壁及水路の実測図 別紙図面通り
四　計画□□大要
1　取水河川の状態及び勾配
此岸は概耕地，他岸は県道にして川敷は砂礫なるも 2 尺 4 寸にして粘土層に達する。勾配は約 200 分の 1
2　取付方法の大要
イ　河川へ直角に堰堤三□練張造天端巾一米図示の通りのものを設置する。
ロ　取水口水路は巾二米深六十糎とし堰堤へ直結し土砂没するものとする。

ハ　河川増減の程度により取水位置下流十二米のケ所に余水排除水門及制水壁A型を設置し流水の調整をするものとする。
ニ　使用水量決定の理由
本申請時の組合員は七名であるが近い将来十二名となる見込み大なるためこの電力消費量を二kWとし算定の基準となす
ホ　水路断面算定の方法
0.4005 平米の断面積を必要となるようにし水路上巾 0.98 米下巾 0.8 米深さ(水深)0.45 米とする
ヘ　水車の種類及び個数　タービン竪軸水車壱個
ト　掘鑿土及び没棄土砂の数量及びその処理方法
約二十五立米付近荒地へ運搬取捨処理する
チ　切取盛土断面の保護及び山地崩壊防止方法
現有の水路を使用するにより特別の切取盛土はその要なく 排水路堀口に対しては両壁面に玉石練積にて土留擁壁を施行する 山地崩壊防止の要なし

第二　取水河の水量測定
一　流域面積 約 1.8 立方里
二　取水口付近に於ける流水量 毎秒 1.2507 立方米
三　使用河川の勾配及河床　勾配 200 分の一　河床砂礫層二尺以下粘土層

第三　起業及治水其他公益事業等の関係
一　灌漑其の他既許可の水利事業に及ぼす影響及その施設の大要
取水口放水口間及その上下付近に於て本起業のため影響するものなし
二　舟筏通航流木漁業に及ぼす影響及之に関する施設の大要
通航流木の慣行なし 漁業の利なし
三　名勝旧跡に及ぼす影響及之に関する施設の大要
影響全くなし
四　取水口堰堤のため洪水時の水面隆起に起因する影響程度及之に関する施設の大要
影響全くなし

第四　工事費（概算書）

項	目	数量	金額	(円)
創立費		一　式		20,000
水路工事費				80,000
	用地費	一　式	5,000	
	堰堤費	一ヶ所	42,000	
	取水口費	一　式	1,000	
	水門費	一ヶ所	5,000	
	制水壁（A型）	一ヶ所	3,000	
	仝　（B型）	一ヶ所	2,500	
	水路掘鑿費	一　式	2,000	
	余水吐施設費	一ヶ所	500	
	貯水池費	一ヶ所	15,000	
	放水口費	一　式	2,000	
	土砂処理費	一　式	2,000	
	升			
電機施設費		一　式		250,000
合計				350,000

〈落差及び水量測定並びに設計(略)〉　志賀宗一「出張用務日誌」より

昭和20年代に総額35万円の買い物は相当の決断が必要であったろう。とりわけ発電機の高額なのが目にとまる。メモは，まだまだ下書きの段階であるのかも知れない。

さらに，志賀宗一の出張用務日誌には，その周囲の地形や河川の水量に合わせて，タービン水車を設計した様子(図1-4〜8)が記されているがこれは前述の通りである。水車の設計図としては，概略を記した図ではあるが，この図をもとに製作現場において話し合いがもたれたのであろう。いくつかの水車を完成させた経験が生かされていた。またタービン水車を販売するためには，タービン水車の完成時の性能を予測する知識や能力が必要だったのである。

さらに同日誌には，納品先別の落差，水量から割り出したタービン水車部品設計の詳細が記録されている。

納品先別水車部品

納入先	シャフト長さ(尺)	H 落差(尺)	Q 水量(個)	ガイド弁高(寸)	ガイド弁スキ(寸)	弁数	ランナ一径(寸)	理論馬力数
1	4	3	20〜30	9.7	2.7	10	20	7〜10
2	5	3.5	20〜23	7	2.5	10	20	8〜9
3	10	7	5〜6	5	0.7	13	14	4
4	10	10	8	5	1	10	14	9
5	12	16	4.5	7	2.2	12	23	8
6	12	11.5	1.5〜2	2	0.5〜0.7	8	7	2
7		13	3.5	3	0.5〜0.8	8	10	5
8	7	5	14	7	1.7	10	18	8
9	10	12	17	7	1.5	10	16	23
10		3.5	20〜25	8	2.8	12	22	8
11		4.5	12	6	1.8		17	6
12		6	10	6	1.4	10	16	7
13	7	8	27	7	2.8	10	20	24
14	7	7	17	7	1.8	10	19	13
15		7	9	6	1.2	10		7
16	6	9	8	6	1.2	10	17	8
17	6.5	1.3	10	7	2	10	20	1
18		17	10	5	1	10	14	19
19		8	6	3	0.9	10	12	5
20		7	13	6	1.6	10	18	10
21		6.5	8	5	1.7	10	15	6
22		5	17	7	2.2	10	20	9
23		14	12.5	5	1.3	10	14	19

(スキ:弁と弁の間隔　理論馬力数は筆者記入　納入先名は略　志賀宗一出張用務日誌より)

タービン水車の馬力は水量(Q)と落差(H)の積で求められる。納入先 1，2 は水量はあるが落差が小さい。一方5，6は落差があっても水量が少ない。9，13は両者のバランスがよく高馬力が期待できる。

1㎥の水の重量は1000kgであるので毎秒Q㎥の水量を重量で表せば1000×Qkg／sec となる。仕事の量を馬力で表せばWHP＝1000Q・H／75＝13.3Q(㎥)・H(m)となる（1馬力は75kgのものを毎秒1m動かす力)。

従来行われていた落差を尺で，水量を立方尺＝1個とする尺貫法 1)を用いた場合はWHP＝0.111Q(個)・H(尺)となるのでこれをもとに算出した理論馬力を表に書き加えた。

実際にはエネルギーのすべてが機械力に変換されることはなく，理論馬力の80%～98%が制動動力または正味動力と言われ，実際の馬力数となる。志賀宗一メモによれば水車軸と接続するランナーの径・弁高・スキは概ね落差よりも水量と比例している。敷設現場は様々な自然条件下にあって，これに水車を合わせて最も性能が発揮できるよう部品を設計し，配置にも工夫を凝らした。

1-20 フランシス型タービン水車の部品　大子町

馬力を決定するランナーは入水部の径(D1)と出水部の径(D2)の大きさ及び案内弁の高さ(B)によって，①高速ランナー②中速ランナー③低速ランナーの3種に分けられる 2)(図1-9)。①は水量があって低落差の場合に適し,③は落差はあるが水量が少ない場合に適する。②はその中間である。聞き取り調査で確認したランナーは①・②が多かった（写1-20)。しかし計画通りに製作し敷設しても,実際には5馬力前後の水車が多く，中には回転が不規則になったタービン水車や，計画した馬力が得られずその後次第に放置された例もあった。またこの種のタービン水車が通常[露出型]と呼ばれているのは案内弁の外側が水槽内で露出して見えることからである。

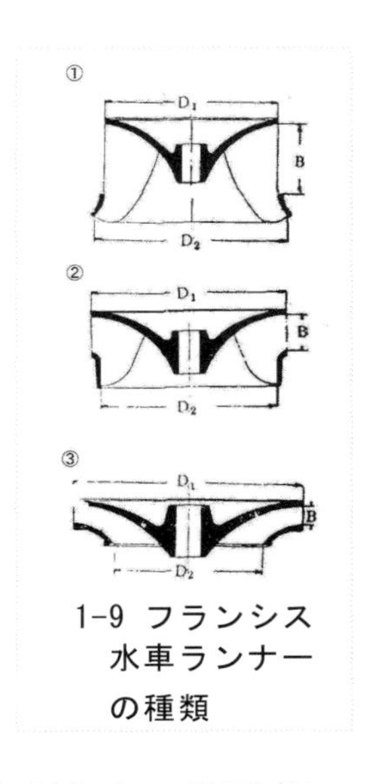

1-9 フランシス水車ランナーの種類

タービン水車設置後に様々な不測の事態や状況に見舞われながらも，需要者にとっては在来型の水車よりも性能の優れた水車であると実感されたことは間違いなく，市村式タービン水車は広域にわたって売約が成立した。

1)　松本容吉「水車」『アルス機械工学大講座』第5巻（アルス 1935）p9

また前田清志「昭和13年発行の「小水力利用ニ関スル調査」について」（九州大学石炭研究資料センター編『エネルギー史研究』第13号（1984）p108）に，尺で表された場合の理論出力数を求める式として $L=1000\times(0.303)^3Q\times0.303H/75=0.1123QH$（HP）の式が掲載されている。

L：理論出力（HP:馬力）　Q：流量（個/秒）　H：落差（尺）

2)　注1)「水車」p34

(3)　協力企業の大内鋳造所

市村幸吉を知る一人として，大内康夫がいる。市村式タービン水車の部品製造を一手に引き受けていた有能な鋳物職人である。戦前は桜川の東側に工場を構えたが，戦後は現在地（水戸市城東2丁目11−27）に工場を移した。いずれも市村鉄工所に程近く，何かと都合がよかったのではないだろうか。

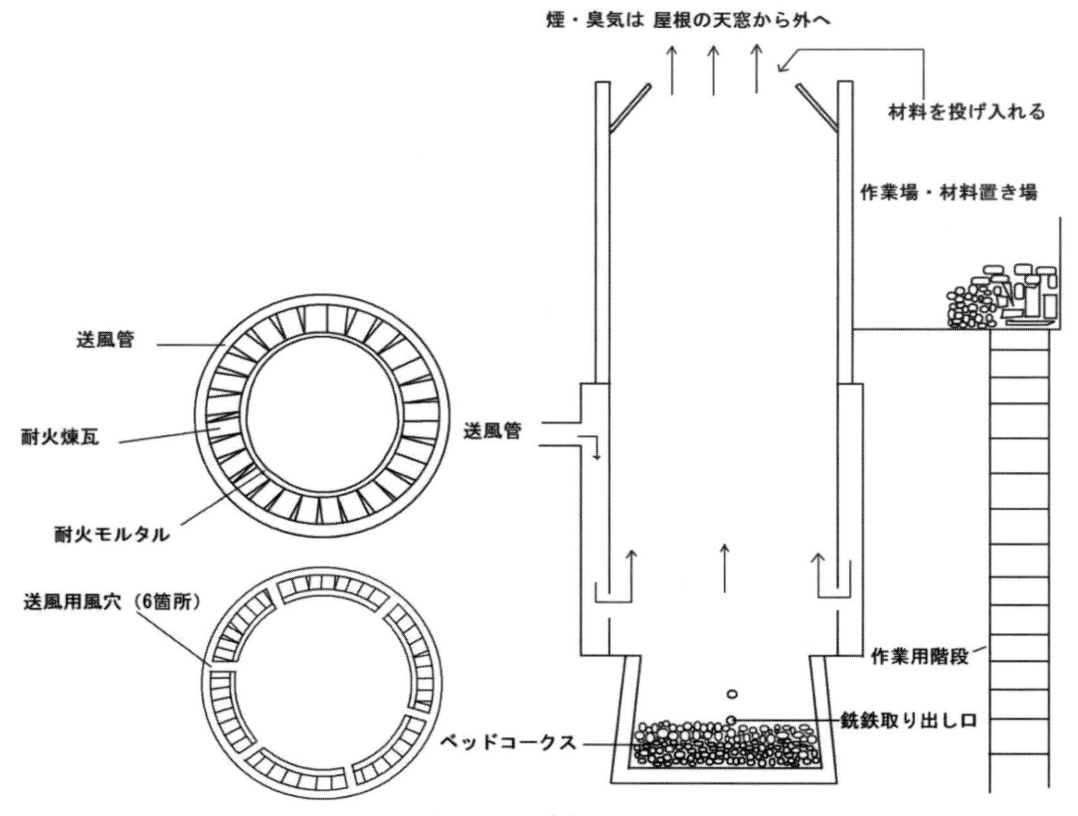

1-10 こしき炉断面・平面図

昭和63年11月大内鋳造所を訪問した。志賀宗一から勧められたことによる。大内康夫と長男，それに職人2人計4人が，溶鉄を型に流し込む火入れが近づいたため準備作業をしていた。

工場は4間×6間ほどで，二間に分かれている。通路側に面した部屋は木型や型取り用の砂など資材の保管室とされ，もう一方は鋳物を製作する作業所となっていた。建屋の周囲はスレートで覆われ，内部は黒色一色でやや暗い。屋根はトタン板葺きで中央に排気用の空洞がある。外部から見ると鋳物製造工場とは気づかない。はじめてみる鋳物工場は私にはとても新鮮で興味深かった。

その後4回ほど訪問した。何度訪問しても快く取材させていただいたことは感謝に堪えない。状況を見学して，鋳物製作工程の概略を理解した。

製品完成にいたる仕事の内容は，おおよそ次のとおりである。

1-21　ランナーの木型

1-22　こしき炉（キューポラ）

まず，造ろうとする製品と同じ木製の模型を作る。これが木型である(写真1-21)。

水戸市立城東小学校の前に，大森さんという木型製作専門の職人がいると聞いた。大森さんが大内鋳造所で使う木型を造り，納品された木型を砂に埋め，炭酸ガスを注入して砂に強度を加える。

木型を取りはずすと空間が砂型（鋳型いがた）である。砂型には上型と下型があって，両方をあわせてひとつの製品となる場合が多い。

使用する砂は山砂で，固まりやすくするために多少粘土を混ぜる。

この砂型でできた空間に溶鉄をひしゃくで流し込むのである。すばやく，そしてていねいに。この技術は熟練を要する作業である。

見学時の作業ではひしゃく一杯で１セット（製品 5・6 個）分の砂型が溶鉄で満たされた。6 人の職人は火入れの時に近隣から駆けつける。注がれた溶鉄がある程度冷却するのを待って，砂型をくだき製品を取り出す。仕上はグラインダーで接続部等を削る。使用後の砂は一箇所にまとめられ，次の製品を造るために山積みされる。

炉（キューポラ）をみてみよう(写 1-22・図 1-10)。［こしき炉］と呼ばれ，上下3段の円筒状になっている。底部の炉には燃料用ベッドコークスが敷きつめられ，点火される箇所である。中央部の炉は耐火レンガとモルタルで組み立てられ，火入れの都度組み上げる。炉の中心部である。組み立てにおよそ半日の作業を要する。材料の耐用年数は 10 年ほどと聞いた。耐火煉瓦の外側は鉄板でできた通風のための空間がある。別室から直径約 15ｃｍのパイプが接続されている。送り込まれた空気は炉の周囲を冷却しながら下部の 6 箇所の通風孔から炉の中心部に入り，燃焼を盛んにして銑鉄を溶解する。上部にある炉の 3 段目からは燃焼した炎が勢いよく上がる。炉の側部の階段を上ったところには作業場・材料置き場が用意され，炉の最上部からコークスや溶鉄材料を投入する。炉全体で高さは 3m炉の直径は 70ｃｍほどと見てとった。一回の火入れで 800ｋｇから 1 トンの溶鉄を作ることが可能である。

作業の実際を見てみよう。ベッドコークスへの点火にはガスバーナーを使う。送風機が音を立てて稼働を始め，ベッドコークスの燃焼が盛んになる。炉の上部からはほとんど煙は出ない。点火して炉の内部が十分な温度に達するまで約 2 時間の時間を要する。頃合を見計らって作業員が最上部の排気口近くに積み上げてある材料のシリコン，マンガン，銑鉄，配合剤，古銑などをスコップや手作業で炉に投入する。高温風が屋根の空洞から外部に排出される。

溶鉄が炉の底部に集まるまで，さらに 1 時間が経過した。炉から溶鉄を取り出す前に，スラッグと呼ばれる不純物を抜き取る。その後最下部の炉にある［ぬき口］に鉄棒で穴を開けると溶鉄が勢いよく噴出する(写真 1-23)。これを上手に専用のひしゃくや容器で受け，近くに配置された砂型へ運び，注入するのである(写真 1-24・25)。

一人用ひしゃくのほか二人組で呼吸を合わせる運搬作業や，大量の溶鉄は 3，4 名で大型容器を移動クレーンで吊り上げて運搬した。製品の大小によって使い分けている。運搬用の容器が満たされると，炉に開けられた穴は粘土で手際よく遮断される。この作業を何度もくりかえす。

高温の溶鉄を相手に安全に作業をするためには，多年の熟練が要求される。また高温の中で長時間にわたる労働には，かなりの体力も必要である。

「私の工場は昭和２年創業ですが，その時には市村鉄工所がありましたね。市村さんはそれ以前の創業でしょうね。私のところでは水車のランナーをはじめ，タービン水車の部品を鋳物で作っていました。設計は市村鉄工所ですべておこないました。ガイド弁の方式など，一つとして同じものはなく，水量などを考えて工夫していました。市村さんの設計図をもとに鋳型をつくり，製品を完成しました。」

これは大内康夫社長の話である。昭和２年は市村幸吉が水戸に転居してまもなくのころで，多少記憶のずれがある。しかし市村鉄工所を知る方にお会いできたことがうれしかった。水戸市の中心部に程近いところに，よく今まで工場が残っていたものだと感心したが，話を聞いてみると，１ヵ月後の12月末には工場を閉鎖するという。手間のかかる複雑な製品であっても納入価格はすべて製品の重量で決められ，さらに納入単価が１kgあたり250円から300円と安くて採算がとりにくいのに加え，コークスを燃焼するときの臭気による公害への懸念，設備の老朽化，職人の高齢化・健康面への配慮等が工場閉鎖の理由である。近隣に中小工場が多く操業していた時代は注文も多くよき時代であったが，現在はこれらの多くが閉鎖され，注文が途絶えがちである。また鋳物工場自体も手作りの時代から大量生産の時代に移行しているようである。小規模零細鋳物工場が生き残るのが難しいことは埼玉県川口市の例からもうかがい知れるところである。

1-23 こしき炉から溶鉄を取り出す

1-24 ひしゃくで溶鉄を砂型へ注入する

1-25 1セットの砂型に溶鉄を注ぎ終わる

1-26 **大内社長と息子さん** 最後の火入れ操業の日

暮れも押し詰まった12月27日，大内鋳造所にとって最後の火入れ操業に立ち会うことができた。これでもう鋳造工程は見られないかと思い，私は夢中でビデオを回した。溶鉄注入作業の最後に親子が大きく「ふー」と息をついた。現在地で30年，通算で60年続いた鋳物工場の歴史が終わった。後日，記念にと写真をお送りした。あの親子は，見知らぬ私のことをなんと思っただろうか。

これまで注文を受けるなど，取引があった得意先は，すべて高萩の［鈴木鉄工所］(高萩市本町）に製作を替っていただくようお願いしたという。私の住む高萩市にも大内鋳造所と同じような役割を果たしてきた工場があることを，ここに来て初めて知った。

明けて年号が改まった平成元(1989)年1月22日(日)，大内鋳造所を訪ねた。大内ご夫妻と長男が後片付け中であった。12月には淡々と作業をしていたようにみえたが，この時は，「埃がたまっているね」「これが30年の歴史だね」。さらに木型を見て「よくこれだけ集めたものだ」など，感慨深い話を聞いた。大内康夫社長は病のため仕事から離れ，息子さんは新たに運送業を始めるという。

その後平成2年8月，生徒とともに高萩の［鈴木鉄工所］へ見学に出かけた。そこには大内鋳造所同様の光景が広がっていた。この調査は，ただ水車を追求するだけではなく，消え去るものとの競走のような気持ちになった。

5　生きているタービン水車との出会い—下幡(しもはた)の共有精米水車—

茨城県常陸太田市の中心部から里川沿いに国道349号線を15kmほど北上すると里美村（現・常陸太田市）上深荻(かみふかおぎ)のT字路にさしかかる。右折すると県道十王・里美線である。日立市十王町高原地区に通じている。1kmほどの道路左下に瓦屋根の小屋が目にとまる。太い柱，板張りの壁面など作業小屋としては堅固な建物である。「もしかすると水車小屋かもしれない」と思い，念のため立ち寄ってみた。平成12年8月のことであった。

細道を下りて小屋の板戸を開ける。正面にコンクリート製導水路と水槽，さらに竪軸タービン水車，左手に精米機が2台据え付けてある。里川の支流にかけられた下幡地区の精米用水車であった。今でも稼働中であることは小屋内部の状況からすぐに確認できた。ドライブ中の偶然の出来事である。何度も通った道路であるが全く見過ごしていた(写真1-27)。

平成17(2005)年6月，小屋の管理にあたっておられる興野勉さんの案内で小屋内部を調査し，話を聞くことができた。今となっては茨城県内で唯一の生きたタービン水車であって，たいへん貴重な存在である。

1-27　**常陸太田市下幡の水車小屋**　壁の穴から落とされた米ぬかの山で稼働中とわかる

この水車は地区共有の精米用水車である。フランシス型竪軸水車で，在来型の水車を昭和24(1949)年頃に改修した。水車銘盤には落差5尺，馬力2，型式V01，回転数300，水量2個，製造番号5830，日立岡部鉄工所の文字が見える。

「商売用ではない精米水車は10日ほどのサイクルの輪番で，家族分だけ精米する。こういった地域の共同利用の水車は長く生き続けるのではないか」1)と言われるが，その好例であろう。それにしてもなぜ50年以上改修もせず長く稼働することができたのだろうか。

小屋に入ると，正面の板壁に赤ペンキで数字が記されている。これは水車を清掃した日付だという。下幡地区13戸全員で夏季にタービン水車を解体し，水槽内の川砂を取り除き，タービン水車部品へ注油し・さび止め用塗装などの作業を続けてきた。水車の位置が河川の上流部にあるために川砂が流れ込み易い。このためタービン水車手前の水路底は一段深くなっており砂が底部にたまる仕組み（沈砂池）が造られ流砂を防いでいる。この水路底部から小屋外部に向けて砂抜き用の水路もみられる。それでも水槽には長い間に砂が堆積する。このため清掃作業が必要なのである。同河川の下流に同様のタービン水車を架設した地区があったがランナーが川砂により磨耗し，タービン水車は取り外された。現在は水車小屋跡・水路跡・堰堤が確認できる。定期的な点検・補修が長く稼働した原因のひとつであろう。水車を地区の財産と考え，保守・管理を継続してきた(写真1-28)。

1-28 タービン水車水槽と点検補修の年月を記した板壁

またこの水車の大きな特徴は，堰堤・水路・水車小屋が直径30mほどの円内に納まる効率的な配置にある。このことも長く稼働してきた原因のひとつだろう。水路の長さはわずか10数mであり補修は簡単にできる。堰堤はコンクリート製で

2mほどの高さがある。川幅は3mで水量は豊富とはいえないが年間を通して安定した水量が得られる。在来型の水車が稼働してきたことは周囲の状況から推察できる(写真1-29)。水車設置の状況は，図のとおりである(図1-11)。

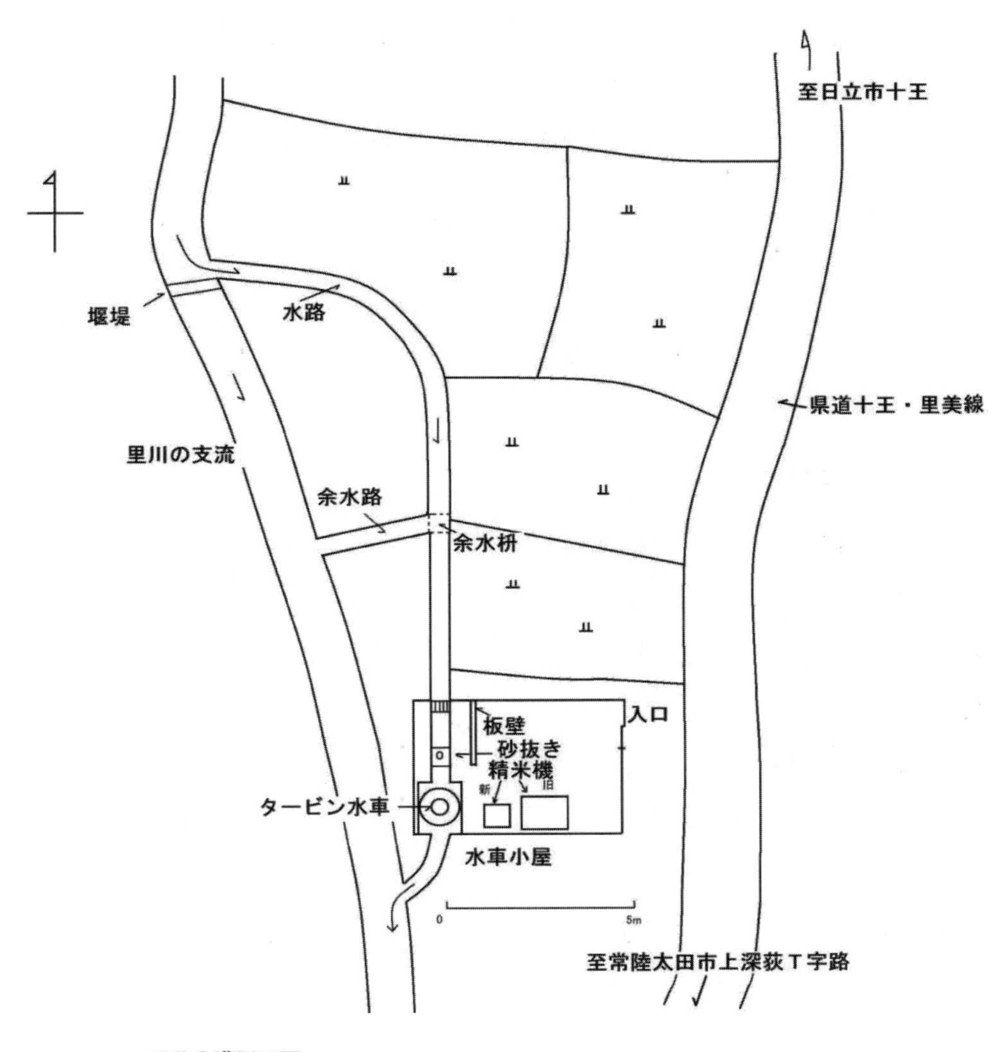

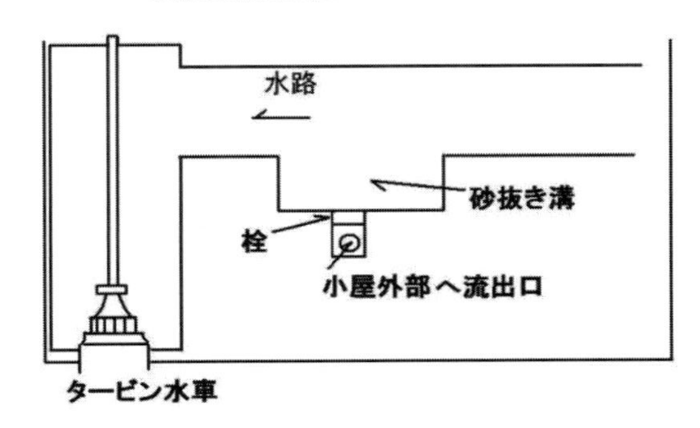

1-11 下幡タービン水車見取り図

1-29 堰堤から水路，水門，余水路，水車小屋までが一目でおさまるタービン水車

興野勉さんはタービン水車でゆっくり精米すると①米がうまいこと，②歩どまりがよいこと，③精米代は無料であることなどの利点をあげた。水車で精米し，袋に詰め知人に配布して喜ばれているという。近年電動の精米機を使用する世帯も見られるが，地区の文化遺産として水車を活用し続けようとする姿勢が見られた。休日などには時おり遠方より見学者が訪れることもあるという。

1） 平岡昭利・池森寛「対談特集 水車と風土」地理 44 巻 9 号（古今書院 1999）p37

第２部　小型タービン水車導入への歴史的足どり

常陸太田市八溝山地山あいの集落 茨城県は電力不足状態にあって産業機械の動力源としてまた営業電気導入が遅れた山間地の自家発電用に小水力利用タービン水車が普及した。

1　電気事業の創業と発展

(1)　電気事業の誕生

自家用の小規模発電機を小型タービン水車によって稼働させたシステムが，多賀・八溝山地に長く存続した理由を考えるためには，わが国で電気が普及した経過を考察し，その流れの中に位置づける必要があると思われる。

電気事業連合会の調査によると，平成19(2007)年における1世帯あたりの電気消費量は1ヶ月間で300ｋＷｈであり，昭和45(1970)年の118.8ｋＷｈと比較すれば，この35年間に約3倍に増加した。高度経済成長で触発された国民の生活水準の向上意欲は，冷暖房をはじめとする，より一層快適な生活の実現を願い，その結果として生活の中に電気はなくてはならない存在となった。

ところで電気が人びとの生活に溶け込んでいったのはいつの頃からであろうか。電気の国内初点灯からその後の展開をたどってみた1)。

東京電燈の創業

明治11(1878)年3月25日，電信中央局（現ＮＴＴの前身）の開局祝賀会が開かれ，アトラクションとしてアーク灯に明かりが灯された。祝賀会場となった東京虎ノ門の工部大学校（東京大学工学部の前身）2)講堂において電気の明かりを灯したのは，同校電信学科教授ウィリアム・エアトン3)及び学生たちであった。それはほんのわずかの時間であったが，電気の光を目にした人びとの驚きは大きかった。現在この日は［電気記念日］に指定され，国内での点灯実現を後世に伝えている。当時工部大学校の学生であった藤岡市助4)の伝記記述から点灯時の状況を紹介しよう。

「明治11年3月，京橋区木挽町十丁目十一番地に，旧農務省に隣接して，煉瓦造二階建の，当時としては他に比類なき宏壮な中央電信局の建築が竣功したので，その開局の祝宴が，通信開始の同月二十五日，工部大学校（明治十年一月十一日工部寮を工部大学校と改む）の大ホールで開かれた。それに先立ち，伊藤工部卿から同祝宴場を照明するに電気燈を以ってせよという命が工部大学校へ伝達せられたので(其の頃電信局は工部省の一局)，エルトン教授が藤岡，中野，浅野等の電信科第三期生を指揮して，これが準備を整えた。当時の電燈というのは，物理学講義用のアーク燈（仏国デュボスク・アーク・ランプ)で，グローブ電池五十個で点光するもので，一時間の点光に約五十円を要し，機械の調節も亦甚しく具合宜しからず，之れが調節はエルトン教授が必ず親ら（自ら）して何人にも代理せしめず，しかも尚点光は永続せず，十五分間も継続して点光せば上出来であったという不完全な機械であった。当夜，否応なしに，この厄介なる電燈の点光準備を師より命ぜられた電信科第三期生の面々は，大ホールの二階なる書房の正面に燈機を据え，電池（電池百二十二個を使用したと加藤木氏へ藤岡博士の直話）を階下入口の脇に装置し，準備完成の旨を師に報告した。斯くて夕刻よりエルトン師調節の下に電燈は点灯せられ，宴会席上は遽に白昼の観を呈し，賓客拍手して大いにこれを歓迎したが，それは束の間で，雛階上にシューと音を聞くと同時にアーク線は切れて宴会は忽ち暗黒となる。此の如きことを数次繰返すので，工部権大書記官林薫氏（後に伯爵）が螺旋階段を駆け上がって来て，何とかして点光を永続せよと激励せられた。然し如何にしても意の如く点光を永続し得なかった。」（『現代日本産業発達史』Ⅲ電力 2)）

電気事業は社会一般には将来について危惧する雰囲気が根強く，容易には創立しなかった。電気事業を推進したのは外国の諸雑誌により，電灯が広く普及していることを知った技術者たちであった。藤岡市助もその一人で工部大学校助教授となっていたが，自ら電気事業所の設立に奔走した。この中で郷里長州毛利藩の先輩山尾庸三より矢嶋作郎を紹介された。矢嶋は電灯事業の有望なることを見抜き，当時の貴族階級や政商及び地方豪農であった原六郎，大倉喜八郎，三野村利助，柏村信，蜂須賀茂韶に話を持ちかけた。この6名が発起人となり明治15(1882)年3月，資本金20万円で東京電燈5)の設立を出願した。国内最初の電気事業所であった。創立願には電気の重要性と事業所の創立が人びとの生活にきわめて有益であり国益に結びつくことが述べられている。

「燈火ハ人間社会ノ必要品ニシテ一日モ不可欠物ニ御座候処 其元質タル植物油動物油石油瓦斯ノ如キ 皆之ヲ製造スルニ巨大ノ資本ト夥多ノ労力ヲ費サザルヲ得ズ 従テ其代価不廉ニ相成リ為メニ未ダ社会光線ノ要望ヲ満足セシムル能ハズ 加之其光線ヤ火ヲ以テ発揮致スモノニ候ヘバ 災害ヲ醸生スルノ憂ヲ免レザル儀ハ年来ノ概嘆痛恨ニ御座候処 近年米国機械学士某氏ノ発明ニ依リ電気燈ヲ容易ク日用ニ供シ候様相成リ 日ヲ逐テ市街公園工場停車場ハ勿論汽車鉱山船舶ニ至ル迄点燈致シ候趣 誠ニ公衆ノ幸福此事ニ御座候 因テ昨年英米両国ヘ右実況取調之儀頼ミ遣シ置候処 此ノ程其装置ノ軽便ニシテ費用ノ僅少ナル其光線ノ透明ニシテ火災ノ憂無キ其効用ノ果シテ瓦斯燈ニ倍蓰仕候段明細ナル確報有之今其工事ノ難易資金ノ多寡及ビ営業ノ予算等略ホ目的ヲ定メ得候 就テハ皇国ニ於テモ此電気燈ヲ利用仕候ハバ 自然盗賊ノ数ヲ減シ火災ノ憂ヲ免レテ警察ノ煩務ヲ省キ罹災ノ人命ト財産ヲ救イ 凡テ社会一般燈火ノ需望ヲ満タシ 其冗費ヲ減シテ其資産ヲ相増シ彼ノ石油ノ如キ亦其輸入ヲ減シ聊カ貿易ノ平均ヲモ補ヒ可申候 旁々御国益ノ一助トモ勘考仕 今般私共先ツ資本金弐拾万円ヲ募リ 有限責任合本会社ノ主義ニ従ヒ 東京電燈会社創立仕度候間 何卒御許可被成下度此段奉願上候也」（『同上』）

同年11月，東京電燈は宣伝の意味をこめてアメリカ製の発電機を用い，高さ15mの柱上に2,000燭光のアーク灯を点灯した。会場は銀座役所前(銀座2丁目)に用意され，大倉組内に東京電燈本社仮

2-1 銀座にあるアーク灯点灯記念レリーフ

事務所が置かれた6)。比較的長時間点灯し，ガス灯と比べるとかなりの明るさであったこともあって，毎夜大勢の人びとが見物に押し寄せた(写真2-1)。

翌，明治16(1883)年，東京電燈は電気事業者としての許可を得，明治19年には営業を開始する。すなわち日本最初の一般供給用発電所（東京電燈第二電灯局）が日本橋で運転を開始した。開業に際しては，京橋区富島町四番地に事務所を構え，事務所内や屋上の周囲に白熱灯とアーク灯を設置した。式典には東京府知事をはじめ，各界の名士を招待するなどして，華々しく開業を祝っている。明治20(1887)年の需要家数は83世帯，灯数はわずか1,447灯7)であったが，その後鹿鳴館や首相官邸など文明開化の音頭をとる官庁で点灯し，ついで殖産興業の立役者である事業所，さらに役人が集まる旅館，料亭などに広まっていった。明治期の近代化の諸事業は官営事業がほとんどであった中で，電気事業は民営事業として始められた。

東京電燈に続いて明治21年に神戸に，22年に大阪，京都，名古屋と開業し，以後23年に横浜，品川（現・東京都品川区），深川（現・同江東区）に，24年には熊本，札幌と事業所の創業が各地に展開された。これには東京電燈の普及活動に負うところが大であった。東京電燈は開業に先立ち，明治16(1883)年に京都，大阪で試灯を行っている。また京阪地方の実業家を勧誘して事業所の設立を促し，技術指導を行った。明治25(1892)年には箱根湯本，26年に日光，27年に豊橋，桐生，前橋，仙台，長崎，岐阜，堺，奈良，岡山，広島，28年に福島，徳島，松江と各地に普及していった。大阪電燈では，堺，奈良，和歌山，姫路，岡山，広島，下関，長崎といった大阪以西の都市の事業所に電灯関連機械の販売を行っている。また，松江では既設の京都，大阪，神戸，岡山，広島の点灯状況を視察した。都市間で相互に情報が伝播していた8)。

明治中期に創設された事業所の概要は表2-1のとおりである。

創業初期には石炭を燃料とした火力発電所が23箇所と最も多く大部分を占めていた。電気はまず大都市域の家庭用灯火として普及した。

東京電燈は開業2年後の明治22(1890)年には需要家数368世帯，11年後の明治31(1898)年には5,581世帯と急激に増加したが点灯率（総世帯数中の需要家数の割合）にするとそれぞれ0.1%，1.3%に過ぎなかった。明治36には需要家数が1万世帯を越えたがそれでも点灯率2.2%と，16年後においても目覚しい伸びとはいえない状況であった。一般家庭の需要を拡大させるには電気に対する理解や高額料金の解消，景気の変動，供給力の増強等様々な課題があった。明治41年には点灯率11.1%であったのが大正2年において急激に68.9%を示し，電気が広く普及した時代であった。

明治23(1890)年の電灯料金は表2-2のとおりである。半夜灯9)10燭光が一灯

表 2-1　明治中期における電灯会社設立状況（明治 29 年末現在）

社　名	原動力	払込株金（円）	電灯数（灯）	社長 または 専務取締役	現在社名*
東京電燈	火　力	1,295,935	31,711	木村　正幹	東京電燈
品川電燈	火　力	124,000	2,955	杉浦作次郎	
深川電燈	火　力	80,000	1,453	串田孫三郎	
八王子電燈	水　力	35,000	642	城戸庄五郎	
帝国電燈	火　力	57,420	1,396	櫻井　貞	
日光電力	水　力	25,000	437	小久保六部	
前橋電燈	水　力	27,966	814	勝山善三郎	
桐生電燈	水　力	30,000	984	佐羽　萬平	
横浜共同電燈	火　力	252,000	9,275	木村利右衛門	
熱海電燈	水　力		406	杉山仲次郎	
浜松電燈	火　力	20,000	480	竹田　寅吉	
小樽電燈舎	火　力	50,000	865	倉橋　大介	北海水力
札幌電燈	火　力	13,000	813	谷林七太郎	
函館電燈	火　力	76,400	1,392	園田　實徳	帝国電力
仙台電燈	火力・水力	90,000	2,072	佐藤助五郎	宮城県
福島電燈	水　力	40,000	636	草野喜右衛門	福島電燈
箱根電燈	水　力	7,300	301	三吉　正一	日本電力
豊橋電燈	水力・火力	25,000	690	三浦　碧水	中部電気
岐阜電燈	火　力	30,000	1,097	岡本太右衛門	東邦電力
名古屋電燈	火　力	249,208	9,443	三浦　恵民	
長崎電燈	火　力	80,000	1,236	松田源五郎	
京都電燈	火力・水力	210,000	10,214	大澤　善助	京都電燈
大阪電燈	火　力	760,000	21,371	土屋　通夫	大阪市
堺電燈	火　力	57,500	1,081	南　栄三郎	大同電力
神戸電燈	火　力	255,000	5,745	池田貫兵衛	神戸市
奈良電燈	火　力	50,000	652	梅田　春保	合同電気
徳島電燈	火　力	40,000	1,233	大串龍太郎	
松江電燈	火　力	35,000	749	桑原羊次郎	出雲電気
岡山電燈	火　力	60,000	1,350	香川　真一	広島電気
広島電燈	火　力	90,000	1,544	桐原恒三郎	
馬関電燈	火　力	42,000	920	松尾　寅三	山口県
高松電燈	火　力	50,400	984	塩田　時敏	四国水力
熊本電燈	火　力	75,000	1,438	中村　才馬	熊本電気
合　計 33 火力 23. 水力 7. 水・火併用 3		4,333,129	116,406		

（『現代日本産業発達史』Ⅲ電力）　　＊ 現在社名とは明治 29 年時点

表 2-2　点灯料の区別（明治 23 年 4 月）

	燭　力	半夜灯	終夜灯	不定時灯
白熱電灯（1 月 1 口につき）	8	85 銭	1 円 45 銭	45 銭以上
	10	1 円	1 円 70 銭	50 銭以上
	16	1 円 50 銭	2 円 50 銭	75 銭以上
	20 以上	16 燭力に準ずる		
	燭　力	半夜灯	終夜灯	臨時灯
弧光電灯（1 月 1 基につき）	1,200	12 円	20 円	軒先一基につき初夜 5 円 柱頭一基につき初夜 7 円 次夜より 1 夜 1 基につき 2 円 50 銭
	2,000 3,000	1,200 燭力に準ずる		
電　力（1 月 1 馬力につき）	1 日又は 1 夜 12 時間以内使用　15 円 (12 時間以上使用の場合 1 時間毎に 1 円増)			

(『東京電力 30 年史』(東京電力 1983))

あたりで月額 1 円，当時の米の値段が一升（1.5ｋｇ）あたり 7 ～8 銭であったことを考えると高額であった。電灯はぜいたく品で，需要家が大商店や工場，一部の富裕階級を中心に広がっていったのも自然の成り行きであった。

蹴上(けあげ)水力発電所

水力発電は河川上流部の水流・落差を利用したことから，照明を目的とした火力発電とは違って，鉱業における動力源として用いられる事例が多かった。明治 23(1890)年に創設された栃木県足尾の鉱山用自家用発電所がその典型である。送電技術が未発達であった当時は，水力発電の電気を灯火用として大都市まで長距離送電するのは不可能であった。

ここで，わが国最初の水力発電による一般供給を行い，先駆的役割を果たした京都市蹴上発電所の成立過程を追ってみよう。

第 3 代京都府知事北垣国道は，明治維新による東京遷都によって沈滞した京都府に活気を取り戻すため，琵琶湖疏水の計画をたてた。琵琶湖の水を京都に導き，水運の便を図るほか水車等の動力源として，また防火用水，上水などとして活用し，新しい工場の建設や物資の流通を盛んにしようとしたのである。

明治 16(1883)年，工部大学校を卒業して間もない田辺朔郎は知事より土木技師に命じられ，疎水の設計・施行を実施した。疎水は明治 18 年 6 月に着工し，同 23(1890)年 4 月に竣功した。総工費は 125 万円の大事業であった。田辺朔郎は工事の過程で水力発電の構想を思いついた。彼の伝記には，

「明治 21(1888)年北アメリカ合衆国の西部アスペンに於いて，水力を以って電気をおこす

方法を試みつつある報告に接した。」

と記されている。アスペンは，コロラド州の山間地帯にありアメリカ有数の鉱山で金・銀・銅などを産出した。そこで明治21(1888)年10月から翌年1月にかけてアスペン鉱山の発電所を視察し，帰国後『水力配置方法報告書』を作成した。この報告書の重要な点は水力利用を，従来の水車利用と水車を介して電気力を生み出す形の両者が提案されたことである。この見聞を参考にして，明治23年2月，琵琶湖疏水より導水する蹴上発電所の建設に着手し，翌年11月には送電を開始した。現在の蹴上発電所は2代目で，当初は120馬力のペルトン水車2台と80ｋＷの直流発電機2台が敷設された。需要の拡大に伴い順次設備を拡充し，明治30(1897)年，第一期工事完了時にはペルトン水車20台，発電機19台，使用水量250立方尺,落差120尺で出力1,490ｋＷと,当時としては大規模発電所となった。

電力の用途は電灯のほか，西陣織をはじめとする地場産業の動力源であったが当初は直流による配電のため利用区域は鴨川から東部に限られた。やがて交流配電が実現し，鴨川以西においても電動機が使用可能となった。水力発電によって新しい工場が生まれ，路面電車も走り出し，京都は活力を取り戻した。

2-2 蹴上発電所開始当時に使われたペルトン水車　関西電力天ケ瀬発電所で保存
（飯塚一雄『技術史の旅』日立製作所 1985）

蹴上発電所の創業は水力利用による電力生産が可能であることを実証し，関東地方においても箱根電燈や前橋電燈が創業する契機となり，各地に水力発電所を誕生させることになったのである。

京都疎水による電動機使用の推移は，表のとおりである。

表 2-3　京都疎水発電による電動力使用の推移

	使用馬力数(馬力)	同使用量（円）	総収入（円）
明治24(1891)年	36	80	1,802
25	172.76	2,458	6,698
26	336.61	8,725	15,485
27	567.41	17,822	30,572
28	1,028.19	35,247	50,404
29	1,520.39	53,161	69,532
30	1,913.69	78,057	98,659
31	1,959.51	86,856	107,054
32	2,209.08	97,779	122,813

総収入には，水力(水車),運輸船,閘門の使用量を含む（『現代日本産業発達史』Ⅲ電力）

明治 28(1895)年，日本は日清戦争に勝利し，巨額の賠償金を得て工業化にはずみをつけた。また海外市場への軽工業製品の輸出が伸び，経済面での発展がみられた。さらに同 38(1905)年には日露戦争に伴う軍需が拡大し，重工業においても好況期を迎え，電力の需要は急激に増大した。**表 2-4** はこの時代の電力事情を表している。事業者数・発電力ともに明治 40(1907)年以降に急速な伸びが見られる。

表 2-4　全国の電気事業者数と電気事業の規模

	事業者数	資本金 (千円)	出力数(kW)		
			水力	火力	合計
明治 37 (1904)年	84	15,673	10,452	20,219	30,671
38	87	18,325	11,073	23,482	34,555
39	89	23,232	12,960	25,837	38,797
40	98	37,690	23,416	29,466	52,882
41	116	44,435	41,126	35,386	76,512
42	131	45,906	53,561	36,860	90,421
43	164	77,354	73,591	52,140	125,731
44	204	96,841	103,414	59,530	162,944
45	272	118,529	187,035	78,811	256,846
大正 2 (1913)	339	168,377	252,157	82,724	334,881

(『関東の電気事業と東京電力』1))

事業所の創業とサイクル数

このような電力需要の増大は，比較的小範囲に供給する中・小の電力会社を全国各地に誕生させた。大正元(1912)年には，電気供給会社 272 社，電気鉄道会社 17 社，電気供給兼営会社 38 社の合計 327 社を数える。

小規模火力発電所を有する電気事業者は需要拡大に伴い更なる対応を求められた。東京電燈では，技師長兼工務課長藤岡市助が従来の個別発電にかえて一箇所集中方式を提案し，実施にふみきった。この理由として，

① 公害の発生とりわけ人口密集地での煤煙問題
② 増設の用地取得が困難
③ 炭価高騰による熱効率の上昇が必要
④ 大容量火力の建設と技術開発が世界的に進展したこと

が挙げられる。

明治 29(1896)年 12 月，浅草に大規模一括集中型の火力発電所が建設された(浅草発電所・浅草区南元町＝浅草蔵前跡地)。本社も発電所内に移転し，これを契機にこれまでの直流システムから交流システムに変更した。発電所の稼働状況はボイラー14 基で計 550 馬力，発電機 6 基（内訳は石川島造船所製 200 k W4 基，ドイツ・アルゲマイネ社製 2 基）で出力計 1,330 k Wであった。この発電機は周波

数が50サイクルであったため50サイクルがその後関東･東北地方で一般化した。

一方，明治22(1889)年に開業した大阪電燈は技術的に東京電燈に追随することを好まず，交流システムでアメリカのゼネラル・エレクトリック社製60サイクル発電機を採用した。このことから阪神地方を中心に60サイクルが普及した。現在においても，静岡県富士川・新潟県糸魚川を境として，東が 50 サイクル，西が 60 サイクル 10)を使用しているのはこのような経緯に起因する。狭い国内で二つの周波数を有するのは世界的には珍しいことである。

東京市内の家庭用電灯は急増し，明治 30 年代後半には電気軌道事業所が開始され電力の需要拡大はさらに急速になり需要に追いつけない状況であった。そのため東京電燈は郊外に第二発電所を建設した。これが明治38(1905)年より稼働を始めた千住火力発電所（南千住町千住 現・荒川区）である。当時の千住町は周囲を水田に囲まれ，奥州街道に沿う宿場町の名残りがあった 11)。浅草・千住両発電所は後述するように明治 41(1908)年に桂川水電からの送電開始に伴い運転を休止し予備発電所となった。さらに千住発電所は大正 6(1907)年に廃止され，千住変電所となった。第一次大戦が起こると，軍需景気に伴う電力需要の増大により，大正15(1926)年，水力を補給する発電所として再び足立区千住に火力発電所が建設された。これが戦後も［お化け煙突］の景観で親しまれた千住発電所である。

1) 『関東の電気事業と東京電力』－電気事業の創始から東京電力50年の軌跡（東京電力 2002）では，わが国の電気事業の展開を，1電気事業の創業（～1903)，2長距離高圧送電時代の到来（1904～13)，3三電競争と電気事業の拡大（1914～23)，4「電力戦」の展開（1924～31)，5電気事業の協調と安定（1932～38)，6戦争と電力国家管理（1932～45)，7戦後再編成期の関東の電気事業（1945～51)，8東京電力の発足と経営基盤の形成（1951～60)，9東京電力の経営刷新と高度経済成長への貢献（1961～73)，10経営環境の激変と東京電力の危機対応（1974～85)，11 21世紀に向かう東京電力（1986～2000）の11段階に区分している。本稿は(1)～(5)段階に区分した。

2) この大学校の設立功労者は当時の工部卿伊藤博文と工部大烝（次官）山尾康三の二人である。彼らは技術者がいなければ富国への道は達しがたいとして，明治4(1871)年8月工部省に工業寮を置き，これを大学・小学の二つにわけ，大学の方が工部大学校となった。工部寮は主としてイギリスから招いた教師の下に明治6年に開校し，第一回の入学者（53名）を迎えたのは翌年4月である。学科は電信科のほか土木・造家（建築)，鉱山，化学，冶金などの学科があった。維新政府の殖産政策が，こうしていち早く人づくりにその重点を置いたことは，その後の発展の基礎をなしたものとして注目される（栗原東洋編『現代日本産業発達史』Ⅲ電力(現代日本産業発達史研究会 1963))。

3)　エアトン（William Edward Ayrton　英 1847～1908）は工部大学校電信学科教授。わが国電気事業の父。電信及び理学教官。ロンドン専門学校出身。明治 6(1873)年 6 月に来日。赴任時 25 歳。明治 11(1878)年 6 月に帰国するまでの 5 年間，工部大学校教授として勤務し，後に日本の電気工学の基礎を築いた志田林三郎，中野初子，藤岡市助など多くの学生を育てた。非常に熱心な勉強家であった（注 2)『同』)。

4)　藤岡市助は 1875(明治 8)年工部寮（後の工部大学校・現東京大学工学部）入学。電信科第 3 期生。エアトンに師事。1878 年アーク灯を点灯。1881 年工部大学校卒。 工部 7 等技手。翌月工部大学校教授補。1884 年工部大学校教授。 1884 年フィラデルフィア万国電気博覧会へ派遣される。1885 年エジソンから電話機一対と白熱電球 36 個が工部大学校へ寄贈。白熱灯の研究をすすめる。自ら「東京電気会社仮規則」つくり，東京電燈創設者の一人，同技師長（注 1)『同』)。

5)　営利を目的とした電気会社をここでは［事業所］と統一し，企業形態はすべて株式会社であったため会社名から株式会社を略す。

6)　東京電燈の起業計画と相前後して，日本電燈の創立計画も熟していた。この推進者は大倉組系統であったが，東電と違っていたのはアメリカ商社技師の指導によったことである。二つの電灯会社は資本的にも技術的にも重複するものがあり，まもなく合同し，会社名は東京電燈で発足し，設立仮事務所が日本電燈の大倉組事務所となった。

　明治 15(1882)年の東京電燈の点灯は世界的にみても相当に古い。 アメリカではエジソンが 1882 年に，ニューヨークのパール街に小さな火力発電所を建設し付近の家々に点灯することに成功した。イギリスではロンドンの南西方，テムズ川の一支流ウエー川に臨む小都市ゴダルミンで， 1881 年にウエー川に建設した水力発電所の電気を町の照明に使用した。これがイギリス最初の電気事業であった。イタリア・ミラノでも同じころ点灯しているために，1881 年もしくは 1882 年が世界で電気事業が出現した年とされており，東京電燈もその古さを誇ることができる（注 2)『同』)。

7)　注 1)『同』資料編。以下の点灯数・需要家数は同じ資料による。

8)　杉浦芳夫「明治中期のわが国における電灯会社の普及過程－特に都市群体系との関連において－」地理学評論 55－9(日本地理学会 1982)p637

9)　半夜灯(日暮れから深夜 12 時まで店頭居室で使用)，終夜灯(日暮れから翌朝まで街路，門口軒先などで用いる)，不定時灯（使用時間を定めず客座敷，土蔵などに用いる)。半夜灯が基本であった。

10)　サイクルという呼称は 1972 年以降国際単位であるヘルツに改称された。

11)　「明治 30 年頃 東京 1：20,000 集成図」(『地図で見る東京の変遷』財団法人日本地図センター1985)。また木内信蔵『人文地理』(古今書院 1985) p 110 には大正年間 (1912～26) の東京郊外として市街限界が図示されている。浅草・千住は市街地に含まれるものの郊外という位置であった。

(2) 長距離送電の実現と水力発電

火力から水力発電へ

大正年代になると火力発電の割合が減少し，代わって水力発電が主力の時代を迎える。

表 2-5 わが国の火力・水力別の出力数と割合

	火力		水力		計	
	kW	%	kW	%	kW	%
明治 36	31,128	70.3	13,124	29.7	44,252	100
38	55,827	75.1	18,574	24.9	74,401	
40	76,288	66.4	38,622	33.6	114,910	
42	108,709	59.7	73,504	40.3	182,213	
44	177,733	55.3	143,831	44.7	321,564	
大正 元	228,864	49.5	233,339	50.5	462,203	
3	299,383	41.8	416,586	58.2	715,969	
5	335,655	41.7	469,634	58.3	805,289	
7	386,842	39.3	597,124	60.7	983,948	
9	552,156	40.1	825,387	59.9	1,377,993	
11	709,113	39.8	1,070,060	60.2	1,779,173	
13	763,146	34.1	1,474,357	65.9	2,237,503	
昭和 元	1,236,641	38.6	1,965,970	61.4	3,202,611	
3	1,531,703	40.1	2,290,356	59.9	3,822,059	
5	1,601,677	36.4	2,797,637	63.6	4,399,314	

(『アルス機械工学大講座』第 12 巻(アルス 1932))

その理由としては炭価の高騰であり，安い電気料金への期待であった。さらに火力発電は燃焼効率が悪く生産性が低かったこと，また保安上から年々火力発電についての監督行政が厳しくなったこともあげられる。表 2-6 は明治から大正にかけての炭価の推移を示している。日清・日露戦争時の好況下ではわずかながら炭価の上昇が見られたが，第一次世界大戦時になると著しい高騰が記録された。

表 2-6 火力発電燃料炭価の推移（三池炭鉱）

	山元平均単価（円／トン）	販売量（千トン）
明治 26	1.81	635
31	5.25	654
38	3.26	1,454
39	5.15	1,466
大正 5	3.37	1,902
9	17.59	1,950

(『現代日本産業発達史』Ⅲ電力)

このことにより，各事業所は値下げどころか 2 割から 3 割に及ぶ電気料金の値上げを余儀なくされた。

また**表 2-7** は，明治 30 年代の，水力と火力のちがいによる電気料金を比較したものである。電灯は勿論，動力の料金においても，水力がはるかに割安であった。たとえば，火力に依存する東京電燈は，終夜灯（16 燭光）が 3 円であるのに対し，水力依存の京都市は 1 円であった。同じように動力についても，1 馬力について 15 円対 8 円 30 銭となって半額に近い。

水力発電は創設時に巨額の支出をするが以後は維持費の出費で済み，この点では効率的である。さらに，終日稼働が容易で，備蓄の不可能な電気の特性に合わせて効率的な供給を行うことができた。

しかしながら水力発電が広く普及するためには，技術的に解決しなければならない重要な課題があった。それは電気の長距離送電技術である。火力発電の場合と異なり，発電所と需要地が遠い状況への対応技術が必要であった。

表 2-7 明治中期の代表的会社別　火力水力別電気料金の比較　（明治 33 年　月額　円）

		火力		水力	
		東京	大阪	京都	福島
電灯	半夜灯 10 燭	1.2	1.0	0.7	0.50
	終夜灯 16 燭	3.0	1.7	1.0	0.95
動力	1 馬力	15	16	8.3	
	※	32.5			
	5 馬力	75	65	27.1	
	※	60			
	10 馬力	140	110	45.8	
	※	165			
	30 馬力	420	200	115	

東京の動力は明治 41 年の改正値下げによる料金

※は昼間のみ使用の場合　動力の使用は 1 日 12 時間（『現代日本産業発達史』Ⅲ電力）

送電技術の進展

発明王エジソンは 1882(明治 15)年ニューヨーク市内に初めて直流によって電灯を点した。一方クロアチア生まれのニコラ・テスラは直流よりも優位性を持つ交流システムの開発に取り組み，1887(明治 20)年二相誘導モーターを完成させた。テスラはアメリカに渡りエジソンの工場に入社し交流のすばらしさを説いた。しかしエジソンは直流システムの信奉者であった。やむなくテスラは工場を退社し，これより互いを誹謗中傷する［交直論争］が始まるのである。この論争は 1896(明治 29)年ナイヤガラ瀑布の発電所にテスラの二相交流発電機が採用され，長距離送電に成功したことにより交流陣営が勝利する形で終止符が打たれた。

この間ヨーロッパではハンガリーのカール・ツィペルノウスキーが交流電力の送電や配電に不可欠な変圧器の開発に成功した。またドイツのドブロウォルスキーは1889(明治22)年三相交流誘導電動機の製作に成功し,翌年三相3線結線方式を編み出し，長距離送電を可能にした。1891(明治24)年にはドイツ・ネッカー川瀑布（ラウフェン）に敷設された三相交流発電機で発電された75kW・55Vの電流が変圧器により1万5千Vに昇圧され175km離れたフランクフルト博覧会場まで送電され，200馬力の三相電動機を回転させることに成功した。70%の送電効率は世界中を驚かせた。

国内に目を向けると明治21(1888)年に，前述のエアトンの教えを受けた志田林三郎1)は電気学会の第一回通常会で演説し，将来の電気技術の発展を予測した。この予測のほとんどが現在実現しているのは驚きに値する。また電気輸送に最も好結果を得た例として,フランスのデプレ計画にかかわるパリークリル間15里の実験を挙げている2)。さらに明治24年,『電気学会誌』は前述のドイツ，フランクフルト博覧会での画期的な送電試験の成功を報じた3)。明治30年代に入ると，裸硬銅線が架空送電線として使用され,アメリカから三重ピン碍子（がいし15,000V用）が輸入されたことにより，送電電圧が3,000V級から一挙に10,000V級になるなど著しい進歩を見せるようになった。

沼上発電所・広発電所の開設

国内で長距離送電に成功した事例として福島県沼上発電所と広島県の広発電所の例があげられる。

明治11(1878)年より5ヵ年をかけて完成した安積疎水は，猪苗代湖の水を太平洋側に運び，郡山盆地の西側山麓台地に灌漑用水を供給してきた。郡山絹糸紡績は明治30(1897)年2月安積疎水を動力源とし一帯に電灯・電力を供給する目的で，水力発電所の建設に着手した。明治32年6月完成したのが沼上発電所である。後述する茨城電気の創業にもかかわった野口遵(したがう)は東京帝国大学電気工学科の実習生として，また卒業後は主任技術者として沼上発電所の建設に尽力した。

2-3 **沼上発電所の現況**　福島県郡山市熱海町

水車は，マッコーミック型横軸440馬力1台（アメリカ製）で，発電機はＧＥ社製 150ｋＷ三相交流 2,000Ｖ，60 ヘルツ 2 台など，すべては当時進んだ技術を有したアメリカ製品であった。11,000Ｖの高圧線により 14 マイル（約 22.5ｋｍ）の距離を送電した 4)。

明治 30(1897)年，横須賀と並ぶわが国最大の海軍基地があった広島県呉市（当時の人口約 6 万人）に広島水力電気が設立された。同 32 年には呉軍港に電気を導入し，点灯地域は次第に周辺部へと拡大していった。広島水力電気が据え付けた発電機は三相交流 1,150Ｖ，60 ヘルツ，250ｋＷ3 台で，ペルトン水車 300 馬力 3 台（いずれもアメリカ製）による駆動であった。電源地点は阿賀町で黒瀬川の瀑布を利用し，広発電所から呉市さらに広島市まで伸びる送電線は，当時最長の 16 マイル余（約 26ｋｍ）となった。その際に実施された 11,000Ｖの特別高圧による送電の成功は，わが国電気事業の発展に大きく寄与している。電気導入における広発電所の歴史的価値もここにある。広発電所の建設及び送電に関する技術的な事項については，当時の電気工学の第一人者であった田辺朔郎，藤岡市助，山川義太郎（東京帝国大学教授）らがその指導にあたった。

広発電所は建屋を改修し現在も中国電力の発電所として稼働中である。

駒橋発電所の創設

次に，大規模水力利用の例として東京電燈が開発した山梨県桂川水系の駒橋発電所について述べる(写真 2-4)5)。

東京電燈は炭価の高騰や保安上の理由から市街地での火力発電に対する監督行政が厳しくなってきたのを受けて水力の開発を積極的に進めようとした。まず東京から近い富士五湖周辺に目を向け，明治 39(1906)年に山梨県北都留郡広里村（現・大月市）駒橋を発電地点と定め工事に着手し，翌年には営業運転に入った。これが駒橋発電所である。工事費は 590 万円，延べ 1 万人を要する大事業であった。設備の概要は，表 2-8 のとおりである。

現・東京電力駒橋発電所附近を観察してみよう。大月駅より富士急山梨バスにて 5 分ほどで横尾橋停留所に着く。これより国道 20 号線を右上に見て旧甲州街道の細道を下ると発電所が見えてくる。発電所は現在も稼働中であった。発電所建屋は一部が当時のまま残存するが，大部分は改修された造りである。建設当時使用された石積みの排水門は忘れ去られたかのような姿であるがしっかりした形をとどめている(写真 2-4b)。導水管は 6 本のうち 2 本だけ使用中で他は撤去された。

隣接する駒橋新独身寮敷地内に［東京送電水力発祥の地］の碑と説明板がある。これによると昭和 39 年発電所職員・保修所・保線区職員 70 名が建立したとある。送電開始は明治 40 年 12 月 20 日 16 時。碑陰に時刻まで刻むところに発電所稼働の興奮が伺える(写真 2-4c)。15,000ｋＷの出力を 55,000Ｖの高電圧に昇圧して早

表 2-8　東京電燈・桂川水系の駒橋発電所の概要

位置	山梨県北都留郡広里村（現在大月町）字駒橋　〔現・大月市〕
取入口	〃　南都留郡禾生村大字古川渡　〔現・都留市〕
使用河川	桂川
落差	345 呎（350 尺）　〔呎：フィート〕
水量	毎秒 750 立方尺
出力	15,000 kW
取水堰堤	長さ 16.6 間　高さ 8 尺
水路	開渠及び水道橋 2,011.93 間　隧道 1,692.94 間　計 3,704.87 間
水圧鉄管	主管 6 条（内径 5.49～4.92 尺），長さ 800 尺，鋲接鋼管，ドイツ・フェルム会社製
水車	フランシス型双輪横軸 4,500 馬力，毎分 500 回転，スイス・エッシャーウヰス会社製 6 台
変圧器	単相油入水冷式 2,000 kVA，一次 6,600 V，二次 57,000 V，アメリカ・ゼネラルエレクトリック会社製 11 台
配電盤	アメリカ・ゼネラルエレクトリック会社製
電線路	55,000 V 二回線 47 哩，木柱 3,974 本（檜又は杉），鉄塔 22 基，電線 105 ミル，麻心 1 号本燃銅線及び佳銅線　〔哩：マイル〕 早稲田変電所　主要変圧器単相油入水冷式 1,800 kVA，一次 50,000 V，二次 11,000 V，アメリカ・ゼネラルエレクトリック会社製 11 台

（『現代日本産業発達史』Ⅲ電力）

2-4 駒橋発電所 a 創業時の全景と発電機室　b 排水門の内側現況　c 開始時刻を刻む碑文

稲田変電所までの約80ｋｍを送電した。麻布・麹町一帯に明かりが灯った。発電所内に展示してあるペルトン水車は桂川電力鹿留発電所創業時のものであった。

この成功を受けて東京電燈は明治 43(1910)年下流に八ツ沢発電所の建設を計画，45年に一部送電を始めた。駒橋発電所の排水をも利用し，導水路の途中には桂川支流の谷をアースダム（土堰堤）でせき止め，夜間の電力需要減少時には貯水し，需要増となる夕方に発電力をあわせるための調整池を備えた(写真 2-5)。

この後，桂川電力により明治44(1911)年より大正9(1921)年にわたって桂川上流部の開発が行われ，鹿留，西湖，谷村，鐘ヶ淵の各発電所が開設され，20ｋｍの範囲に合計で4万ｋＷ近い発電がなされたのは注目に値する。すべての電力が東京方面へ送電され，桂川電力はまもなく東京電燈に合併された。

親子三代で発電所に勤務した方が偶然導水管周辺の夏草を刈っているのに出会った。以下聞き取りの内容である。駒橋地区住民30戸はほとんどが東京電力に関係し，常日頃より発電事業に協力を惜しまなかった。事業所としては遠距離にある発電所の管理にきめ細かくあたることはたいへんな労力を要したであろうし，一方地区住民は発電事業に携わることによって報酬を得た。双方の互恵関係が認められる。このような結びつきから地区住民の生活用水は導水路上部のサージタンクから分岐し地区内に流入し，現在水路の一部が残存する。また発電所の事務所は小高い丘の上に新設され，附近の4発電所を含め無人化・自動制御方式がとられている。駒橋発電所は東京電燈にとって火力から水力中心の発電に切り替わる大きな意味を持つ発電所で，大規模出力で遠距離高圧送電が実現した背景には，関係者の熱い心意気と高い技術があったことを改めて実感させられた。

2-5 八ツ沢発電所 上野原市八ツ沢　**a 創業時の全景　b 大野調整池　c 第一号水路橋**
桂川右岸で取水し猿橋(国指定名勝)わきの水路橋(国指定重要文化財)で左岸へ渡り，大野調整池へと導水されている

猪苗代水力電気の創業

猪苗代湖は 500mの標高を有し，磐梯山の噴火により流出した熔岩が河川をせき止めることで形作られた。天然のダム湖として水力発電には最適である。流入する長瀬川や湖より流出する安積疎水をはじめとして戸の口堰や日橋川には，明治・大正・昭和にかけて合計 15 箇所の発電所が設置された。

表 2-9　猪苗代湖水系の発電所一覧

系　統	発電所名	使用開始年月	有効落差(m)	最大使用水量(㎥/秒)	許可最大出力（kW）
安積疏水	沼上	明治 32. 6	40.9	5.6	1,560
	竹内	大正 8. 7	68.5	5.6	3,000
	丸守	大正 10.10	88.2	6.1	3,850
長瀬川	小野川	昭和 13. 7	60.9	50.1	26,300
	秋元	昭和 16. 6	160.4	66.9	93,600
	沼ノ倉	昭和 21.12	28.0	45.3	10,400
日橋川	猪苗代第一	大正 4. 1	106.5	67.5	53,500
	第二	大正 7. 7	68.2	67.5	36,000
	第三	大正 15.12	40.0	65.7	21,000
	日橋川	明治 45. 4	19.2	65.7	10,000
	猪苗代第四	大正 15.12	61.8	67.3	33,000
	金川	大正 8.10	12.6	64.7	6,500
戸口堰	戸ノ口堰第一	明治 45. 2	102.4	2.7	2,080
	第二	大正 8. 9	43.0	2.7	850
	第三	大正 15.11	72.4	2.5	1,400
計	15				303,000

（『現代日本産業発達史』Ⅲ電力）

猪苗代水力電気は明治 44（1911）年 10 月創立総会を開き資本金 2,100 万円（525万払込）で開業した。同時期の東京電燈の資本金が 5,000 万円，大阪電燈が 1,400万円，名古屋電燈が 1,600 万円であったことからもその規模が推量される。発起人には技術者で元九州鉄道社長仙石貢，同取締役白石直治のほか，財界の重鎮渋沢栄一など有力者が名を連ねた。また岩崎久弥が株式全体の 15％を保有するなど経営・資本両面で三菱系のバックアップを受けた。会社設立にあたっては次の課題があった。

①　5 万ｋＷの巨大発電所が技術的に建設可能か

②　東京までの高圧送電が安全かつ経済的にできるか

③　大規模発電であるだけに需要をいかにして確保するか

の 3 点である。とりわけ③についてはおおまかに大需要地として東京方面を考慮に入れてはいたが，東京電燈が前述の桂川水系に駒橋，八ツ沢発電所の完成をみたこともあり，明確な市場の見通しがないままの工事着工であった。これには猪苗代湖が発電に有利な立地条件をもち，低コストの発電が可能であったため，採算については楽観視していた事情もかかわっている。

2-6 猪苗代第一発電所の現況 会津若松市河東町

猪苗代水力電気はこれまで猪苗代湖水を利用してきた安積疎水普通水利組合と交渉，灌漑期に水深45ｃｍ，非灌漑期に水深97ｃｍの水利権を得た。これをもとに第一～第四発電所の合計出力7万8千ｋＷの電源開発が計画された。この電気を東京市場へ供給するために東京府北豊島郡尾久村（現・東京都北区）に田端変電所を設け，この間225ｋｍを当時としては画期的な11万5千Ｖの高電圧で送電することにした。

第一発電所は明治45(1912)年3月工事に着手し，工事完了は大正4(1915)年3月であった。フランシス水車（独製）と発電機6台（英製）で落差107m，37,500ｋＷの出力を得た。田端変電所までの鉄塔は1,435基建設され，鉄塔間平均158ｍであった。第二発電所は大正5年8月工事に着工し，大正7年に一部が完成した。有効落差68m，水車は三菱・神戸造船所製，発電機は芝浦製作所製とすべて国産で出力は2万4千ｋＷであった。

東京電燈とのかかわりは発電開始当初からあった。大正4年7月猪苗代水力電気より受電を始めている。その後次第に増量し，大正9年には第一発電所の出力のほとんどを占める3万7千ｋＷを東京電燈が受電した。猪苗代水力電気はこのような経緯から大正12(1923)年4月に東京電燈と対等合併した。

三電競争と電気料金

明治43(1910)年，電力の大消費地である東京市の状況は，東京電燈が取付灯数全体の95%を占め，ほぼ独占状態にあったために他地域と比べて料金は割高であった。たとえば明治43年末の10燭光あたり月額料金が大阪電燈1円，名古屋電燈85銭であるのに対し，東京電燈は1円20銭であった。こうした中で東京市電気局と日本電燈が東京市場へ進出を計画した。東京電燈のもとに両者が加わり熾烈な需要家獲得競争を展開していく。いわゆる三電競争である。

東京鉄道が東京市電気局の前身で明治39(1906)年東京市内の馬車鉄道・市街鉄道・東京電気鉄道を合併して設立された。電気の公共性を理由に明治44(1911)年東京市に買収され，市が経営に乗り出した。東京市では電気局を設け大正2(1913)年鬼怒川水力電気（栃木県）から受電し，安い電気料金により積極的な需要拡大を図った。一方日本電燈は明治44(1911)年に創業し，大正2(1913)年には桂川電力（山梨県）より受電し東京市場へ参入した。各事業所ともに東京市への参入には長距離送電の実現に伴う大出力の水力発電による低廉な電力を確保していた。

三電による競争は特に電灯料金の値下げ・割引き・奉仕に顕著に現れた。最も熱心であったのは東京市電気局で［百万灯計画］のもとに団体申し込み割引きや電気料金を10燭光･月額72銭とすると，日本電燈も10燭光･50銭で3ヶ月無料奉仕という案で対抗した。やむなく東京電燈は10燭光･1円への値下げを余儀なくされ，工事料金の廃止や門灯1割引などを実施して防戦に努めた。このような無秩序な需要家獲得競争は暴力事件や需要家の料金滞納問題を生み，極端な場合には一軒に三事業所の電灯が取り付けられるなど様々な弊害が生まれた。大正2(1913)年には渋沢栄一によって三電を東京市電気局に統合する調停案が示されたが不調に終わっている。

大正3年，第一次世界大戦が勃発するに及んで電力需要が激増し，そのため猪苗代水電の市場問題を含む三電競争は解決に向う。大正6(1917)年，三電協定が結ばれ，①競争的行為の自粛，②供給区域の画定，③従前の需要と新規の需要が可能な普通供給区域と従前からの需要だけに供給が限定される特別供給区域の区分けが取り決められた。この年には東京電燈67%，日本電燈12%，東京市電気局21%のシェアであった。

電気料金は表2-10のとおりとなった。全体に値下げとなったが，とりわけ高燭光での値下げ率が大きかった。たとえば，32燭光（現在の30Wに相当）では1円90銭の旧料金が75銭になった。この値段は，米価に換算すると，当時は石あたり25円50銭だったから，旧料金では8升，新料金では3升分の計算となる。電気が庶民にとっても手の届く料金となってきたことを意味していよう。

表2-10　大正6年東京市の三電協定による電灯料金の改正

燭光別	旧料金 円	新料金 円	値下割合 %
5	0.5	0.4	20
10	0.8	0.5	38
16	1.1	0.55	50
24	1.5	0.65	57
32	1.9	0.75	61
50	2.9	0.95	67
100	5	1.55	69

（定額，1灯1ヶ月当たり料金　『現代日本産業発達史』Ⅲ電力）

電気料金の値下げには，高電圧でしかも遠距離に送電できる技術が発達したことを忘れることができない。とりわけ第一次大戦後は，一般的に大送電網の時代と呼ばれているように，送電幹線網について，進展が見られた時代であった。10万ボルト以上のものについてみると，次の表2-11のようになる。

表2-11　電圧10万V以上送電線の概況（昭和12年末）

（1）電圧154,000V

事業社名	送電線路名	亘長（km）	使用開始年月	備考
東京電燈	猪苗代新線	333	大正15.12	亘長には阿賀野川線及び南葛支線を含む
	上越線	216	大正13. 4	
	甲信線	301	大正12. 3	亘長には霞沢及び奈川渡線高瀬川線及び旭線を含む
	田代線	149	昭和 3. 6	
大同電力	東京送電幹線	286	昭和 4.12	亘長には寝覚-松島間を含む
	大阪東幹線	248	大正12.12	
	第二大阪東幹線	194	昭和 5. 6	
日本電力	東海幹線	431	大正12.12	亘長には黒部川第二-笹津間を含む
	北方幹線	158	昭和10.12	
	東京幹線	351	昭和 3. 2	亘長には京北線を含む
昭和電工	北陸送電幹線	310	昭和 4. 7	
東邦電力	岩倉木津線	122	昭和 8. 4	
矢作水力	泰阜日進線	87	昭和12. 8	
以上計		3,186		

（2）電圧110,000V

事業社名	送電線路名	亘長（km）	使用開始年月	備考
東京電燈	猪苗代旧線	227	大正 3.10	
	群馬線	183	大正11.12	
広島電気	東西幹線	130	昭和10. 3	亘長には下山-広島間を含む
山口県	宇部徳山線	70	昭和10. 8	
九州送電	福岡幹線	123	昭和 7. 7	
九州電力	三池線	188	昭和 7. 1	
東邦電力	港武雄線	76	昭和 7. 3	
以上計		997		

（『現代日本産業発達史』Ⅲ電力）

第一次世界大戦中の電力不足を背景に膨大な投資が行われ，電源開発が進んだ結果，電圧15万4千Vに依存する電源地帯は本州中央部にまで広がりを見せ，以後これらからの送電が京浜，阪神両地帯の工業発展を支えた。

大正8(1919)年供給力不足から経営不振に陥っていた日本電燈は東京電燈に合併された。

このように大正年代は電気の普及・拡大が図られる時代で，『電気経営及其事業』－電気に関する企業家・資本家・技術家・事務家必読書・大正5年1月発刊一,『日立製作所横軸フランシススパイラルタービン水車』『マツダランプ』『水力発電所及変電所之設計』『電気工学重要問題解答』『小型発電機製作』といった書物案内が電気を扱う雑誌「電気之友」6)に掲載されるなど,電気事業への庶民の関心の高さがうかがわれる。

関連法規の整備

電気事業の拡大に伴ってこれを監督する行政機関の必要が生まれてきた。きっかけとなったのは明治24(1891)年1月,開設間もない帝国議会仮議事堂が火災によって焼失した事である。原因は不明で,巷間では漏電説が飛び交い一般家庭でも点灯を控えるなど保安上の対策がとられるようになった。そこで警視庁は明治24年12月電気事業の監督・取締りを目的とした「電気営業取締規則」を制定する。新たに電気事業の所管となった逓信省は「電気営業取締規則」を明治29(1896)年5月に公布した。この規則も同様に危険防止の取締りが目的で電気事業者や電気鉄道に適用されたが自家用発電は適用を除外された。

電気事業は明治末から大正初期にかけて急速に拡大したが,その背景にはこれまでの監督行政から保護・助長へと行政側が政策転換をしたことも見逃せない。政府は基礎産業としての電気産業を保護することによって国の発展を図ろうとした。これらの考えに立って明治44(1911)年3月「電気事業法」が制定・公布されるにいたった。その内容はつぎのようにまとめられる。

①適用される電気事業者は一般供給と電気鉄道が対象とされ,紡績事業・鉱山事業などの自家用は準用すること

②規則の目的は電気事業の監督であり,事業の許可・工作物の施行及び使用の認可・電気料金の許可制など

③電気事業者の権利として,他人所有の土地への立ち入り権,竹木を伐採する権,道路・橋梁・溝渠・堤防その他公共の用に供せられるものの使用権,他人所有の土地並びにその上部空間の使用権,他の地中電気工作物の位置変更請求権が認められたこと。

1) 志田林三郎(1855〜1892)佐賀県多久市生まれ。幼くして利発。多久の学問所「東原庠舎(とうげんしょうしゃ)」入学。上京し工学寮(工部大学校の前身)入学。エアトン教授の指導を受ける。明治12(1879)年首席で卒業。明治13年政府留学生としてグラスゴー大学に留学。明治16年帰国。工部省電信局勤務。明治19年帝国大学電気学科教授。明治21(1946)年自ら主唱して電気学会創立。この際の演説で将来可能となる電気技術を予測。明治25年病のため36歳の若さで死去(逓信総合博物館「電気通信の先駆者志田林三郎」より抜粋)。

2) 「クリルより116馬力の電力を送りパリにおいて電動機に生ずる勢力は52馬力にして失うところ45パーセントに止まり真に望外の好成績」と伝えていた。

3) 『現代日本産業発達史』Ⅲ電力(現代日本産業発達史研究会 1963) 及び電気の資料館「電気は人なり－電気事業に生命をかけた男たち」を参照。

4) 『関東の電気事業と東京電力』－電気事業の創始から東京電力50年の軌跡 (東京電力 2002)。 郡山絹糸紡績の1万1000V送電の成功は「新に似寄りたる事業を計画する者の好模範ともなり其及ぼす利益は大」と，完成式典において三春村出身の電友社加藤木重教社主が祝辞を述べている(「電気之友」第112号明治33年11月号(電友社 1900) p684)。

5) 写真は明治40年創業時のもの。建屋の直上をゆるい坂で通るのが旧甲州街道，最下段の水圧鋼管のアンカーブロックのところを中央本線が通る。手前に排水門と桂川，左が下流。右奥が現在の大月駅方面。

6) 「電気之友」(第420号1917年4月号)

(3) 東京電燈の事業地拡大と5大電力の市場競争

大正 7(1918)年，第一次世界大戦が終了すると，勝利を収めた連合国は生産能力を平和産業に振り向け，積極的な輸出に乗り出した。このためわが国の輸出は不振となったが，国内景気の好況により，輸入は旺盛であった。これら輸入資金の調達により，国内通貨が減少し物価の下落が始まった。これがやがて昭和の大恐慌に結びつく。

電気事業者はこの不景気の影響をうけ，需要家獲得競争に敗れて疲弊する例や，経営困難に陥る例も多く現れた。一方，大資本の事業者は発送電の系統や連絡網を強化し，電源の拡充を強化するため経営統合を行うようになっていった。とりわけ大正時代後半から電気事業者の合併・吸収は急激な勢いで進み，大正末においては，関東地方の東京電燈，関西地方の宇治川電気，大同電力，日本電力，中部地方の東邦電力がそれぞれ規模を拡大させ，いわゆる五大電力が誕生し，大都市の形成に伴い大需要地となった四大工業地帯の発展を支えた。これらの中から関東地方を中心とした東京電燈について述べる。

東京電燈の事業規模拡大

東京電燈は大正9(1920)年3月日本電燈(大正2年創業)を合併したのに続いて，翌年には創業以来33年の歴史をもち横浜・横須賀両市をはじめ15万灯の需要家を持つ横浜電気を合併した。同時に，安定した水力電源確保のため，大正12(1923)年にかけて，大口電力購入先であった第二東信電気，桂川電力，日本水力電気，猪苗代水力電気，忍野水力電気を相次いで合併した。そのほか，大正10年4月に利根発電，利根軌道を合併・買収したのをはじめ，同時期に高崎水力電気，熊川電気，烏山電力，水上発電を合併・買収し，供給地域は群馬・栃木・埼玉県に及んだ。こうした合併の動きは関東大震災時に一時中断するが，大正 13(1924)年に日本鉄合金を買収したのに続き，翌年は東洋モスリンを買収し，京浜電力，富士水電を合併し，静岡県の大半に供給地域を伸ばした。その結果東京電燈は大正 11年の時点で関東地方における総灯数の 65%を占めていたものが，その後の合併を含めると昭和 6(1931)年には総灯数の 72.2%，電力数では 78.9%を占めるに至り，関東地方の大部分が供給範囲となった 1)。

表 2-12　東京電燈の合併・買収　(大正 10 年～昭和 6 年)

事業社名	合併・買収年月	合併比率または買収価格 (東電 : 他社　千円)		資本金 (千円)	合併時 出力 (kW)
利根発電	大正 10. 4 (合併)	1 : 1		22,000	23,943
利根軌道	4 (買収)		210	240	0
横浜電気	5 (合併)	1 : 1.25		15,000	20,075
第二東信電気	10 (合併)	1 : 1		5,000	13,650
高崎水力電気	12 (合併)	1 : 1		5,500	3,355
熊川電気	12 (合併)	1 : 1		1,500	3,879
桂川電力	11. 2 (合併)	1 : 1		42,500	34,690
日本水力電気	10 (合併)	1 : 0.9		2,500	7,000
烏川電力	11 (買収)		927	2,039	?
水上発電	12. 2 (買収)		100	100	45
猪苗代水力電気	4 (合併)	1 : 1		50,000	61,500
忍野水力電気	4 (合併)	1 : 1		500	800
日本鉄合金	13. 10 (買収)		850	?	900
東洋モスリン	14. 4 (買収)		5,350	?	4,900
京浜電力	10 (合併)	0.95 : 1		32,000	11,160
富士水電	10 (合併)	0.54 : 1		34,860	15,670
帝国電燈	15. 5 (合併)	0.86 : 1		57,360	13,149
東京電力	昭和 3. 4 (合併)	0.9 : 1		68,250	141,397
桂川電気興行	4. 6 (買収)		?	?	24,000
塩部岬電気	12 (買収)		?	?	?
東京発電	6. 4 (合併)	1 : 2		68,300	62,275

(『現代日本産業発達史』Ⅲ電力)

帝国電燈の展開

東京電燈に合併された事業所の一つに帝国電燈がある。

明治 44(1911)年 5 月帝国瓦斯力電燈が，発起人 226 名・資本金 200 万円で発足した。全国の点灯が遅れていた地域に小規模瓦斯力発電所を建設することが目的であった。発足時に常務取締役であった岡部則光は全国各地に 100ｋＷ前後の小規模事業所を立ち上げ，あるいは地元資本に出資して事業所を興し電気を供給した。しかし創設した群小事業所は次第に無用の競争を生み，無駄が生まれた。大正 3(1914)年事業所名を帝国電燈と改称し，役員が改選された。専務となった樺島礼吉はその間の事情を次のように述べている。

「電気事業はその性質から言っても，経営の合理性から言っても，さらに国家的見地から言っても，群小会社の対立割拠ははなはだ不利不自然で，あるいは投資の重複，あるいは無用の競争など，大所から見てまことに無駄が多いのである。故に群小を統合し打って一丸となし，大資本下に収めて統制ある経営をなすべきである。」2)

この方針に従ってこれまで出資していた事業所が次々に帝国電燈に合併されていった。明治 45(1912)年～大正 9(1920)年に合併・買収された事業所は表のとおりである。東京電燈と合併するまでの間に千葉・栃木・埼玉・神奈川の 45 事業

表 2-13　帝国瓦斯力電燈（帝国電燈）による合併・買収（明治 45 年～大正 9 年）

年・月	事業社名	所在地	合併・買収	資本金（千円）	灯 数	原動力（出力 kW）
明治 45.3	佐倉電燈	千葉	買収	55	〔1986〕	ガス力 (50)
3	西部電力	東京・埼玉		200		ガス力 (250)
3	八日市場電燈	千葉		35	〔865〕	ガス力 (30)
3	香取電燈	千葉		41		ガス力 (50)
5	越ヶ谷電燈	埼玉		35		ガス力 (40)
5	加須電燈	埼玉		35	〔770〕	ガス力 (50)
大正 2.-	北総電気	千葉	買収	75		ガス力 (150)
4.4	龍ヶ崎電燈	茨城	買収	30〔15〕	1,465	ガス力 (40)
5	大原電燈	千葉		30〔 8〕	837	ガス力 (40)
7	茂原電燈	千葉		35〔35〕		ガス力 (60)
5.5	常野電燈	茨城・栃木	買収	200〔90〕	4,027	受 電 (100)
5	八街電気	千葉		30〔30〕		ガス力 (35)
6	柏原電燈	兵庫		65〔55〕	2,133	ガス力 (30)
10	三浦電気	神奈川		50〔30〕	2,157	ガス力 (30) 受 電 (20)
6.5	東予水力電気	愛媛	合併	200〔200〕	5,713	水 力 (400)
5	阿瀬川水力電気	兵庫	合併	100〔100〕	6,477	水 力 (100)
7	銚子電燈	千葉	合併	100〔100〕	8,823	ガス力 (140)
11	土浦電気	茨城	買収	200〔125〕	8,011	受 電 (205)
7.5	水海道電気	茨城	合併	120〔98〕	5,388	受 電 (90)
5	小樽電気	北海道		500〔500〕	54,950	受 電 (1,500)
8.11	山陰合同電気	京都・兵庫	合併	625〔313〕	13,397	ガス力 (223) 汽 力 (142)
11	南総水力電気	千葉		150〔99〕	4,865	水 力 (60) 汽 力 (40)
9.4	岩内水力電気	北海道	合併	200〔200〕	6,766	水 力 (51)
4	内宮水電	京都		50〔50〕	1,543	水 力 (200)
9	軽川電気	北海道		30〔30〕	1,000	受 電 (20)

灯数の〔〕は明治 45 年 4 月現在　資本金の〔〕は払込金額（『関東の電気事業と東京電力』）

所を合併した。茨城県域の龍ヶ崎電燈，常野電燈，土浦電気，水海道電気もこれらの動きの中に位置づけられる。

電灯需要の好調に支えられ事業経営は順調であったが，需要が瓦斯力発電や受電にたよる状況であったため，自社水力の開発や送電線の整備に多額の経費を要するという課題を抱えていた。大正 10(1921)年下野電力，翌年の武蔵水電を合併したことは課題解決のための方策であった。このため合併比率は両事業所ともそれぞれ 10 株に対して帝国電燈の 16 株という被合併側に有利な内容であった。

大正 12 年 9 月未曾有の関東大震災に見舞われ，東京市全面積の 43.7%が焼失した。東京電燈本社及び横浜支店が焼失し大被害を受けた。しかし猪苗代湖や鬼怒川水系の発電所はほとんど被害がなく，またこれらの電源から東京方面への送電線にも被害が少なかったため，比較的迅速に復興することができた。帝国電燈も幸い被害が少なく，さらに積極的な拡大戦略をとった。このために社債・借入金が増え，電灯・電力の収入がこれに追いつかず財務的には苦しい状態になった。世間では東京電燈との合併がささやかれていたが，専務の樺島礼吉は水戸に出て茨城県域の占有を視野に入れていた。

ところが大正 14 年樺島礼吉は病にて他界してしまう。そこで中京地帯を地盤とする東邦電燈は，木曽川水系で発生した膨大な電力の消費地として関東地方にも進出する動きを見せた。この情勢を受け東京電燈は営業区域防御の立場から，大正 15 年 12 月臨時重役会で合併を決議し帝国電燈を合併した。合併比率は帝国電燈 10 株に対し東京電燈 8.6 株の割合であった。

電灯料金の従量制

東京電燈は需要拡大策の一つとして，電灯料金を定額制から昼夜間通して供給する従量制（積算電力計の使用）に移行させた。定額供給では料金収入に加えられない電力の無駄が生じ東京電燈の負担となっていた。そこで 5 灯以上の需要家の選択性であった従量制を大正 13(1924)年には 3 灯以上のすべての需要家に適用した。これによって燭光数の違う電灯を自由に使用できるようになった需要家は家屋の諸室に配線し，結果として需要の増加に結びついた。昭和 6(1931)年東京電燈内の需要家は 82.9%が従量制に移行した。

五大電力の電力戦

五大電力の全国に占める位置は表 2 - 14 に示すとおりである。

五大電力が全国に占める供給力の割合は 33.9%とそれほど高いとはいえなかったが，傍系会社を含めると 60.8%と高率であった。この中でも東京電燈は五大電力内で 40.3%，傍系会社を含めた全国で 24%のシェアを有していた。

表 2-14　全国発電力(水・火力合計)中に占める五大電力の合計 (昭和 11 年 1,000 k W)

	五大電力自体	直系会社	傍系会社	合　計
東京電燈	718	352	222	1,292
東邦電力	252	—	280	532
宇治川電力	192	—	—	192
大同電力	365	20	29	414
日本電力	254	104	—	358
共同火力等	—	405	—	405
a 五大電力系合計	1,781	881	531	3,193
b 全　国	—	—	—	5,247
a／b　(%)	33.9	16.8	10.1	60.8

(『現代日本産業発達史』Ⅲ電力)

五大電力は第一次大戦後大消費地において激しく他事業所地盤の争奪戦を展開した。いわゆる［電力戦］である。その背景には大戦後の不況・恐慌によって未開発地域の電力需要が衰退したことがあげられる。一方京浜・阪神・中京の三大需要地は産業合理化の波に乗ってその動力の電化が進み，電力事業所にとっては需要の中心となった。電力戦は中京地域から始まった。炭価の高騰に悩む火力による関西・中京の各事業所にとって，中央山岳地帯で開発された水力による電力供給力は，距離的にも近く魅力的であった。

東京電燈は先に述べたように周辺部の事業所の多くを合併したが，これは中京・関西で繰り広げられている電力戦が関東にも波及することへの備えという意味合いがあった。 大同電力と東京電燈において展開された電力戦を見てみよう。電気の卸売り事業所である大同電力と不況時の需要低下に悩む東京電燈との間で長期需給計画諾否について争われたのが，ことの本質である。

大同電力は大正 10(1921)年大阪送電・木曽電気興行・日本水力が合併して成立した最も後進の事業所である。このため木曽川流域の電源開発を積極的に進め，火力でも大阪市電気局に買収された大阪電燈の残余財産を譲り受けるなどして，設立時に 25,800 k Wであった供給力は大正 12 年には 100,500 k Wにまで拡大し，京阪・名古屋方面へ送電した。一方東京方面へは 50 サイクル・60 サイクル両用の発電機を備えて対応し，桃山発電所（24,600 k W・上松町木曽川水系）の発生電力を塩尻で京浜送電線に接続して送電するものであった。

桃山発電所の完成を機に大正 13 年大同電力と東京電燈の両事業所は互いに競争を回避する狙いから営業協定に関する契約書を締結した。その内容は，市場の分割境界は「太平洋岸大井川河口ヨリ塩尻及乗鞍岳ノ諸点ヲ経テ日本海岸黒部川河口ニ至ル想像線」とされ，それ以東を東京電燈，以西を大同電力の「主たる事業地域」とした。また①東京電燈と大同電力は供給力に不足が生じた場合には電力を融通しあう②相手側の主たる事業地域内で同意を得ず送電線を新たに建設しない③相互にその事業地域内で競争行為や競争を惹起するような行為をしない④それぞれの事業地域内の需要に対しては相互に相手方を直接の供給先とする電力供給以外は行わないことが取り決められた3)。

しかし大正14年5月大同電力は東京市・横浜市及び神奈川県橘樹郡への供給権や東京送電線・東京変電所建設の許可を得た。東京電燈はこれを先の協約違反としたが，大同電力側は協約以前に申請済みのことと反論し，傍系会社天竜川電力を設立して南向発電所（24,100 k W・長野県中川村）の建設や東京方面への送電設備の完成を急いだ。東京電燈は昭和2(1927)年12月，大同電力の主たる事業地域である愛知・三重方面に一般供給権を取得して対抗した。大同電力は昭和3年度末に南向発電所と送電設備を一部区間完成させて，東京電燈釜無川変電所渡しで供給し，電力卸売り契約量のさらなる増加を迫ったが，余剰電力を抱える東京電燈はこれを拒んだ。

大同電力は昭和5年5月に東京送電線を8月には東京変電所を完成させたので，塩尻変電所に代わって使用を迫ったが東京電燈はこれを拒否した。さらに更改期を迎えていた5万kWの受電料金検討は話し合いが進まず，両事業所は三井銀行・日本銀行に裁定を申し入れた。昭和6年7月両銀行の仲介人は受電料金を従前の100円から84円とする裁定案を示した。他と比べると割高であるが両事業所は裁定書を受け入れた。しかし，裁定後も東京電燈は東京送電線・東京変電所の使用を認めず，京浜方面へ進出する目的で多額の設備投資をしてきた大同電力の経営は悪化した。

同様の電力戦は名古屋を本拠地とする東邦電力と東京電燈，電力の卸売り事業所である日本電力と東京電燈との間でも展開されているがここでは省略する。

このようにして続けられた電力戦は次第に事業者間において自主的に激しい紛争を調停しようとする動きが起こり，昭和7(1932)年に電力連盟が結成された。この目的は①事業の統制を図る②競争による二重設備を避ける③原価を低下し消費者の利便を図る④共存共栄の実を挙げ事業の円滑な発達を期するなど，独占の利益を確保する自主カルテルであった。これによって東京電燈の関東，東邦電力の名古屋（中京を中心に九州・四国），宇治川電力の関西，大同電力・日本電力の卸売というように供給区域が確定していった。

一方，こうした事業者間の競争によって，卸売り事業者である日本電力や大同電力による大口需要家が増加した。結果として工場の原動機部門の電化率が向上し，大正6(1917)年には電動機が蒸気機関を上回るようになった。

表 2-15　工場の原動機構成（電化率の発展）

	総馬力数	電動機		蒸気機関	
		馬力数	電化率%	馬力数	汽力率%
明治 39	203,328	19,207	9.4	154,345	75.9
44	615,141	170,058	27.6	329,109	54
大正 5	746,242	270,979	36.3	299,489	40
6	1,168,747	599,339	51.3	234,746	20
昭和 3	3,203,855	2,211,703	69	不明	—
4	4,477,735	4,091,808	88.9	不明	—

（『現代日本産業発達史』Ⅲ電力）

改正電気事業法

昭和 6(1931)年 4 月改正電気事業法が公布された。旧電気事業法(明治 44 年公布)では電気事業者を保護し育成する趣旨が盛り込まれていたが，今回の改訂では①統制命令によって主務大臣が電気事業者に対して施設の変更・共用・工事に関し命令しうること②電気料金を届出制から認可制としたこと③主務大臣の認可なしに合併・譲渡はできないことなど独占事業の統制に目的があった。

1)　『関東の電気事業と東京電力』(東京電力 2002)p371

2)　佐藤幸次『茨城電力史』上(筑波書林 1982)

3)　注 1)『同』

(4)　電力統制と国家管理

昭和 6(1931)年 9 月に勃発した満州事変は戦時体制に拍車をかけた。国の基幹産業である電気事業においても国家管理にすべきとの考えが次第に強まってきた。とりわけ逓信省や一部の政治家は「民間の企業が個々の利害に基づいてとっている経営行動が電気事業の効率性を妨げている」と考えていた。それは前述の［電力戦］で一層鮮明になった。彼らが主張する電気事業国営化の目的は電気料金をできるだけ安くすること，料金制度を全国一律とすること，豊富な電力を安定的に供給できるようにすること，とされたが国営化のためには莫大な資金を必要とするため容易に実現しなかった。

ところが昭和 10(1935)年 12 月，衆議院議員で岡田啓介内閣の逓信政務次官であった頼母木桂吉は電気事業の国営化について，事業所の運営は政府が行い設備の所有は民間に任せるという民有国営の「電力国策要旨」を発表し，国営化問題は現実味を帯びてきた。しかし翌年二・二六事件が起こり，この案は実現へとは向かわなかった。事件後頼母木桂吉は広田弘毅内閣の逓信大臣となり，電力国営の考えをさらに進め逓信省内に［電気事業調査会］を設置し，昭和 11 年 7 月「電力国策要綱」をまとめ閣議に提出した。

この内容は電圧5万ボルト以上の送電線とこれに接続する発電設備を新たに設立する特殊会社に出資させ，政府がこの特殊会社から設備の提供を受けて発送電を行い，配電事業所へ卸売りするものであった。この内容は閣議では十分な理解が得られず，電気事業者も反対であった。そのため［電力審議会］の設置など若干修正を加え「電力国家管理要綱」（頼母木案）として閣議に再提出し，承認された。逓信省はこれをもとに「電力管理法案」「日本電力設備株式会社法案」「電力特別会計法案」「電力管理ニ伴フ社債処理ニ関スル法律案」「電気事業法中改正法律案」をつくり昭和12年1月第70議会に提出した。しかし国会は他の問題で混乱し5法案は撤回された。

ついで逓信大臣となった永井柳太郎は昭和12(1937)年12月「電力国策要綱」を閣議に提出，了承され「電力管理法案」「日本発送電株式会社法案」「電力管理ニ伴フ社債処理ニ関スル法律案」「電気事業法中改正法律案」（永井案）として翌年1月衆議院に上程され同年3月に成立した。永井案では新たに設立される企業（日本発送電）は設備を自ら保有し，発電・送電するとされた。また既設の水力発電設備はこれに含まれなかった。

昭和14年4月，日本発送電（略称・日発）が発足した。その制度的な特徴は次のとおりである。

日発は民間事業者の設備を強制的に出資させて設立されたが，なお将来において政府が必要と認めた場合は，いつでも出資命令によって事業者の設備を出資されうる。

① 「電力設備の建設または変更計画」および「電気料金その他電力需給に関する重要事項」については，いずれも政府がこれを決定する。

② 役員（総裁・副総裁・理事）は政府が任免する。

③ 「定款の変更」「社債の募集」「利益金の処分」等に関する決議は主務大臣（逓信大臣）の認可を受けなければ効力を発生しない。

① 株金全額払込前でも，日発は定款変更の認可を受ければ増資が可能である。

② 日発は，日本発送電株式会社法によって払込株金の三倍（民間電気事業者は二倍，製造業等普通の株式会社は払込株金額相当）を超えない範囲で社債を募集することができる。

③ 初年度から10カ年間，払込株金額に対し年四分の配当を政府が保証する。配当し得べき利益が年六分を越えるときはその超過額をもって補給金の償還にあてる。（ただし，四分配当の保障は昭和16年度以降，六分保障に改められ，昭和20年度まで補給金が交付された。）

④ 日発の発行する社債の元利支払については，とくに政府の保障を受けることができる。（日発は創立後五カ年間に六億円強の社債発行を予定しており，第74議会で五億円を限度として社債に対する政府保障の協賛が与えられた。）

総裁に増田次郎（大同電力社長），副総裁に小野猛（逓信次官）が就いたことからもわかるとおり，官僚及び大同電力の出身者が経営陣の中で大きな割合を占めていた。重要事項の決定，命令権は政府が持ち，細部にわたって主務大臣が許認可権，監督命令権を行使した。とりわけ重要な項目は，政府が経営首脳者の任免権を握り，資本に対する配当四分（後に六分）を確保するため，配当補給金を制度化したことであり，これらはともに官僚が電気事業の人的・物的支配を確立する手段として重要な意義を持っていた。しかし発足直後の昭和 14(1939)年夏には異常渇水と石炭不足により電力飢餓に陥るなど，日発の 11 年間は，新規の電力開発が進まず，物資，労力，資金などの不足により順調な経営とはいえなかった。

電力国家管理の動きに対し電気事業者は強く反発した。東邦電力会長であった松永安左ェ門は，昭和 15 年 11 月関東電気供給事業者大会で

「民有国営の生産業における重大なる欠点は何であるか。一言すれば事業の生命たる創造の精神を欠き，迅速果敢に仕事を取運ぶことのできない点にある。生きた例が日発である。」

と政府を激しく批判し，後にすべての役職から身を引き所沢の山荘に隠棲した。

監督面では電力管理準備局が廃止され，昭和 14 年 4 月電気庁が設けられた。昭和 15 年 9 月逓信大臣村田省蔵は第二次電力統制を実施した。その目的は，既設の水力発電設備を日発へ帰属させること，全国を数地区に分け各地区の配電事業を統合して新たに特殊の会社を設立することにあった。これらの法案は昭和 16 年 1 月第 76 議会に上程されたが，この国会は閣議で採決された「戦時体制強化に対する決議」に呼応し，速やかに議事を終了することになった。このため逓信省は「配電管理法案」ほか 3 法案を国家総動員法に根拠を置く勅令によって実行することにした。

昭和 16 年 4 月勅令 485 号により出力 5,000 k W以上の水力発電設備も出資対象に加えられた。続いて 8 月には勅令 832 号にて配電統制令が公布され，全国 400 にものぼる配電事業者を，北海道地区，東北地区，関東地区，中部地区，北陸地区，関西地区，中国地区，四国地区，九州地区の 9 地区に各 1 事業者とする内容の配電会社設立命令が，主要電気事業者 70 社に出された。

関東地方では昭和 17(1942)年 4 月関東配電が設立された。発足当初は関東地方にはまだ小規模電気事業者が残存していた。また近接の中部配電と東北配電との間には供給区域が交差する地域があった。たとえば東京電燈が営業区域としていた静岡県の富士川以西の地域と新潟県の一部，日立電力の営業区域であった福島県の一部，長野電気が有していた群馬県の一部，福島電燈が所有していた茨城・栃木県の一部がそれである。これらの地域は配電区域を継承した各配電会社が所有していた。このため残存事業者の統合を進める一方，同年 7 月に逓信省から電気事業の統合・配電設備の譲渡を命じる配電統制令第 26 条第一項が発動された。

これによって各配電会社はそれぞれに契約を締結し，供給区域の整理を行った。

このようにして実施に移された電気の国家管理により生み出されたものは民間活力の減退，水力偏重による供給の不安定化，発送電と配電の分離による経済的非合理であった。電気事業は停滞したが，成果も見られる。たとえば各事業所は無秩序に送配電線をめぐらせていたが二重設備の撤去と地帯間を結ぶ送電幹線の建設を進めたこと，さらに配電線が統一され夜間線，昼間線，昼夜線が一つの配電線となったことなどである。

(5) 戦後の電気事業再編成と東京電力の展開

第二次大戦により火力発電所は壊滅的な打撃を受けた。しかし水力発電所は山間地に位置していたためにほとんどが無事であった。

終戦直後の電気需要は国民生活に必要最低限の燈火，交通・通信などの需要に限られたため，短期間ではあったが電気過剰の状態が出現した。しかし，昭和21(1946)年以降は，豊水期でさえ緊急停電を実施するほどの電力危機が恒常的に訪れた。この原因は，火力発電用石炭が不足し質的にも低下したこと，この結果従来は石炭など電気以外のエネルギーでまかなってきた工場用ボイラーを電熱におきかえたこと，さらに一般家庭も電熱を利用するなど電気需要が著しく増加したことなどである。これに加えて電気国家管理に基づく体制が戦後も継続されていたことも原因の一つであった。

この様な情勢下で昭和21年3月，日発に対する国の補助金が打ち切られた。また4月には「国家総動員法」が失効し，9月にはこれに基づいていた「配電統制令」，「電力調整令」が廃止され，これらに盛り込まれていた電気料金の政府決定権や役員の認可制などはそのまま「改正電気事業法」に引き継がれた。しかし「電力管理法」「日本発送電株式会社法」は存続したので電力の国家管理体制は実質電力再編成まで継続した。

電気事業再編の契機となったのは，日発及び九配電会社が「過度経済力集中排除法（集排法)」の指定企業に含まれたことである。日本経済の民主化を進める上で財閥の解体，経済力の過度集中排除は占領政策の重要な柱であった。「集排法」は持株整理委員会の設立，戦争関連利潤排除，戦時統制会社の解散とその指導者の経済的追放を含み，「独占禁止法」の施行に続く独占排除計画に伴う最後の措置であった。この法律は昭和22年12月国会を通過し即日施行されたが，その目的は大規模経営や独占形態を持つ企業を排除することによって，経済の民主化を達成することにあった。

昭和23年持株整理委員会は国内325社を，過度に経済力が集中している会社に指定した。日発及び九配電会社がこの中に含まれていた。325社は当時，わが国の株式会社合計資本額の65.9%を占め，大企業の全部を包含するものであった。しかし集中事実を審査していく過程で，325社のうち5月に194社が，7月に31社が指定を解除された。その後も次々と該当しないという会社が続出し，結局集中指定会社の適用を受けたのはわずか28社にとどまった。このうち10社が電気事業者であった。

「集排法」の指定を受けた日発及び九配電会社は昭和23年4月，「集排法」に対応するための「再編計画書」を持株会社整理委員会に提出した。日発案は全国の発送配電事業を一社で運営し，国家管理の下に置くが，管理は民主的に組織された電気委員会によって行うとするものであった。九配電側の構想は地区別会社を設立し発送配電一貫経営をするという内容で，民有民営という点でも日発案と対立するものであった。

政府は電気事業の再編は社会や経済に与える影響が大であるとして，持株整理委員会とは別に電気事業民主化委員会を昭和23年に設置した。しかし委員が各種の立場から選任されたために様々な意見が交わされた，その結果答申案は日発案，九配電案の折衷案となり，ＧＨＱはさほど問題にしなかった。

昭和24(1949)年9月ＧＨＱは日本政府に対し，電気事業所は七ないし九つに地域分割する民有民営会社とし，政府内の電力局による管理機能を排除し，経営的性格を持たない調整機関の新設を要請した。そのため政府は自ら委員会を立ち上げ，早急に結論を出すことを余儀なくされた。同年11月5名で構成された電気事業編成審議会を設置し，委員長に所沢の山荘に隠棲していた松永安左ェ門が起用された。もとより政財界・官僚は日発をいかに温存するかで一致していた。こうした雰囲気の中で会議は三鬼隆委員（日本製鉄社長）他3名が支持する日発案をもとにした案（三鬼案）と，委員長の松永安左エ門（元東邦電力会長）による民営主導の一地域一会社による発送配電一環体制とする案が対立した。三鬼隆委員は電力会社が民営の私企業となると国家管理下で守られていた低料金が改定されることを危惧していた。審議は4対1で松永案が否決され，日本発送電を縮小して残す案が支持され審議会は解散した。日発の全面的解体を目指していたＧＨＱは当然のごとく再編成案を却下した。

昭和25年4月，政府はＧＨＱの了解を得て「電気事業再編成法案」，「公益事業法案」を開会中の第7国会に提出した。しかし国会は与野党こぞって民営化に反対し法案は審議未了となり，引き続き話し合うため国会内に電気事業再編成特別委員会を設けた。こうした事態に対し，ＧＨＱから強硬に圧力がかけられ，政府は第9国会において強硬に法案成立を目指す方針を決意した。同年11月22日，第9国会召集の翌日，総司令部最高司令官マッカーサー元帥から吉田茂首相あてに一通の書簡が渡された。その内容は，「電気事業再編成は第7国会提出の政府案を基本とし，早急に実現せよ」とする命令に近いものであった。この書簡に基づき政府は 24 日に政府原案を骨子とする「電気事業再編成令」及び「公益事業令」をポツダム政令として公布した。ポツダム政令とは占領軍総司令官の命令により政府が国会の審議を経ないで公布できる政令である。昭和 25 年 11 月 27 日の電気新聞は「電力再編成　遂にポツダム政令　前国会政府案で来月 15 日施行　マ元帥、吉田首相に書簡」の見出しのもと，その内容を詳述している。

「政府は去る 23 日マッカーサー元帥から吉田首相に宛てられた書簡に基づき，電気事業再編成関係法案の取り扱いは国会に提出することなく，ポツダム政令で実施することに決定，24 日これを公布した。今回の政令は先の第七国会に提出し審議未了となった法案を骨子としているが，主たる相違点は次のとおりである。

△電気事業再編令関係

一 国または地方公共団体は現に所有している指定会社または新会社の株式を保有することが認められ且つ議決権も認められていること。

二 本政令は 12 月 15 日から施行すること。

△公益事業令関係

一 電気事業会社の社債発行限度の特例については第七国会に提出せる法案においては一年を限り認めることとなっていたのを三年としたこと。

二 電気事業会社の社債についての一般担保制度は前の法案では 25 年 4 月 15 日までの既発行のものに限り認めるとした。」（以下略）

このようにして，昭和 26(1951)年 5 月に日発及び九配電会社が解体され，新たに全国を北海道，東北，東京，中部，北陸，関西，中国，四国，九州の 9 地域に分割し（昭和 47 年 5 月に沖縄電力が誕生し 10 地域)，発送配電を一貫して運営する民営の九電力事業所が誕生した。

しかしながら新たに誕生した 9 電力事業所には自力で電源開発を行い，増大する需要にこたえていくだけの力は資金的にも技術的にも備わっていなかった。民営の電気事業が自立するためには電気料金改定など経営基盤の確立が急務であった。9 電力各事業所は昭和 26 年に 30%，翌年に 28%の料金値上げを行い，電源設備の建設や事業基礎の安定に努めた。さらに昭和 29 年の 9 事業所一斉の料金値上げに際しては「政府による金利, 税金の軽減と電気事業者の企業努力によって，値上げを極力抑制する」との条件付きで認可された。

一方電力供給の早期復興を図るためには国の政策に待つところが大であった。国は経済復興の中心的なエネルギーを石炭に求め炭鉱の機械化を進めてきたが，昭和 25 年以降は石炭産業の推進に替わって, 電力の開発を中心とする方向へ転換した。昭和 27 年には「電源開発法」が公布され電源開発公社が設立された。初代総裁高崎達之助[1)]は建設不可能とされてきた天竜川佐久間地点での電源開発に取り組んだ。これまで大きなダムの築造を困難にしていた原因は，①ダム建設に長期間を要しその間の洪水をかわすことが難しかったこと，②建設地点は奥地の場合が多くアプローチに莫大な資金を要すること，③地域の人家・耕地の水没問題への対応が難しいこと，④河川行政が県によって分断されていることなどが挙げられる。

佐久間ダムの建設はアメリカから大型土木建設機械を導入し，技術の提携を図り，資金面でもアメリカ銀行からの借款によった。 この結果，高さ150m，堤体積100万立方メートルに及ぶ佐久間ダムは着工後3年で完成し，昭和31年4月佐久間発電所（出力35万kW）が運転を開始した。まさに近代工法の威力をまざまざと見せつけた(写真2-7)。

2-7 佐久間ダム記念切手

佐久間における成果は未開発電源の先駆となり，以後国内製の土木機械が外国製に劣らない性能を持つようになったこともあって只見川上流部の奥只見（36万kW），田子倉（38万kW），黒部峡谷の黒部川第四（28.5万kW），庄川筋の御母衣（21.5万kW）が次々と完成を見る。佐久間ダムの完成は以後のダム建設に与えた影響が極めて大きかった。

昭和30年代に入ると電源開発公社のみならず九電力各社においても発電所の建設・整備に力を入れ電力供給量の増強を図った。このことによって大量発電が実現し供給力のコストを下げ，以後長期にわたって低廉で安定的な電気供給が実現した。

次に電気事業再編成により誕生した九電力会社の一つ，東京電力の展開過程を追ってみよう2)。

東京電力は日発の一部，関東配電の全部の資産・負債を引き継ぎ，昭和26(1951)年5月1日に誕生した。資本金は14億6千万円で，本店を東京都港区芝田村町に置き，栃木，群馬，茨城，埼玉，千葉，東京，神奈川，山梨の各都県と静岡県の富士川以東を供給区域とした。役員は次のとおりであった。

取締役会長	新木　榮吉	（元日本銀行総裁）
取締役社長	安蔵　彌輔	（元日本発送電副総裁）
取締役副社長	高井亮太郎	（前関東配電社長）
同	菅　　琴二	（前日本発送電総務理事）
常務取締役	早川莊一郎	（前関東配電副社長）
同	堀越　禎三	（元日本銀行理事）
取締役	青木　均一	（品川白煉瓦社長）
同	石川　一郎	（経済団体連合会会長，昭和電工会長）
同	矢野　一郎	（第一生命保険相互会社社長）
同	山下又三郎	（前関東配電取締役）
常任監査役	佐藤　穏徳	（前関東配電監査役）
監査役	白木　捨太	（前日本発送電監事）
同	前田　克巳	（前日本発送電監事）
同	盆田　元亮	（前関東配電監査役）

職制は 16 部 62 課とし，支店,支社,電力所,火力発電所などは関東配電と日本発送電からそのまま継承した。6 月に稟議規程,公文書規程,公印,社章などを決定した。社章は職員一般から募集し，3,057 点の応募作品の中から東京電力の頭文字「T」と稲妻をかたどった作品が選ばれた。

事業所が発足した昭和 26 年は電気需要の増大と異常渇水により，全国各地で電気危機が発生した。このため 9 月には①電熱器,製塩,ボイラー,広告灯類の使用禁止，②電灯,業務用電力の昼間使用禁止，③小口,大口電力は週一回の休電日実施，④500 k W以上需要家の使用電力量制限を告示した。

東京電力が日発と関東配電から引き継いだ発電設備は，水力が 144 万 k W，火力が 35 万 k Wの合計 179 万 k Wで,当時の需要量が少なかったとはいえ供給力の不足は明らかであり，新たな電源開発が急務とされた。

東京電力発足時の電力供給源の状況は次のとおりであった。①関東地方では,戦前から水力開発が進んでおり，尾瀬や只見川を除けば新規に大規模な開発をする地点は乏しい。②猪苗代系を除いては，流れ込み式の水力発電所が大半で，渇水期には発電量が 70 万～80 万 k Wに半減してしまう状況にある。③工事中の発電所は日発から引き継いだ箱島発電所のみである。④千住，隅田，鶴見，潮田，日立の引継ぎ火力発電所は，いずれも老朽化していたが，需要面から高稼働運転が必要である。

発足後直ちに開発された発電所は**表 2-16** のとおりである。

箱島発電所は日発が昭和 18(1943)年に着工していたが,戦争により中断され,昭和 25 年に工事が再開されていた。最大出力は 23,100 k W，当時としては大規模であり，その完成は地元に明るい話題を提供した。

水上発電所は奥利根開発の最初で極めて大きな意義を持っていた。工事にはアメリカから輸入した掘削ジャンボ，削岩機，ずり積機などが使用され，1 年 3 ヶ月の短期間で完成させて水力開発技術の近代化に第一歩を記した。

さらに奥利根の須田貝，長野県犀川の笹平,小田切で次々に発電所の完成を見,水力の開発が推進された。

奥只見，田子倉地点の大規模水力開発に関しては，電源開発(株)が行うことになり，次のような合意がなされた。①東京電力と東北電力は，電源開発が昭和 28 年度内に只見川筋田子倉，奥只見両地点に着手するにつきこれに協力する。②東京電力と東北電力は，所有する調査資料を電源開発に提供する。③電源開発が建設する只見川系発電所は同社の所有とし，その発生電力は，東京電力と東北電力の負荷状況に応じて公平に配分を行うことについて，政府の了解を得る。④只見川の電源開発計画は本流沿いに樹立する。

昭和 30 年代に入ると経済の復興が進み，特に重化学工業が進展し，産業用の需

表 2-16　水力発電所建設状況（昭和 26～30 年度の新増設分）

発電所名	水系名 河川名	運用方式	認可事項			貯水池又は調整池		建設費	工期（昭和 年. 月）	
			使用水量（m³/秒）	有効落差（m）	発電出力（kW）	有効容量（千m³）	堰堤高さ（m）	（億円）	着工	運転開始
箱島	利根川 吾妻川 四万川	水路	34	81.61	23,100	130	11.05	19.9	25. 3	26.12
所野第三	利根川 大谷川	水路	13.21	48.95	4,600	—	4.75	5.3	27. 3	27.12
花園川 3)	大北川 花園川	水路	1.53	169.1	2,000	—	—	2.2	14. 9 （休止） 27. 7 （再着工）	28. 4
川久保	早川 早川	水路	2.2	97.65	1,650	—	3.3	1.6	27. 4	28. 7
水上（旧幸知）	利根川 利根川	水路	16.7	127.4	18,600	190	11.8	22.2	27. 7	28.11
下船渡	信濃川 中津川	水路	13.91	52.34	6,100	—	5.5	9	27.12	29. 1
白根	利根川 丸沼・大尻沼	水路	6	204.3	9,600	—	2.7	90.9	27. 9	29. 3
鎌田	利根川 片品川・小川	水路	12	111.1	11,200	42.96	3.5	94.5	27. 9	29. 3
水内（増設）	信濃川 犀川	ダム水路	138	27	31,000	1,220	25.3	3.2	27. 3	29. 5
笹平	信濃川 犀川	ダム	140	12.38	14,700	493	19.3	21.6	27.11	29. 5
小田切	信濃川 犀川	ダム	140	14.44	16,900	1,290	21.3	26.6	28. 2	29. 8
須田貝	利根川 利根川・楢俣川	ダム	65	82.82	46,000	22,000	72	59.8	28.11	31. 8
切明	信濃川 中津川 雑魚川	水路	11	213	20,000	28,400	44	21.9	29. 5	30.11

（『東京電力 30 年史』）

要が急増した。とりわけ京浜工業地帯の発展はめざましく，これに伴う東京電力の電力販売量は昭和 26(1951)年の 73 億 kWから昭和 35(1960)年には 222 億 kWと 3.1 倍の伸びを示している。これに伴い供給量の増加を図るため昭和 31 年から 36 年度にかけても水力発電所を開設した(表 2-17)。

表 2-17　水力発電所建設状況（昭和 31～36 年度の新増設分）

発電所名	水系名 河川名	運用方式	認可事項 使用水量（㎥/秒）	有効落差（m）	発電出力（kW）	貯水池又は調整池 有効容量（千m³）	堰堤高さ（m）	建設費（億円）	工期（昭和 年.月）着工	運転開始
秋元	阿賀野川 秋元湖・長瀬川	水路	66.85	166.1	93,600	32,840	8.2	6.8	31.11	32.11
藤原	利根川 利根川	ダム	28	92.32	21,600	35,890	95	19.9	31. 5	33. 5
平	信濃川 犀川	ダム	130	14.14	15,600	1,272.5	20	20	30.12	32.11
上牧	利根川 利根川	水路	25	144.13	30,000	239	33	32.6	31.11	33.11
早川第三	富士川 早川	水路	21	149.88	26,000	―	6.14	14.8	34.11	36. 9
早川第一	富士川 早川	水路	27	228.91	48,100	42.5	12.726	25.4	34.11	36. 9
清津川	信濃川 浅貝川 サッカ川	水路	8	241.05	16,000	70	20.5	22.6	32. 8	33.12

（『東京電力 30 年史』）

表 2-18　廃止火力発電所

発電所名	廃止年月日	出力（kW）
隅田	34. 4. 1	15,000
千住	39. 2.29	77,500
日立	40. 6.29	10,000
潮田（1, 2 号機）	40.10.23	75,000
鶴見（第一 1, 2 号機）	40.10.23	72,500
鶴見（第三 3 号機）	47.12.25	55,000

（『東京電力 30 年史』）

眼を火力発電に向けてみたい。発足当時はいずれの火力発電所もボイラーの老朽化が激しく，施設設備の故障が続発する状態であった。このため出力が低下し，鶴見・潮田の発電所では特にこれらの増強が急務となった。

昭和 29(1954)年アメリカＧＥ社の最新鋭機が千葉火力に導入された。当時は，同社の高温，高圧，大容量化した火力技術が他を凌駕していた。その後，昭和 32 年横須賀，同 33 年品川，同 34 年川崎，同 35 年横浜，五井などわずか 5 年 2 ヶ月間に 17 か所の新鋭火力発電所が建設された。この結果，昭和 34(1959)年には火力の出力 194 万 5 千ｋＷ，水力の 177 万 5 千ｋＷと火主水従の時代を迎えた。また火力の大型化は発電原価を10年間で1ｋＷあたり約6円から約2円へと下げた。これまで燃料とされてきた石炭は海外からの安い重油に押され斜陽化へと向かうが，大型タンカーによる大量の重油運搬は発電用燃料費をさらに低下させた。降雨量などに左右される水力と比べると，自然の影響を受けずしかも効率的な発電ができる火力の占める割合は，以後さらに大きくなっていった。これらの動きに合わせ戦前からの火力発電所は廃止されていった(表 2-18)。

昭和 40 年代に入ると，重化学工業の新規立地が進められ，電力の需要は驚異的な伸びがみられた。また経済成長に促されて国民の所得水準が向上し，テレビ・冷蔵庫・洗濯機など家庭電化製品が急激に普及し，電力消費の拡大に結びついた(表 2-19)。

表 2-19　家庭電化機器の普及状況（東京電力区域内　昭和 36～48 年　単位%）

家電品 / 昭和 年	テレビ (白黒)	テレビ (カラー) 1台目	テレビ (カラー) 2台目	電気釜	冷蔵庫	こたつ	洗濯機	掃除機	ルームクーラー
36	69.4	—		36.7	20.7	35.1	48.3	13	0.5
37	85	—		44	31	46	56	20	1.2
38	96	—		50	43	62	64	26	1.5
39	102	—		57	54	66	71	32	3
40	106	—		55.1	62.5	74.3	75.7	39.1	3.7
41	110	1.4		57.4	68.7	81.7	84.2	47.5	4.4
42	113	3.3		58.6	79.2	88	87	52.8	5.3
43	113	9.4		62.4	86.4	93.4	91.9	63	6.2
44	112	18.2		60.2	91.5	93.4	94.1	67.3	6.3
45	104	34.7		59.4	94	95.3	95.2	72.2	8.9
46	92.3	56.5	3	59.7	101	97.5	95.9	77.6	13
47	73.2	71.8	5.4	59.4	103.3	98.6	96.5	82	16.4
48	58.5	84.2	7.5	58.9	105	99.4	97.1	86.2	21.6

(『東京電力 30 年史』)

このような家庭電化のブームは都市部に止まらず地方へと拡大し，1 戸あたりの電力使用量は表 2-20 のとおり，昭和 26 年～48 年までの 22 年間で約 3.5 倍に拡大した。家庭電化機器の普及により生活面でも都市と地方の地域間格差が縮小した。

表 2-20　1ヶ月平均1軒あたり電力使用量の推移　（単位ｋＷｈ）

年	26	30	35	36	40	45	48
東京	55.3	75	111.8	104.2	129.6	148.1	159.3
地方	35.4	38.2	52.3	58.3	84.2	119.9	146.8
平均	43.4	48.8	65.5	73.3	99.1	128.6	150.6

(『東京電力 30 年史』)

昭和40年代の電力需要の特徴は，①需要の量的な増大と，電圧，信頼度など質的要請が高まったこと②最大電力が冬季の点灯時から夏季の冷房需要に移行したことである。また，公害問題の発生により，発電用燃料は石油から原子力や，硫黄分を含まないＬＮＧ（液化天然ガス）を多用する方向へと移行していった。

1) 高崎達之助（1885〜1964）大阪府高槻市柱本生まれ。生家は農業のかたわら紺屋（染物屋）を営む。茨木の旧制大阪府立第四中学を首席で卒業。明治35(1902)年水産講習所（東京水産大学の前身）入学。同39年東洋水産に技師として入社。同44年カリフォルニア州サンディエゴの缶詰工場で5年間働く。帰国後大正6(1917)年東洋製罐設立。缶の統一化を実行。昭和16(1941)年満州重工業副総裁，2年後総裁に就任。 昭和27(1952)年電源開発公社総裁に就任。佐久間ダムの建設に着手。この時使用した大型機械はパワーショベル，15トンダンプトラック，全断面削岩機（ジャンボー），ベルトコンベアーなど。この工法はカリフォルニア州パインランドのダム作りを見学したときに思いついたという。 昭和33年第三次鳩山内閣の建設相，第二次岸内閣の通産省に就任（『日本のリーダー15』世界を駆ける企業家(TBSブリタニカ 1982)による）。

2) 以下の内容は『東京電力30年史』(東京電力 1983) 及び『関東の電気事業と東京電力』（東京電力 2002）によった。

3) 花園川発電所は大正9(1920)年水浜電車が水利権を得て工事に着手した。しかし資材・資金難によって工事が中止されていた。昭和19(1944)年3月に関東配電が水浜電車より水利権を譲り受け，その後昭和27(1952)年7月東京電力が工事を再開し，翌28年4月に完成した。県内唯一の横軸ペルトン水車（日立製作所製）である。発電機は栃木県佐貫発電所用としてＧＥ社製より購入したもので，佐貫発電所は工事中止となり道谷原発電所に保管されていたものを日立製作所で改造し据え付けた。出力 2,200ｋＷ，水量毎秒 1.55㎥，落差170ｍ。昭和48(1973)年3月石岡第一発電所を制御する北茨城自動制御所の発足に伴い，同所の管轄となり現在稼働中である（中川浩一『茨城水力発電誌』下(筑波書林 1985))。

2　茨城県域における電気事業の展開状況

(1)　電気事業の創業と茨城県域の特性

前章で述べた電気事業の全国展開をふまえながら，眼を茨城県域に転じてみよう。本地域での商業的な電気事業は，明治 40(1907)年 8 月 10 日に始まった 1)。この日茨城電気によって，水戸市北三の丸 132 番地に発電所が完成し，サクション瓦斯力発電 2)（図 2-1）（最大出力 75 k W，60 サイクル）方式により，市内 325 戸に配電された。サクション瓦斯力発電が営業用として稼働したのは国内最初の事例といわれている。現在この地は東京電力水戸変電所となっており，昭和 32(1957)年 8 月 10 日発電所創業 50 周年記念事業の一つとして建立された［茨城県電気事業創業之地］の石碑が残されている(写真 2-8･9) 3)。

県内初点灯時の明治 40 年，国内電気事情は初点灯よりすでに約 30 年経過し，全国各地の大都市を中心に電気の普及・拡大がまさに図られようとしている時期であった。電力導入に先駆的な役割を果たした東京電燈は，前章で述べた理由から，火力による小規模分散型の発電を，明治 29(1896)年浅草発電所による一ヶ所集中型の発電方式に転換していた。加えて水力発電では明治 40 年 12 月桂川水系駒橋発電所（現・山梨県大月市）から早稲田変電所に向けて送電を開始する時期でもあった。全国の電気事業所数は明治 40 年の 116 に対し大正 8(1919)年には 611 となり，電気導入の最盛期を迎えようとしていた。

これらを踏まえ茨城県域の電気導入状況を隣接する福島・栃木両県の状況とあ

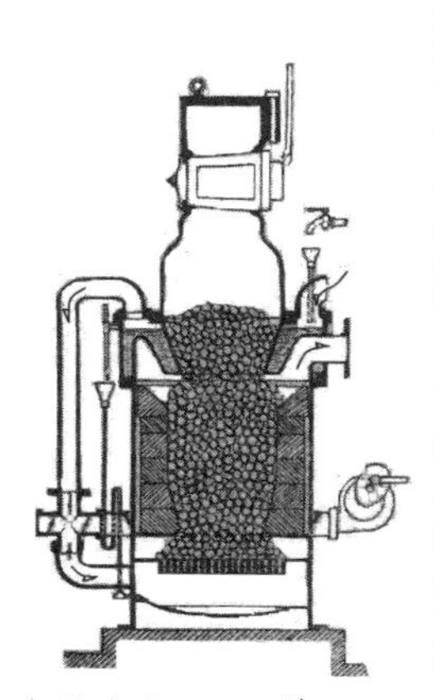

2-1 サクションガス発生炉の構造

2-8 茨城電気上市発電所跡地　水戸市北見町東京電力水戸変電所

2-9 石碑 茨城県電気事業創業之地

わせて考察し，関東地方の中での位置を考えてみると，そこにはきわめて特色ある様相をみることができた。

福島県域の電気事業

福島県は県域の 7 割が山地である。落差が得やすい水力発電の自然条件に恵まれた地域である。明治から大正にかけ県内全域に営業用電気事業所が 64 箇所創設され，発電所も 106 箇所敷設された 4)。東北各県の事業所数と比較すると突出した数字である。さらに猪苗代第一発電所（大正 4 年 出力 53, 500 k W）を始め猪苗代湖周辺 15 箇所の発電所からそのほとんどが東京方面に送電され，京浜工業地帯の発展を支えた。まさに日本を代表する電源地帯であると言ってよいだろう。一方で桧枝岐地区共用発電所に見られるように，山間地区においても小規模発電所が稼働し，県全域にわたってきめ細かに事業所が立地した(表 2-21)。県域電気事業の先駆となり茨城県域の電気事業にも影響を与えた 2 事業所について述べる。

まず国内初点灯から 9 年後の明治 28(1895)年，信夫郡庭坂村に福島電燈が県内最初の庭坂発電所を建設し，福島町（福島市制は明治 40 年）一帯へ送電した 4)。福島市は，明治 20 年に開通した東北本線を通じて京浜地方からの情報が得やすく，発電所創設者たちは東北地方最初の点灯地であった仙台市にある綿糸紡績会社の試灯を視察している。当時蚕糸業を背景に勃興しつつあった福島市は，進取の気概にあふれていた 5)。その後福島電燈は次第に発電所の増設や隣接する電気事業者を合併して供給力を増し，電気需要地域は福島県主要部から隣接する山形県，栃木県，茨城県下にも及んだ。

一方前述のとおり郡山絹糸紡績は明治 32(1899)年 6 月安積疎水より導水し，沼上発電所（300 k W）を開設した。大正 5(1916)年郡山絹糸紡績は紡績部門を他に譲渡し電気事業専業となって，事業所名を郡山電気と改称した。その後大正 7 年 1 月に夏井川水電を合併したのをはじめ，常葉電気・双葉電気さらに大正 14 年 1 月には茨城電気を合併して東部電力と名称を変更し，やがて大日本電力の傘下となっていく 5)。

福島県の電気事情については，杉浦芳夫氏の研究が発表されている 6)。

これによれば県内各地に電気による灯火の機運が醸成された原因として，①鉄道の開通と情報の伝播，②福島県内の市場規模，③開発資金の調達，④新しいものを抵抗なく受け入れる雰囲気，⑤企業家の存在をあげている。とりわけ⑤の福島県内各電灯会社の創設者については，金融・銀行関係の実業家と，町・村長，市・町・村・郡・県会議員，衆議院議員といった行政に携わった人々を挙げている。さらに福島，郡山，小名浜，田島ではその地方で有数の富豪・地主，郡山，川俣では繊維産業関係者を挙げ，これらの人びとは富裕な資本力を持ち投資対象として電灯会社をとらえていた。行政関係者は選挙権を持つ高額納税者の情報伝播の先導者となった。こうした市・町の創設者に対し村での創設者は村長,議員などであった。彼らは資産家であるとともに開発に熱心で，市・町での創設者の目的が

表 2 - 21 福島県における電気事業の展開状況

事業所名	開業日	創業者	資本金（万円）	発電所名
福島電燈	明治 28. 11. 25	菅原道明	2.5	庭坂発電所
郡山絹糸紡績	32. 6. 17	永戸直之介	45	沼上発電所
喜多方水力電気	34. 11. 23	矢部善兵衛	3	岩下発電所
会津電力	35. 1. 1	竹田只次郎	12.5	東山発電所
須賀川電気	39. 4. 13	山内満五郎	15.6	前田川発電所
二本松電気	41. 4. 17	菅野直吉	6	塩沢発電所
川俣電気	41. 11. 1	大内弥惣兵衛	10	沢上発電所
三春電気	42. 9. 1	川又彦十郎	5	久保発電所
伊達電力	43. 7. 1	大石嘉作	30	茂庭発電所
磐城電気	44. 1. 3	白井貞義	5	平発電所（汽力）
白河電燈	44. 4. 4	伊藤新右衛門	17.5	西郷発電所
相馬電気	44. 4. 15	鈴木竜介	5	川前発電所
本宮電気	44. 7. 20	小松四郎治	5	横堀平発電所
磐城水電	44. 11. 9	大島要三	20	昼曾根発電所
中村電気	45. 3. 10	大槻吉直	4.5	山上発電所
新町電気	45. 10. 10	橋本万右衛門	3.5	郡山絹糸紡績より受電
大沼電燈	45. 11. 23	佐藤幸左衛門	3	会津電力より受電
常葉電気	大正 2. 11. 3	佐久間栄	5	水力・瓦斯力
棚倉電気	3. 3. 1	箱崎義信	10	川上発電所
猪苗代水力電気	3. 11. 12	渋沢栄一	2,100	猪苗代第一
小名浜電燈	4. 9. 15	小野賢司	3	瓦斯力
石城水力電気	未開業	大橋三弥	50	小川発電所
四倉電気	5. 6. 16	武藤英武	5	夏井川水電より受電
田島水力電気	5. 8. 1	植竹与作	5	高野発電所
夏井川水力電気	5. 8	若麻積安治	42	夏井川発電所・汽力
八田電燈所	5. 8. 15	八田吉多		猪苗代水電より受電
久原鉱業	5. 12. 8	久原房之助	1,000	夏井川第一発電所
野沢電気	6. 5. 1	佐久間栄	3.5	黒沢発電所
東白川電気	6. 12. 20	齋藤善次郎	20	久慈川発電所・受電
浅川製糸	6. 12. 20	小針啓十郎	10	浅川発電所
中ノ沢電気	7. 9. 21	村上照馬	1	中ノ沢発電所・受電
竹貫水力電気	7. 12. 25	緑川伝三郎	3	百目鬼発電所
植田電燈	7. 10. 24	金成　通	10	火力
植田水力電気	8. 6.	金成　通	100	火力・受電

利潤追求的な企業経営者であったのに対し，村の創設者は電灯の普及によって村の生活・文化の向上を図ることにあったとしている。

河川名	供給区域	出力（kW）	配電戸数	備考
天戸川	福島町	30	453	昭和 16 年 東北配電に併合
安積疎水	郡山町	850	826	昭和 11 年 大日本電力と合併
大塩川	喜多方町外 3 村	120	282	大正 5 年 会津電力と合併
湯川	若松市外 3 村	70	150	昭和 16 年 東北配電に併合
阿武隈川	須賀川町外 1 村	125	1,337	明治 45 年 町へ譲渡
湯川	二本松外 1 村	65	676	昭和 15 年 大日本電力と合併
広瀬川	川俣町外 1 村	300	611	昭和 13 年 福島電燈と合併
大滝根川	三春町外 1 村	125	506	大正 11 年 磐城電気と合併
摺上川	伊達郡保原町外 5 村	900	1,693	米沢水力を合併し奥羽電気に
―	石城郡平町外 1 村	90	820	大正 5 年 夏井川水電へ譲渡
阿武隈川	西白河郡白河町	150	1058	昭和 2 年 福島電燈と合併
新田川	相馬郡原ノ町外 1 村	125	399	大正 8 年 磐城水電と合併
安達太良川	安達郡本宮町外 2 村	90	512	大正 15 年 福島電燈と合併
高瀬川	相馬郡小高町外 2 村	300	623	大正 9 年 福島電燈と合併
宇多川	相馬郡中村町	75	1,463	大正 8 年 磐城水電と合併
―	田村郡小野新町	22	177	大正 3 年 夏井川水電と合併
―	大沼郡高田町外 1 町 11 村	37.7	235	昭和 2 年 新潟電気と合併
―	田村郡常葉町外 3 村	30	76	大正 7 年 郡山電気と合併
川上川	東白川郡棚倉町外 5 村	575	600	大正 13 年 白河電燈と合併
猪苗代湖	東京市内へ送電	37,500		大正 12 年 東京電燈と合併
―	石城郡小名浜町	30	1,160	大正 9 年 好間水電と合併
四時川	石城郡田人村外 9 村	1,200		大正 5 年 夏井川水電へ譲渡
―	石城郡四倉町外 1 町 3 村	30	1,157	昭和 4 年 東部電力と合併
檜沢川	南会津郡田島町外 2 村	16	336	昭和 13 年 会津電力へ譲渡
夏井川	石城郡平町外 2 町 3 村	640	2,541	大正 7 年 郡山電気と合併
―	河沼郡日橋村	7	154	昭和 18 年 東北配電へ譲渡
夏井川	石城郡平町外 2 町 15 村	3,700		昭和 16 年 東北配電へ譲渡
長谷川	河沼郡野沢町外 6 村	23	296	大正 15 年 東北電力会社と合併
久慈川	東白川郡山岡村外 1 村	171	1,664	大正 12 年 母畑水電と合併
社川	石川郡浅川村	9	155	大正 9 年 東白川電気へ譲渡
中ノ沢川	耶麻郡吾妻村	5	426	昭和 18 年 東北配電へ譲渡
能登川	東白川郡竹貫村外 1 村	15	539	昭和 13 年 大日本電力と合併
―	石城郡鮫川村	50	644	大正 8 年 植田水力電気へ譲渡
―	石城郡鮫川村外 8 村	100	2,732	昭和 18 年 東北配電に出資

（↓つづく）

（↓つづき）

事業所名	開業日	創業者	資本金（万円）	発電所名
金山電気	大正 8. 1.31	鈴木栄一郎	11	金山発電所
社川電気	8. 8.21	長田政之	3	逆川発電所
伊南川水力電気	8.11.22	馬場太郎右衛門	10	伊南発電所
好間水電	9. 2. 3	田倉孝雄	150	大利第一発電所
谷田川電気	9. 3. 1	山田平四郎	3	谷田川発電所
館岩水力電気	9. 6.15	星与惣左衛門	5	湯ノ花発電所
母畑水電	9. 7.23	金沢治右衛門	50	母畑発電所
奥川水力電気	9. 7.31	太宰文蔵	100	奥川発電所
川前電気	9. 9. 8	橋本万右衛門	50	三阪川発電所・ 鹿又川発電所
土湯電気	9. 9.21	朝倉卯八	15	土湯発電所
隈戸川電気	9.10. 1	渡辺市右衛門	10	田ノ沢発電所
請戸川水電	10. 8.15	西谷小兵衛	25	室原発電所
山川電気	10. 8.20	松浦　勇	2	山白石発電所
後山電気	10. 8.30	入江新六郎	10	受電（白河発電所）
霊山水力電気	10.10. 3	日下金兵衛	12.5	滝ヶ原発電所
桑折電気	11. 1. 1	大沼平兵衛	20	半田沼発電所
大戸水電	11. 2.10	山田稲夫	5	闇川発電所・受電
黒谷川水力電気	11. 9. 8	川嶋栄太郎	10	黒谷川発電所
桧枝岐水力電気	11.10.12	平野丈七	2	桧枝岐発電所
御蔵入電気	11.11. 8	杉原禎造	15	木冷沢発電所・ 受電
磐城電気	11.12.	棚橋寅五郎	170	滝発電所・ 柴原発電所
玉川水力電気	12. 1.10	佐藤三二郎	10	玉川発電所
久慈川水力電気	12. 2. 1	高橋信成	6	受電・ 大梅発電所
沢渡水力電気	12. 6. 1	佐藤甚兵衛	10	沢渡発電所
旭水力電気	13. 5.21	渡辺直之介	20	茂原発電所 （未完成・受電）
田村電気		橋本万右衛門	100	水力発電所 （未完成・譲渡）
荒川電力	昭和 6. 2. 5	田子建吉	104	塩川発電所
平電力	6. 7.14	栗原欣次郎	110	小玉川第一発電所
真野川電気	13. 7.16	風間善九郎	10	真野川発電所
葛尾津島村営電気組合	13.11. 1	松本忠義	3.6	受電（大日本電力）

河川名	供給区域	出力(kW)	配電戸数	備考
黄金川	西白川郡金山村外 2 村	15	562	大正 9 年 白河電燈と合併
八幡川	東白川郡社川村	5	312	大正 11 年 白河電燈と合併
小滝川	南会津郡伊南村外 2 村	30	611	昭和 13 年 新潟電力へ譲渡
好間川	石城郡永戸村外 1 村	1,000	736	大正 14 年 二本松電気と合併
谷田川	田村郡谷田川村外 1 村	10	213	昭和 2 年 磐城電気へ譲渡
湯之岐川	南会津郡館岩村	8	223	昭和 2 年 伊南川水力電気へ譲渡
北須川	石川郡母畑村外 1 村	285	176	昭和 15 年 大日本電力と合併
奥川	耶麻郡奥川村外 8 村	1,000	391	大正 12 年 新潟電気と合併
三阪川・鹿又川	石城郡川前村外 1 村	700・700	310	大正 14 年 東部電力と合併
東鴉川	信夫郡土湯村外 6 村	52	712	大正 14 年 福島電燈と合併
隈戸川	西白河郡信夫村外 1 村	25	668	昭和 2 年 白河電燈と合併
室原川	相馬郡金房村外 5 村	49	514	昭和 11 年 福島電燈と合併
日蔭川	石川郡山白石村	8	147	大正 4 年 母畑水電へ譲渡
—	西白河郡関平村外 2 村	30	587	大正 13 年 母畑水電へ譲渡
広瀬川	伊達郡掛田町外 3 村	50	932	大正 15 年 福島電燈と合併
半田沼	伊達郡大枝村外 5 村	52	715	昭和 11 年 福島電燈と合併
闇川	北会津郡大戸村	56	212	昭和 2 年 会津電力へ譲渡
黒谷川	南会津郡朝日村外 4 村	50	741	昭和 13 年 新潟電力へ譲渡
滝沢川	南会津郡桧枝岐村	(直流) 3	99	昭和 18 年 東北配電へ譲渡
大志田川	大沼郡川口町外 4 村	47・30	1,025	昭和 13 年 新潟電力へ譲渡
	田村郡三春町外 11 村	318・480	5,190	昭和 15 年 大日本電力と合併
玉川	大沼郡野尻村外 1 村	15	454	昭和 15 年 新潟電力へ譲渡
	東白川郡高野村	10・15	325	昭和 13 年 福島電燈と合併
北ノ入川	石城郡沢渡村	10	不詳	昭和 3 年 二本松電気と合併
—	安達郡旭村外 3 村	47	1,128	昭和 13 年 福島電燈と合併
—	田村郡中妻村	768		磐城電気へ譲渡
	福島電燈へ	1,190		昭和 16 年 日本発送電へ
小玉川	日立電力会社へ			昭和 18 年 東北配電へ譲渡
真野川	相馬郡新館村外 4 村	26	972	昭和 18 年 東北配電へ譲渡
—	双葉郡葛尾村外 1 村	12	279	昭和 14 年 大日本電力と合併

(『東北地方電気事業史』)

表 2－22　栃木県における電気事業の展開状況

事業所	事業許可年月日	事業開始年月日	代表者	資本金（万円）	発電所（水力は河川名）
下野電力	明治 26.5.15	26.10.1	小久保六郎	45.5	水力・上都賀郡日光町（大谷川） 水力・河内郡篠井村（赤堀川・田川）
大田原電気	40.3.14	42.1.11	若林五郎平	10	水力・那須郡親園村（百村川） 汽力・同郡狩野村
足尾電燈	43.5.7	43.10.5	鶴島 保	6	水力・上都賀郡足尾町上間藤（松木川・薄川） 受電・足尾銅山より
烏山電気	大正 元.10.12	未開業	新井為吉	4.5	水力・那須郡下江川村（荒川）
野州電気	元.10.12	未開業	渡辺政一郎	15	瓦斯力・塩谷郡氏家町
塩谷電気	元.11.5	2.8.15	矢板 寛	3.5	水力・塩谷郡塩谷村（廿湯澤川）
茂木水力電気	元.12.18	未開業	片岡周徳	6	水力・芳賀郡中川村（逆川）
那須温泉電気	2.7.10	3.5.1	人見定吉	2	水力・那須郡那須村（高尾俣川）

栃木県域の電気事業

さらに栃木県の状況を見てみよう(表 2-22)。

栃木県では前述の古河鉱業の足尾銅山と，下野麻紡績が早くから水力による自家用発電を行っていた。

明治 26(1893)年 10 月，上都賀郡南摩村の大地主で下野麻紡績の取締役であった小久保六郎は資本金 2 万 5 千円で日光電力を創業した。大谷川の水力によって上都賀郡日光町に出力 30 k Wの日光発電所を完成させたのである。水力による一般供給は蹴上発電所（京都）・箱根発電所（神奈川）に次ぐ，全国 3 番目の発電所であった。日光発電所の建設には古河鉱業の技師が招かれ，三吉電機製の交流 30 k W，2000 V 発電機によって町内に 250 灯点灯した。この発電機は国産交流の最初の発電機とされている 7)。

さらに明治 35(1902)年 1 月，資本金 10 万円で宇都宮電燈が操業を始めた。発起人は高津弥平（呉服太物商），手塚五郎平(宇都宮銀行頭取)，相良権三郎（油製造業）他近在の地主 30 名である。高津弥平が社長に就いている。宇都宮郊外の田川・赤堀川に石那田発電所を完成させ，シーメンス社製三相交流 200 k W，3300

供給区域	出力 (kW)	電灯 総燭光数	事務所の位置
上都賀郡（日光町．今市町．鹿沼町） 宇都宮市　下都賀郡（栃木町．富山村） 河内郡（豊郷村．姿川村．城山村．国本村） 茨城県下（古河電気．常野電燈．下妻電気．西茨城電気）	1,200 200	220,000	宇都宮市尾上町
那須郡（大田原町．金田村．東那須野村．川西村．黒羽町．黒磯村．狩野村．西那須野村．佐久山町．親園村）	120	40,286	那須郡大田原町
上都賀郡（足尾町）	100	25,764	上都賀郡足尾町
那須郡（烏山町）	115	―	那須郡烏山町
塩谷郡（喜蓮川町．氏家町．阿久津町．矢板町．片岡村） 那須郡（馬頭町）	57	―	塩谷郡氏家町
塩谷郡（塩谷村）	50	8,629	塩谷郡塩谷村
芳賀郡（茂木町．中川村．須藤村．逆川村）	100	―	芳賀郡茂木町
那須郡（那須村）	20	―	那須郡太田原町

（『電気事業要覧』大正 4 年版）

Vの発電機を稼働させ 1060 灯を点(とも)した。

栃木県では点灯からの数年間は需要家数が伸びず，明治 28(1895)年から明治 34(1901)年までの点灯率（全世帯数に占める点灯世帯数の割合）は 0.1%に過ぎなかった。明治 40(1907)年を迎える頃に 1,347 世帯（点灯率 0.9%）と微増し，ようやく点灯機運が盛り上がり明治 44 年には点灯世帯数が一挙に一万世帯を超えた（点灯率 7.2%）。この間明治 41 年 8 月には日光電力，宇都宮電燈両事業者が合併して下野電力と改称している。

栃木県に近い茨城県域の古河電気・下館電燈・下妻電気・結城電気は大正 2(1913)年下野電力より受電する形で創業し，翌年西茨城電気も同様に創業した。筑波電気は下妻電気より受電した。下野電力は西茨城一帯の電気導入に大きな役割を果したわけだが，大正 10 年 7 月帝国電燈に合併される。この時点での点灯率は 63.7%に達し，同時期の茨城県域の 56.3%を上まわっていた。栃木県域では汽力，瓦斯力で発足したものもあったが，大正時代後期 21 箇所の発電所すべてが水力発電であった。

以上のように福島県では豊富な水力資源を有し，地主・資産家などの資本力により多数の事業所の創業が見られた。栃木県においては鉱工業を介して早くから水力発電所の稼働が開始され，茨城県域の電気事業に大きな影響を与えた。

茨城県域の電気事業

本県域は水力発電には適地が少なく，長く未点灯地区が残存した。

県北部の多賀山地（阿武隈山地の茨城県側）には山地縁辺部に小規模水力発電所が稼働してきたが，県全域の需要を賄うほどの発電量はなかった。

まず自然的条件について考える。

阿武隈山地は古生代シルリア紀・デボン紀（約4億年前）に海底で堆積された地層が，中生代（1億8千万年前～1億3千万年前）の造山運動によって隆起し，高い標高を持つ時代を経て，新生代第三紀・第四紀（6千3百万年前～現在）に激しい浸食を受け準平原化していった。一方新生代第三紀中新世（2千5百万年前）にはアジア大陸の東側で激しい断層運動が起こり日本海，オホーツク海，東シナ海が陥没，花綵列島と呼ばれる現在の日本列島が形作られた。こうした中で阿武隈山地は隆起を続け山地東側は河川の浸食を受け峡谷が生まれ，中央部はいくつかの残丘を持つなだらかな地形となった。

一方県中央部・南部に広がる関東平野は新生代第三紀鮮新世から第四紀更新世（1千万年前～100万年前）にその地形の原形ができあがった。関東平野は周辺部で次第に隆起し，反対に中央部が沈降して関東構造盆地と呼ばれる地質構造が形作られた。さらに中央部は沈降し洪積世に海が広く入り込み，古東京湾と呼ばれる地形をなしていた。中央部はその後も沈降が続いて土砂が堆積し広大な盆地性平原ができあがった。これが，関東平野の原形である。さらに洪積世中期から後期（80万年前～1万年前）には関東平野を取り巻く北部・西部周辺で火山活動が活発化し，火山灰が周辺一帯に降り積った。これが関東ロームと呼ばれる火山灰土である。利根川以北には偏西風に乗って浅間山，榛名山，赤城山，男体山からの噴火灰が降り，利根川以南には富士山，箱根山の噴火で火山礫，火山灰が堆積した。こうして関東平野には厚さが数mから10数mに達する火山灰の堆積層が見られ，古い順(下位層)から多摩ローム，下末吉ローム，武蔵野ローム，立川ロームと呼ばれている。こうした台地と，海面低下に伴って生じた開析谷の沖積平野によって関東平野が形成されていった8)。

電気事業はこうした地形を基盤として展開した。

電気事業の区分

茨城県域の電気事業の展開を事業所と需要家の動きを捉える視点からおおむね次の3期に分ける9)。

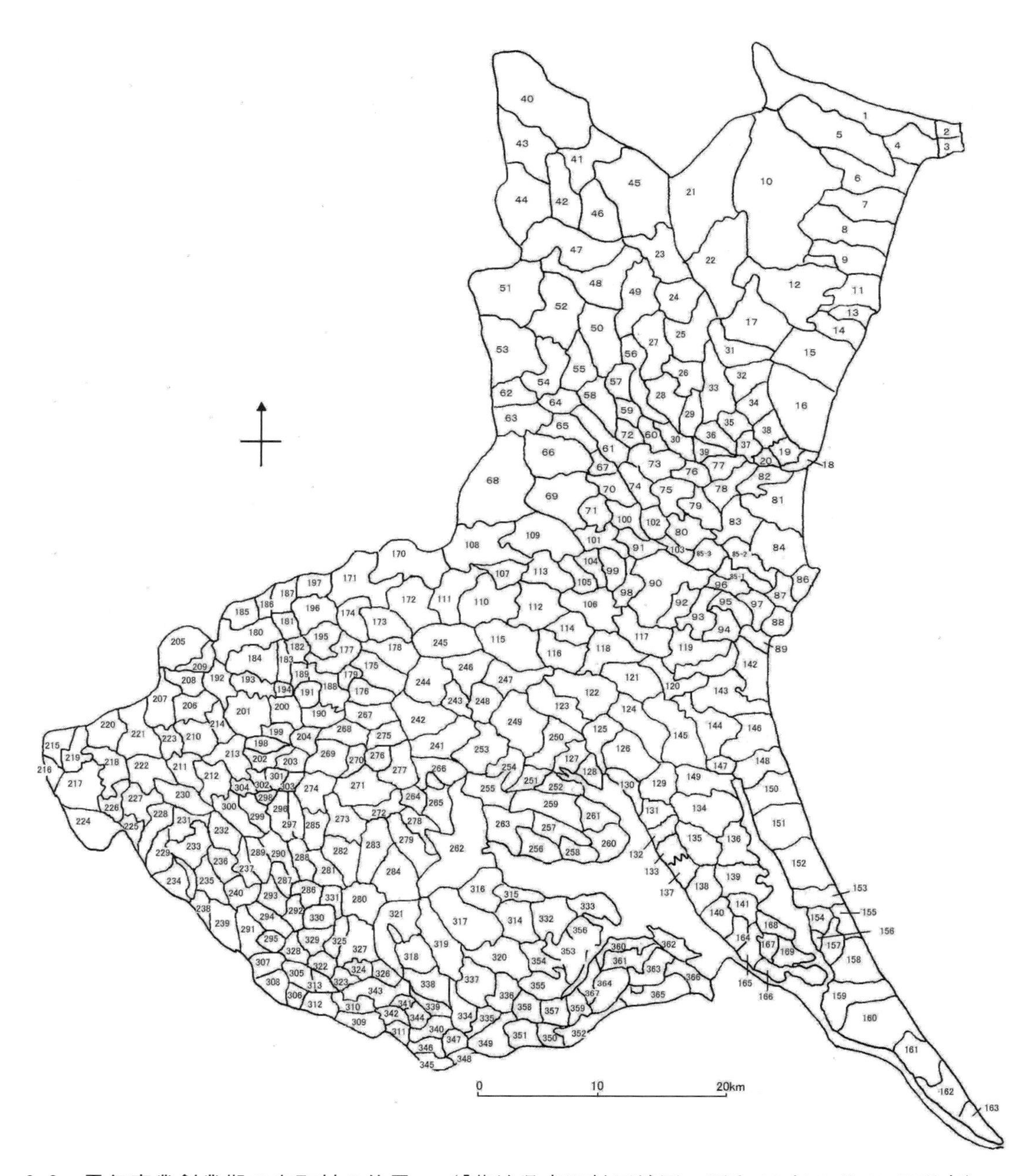

2-2 電気事業創業期の市町村の位置　(「茨城県市町村区域図」昭和 33 年 3 月 31 日現在)

水戸市：90 磯浜町：88 中里村：17 河内村：31 笠間町：107 土浦町：262

龍ヶ崎町：334 下館町：180 真壁町：175 石岡町：249 古河町：215 高浜町：250

水海道町：292 取手町：309 下妻町：198 潮来町：166 筑波町：267 日立村：15

松原町：9 松岡村：8 鉾田町：147 結城町：205 西山内村：111 江戸崎町：353

(『角川日本地名大辞典』8 茨城県を参考にした　市町村域は合併のために明治・大正期および現行とも一致しない区域も存在する)

表 2-23 茨城県における電気事業の展開状況

事業所	事業許可年月日	事業開始年月日	代表者・従業者	資本金（万円）	発電所 （水力は河川名）
茨城電気	1905 明治 38. 10. 13	40. 9. 21	前島 平 107 人	60	瓦斯力・水戸市上市三の丸 水力・久慈郡中里村東河内 水力・同郡河内村西河内（里川）
笠間電気	42. 9. 16	43. 2. 25	木村信義 14 人	3	瓦斯力・西茨城郡笠間町笠間
土浦電気	9. 28	44. 4. 1	吉村鉄之助 25 人	5	瓦斯力・新治郡土浦町
龍ヶ崎電燈	44. 7. 4	大正 2. 2. 1	岡部則光 13 人	3	瓦斯力・新治郡龍ヶ崎町
常野電燈	5. 19	2. 3. 27	芹沢登一 15 人	5	受電・下野電力より
真壁水力電気	5. 19	2. 10. 5	小田部藤一郎 15 人	4	水力・真壁郡真壁町田（逆川）
石岡電気	5. 25	元. 10. 18	浜平右衛門 22 人	5	瓦斯力・新治郡石岡町石岡
古河電気	8. 25	2. 1. 7	小杉 徳 19 人	6	受電・下野電力より
高浜電気	12. 7	2. 10. 1	広瀬慶之助 20 人	6	瓦斯力・新治郡高浜町東田中
水海道電気	12. 7	元. 11. 14	野々村源四郎 21 人	6	瓦斯力・結城郡水海道町経塚 瓦斯力・北相馬郡取手町合宿
下妻電気	45. 2. 23	2. 11. 1	才賀藤吉 20 人	10	受電・下野電力より
行方電気	5. 23	3. 1. 17	才賀藤吉 —	6	瓦斯力・行方郡潮来町五番
筑波電気	5. 23	2. 12. 1	才賀藤吉 16 人	6	受電・下妻電気より
日立電気	1912 大正 元. 8. 3	3. 5. 4	遠藤 靖 —	3	受電・日立鉱山より
多賀電気	8. 3	2. 9. 16	樫村定男 35 人	10	汽力・多賀郡松原町安良川
鉾田電気	8. 31	未開業	小貫吉夫 —	3	汽力・鹿島郡鉾田町鉾田
結城電気	2. 6. 3	2. 11. 6	中沢清八 18 人	5	受電・下野電力より
西茨城電気	8. 1	3. 5. 15	上坂庚馬 —	3.5	受電・下野電力より
江戸崎電気	11. 13	未開業	山崎義造 12 人	5	瓦斯力・稲敷郡江戸崎町佐渡

供 給 区 域	最大電圧(V)	発電量(kW)	総燭光数	備　　考〔事業者分類〕*
水戸市　東茨城郡（常盤村．渡里村．磯浜町．大貫町．河和田村）久慈郡（中里村．河内村．誉田村．西小沢村）那珂郡（湊町．平磯町）	2,200 25,000	825	247,474	〔地元資産家型〕
西茨城郡（笠間町．北山内村）	295	28	13,042	〔地元資産家型〕
新治郡（土浦町．真壁町．中家村．都和村．藤沢村．東村）　稲敷郡（朝日村）	2,200	70	35,801	〔県外投資家型〕
稲敷郡（龍ヶ崎町．馴柴村．大宮村）	2,200	40	12,262	〔県外投資家型〕
真壁郡（下館町．竹島村．中村．小栗村．新治村．伊讃村）	3,300	100	81,758	真岡電気を下館電燈が譲受して常野電燈とする 〔県外投資家型〕
真壁郡（真壁町）	3,500	28	21,680	〔地元資産家型〕
新治郡（石岡町）	2,200	75	19,049	〔地元資産家型〕
猿島郡（古河町．新郷村．境町） 下都賀郡（野木村）	3,500	150	25,255	〔地元資産家型〕
東茨城郡（小川町）　新治郡（田余村．高浜町．三村．関川村）行方郡（立花村．玉造町．手賀村）	3,300	60	7,240	〔地元資産家型〕
筑波郡（谷田部町．福岡村．十和村） 結城郡（水海道町．大生村．豊岡村） 猿島郡（岩井町）北相馬郡（取手町）	3,500 2,200	85	13,890	大正 3.3.31 取手電燈譲受 〔地元資産家型〕
真壁郡（下妻町．関本町．上妻村．大賀村） 結城郡（豊加美村．宋道村．玉村．穂上村．石下町）	3,500	75	15,709	〔県外投資家型〕
行方郡（麻生町．香澄村．八代村．津知村．潮来町）	3,500	42	—	〔県外投資家型〕
筑波郡（北條町．筑波町．田井村．小川村．高道祖村）	3,300	40	6,315	〔県外投資家型〕
多賀郡（日立村．高鈴村．河原子町．坂上村．久慈町）	3,500	75	—	〔地元資産家型〕
多賀郡（松原町．豊浦町．櫛形村．日高村．平潟町．大津町．関南村．関本村、北中郷村　以上電灯電力 松岡村．南中郷村　以上電灯）	3,500	120	27,654	〔地元資産家型〕
鹿島郡（鉾田町）	3,500	18	—	〔地元資産家型〕
結城郡（結城町）	3,300	100	17,571	〔地元資産家型〕
西茨城郡（西那珂村．北那珂村．東那珂村．西山内村）	3,500	60	—	〔地元資産家型〕
稲敷郡（江戸崎町．古渡村．鳩崎村．阿波村．高川村）	3,500	30	—	〔地元資産家型〕

（『電気事業要覧』大正 4 年版）　*〔事業者分類〕は筆者による分類⇒102 ページ

Ⅰ　創業期（明治40年～大正初期）

茨城電気をはじめ各地に小規模事業所が誕生する時期(第一次創業期)。⇒(2)～(6)

Ⅱ　展開期（大正初期～昭和初期）

好景気によって需要家数がめざましく増加し，点灯率（全世帯数中需要家数の占める割合）が1割台から7割台にまで急激に増加する時期である。事業所の合併も盛んに行われ，帝国電燈・東部電力・茨城電気（旧石岡電気）が起業する。一方未点灯地区であった県東や県南部への電力供給もみられ事業所の第二次創業期を迎える時期。⇒(7)

Ⅲ　広域期（昭和初期～17年）

小規模事業所がほぼ東京電燈・大日本電力（旧東部電力）・茨城電気（旧石岡電気）・水浜電車の各事業所に統合され，戦時体制が濃くなる中で電力の国家管理へと向う時期の三期である。⇒(8)・(9)

表2-24 電気事業所の動力源別出力数　（大正4年）

事業所	動力源別出力 (kW)					割合 (%)
	水力	汽力	瓦斯力	受電	計	
1 茨城電気	600		225		825	41.4
2 笠間電気			28		28	1.4
3 土浦電気			70		70	3.5
4 龍ヶ崎電燈			40		40	2
5 真壁水力電気	28				28	1.4
6 石岡電気			75		75	3.8
7 古河電気				150	150	7.5
8 高浜電気			30		30	1.5
9 水海道電気			85		85	4.3
10 下妻電気				75	75	3.8
11 行方電気			42		42	2.1
12 筑波電気				40	40	2
13 日立電気				75	75	3.8
14 多賀電気		120			120	6
15 鉾田電気(未開業)		18			18	0.9
16 結城電気				100	100	5
17 西茨城電気				60	60	3.1
18 江戸崎電気			30		30	1.5
19 常野電燈				100	100	5
計	628	138	625	600	1,991	
動力源別割合 (%)	31.5	7	31.4	30.1	100	100

（『電気事業要覧』大正4年版）

まずⅠ創業期について考える。

明治40(1907)年8月茨城県で最初の電灯が水戸市に点った。大正4(1915)年時点では県域の19箇所に小規模事業所が創業している(表2-23)。小事業所が各地に分散して稼働する現象は各県における初期の電気事業に共通する様相であった。

発電方式

本県の初期電気事業を特徴づける発電方式は瓦斯力発電である。福島・栃木両県ではほとんどすべてが水力であったのに対し，茨城県では概ね県北部に水力，県南部では瓦斯力，県西部では受電と各方式がそれぞれ3割を占め，残りが汽力であった。Ⅰ創業期の事業所数と動力源別出力を示す(表2-24)。

表2-25 電気事業所と出力数増加　(明治40〜大正8年)　(kW)

	明治40年	43年	大正元年	4年	6年	7年	8年	発電所
茨城電気	75	225	825	825	825	825	1,250	瓦斯力・水力
笠間電気		28	28	28	60	90	90	瓦斯力・受電(下野電力)
土浦電気			70	70	150	205	330	瓦斯力・受電(利根発電)
龍ヶ崎電燈			40	40	90	90	90	瓦斯力・受電(利根発電)
真壁水力電気				28	28	28	58	水力・受電(笠間電気・帝国電燈)
石岡電気			75	75	67	82	82	瓦斯力・受電(利根発電)
古河電気				150	150	180	180	瓦斯力・受電(下野電力)
高浜電気				30	61	61	76	瓦斯力・受電(利根発電)
水海道電気			75	85	67	90	90	瓦斯力・受電(利根発電)
下妻電気				75	75	125	125	受電(下野電力)
行方電気				42	42	26	26	瓦斯力・受電(高浜電気)
筑波電気				40	40	40	40	受電(下妻電気)
日立電気				75	75	75	300	受電(日立鉱山)
多賀電気				120	300	300	800	火力・水力・受電(茨城採炭・日立鉱山)
鉾田電気				18	24	12	15	受電(高浜電気)
結城電気				100	100	100	100	受電(下野電力)
西茨城電気				60				受電(下野電力)
常野電燈				100	100	120	120	受電(下野電力)
岩間電気					10			火力

(『電気事業要覧』)

大正 4 年の茨城県域の総出力数は 1,991 k Wであった。事業所は 19 箇所あり個々の発電所の出力は，茨城電気を除いてはいずれもが数十 k W前後の小規模発電であった。栃木県では 8 事業所の総出力数が 1,962 k W，福島県は同様に 22 事業所計 3,979 k Wであった。創業時の発電力はいずれもが小出力であったが，とりわけ茨城県ではその傾向が顕著であった。また小規模瓦斯力発電が多くみられた。汽力は実質多賀電気のみである。そうした傾向にあるなかで茨城電気の水力が全体の 3 割を占めるのが特に目を引く。

各事業所は需要家の拡大に伴い他事業所からの受電等供給力の増加対策を余儀なくされていた(表 2-25)。またこの時期の点灯率は 14.4%とまだ多くが未点灯世帯であった。

電気事業者の区分

ではこれら電気事業を興したのはどのような人物であったのであろうか。福島県の事例を参考に，茨城県域の電気事業者を次の三つのタイプに分類した 10)。

① 全国を舞台に電気事業を興し投資していく**県外投資家型**

② 地元の資産家が投資と地域の発展を目的とする**地元資産家型**

③ 営利を目的とせずひたすら地域に尽くす**地域貢献者型**

大正初期の 19 事業所中 6 箇所が県外事業者によって起業した。他は地元資産家であった（表 2-23 備考）。

事業所別には

① 龍ヶ崎電燈・土浦電燈・下妻電気・常野電燈・行方電気・筑波電気

② 茨城電気・真壁水力電気・石岡電気・古河電気・高浜電気・笠間電気・多賀電気・結城電気・西茨城電気・水海道電気

の各事業所に区分けできる。

③ には事業所の営業期間が短い点を除けば江戸崎電燈（山崎義造 11)）がこれに含まれよう。また第 3 部で述べる自家用小型発電施設運営者もこの分類となる。②や③については福島県と同様であり，本県を特徴づけているのは①である。

県外投資家型事業者について記す。

当時の電気事業は投機性に富む事業として，全国的に投資の対象として注目されていた。たとえば大正 5(1916)年に開業した鉾田電気の例を挙げると，取締役 4 名中 3 名が他県出身者であった 12)。取締役の綿貫英隆（東京）は水海道電気・下妻電気・行方電気・筑波電気・高浜電気の取締役を兼ね，町田健（東京）は下妻電気・筑波電気・高浜電気の，才賀藤吉（大阪）は房総電気・東金電気・下妻電気・行方電気・筑波電気・高浜電気の取締役でもあった。池田金太郎（酒造業）だけが地元の波野村下津生まれである。資本金を満額にするためにはこれら県外投資家に頼らざるを得ない一面があった。また後述するようにこれらの人物は帝国電燈への出資者であって，起業した多くが帝国電燈へ合併されていった。

地元資産家型事業者の前島平（茨城電気）, 樫村定男（多賀電気）, 浜平右衛門（石岡電気）, 田山覚之助（笠間電気）については後述する。

点灯時期と都市人口・世帯数

主な市町村の初点火年月日は次のとおりである。

表 2-26　おもな市町の点灯年月日　　（出典のママ）

都市名	点火年月日	事業所名
水戸市	明治 40. 8. 10	茨城電気
笠間町	43. 2. 25	笠間電燈所
土浦市	44. 1. 1	土浦電気
太田市	11. 20	茨城電気
那珂湊市	45. 3. 11	茨城電気
磯浜町	3. 11	茨城電気
大貫町	3. 11	茨城電気
柿岡町	大正元. 5	帝国電燈
石岡市	10. 28	石岡電気
水海道市	11. 14	水海道電気
豊浦町	2	多賀電気
江戸崎町	2	帝国電燈
取手町	2. 1. 1	取手電燈
古河市	1. 17	古河電気
龍ヶ崎市	2. 1	帝国電燈
下館市	3. 29	帝国電燈
大宮町	9. 11	茨城電気
菅谷町	9. 11	茨城電気
高萩市	9. 16	多賀電気
高浜町	10. 1	高浜電気
小川町	10. 1	高浜電気
真壁町	10. 5	真壁水力電気
下妻市	大正 2. 11. 1	下妻電気
関本町	11. 1	下妻電気
結城市	11. 6	結城電気
北条町	12. 1	筑波電気
筑波町	12. 1	筑波電気
潮来町	3. 1. 17	行方電気
麻生町	1. 17	行方電気
大子町	3. 1	棚倉電気
日立市	5. 4	日立電気
岩瀬町	5. 15	西茨城電気
相馬町	6	水海道電気
岩井町	5	水海道電気
鉾田町	5. 3. 8	鉾田電気
久慈町	8	水浜電車
石塚町	9	茨城電気
鹿島町	7	帝国電燈
磯原町	9. 8	多賀電気
大津町	10. 12	多賀電気
平潟町	10. 12	多賀電気
玉造町	11. 8. 17	北浦電気
境町	13. 2. 10	東京電燈

（佐藤幸次『茨城電力史』下（筑波書林 1982））

点灯は目立つ社会事象であっただけに情報の伝播が速く，特に大正 2(1913)年には19町村に点灯されるなど集中して事業所の創業をみた(図 2-3)。福島県の事例から市町村の世帯数と点灯順には負の相関関係があることが知られている。しかし茨城県域の場合は様相が違っている。すなわち茨城県域では産業発達の象徴である都市形成が遅れ，昭和 60 年代までこの傾向が見られた。明治 22(1889)年水戸市が誕生し，昭和 14(1939)年日立市が誕生するまでの 50 年間は一県一市の状態にあった。これは全国的な傾向と言えるが，本県では顕著で明治 27(1894)年には水戸市を除きほとんどが 300 世帯未満の町村である(図 2-4 空白部)。また昭和

25(1950)年県内4市（水戸市・日立市・土浦市・古河市）の都市人口総数21万6

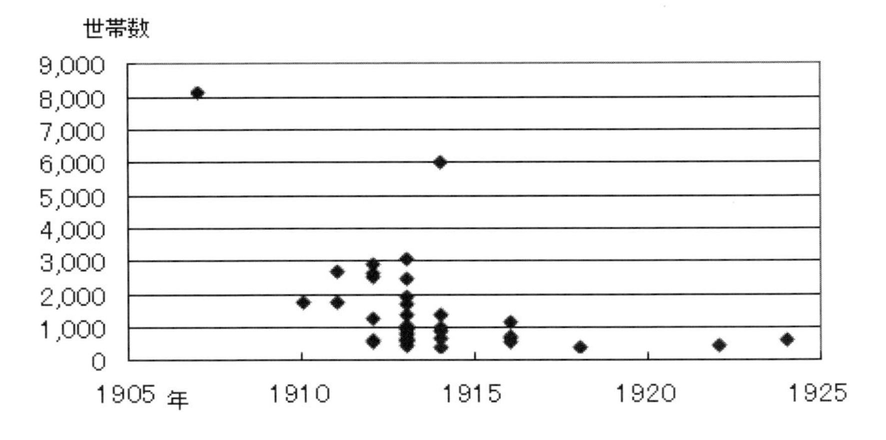

図 2-3 市町村別点灯時期と世帯数　（世帯数は 1920 年）

◆印は1市町村を表す。　左上は水戸市，中央上は日立市。

（点灯時期は佐藤幸次『茨城電力史』下 p168，世帯数は内務省『国勢調査以前日本人口統計集成』（東洋書林 1992-3)をもとに作成）

千人は県全人口の 10.6%に過ぎず，全国最下位の割合であった。経済成長期を経た昭和 60(1985)年においても市制施行自治体が 18 市と増えたものの都市人口割合は県全体の 48.1％と全国最下位の状態が続いた 12)。これらは専業農家戸数が約 10 万 2 千戸（昭和 16 年）と鹿児島県に次いで多く，昭和 60 年においても 2 万 2 千戸（全国第 5 位）と多かったことに起因しよう 13)。茨城県域は都市形成未発達の状態を継続してきた。水戸市は城下町として明治 22(1889)年に市制を施行し，県内では突出した世帯数を有していた。日立村（旧宮田村・滑川村）は日立鉱山が創業するまでは，明治 24(1891)年で世帯数 382 戸・人口 2,250 人という寒村であったが，鉱工業の発展により市域拡大・人口増加を図り，図 2-3 で見られるように突出している。このように都市の発達が遅れ横並びの小規模町村が多く散在したことは，点灯に際し各町村とも一時期集中型の要因となった。

水戸市以外に当時唯一の住宅密集地は漁村であった。湊町・磯浜町（ひたちなか市），大貫村（大洗町）をはじめ，大津町・平潟村（北茨城市）や久慈村・豊浦村（日立市）では世帯数が多い(図 2-4)。これら漁村密集集落は事業者にとって効率的に配電できることから歓迎するところである。茨城電気・多賀電気ともに那珂湊・平磯地区や大津・平潟地区を真っ先に需要家とした(巻末資料参照)。

しかし全体的には農業従事者が各地に散在している状態は，利潤を目的とする電気事業所にとって好ましくない状況であった。

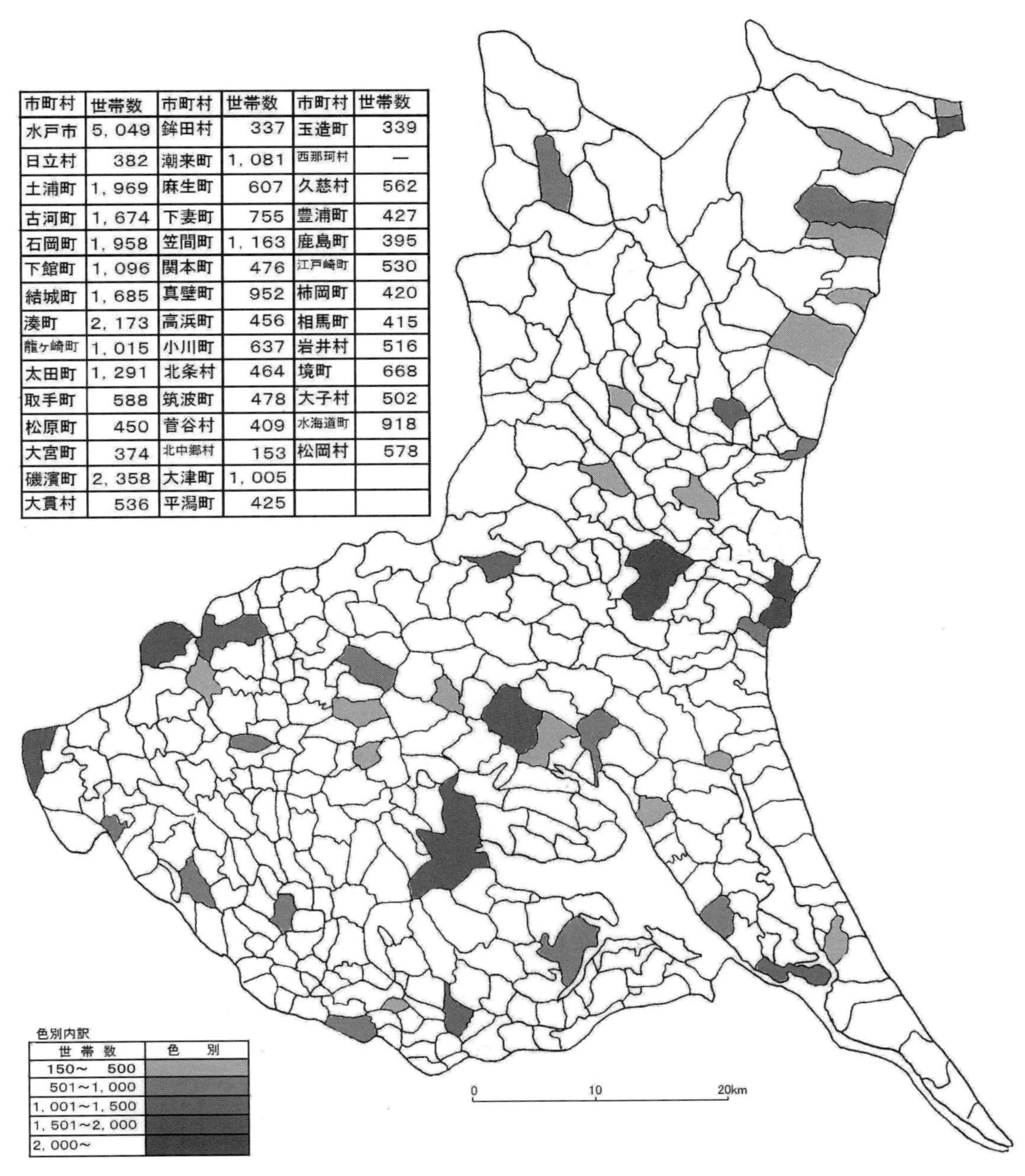

市町村	世帯数	市町村	世帯数	市町村	世帯数
水戸市	5, 049	鉾田村	337	玉造町	339
日立村	382	潮来町	1, 081	西那珂村	—
土浦町	1, 969	麻生町	607	久慈村	562
古河町	1, 674	下妻町	755	豊浦町	427
石岡町	1, 958	笠間町	1, 163	鹿島町	395
下館町	1, 096	関本町	476	江戸崎町	530
結城町	1, 685	真壁町	952	柿岡町	420
湊町	2, 173	高浜町	456	相馬町	415
龍ヶ崎町	1, 015	小川町	637	岩井村	516
太田町	1, 291	北条村	464	境町	668
取手町	588	筑波町	478	大子村	502
松原町	450	菅谷村	409	水海道町	918
大宮町	374	北中郷村	153	松岡村	578
磯濱町	2, 358	大津町	1, 005		
大貫村	536	平潟町	425		

2-4 おもな市町村の世帯数（明治 27 年）　（『国勢調査以前日本人口統計集成』）

電灯架設と負担金

一方需要家は受電装置から資材・工事費まで一切を電気事業所への寄付金（負担金）と言う形で負担した。このため電灯架設には①自然の成り行きに任せた地区，②多額の負担金を募りこれを資金源として資材等の購入にあてた地区，③需要家の負担金に行政からの補助金を加えた地区の 3 通りの対応が見られた。市町

表 2-27　結城電気の月額電灯料金　(大正 9 年)

	5 燭光	10 燭光	16 燭光	24 燭光	32 燭光	50 燭光
屋内灯	60 銭	70 銭	80 銭	90 銭	1.00 円	1.40 円
軒　灯	35 銭	50 銭	55 銭	—	—	—
電柱灯	30 銭	45 銭	50 銭	—	—	—

(『結城市史』第 6 巻近現代通史編)

村史はこの間の事情をいくつか取り上げている。

大正 6(1917)年 3 月，第一次大戦による好景気が続く中，結城郡絹川村の地区集会で電灯架設希望者を募った。ところが希望者は全体の 1 割，40 戸であった。このため地区内でまとめて架設することはせず個人に任せた 14)。当時の電灯料金は表 2-27 のとおりである。米騒動前の米価が 1 升約 1 円 70 銭であったことを考えると，電灯代は月額 16 燭光 1 灯代が米 5 合分に相当する。記述がない大部分の町村は①の例に含まれると考える。

②の例として『鉾田町史』には電灯架設にあたって地区ごとに［電設組合］を作るなどして費用のとりまとめをしたことが記されている。金額等の具体的記述はない。第一次大戦後電気が急速に普及し，町の景観を変えるとともに，人びとの生活に変化が現れた。農家では夜間作業が可能になり，また火鉢を囲んで遅くまで一家団らんの時が持てるようになった 15)。

西茨城郡七会村下赤沢地区（村南西端　現・城里町）では住民の現物出資により負担金を軽減した。村域の資源活用を図った事例である。住民は共同で東部電力（旧茨城電力）と契約し，電柱 51 本（長さ 28 尺が 10 本，26 尺が 41 本）のうち 43 本は住民 28 名からの現品提供とし，不足分は寄付金で購入した。埋め立て用松丸太 100 本は同地の部分林造林者に依頼して寄付を受けた。この結果必要経費は地区あたり 300 円となった。これを契約時，点灯時，点灯後の 3 分割で支払った。住民の負担は 1 灯につき 7 円を最低額とし，他に応分の寄付をすることになった。下赤沢地区では東部電力へ昭和 3(1928)年 10 月に最後の支払いをしていることから，この頃までに架線工事が完了し各世帯に点灯したと考えられる。しかしまだ未点灯家屋は残存しており，地区全世帯に隈なく点灯したのは昭和 35(1970)年のことであった 16)。

『勝田町史』の記述からはさらに具体的な事実が判明する。大正 12(1923)年に電灯が架設された旧川田村津田地区 126 戸（現・ひたちなか市西部）では諸収入合計が 751 円余で，このうち 600 円が電灯架設寄付金（戸別負担金）であった。電柱用材 120 本（700 円相当）は区民の労力奉仕で区有林から切出して搬出・提供したので，その費用は労働提供者の昼食費程度で済んだのである。それでも一世帯あたりの寄付金は一律5円となった。もし電柱用材を区有林でまかなわなかったら倍額を負担する計算になる。大正15年に電灯が架設された旧前渡村長砂地区（現・ひたちなか市北東部）では集落が散在したため，距離に応じて一世帯あたり15円・10円・5円に分けて徴収した。なお点灯時の一世帯あたりの灯数は津田地区の場合1灯のみの世帯が大部分（108世帯）を占めていた。燭光数は16燭光が109世帯と圧倒的に多い。16燭光・1灯のみの世帯が大部分の需要家の姿であった。点灯地区の詳細については後述する。

③補助金を加えた例として瓜連町の東隣に位置する那珂郡木崎村（現・那珂市）を挙げる。昭和2(1927)年村長を中心に架設金の捻出にあたった。一方村からの補助金を得ることが村議会で議決されるなど村一体となって電灯架設に取り組み，結果として村内一斉点灯が実現した。郷土史にはその様子が記されている。

「木崎村に於て電灯の架設なきを以って勝山村長発起人となり 各々有志と図り協議の結果各戸需要者の賛成を得て寄付金の募集をなし此金額2,708円を募集し 本村役場より金100円の補助を下付せられ合計金2,808円を得て茨城電力株式会社へ交渉の上 大正13年4月18日電灯架設の竣功を告げ点火式を挙行せり 次に同14年大字北酒出に於ても電灯架設の必要を認め 根本初太郎氏外8名発起人となり区の有志に謀り賛成を得て寄付の募集をなし同年竣功点火式を挙行す。」17)

このように県内各市町村においては様々な協議や活動を経て地域の特性を生かしながら電灯架設を実現させていた。

1)　逓信省電気局編『電気事業要覧』明治44(1911)年版

2)　［サクション瓦斯力発電］とは無煙炭，コークスあるいは木炭を燃料とし，発生したガスによりガスエンジンを回転させる方式である。通常の蒸気による発電に比べ床面積が少なく，用地費・建設費が安く設置できる。熱効率は15%で蒸気式の7%を上回り効率的である。煙突はなく給炭は一日に2,3回で十分であることなど取扱いも簡単である。反面，回転が整わず騒音・振動が激しい。このため発電所附近では安眠を妨げられるという欠点があった。瓦斯力発電が効率的なのは，おおむね200kWまでであり，需要増大に伴って機器増設を行っても並行運転は困難であった。この方式は平地の多い本県各地をはじめ関東地方各地で多く見られた（朝日新聞水戸支局編『続茨城の科学史』(常陸書房1985)p172 中川浩一「茨城県火力発電史」年報第19号(茨城大学地域総合研究所1986)。

他地方では北丹電気（京都），新宮水電（和歌山）にてガス力発電が行われた（末尾至行『水力開発＝利用の歴史地理』(大明堂1980)p394)。

3)　茨城県電力協会発行の「電協会報」18号(昭和32年9月)には記念碑建立時の様子が次のように記されている。

水戸市に電燈がついてから今年で50年になるので当協会では何か記念行事を行わんと思い立ち，今春の総会に提案協議した結果「茨城県電気事業創業記念碑」をゆかりの地，今の東電茨城支店構内に建てることに意見が一致し，予算３万円も通過した。当協会会長平木健一氏は，茨城県商工会議所連合会会長竹内勇之助氏，東電茨城支店長中野貫一氏とともに発起人となり，建碑の具体化に乗り出し，竹内，中野両発起人のご尽力によって基金も予定額に達したので，工事施行方を市内の業者に依頼し，8 月 10 日完成と同時に遺族・関係者多数参列のもとに除幕式を行った。碑石は仙台石を選び，高さ 5 尺，幅 2 尺 5 寸，碑面には竹内勇之助氏の揮毫による『茨城県電気事業創業之地』の文字が刻まれ，裏面には「常陸太田の人前島平翁茨城電気株式会社を創立し，明治 40 年 8 月 10 日わが国初めてのサクションガスエンジンによる発電をこの地に行い水戸市に点灯した」と彫って，その後に発起人の名を列ねた。(以下略)

4) 『東北地方電気事業史』(東北電力 1960)p184-185

福島電燈の開業時の資本金は 2 万 5 千円，出力 30 k W，電灯数 453 灯，電気料金は電灯 10 燭光半夜灯(12 時まで)が 65 銭，終夜灯(翌朝まで)が 85 銭であった。

また同書 p148 には東北地方で最初となる宮城紡績会社の点灯について次のように記されている。

「明治 12 年広瀬川三居地点の水力を利用して宮城紡績会社を設立。明治 19 年東京電燈会社の点灯事業を新聞で知り，菅克復氏他 4 名で上京。アーク灯を 50 個注文した。同時に購入した発電機を三居沢紡績工場の水車に取り付け 5 k Wの電力を起こし点火に成功。明治 21 年に島崎の山上にアーク灯を点火した。次いで同工場内に 50 個の電灯を点火した。」福島電燈では「試灯を見学」とあるのでこの点灯を見学したのであろう。

5) 注 4)『同』p186-187

郡山絹糸紡績の明治 41 年の事業概要は次のとおりである。沼上発電所出力 850 k W，資本金 45 万円，供給区域：安積郡郡山町他 2 か村，需要状況：電灯 826 戸 2,620 灯・電力 12 戸 311 馬力，電気料金：電灯 10 燭光 70 銭・電力 1 馬力 5 円。昭和 11 年大日本電力との合併時には日橋川発電所(1,570 k W)，沼上発電所(1,560 k W)，竹内発電所(3,000 k W)，大峰発電所(4,000 k W)，川前発電所(1,275 k W)，木戸川発電所(2,571 k W) など多くの電力供給力を有していた。

6) 杉浦芳夫「福島県における電燈会社の普及過程－利潤指向的な多角的イノベーションの空間的拡散事例－」人文地理 30-4(東京都立大学理学部 1978)p19-38

7) 『関東の電気事業と東京電力』－電気事業の創始から東京電力 50 年の軌跡－(東京電力 2002)

8) 関東ローム研究グループ編『関東ローム：その起原と性状』(築地書館 1965)p47, p72
湊正雄・井尻正二『日本列島』岩波新書(岩波書店 1966)

9) 茨城県の電源開発については佐藤惣一「茨城県における電力資源の開発」地理 6-6 (古今書院 1961) がある。これには第 1 期・外国から輸入した製品による鉱山などの自家発電 (明治 38 年－大正 2 年)，第 2 期・第一次世界大戦を中心として電源開発が最高潮に達した時期（大正３年－昭和２年），第３期・小規模発電所は維持費高から整理され自動操作化の方向（昭和３年以降）と区分されている。

10）『大正人名辞典』上・下巻（日本図書センター1987），『茨城人名辞書』（茨城新聞社 1915）を参考に分類した。

巻末資料「茨城県の電気事業にかかわった人々」を参照されたい。

11） 安政２(1855)年７月，稲敷郡阿浜村（阿波村カ）に生れる。江戸崎町の発展に貢献。明治25年より江戸崎町会議員や学校組合会議員として活躍し，明治38年には江戸崎町長，その後鳩崎町長，江戸崎郵便局長などを歴任し，地域のために尽くした。明治44年には郡議会議員となった。博愛心を持って半生をひたすら公共のために尽くした。大正２年江戸崎電気を興し「光輝ある氏の功績は電灯の光とともに永く地方の暗面に向かいて照らされん」と称えられた（注10）『茨城人名辞書』）。

12） 櫻井明俊「茨城県の地理」『郷土の地理』４関東編Ｉ（宝文館 1960）p22

1985(昭和60)年は国勢調査による。昭和63年統計では都市人口が54.3%と半数を超えるが全国では42位である。

13） 伊藤郷平『経済地理』Ｉ人文地理ゼミナール（大明堂 1972）p82

14）『結城市史』第６巻近現代通史編（結城市 1982）p481

15）『鉾田町史』通史編下（鉾田町 2001）p383

大正４年の『電気事業要覧』には汽力により発電とある。計画段階でのことで，開業後まもなく受電の形をとったものと考えられる。

16）『七会村の歴史』（七会村 2005）p202

下赤沢地区は村内南西部，栃木県益子町との境に位置する。

17）『那珂町史』近代・現代編（那珂町 1995）p438

(2) 自家用発電所の創業と現況

電気は一般家庭用の灯火と鉱工業用の電力に分けられる。本文は灯火がテーマであるが，電力の初期の事情についても述べてみたい。それは足尾鉱山の間藤水力発電所（明治 23 年創業）の技術が営業用事業所の日光電力日光発電所（明治26年創業）の建設に生かされたように，鉱工業をはじめとする事業所の自家用発電所が一般家庭用灯火にも影響を与えたからである。

明治42(1909)年における国内自家用発電所は，製造業用として57箇所鉱業用54箇所が稼働した。茨城県域では３箇所がこれに含まれる1)。多賀郡日立村日立鉱山の陰作発電所（水力発電），多賀郡華川村上小津田に開鉱した茨城無煙炭鉱発電所（火力・水力発電），多賀郡北中郷村の茨城採炭発電所（火力発電）がそれである。自家用発電所の創業が営業用発電所のそれよりも早かった。これは燃料とする石炭が入手し易かったこと，発電技術の伝播が早かったことは勿論であるが，初期の電気事業関連法規が自家用発電所を除外し，後に営業用発電所の規制を準用する形をとるなど，規制が緩和されていたことも一因であろう。茨城県域の 5 箇所の自家用発電所について述べる。

茨城炭鉱　自家用発電所はまず石炭産業において活用された。

阿武隈山地の南部，太平洋に面した地域では幕末期より小炭鉱・鉱山が創業してきた。嘉永 4(1851)年神永喜八 2) は多賀郡上小津田村（現・北茨城市華川町）で石炭採掘を始め，塊炭 300 俵を江戸に搬送した。これがこの地域での石炭業の始まりとされている 3)。北茨城市立華川小学校近くの花園川左岸には［茨城無煙炭開祖］の石碑が建立され，神永喜八の業績を今に伝えている。近代的な石炭産業では高萩地区が最も早く，明治 24(1891)年に手綱炭鉱・翌年千代田炭鉱が開鉱し，華川地区では明治 29 年茨城炭鉱が，磯原地区では明治 34 年鈴木炭鉱・茨城採炭がそれぞれ開鉱した。

この中で先進的な機械力を導入したのは茨城炭鉱である。茨城炭鉱は明治 30(1897)年茨城無煙炭鉱と社名を改称し，明治 34 年には株式会社となった。同社は自前の石炭を利用した火力発電所と，その後に大北川の支流花園川に水力発電所を建設し，両者計 165 k Wの出力を得て事業所内に 321 個の灯火(10 k W)と 132 馬力の電力を供給した。前者を第一発電所，後者を第二発電所と呼んだ 4)。

第一発電所は，明治 36(1903)年 3 月電気事業経営が認可され，同年 9 月に華川町芳の目（よしのめ現・北茨城市華川町）で発電を開始した。建設費は総額 48,062 円であった。ボイラーは 3 基で，米スプリンクフィールド社製，1 基の出力は 100 馬力である。発電機は芝浦製作所製 60 サイクル，最大出力 45 k Wで巻き揚げ機・扇風機・諸機械の動力として使用した。遺構は残存しない 5)。その後，火力発電所だけでは出力が不足し，大北川支流の花園川に水力発電所を完成させた。これが第二発電所である(写真 2-10)。

願書受理は明治 39 年 6 月 6 日，許可は同年 6 月 29 日である。取水口位置は多賀郡華川村大字小津田瀧江で，水路の総延長は 254 間 5 尺，水車は 200 馬力のフランシス型タービン水車が使用された。水量は毎秒 35 立方尺，落差は 56 尺であった。発電機は東京芝浦製作所製・三相交流・出力 120 k W・60 サイクル・取付電灯は 321 個，電力は 9 個（132 馬力）であった。主任技術者は小野辰太である。工事は明治 39 年 7 月 4 日に始まり，同年 12 月 19 日に完成した 6)。昭和 46(1971)年 8 月，突然の坑内大量出水により常磐炭鉱中郷鉱は閉山となったため第二発電所も稼働を停止した。ここに至るまで 65 年間の稼働であった（巻末資料**茨城県域に開設された発電所**参照)。

現況を見てみよう。第二発電所は平成 18 年 10 月現在，屋根は痛みが激しいが全体としてかなりしっかりした形で残存する 7)。屋内に水車と発電機が据え付けられたままであり，建屋の周囲は板壁が腐食しトタン板で補修してある。水路・導水管も含めて全体の配置は建設当時のままで稼働時を彷彿とさせる。

2-10 茨城無煙炭鉱華川発電所旧建屋
東京発電により建屋設備は一新され再稼働している

大北川の支流・花園川にかかる堰堤はたえず河水を上部から流出し，水路が急崖の中腹を花園川左岸に沿って発電所まで伸びている。農業用水路として現在も使用中であることもあって補修のあとが見てとれる。とりわけ途中の沢水が水路に流れ込む場所には枡が作られ，水路への土砂流入を防いでいる。水路は調整池に至り導水管が発電所裏手へと接続されている。建設後すでに100年以上が経過している。遺構が形をとどめているのは，発電所が長く現役であったことや明治の職人の技術の確かさによるものであろう。これが陰作発電所（日立市）の翌年に完成した県内で2番目の水力発電所である。なお堰堤近くの右岸には昭和28(1953)年4月開設の東京電力花園川発電所 8)が稼働中である。

さらに茨城無煙炭鉱は大正9年(1920)年，大北川から取水して大北川発電所を開設した(写真 2-12)。使用水量 3.3 ㎥，落差 12.1mで出力 240kWを得た。県道日立－勿来線の大北川橋から山手に石積の堰堤と取水路が見える(写真 2-11)。これより大北川左岸を水路に沿って東進すると，海岸段丘面が大北川によって浸食された箇所に発電所が建設されている。地形的に大きな落差が得られないため水車は段丘面を掘り込み周囲より一段低くして，横軸複輪単流型のフランシス前口水車（フロンタル・タービン）が敷設された(図 2-5)。地形的に類似する里川・町田発電所の水車も同様に前口水車が稼働してきた。

2-11 大北川の堰堤と取水路　大北川橋より望む

2-12 茨城無煙炭鉱大北川発電所建屋

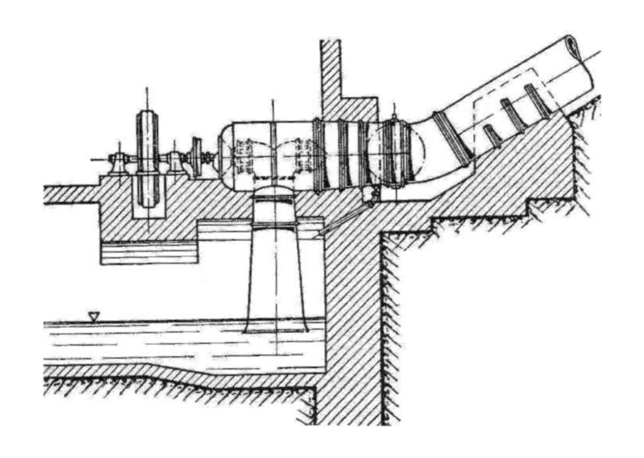

2-5 フランシス前口型水車の断面図

（生源寺順『水車』(岩波書店 1934)）

2-13 大北川発電所の水車と発電機

奥にフランシス前口水車，手前の発電機わきは中川浩一教授

現在は建屋ともすべて撤去された

発電用水車は低落差用（落差30mまで）－フランシス前口型水車，中落差用（落差30～170m）－フランシス渦巻き型水車，高落差用（落差170m以上）－ペルトン水車が適しているとされるが，最近では高落差であってもフランシス型水車を使用することが多い。

大北川発電所は花園川発電所と同様に常磐炭鉱中郷鉱の閉山に伴い稼働を停止した。昭和62(1987)年現在，建屋と水車・発電機・水路は稼働時そのままである(写真 2-13)。事務用机上には運転日誌がほこりをかぶって無造作に積み重ねられてあった。

これらの施設は平成 2(1990)年高萩・北茨城広域工業用水道企業団大北浄水場として生まれ変わり，発電所の遺構がすべて撤去されたのは惜しまれる。用水路は農業用としていくつかに分水され，今でも周囲の水田に豊かな流れを提供している。

日立鉱山　同様の自家用発電所として，明治 38(1905)年 10 月に創業を開始した多賀郡日立村日立鉱山所有の陰作発電所がある。県内最初の水力発電所である。水車の動力には宮田川支流の赤沢本渓に 145 尺の有効落差を得て，フォイト社(ドイツ) 製 52 馬力のペルトン水車を据付けた。水路は幅 2 尺，深さ 1.5 尺で長さが380 尺の開渠(かいきょ)水路であった。使用水量は毎秒 4.3 立方尺，発電機は直流・

シーメンスシュケルト社（ドイツ）製・出力33ｋＷである。主任技術者は日立製作所初代社長小平浪平である9)。発電所の位置は大雄院精錬所から1.5ｋｍほど本山寄りの右岸で稲荷橋附近である。発電所の遺構は樹木が繁茂し細部を確認できないが事務所跡と思われる石垣がわずかに残る10)。

茨城採炭　さらに明治41(1908)年4月に認可され12月に稼働を開始した茨城採炭の火力発電所がある。位置は多賀郡北中郷村会社鉱業所内（現・北茨城市磯原町大塚）とされ，その内容は事業所内電灯225個(11ｋＷ)・電力90馬力を擁した。建設費は42万円，ボイラーは175馬力を据付け、発電機は東京芝浦製作所製三相交流60サイクル出力100ｋＷであった11)。

近隣の各炭鉱では大正10年末現在次のとおり独自の動力源を有していた。しかし巻上機やコンプレッサーなどはエンジンや蒸気力を併用していた可能性もあり，これらすべてを火力発電によっていたかどうかは明らかでない。

茨城無煙炭鉱（明治30年創業）
　第一鉱（華川村小豆畑字芳目）560馬力
　第二鉱（南中郷村大字石岡）1,768馬力
　第三鉱（南中郷村大字日棚）507馬力

茨城採炭（明治34年9月創業）
　第一鉱業所(北中郷村大字大塚重内)1,298馬力
　千代田鉱業所（松岡村大字上手綱）1,361馬力

大日本炭鉱（大正5年11月創業）
　磯原鉱業所（華川村大字上小津田字唐虫）657馬力
　高萩鉱業所（松原町大字秋山）840馬力

山口無煙炭鉱（明治41年3月創業）
　山口無煙鉱業所（北中郷村大字大塚）
　475馬力

東光炭鉱（大正7年創業）
　東光鉱業所（南中郷村大字日棚）116馬力

松原炭鉱（大正8年3月創業）
　松原炭鉱鉱業所（松原町大字秋山）200馬力
（『茨城電力史』上）

ここにボイラーと煙突の完成記念写真がある(写真2-14)。ボイラーから坑内へ蒸気を送るゴム製のホースが見える。電気の導入以前は蒸気で採炭用の掘削機や石炭運搬用の巻上機を稼働させた。また火力発電に結びつく技術でもあった。茨城採炭千代田鉱業所の配電

2-14 茨城採炭千代田鉱業所煙突完成

2-15 千代田鉱業所配電室　高萩市上手綱

2-16 福島県植田地区からの送電線

室(写真 2-15)と植田地区（いわき市）からの送電線写真(写真 2-16)も掲載する。茨城採炭では自家用火力発電の不足分を植田水力発電から受電していた。背後に事業所内の受電・配電設備が見える 12)・13)。

各事業所の自家用発電所は事業所内の電力を賄うことを目的とした小規模発電所であったが，多賀電気や日立鉱山が冬季電力不足となる時期には茨城採炭から受電するなど，自家用発電所と営業用発電所は相互に電力を融通していた。自家用発電所は初期の電力需要状況を知る上で貴重である 14)。

1)　末尾至行『水力開発＝利用の歴史地理』(大明堂 1980)p386 には表「民間自家発電・電化事業所の分布」が掲載されている。また逓信省電気局編『電気事業要覧』明治 41(1908)年版には各事業所の詳細が記述されている。

2)　神永喜八(1824－1910)　多賀郡下小津田（北茨城市）生まれ。農業の傍ら醤油醸造業，林業を営む。嘉永 4(1851)年，小豆畑村塩ノ平，産子沢，芳ノ目などで採炭，江戸へ送る。常磐炭鉱地帯における石炭商品化の嚆矢。後に石炭事業にまい進，炭鉱開発に尽力。明治 30(1897)年には滑川敬三と小豆畑炭鉱を営む。 明治 22 年～25 年華川村村会議員（『北茨城市史』下巻 1987)。

3)　岩間英夫『ズリ山が語る地域誌―常磐南部炭田の盛衰―』(崙書房 1978)

4)　注 1)『電気事業要覧』明治 41 年版

5)　中川浩一「茨城県火力発電史」年報第 19 号(茨城大学地域総合研究所 1986)p35

6)　注 4)『同』

7)　華川発電所は平成 22 年 3 月建屋・導水管・発電機・水車を新たにし東京発電（株）によって再稼働した。

8)　花園川発電所(使用水量 1.53 ㎥，有効落差 169.08m，建設費 2.2 億円)は昭和 14(1939)年 9 月より建設を始めたが，途中戦争により中断した。戦後東京電力が発足して間もない昭和 27 年 7 月工事を再開し，28 年 4 月に完成，運転を開始した。電力不足の時期に小出力（2,000ｋW）ではあったが貴重な働きをしている（『東京電力30年史』1983）。

9)　注4)『同』

10)　『図説日立市史』市制50周年記念（日立市1989）には陰作発電所の写真が掲載されている。

11)　注4)『同』

12)　注3)『同』p22には「明治31(1898)茨城無煙炭鉱にて30馬力の電気巻き上げ機を使って運搬の効率化を図った。」と記され，また注2)『同』p836の年表には「明治36(1903)年に茨城無煙炭鉱で電気ポンプを導入する」との記述がある。これらから明治後期には各炭鉱で電気の導入がなされていたと見るべきであろう。

13)　植田水力電気（現・いわき市）は大正8(1919)年6月創業。資本金は100万円で郡山電気より100ｋWの受電をし，事業地域内の炭鉱へ電力を供給した。その後四時川の電源開発を行い，四時川第一発電所2,855ｋW第二発電所1,230ｋWを開設した。昭和18(1943)年2月に配電統制令により東北配電へ出資して解散した（『東北地方電気事業史』（東北電力1960））。

14)　茨城県域には昭和年代以下に示す自家発電施設があった。

・昭和人絹（株）茨城県松原町高萩，施設認可昭和10年，出力1万ｋW(汽力)，電灯・化学分解用（『現代日本産業発達史』Ⅲ電力）。

・日立電力（株）昭和2年9月久原鉱業より分離独立。久原鉱業より石岡第一・第二，夏井川第一・第二・第三の発電所を引き継ぐ。一般家庭には配電せず各工場や炭鉱が需要家。昭和3年上期の需要家数は11，出力数は21,140ｋW（『関東の電気事業と東京電力』）。

(3)　県域初・中里水力発電所

日立市の中里発電所の創業は周辺地域の水力開発のモデルとなったことから茨城県域の水力発電所の原点と言える。これまで特に注視されてこなかったのは中里発電所が県内最初の水力発電所でありながら，日立鉱山の自家用発電所として出発したことも一つの理由であろう。後に茨城電気の主力発電所として稼働し続けることになる。以下中里発電所の成り立ちを追った。

発電所を創業させたのは前島平を中心とした，太田の七人組と呼ばれた人々であった。中心人物の前島平は一生電気事業にかかわり続け，地域の発展に大きく貢献した。彼は慶応元(1865)年，茨城郡渋井村（現・水戸市）に井坂幹の次男として生まれ，小学校卒業と同時に，明治12(1879)年太田町の［亀宗呉服店］に奉公に出された。そこで彼の働きと誠実さが評判となり，前島本家の養嫡子に迎えられた。やがて太田銀行取締役，太田商業会議所議員，町会議員に選任されるなど地域の信頼を受ける人物に成長する。太田商業会議所の会長を勤め，会議所は後に太田実業倶楽部となるが，社交クラブとして町の発展について自由に話し合う場となった 1)。

前島平は明治 30(1897)年 10 月，県知事主催による栃木・群馬方面への産業視察に参加した。欧米の進んだ産業を視察してきた小野田茨城県知事は，本県の産業振興を図ろうと考え，その基盤となる電力の開発を念頭に先進地域であった栃木県足尾・日光方面の水力発電所視察を計画した。前島平は電気を利用した諸機械の稼働や照明のすばらしさを初めて体感したのであった。その後，阪神・静岡方面へも産業視察を行い，ますます電気に興味を抱くようになった。そしてわが郷里にも似たような地形があることから,電気の開発が可能ではないかと考えた。そこで太田実業倶楽部の中でも特に意気投合していた小林彦右衛門（呉服商），西野治郎兵衛（薬剤師），高和秀次郎（酒造業），小泉源三郎（鋳物製造業），前島宗助（呉服商：亀宗），橘宇兵衛（呉服商：かみや）とともに電気事業の創業について話し合った。彼らは自らを太田町の七人組と称した。

明治 37(1904)年，野口遵(したがう)2) が前島を訪ねてきた。野口はドイツ・シーメンス社の外交員で全国各地の点灯にかかわり，太田町へ電気知識の普及や関連機械の売り込みのために訪れた。前島らは久慈川支流の里川が発電に適しているのではないかと考え，野口に現地調査を依頼した。現地を視察した野口は中里に発電所を建設することが有利であることや 300ｋＷの発電が可能であること，経費に 12 万円ほどが必要であること,組織を株式会社とすることなどを提言した。

発電所開設に見通しを持った前島は，同年早速「里川水利使用願」を県知事宛に提出し，ここに本県初の営業用発電所建設に向けた活動が始動する。

しかし株式のための資本金 12 万円がなかなか満額とならなかった。前島はたまたま帰省中であった実業家加納友之介 3)に意見を求めた。水力発電事業は有望な事業であること，また独自に現地調査を行い適地であることを保証した。さらに加納から工学士広田精一 4)の紹介を得た。広田はアメリカ合衆国の機械工業製品を輸入する商社［高田商会］と結びつきがあり，中里発電所にはウエスチングハウス社製の発電機とモルガンスミス社製水車を配置する約束で，多数の株を所有してもらい資本金が満額になった。

前島らによって作られた設計書には次のように記されている。

設計書

本会社ノ事業ハ茨城県水戸市及太田町ニ電灯及ビ電力ヲ供給シ 勉メテ各種ノ工業ニ最モ低廉ナル動力ヲ供給シ 工業ノ発達ヲ計ラントシ 明治三十七年八月ヨリ取調ベニ着手シ 最慎重且細密ナル調査ヲ為シタル結果 大ニ地方ノ福利ヲ増進スベキ事業ナルコトヲ信ジ 左ノ設計ヲ為シタリ

一　本事業ノ基礎タル発電所ノ位置ハ 茨城県久慈郡中里村大字東河内ニシテ 同村大字下

深荻ヨリ里川ノ本流ヲ取入レ 延長二十八町二十八間ノ水路ヲ設ケ 百二十尺ノ落差ヲ得テ 一秒時間六十個ノ水量ヲ使用スルモノトス

一 鉄管ハ径四尺厚二分長二百四十尺ト 外ニ径四尺厚一分五厘長十尺ノ配水管トヲ使用ス

一 発電力ハ三百「キロワット」トス

一 電圧ハ一千「ボルト」トス

一 特別電圧電線ハ四番ニシテ 発電所ヨリ太田町配電所ニ至ル二里二十五町 同所ヨリ水戸配電所ニ至ル五里十町 総延長八里弱トス

表 2-28 中里発電所計画 a 工事予算書

費 目	予算額（円）	費 目	予算額（円）
水路費	40,909	電話費	1,100
土地買収費	4,600	運搬費	3,000
鉄管及据付費	5,050	測量設計費	2,000
発電所家屋	3,000	監督費	1,200
同 社宅	960	据付器具及機械費	500
配電所家屋	4,800	創業費	3,000
特別高圧線費	24,560	予備費	6,520
市内線費	18,800	合計	160,000
諸機械費	40,000		

b 収支予算書

収入の部	予算額（円）	支出の部	予算額（円）
電灯料 但シ十六燭光 採算 3,000 灯 （水戸市 2,500 太田町 500） 平均一灯 85 銭	30,600	給料	6,104
		旅費	720
		営繕費	2,000
		敷地料	60
		消耗品	700
		諸税通信雑費	2,000
電力供給 百馬力 但シ一馬力 一ヶ月平均 5 円	6,000	合計	11,584
合計	36,600	差引金	25,016
		積立金 1,000 機械建物償却 積立金 3,500 賞与金 1,000 配当金 19,516 但一ヵ年 1 割 2 分 1 厘強	

発電所の建設目的は太田及び水戸方面への電灯・電力の供給であり，電気が工業の発達に供することが述べられている。収支予算書は今後の経営の見通しを予測しているが，電灯数見込 3,000 灯や配当が 1 割 2 分など事業所の前途に希望的展望がうかがえる。

里川水利使用願については，翌，明治 38(1905)年 2 月 24 日に許可され，直ちに逓信大臣あて電気事業経営の許可申請を提出した。しかし，事業所設立直前になって水力発電反対の申請が知事宛に提出された。町村民の農業用水に対する不安が原因であった。この結果は明らかでないが，前島らの努力が解決へ導いたと考えられる。

明治38年10月13日に許可を得て，同年10月31日に東京築地［香雪軒］で創立総会を開き，ここに初めて茨城電気の設立をみた。事業所の内容は，次のとおりである。

2-17 中里発電所用水取入口の現況

日立市下深荻町

一　名称　　　　茨城電気株式会社
一　資本金　　　十二万円
一　本社所在地　茨城県久慈郡太田町東二丁目二三六番地
一　重役　　　　取締役　前島平　小林彦右衛門　広田精一　白石元治郎　加納甚三郎
　　　　　　　　監査役　西野治郎兵衛　小泉源三郎　平沼延次郎

事業所が設立されると，さっそく中里発電所の建設に着手した。12月13日には，中里村大字下深荻上淵宿の取入口(写真 2-17)において，関係者及び地域の有志200余名を招いて盛大な起工式を行っている。

ところが同じ頃，秋田県で小坂鉱山の経営を軌道に乗せた久原房之助は，日立村の赤沢銅山を30万円で買収し，この地で鉱山経営に乗り出した。鉱山の開発には坑内の排水と換気，さらに坑内からの鉱石運搬に大きな動力を必要とする。江戸末期に鉱山の多くが，休山・廃坑を余儀なくされたのは動力の不足にその原因が求められる。

久原房之助は自家用の陰作発電所（33ｋＷ）以外に発電所の開設を模索していた。前島平らが中里発電所の建設を進めていることを聞き，ぜひこれを買収しようと考え，交渉を開始した。茨城電気側は，これまでの開発の経緯が公共の目的であったことから難色を示したが，久原の強固な意志に押され，次第に手放す意見が大勢を占めるようになった。譲渡賛成者は，次のような意見を持っていた。

一　中里発電所は，一時，日立鉱山に譲渡し，後日必要の際は買い戻しに応ぜしむること。
一　茨城電気の手により中里発電所の工事に着手したものの，水戸市その他町村へ送電するためには，送電線変電所に多額の経費を要し，一方，発生電力の完全消化に対し確信が得られぬこと。
一　むしろ火力発電によって営業する方が建設費も少なく，送電設備も僅少で済む，需要増加して設備に不足を生じた時は中里発電所を買い戻せばよい。

このような意見をふまえ，明治39(1906)年，8月茨城電気は東京日本橋倶楽部で臨時株主総会を開き，譲渡問題に尽力した加納友之介が次のような発表を行った。

一　発電所は，3ヵ年後鉱山において不用に帰したる際，買い戻しをなし得ること。
一　当社が譲渡の日までに支払いたる実費を鉱山において負担するほかに，当社へ1万5千円，発起人へ1万円を支払うこと。

この案によって譲渡の件は可決され，日立鉱山から茨城電気へ支払う1万5千円と発起人へ支払う1万円の半額5千円の計2万円が株主に分配された。

このような事情を経て中里発電所を所有することになった日立鉱山は，明治39(1906)年9月より中里発電所の完成に向け工事を急ぎ，明治40年3月21日には送電を開始した。明治41年10月，助川－大雄院間電気鉄道が開通し，11月には大雄院精錬所の火入れ式を執り行った。中里発電所は出力300ｋＷで稼働したが，落差・水量とも余裕があったので，同年に200ｋＷの増量工事を行った。写真では導水路と発電所を結ぶ水圧鉄管が2本確認できる(写真2-18)。

2-18 創業時の中里発電所　現在は改築され東京発電(株)中里発電所となって稼働中　日立市東河内町

日立鉱山が明治42年に鉱山監督署へ提出した「日立鉱山概要」は，開業後日浅くして国内の主要銅山として数えられるようになった理由を五点記している5)。

一　発電所の経営
二　探鉱に試錐機の応用
三　削岩機の発達
四　精錬の進歩
五　電気鉄道の建設

真っ先に電力の開発を挙げ原動力としての電力確保を記し，さらに次のように記述している。

「当山ノ現鉱業者ノ手ニ帰スルヤ直ニ里川ニ発電所ヲ経営シ，四百『キロワット』ノ電力供給ヲ計リ，次テ之レニ二百『キロワット』ノ電力ヲ追加シ，亦タ時ヲ経ズシテ第二発電所ヲ計画シ，三百『キロワット』ノ電力ヲ増加シ，採鉱精錬運搬ニ必要ナル原動力トナシ，事業ノ進捗改良ヲ加ヘリ。此<u>発電所ノ経営ハ本鉱山ノ発達ヲシテ最モ速カナラシメタル一原因ナリ。</u>」(下線筆者)

中里発電所は日立鉱山とこれより分離独立した日立製作所の創業に大きく貢献した。のちに久原房之助は茨城電気の発起人である太田の七人組を大阪に招待し，大正6年(1917)5月住吉の別邸にて豪華な祝宴を催し謝意を表した。

日立市は日立鉱山・日立製作所が近代産業として発展した原動力として，中里発電所が大きな役割を果たしたことを現代に伝えている6)。また，日立製作所の新入社員研修には中里発電所の見学が研修内容に含まれていたという。

日立鉱山（久原鉱業）では，中里発電所に次いで明治 42(1909)年，里川水系の町屋発電所（300 k W）を開設したが，さらに供給力増加に向けて大北川水系に眼を向けた。しかし大北川は前述のように茨城無煙炭鉱がすでに水利権を所有していた。このため一部を譲り受け，同 44 年 8 月石岡第一発電所（3, 000 k W）を完成，発電を開始した。横川地区より取水し水路の全長は 3, 423m あったが，末端近くに 270m に亘る谷があってここを導水することに苦労した。結局当時日本はもとより外国でも例がなかった鉄筋コンクリート管を使用し，逆サイフォンの原理で横断した。また高圧力となる水圧鉄管の下部はドイツ製継ぎ目なし溶接管を用いることで重量を著しく軽減した。落差 162m を取って水車・発電機を稼働させた。水車は横軸フランシス型エッシャウェス社製で発電機はゼネラルエレクトニック（G E）社製であった 7)。さらに大正 2(1913)年にはすぐ下流に石岡第二発電所（1, 000 k W）を完成させた。

このように日立鉱山では福島県側の夏井川第一発電所（3, 700 k W大正 5 年）第二発電所（3, 550 k W大正 9 年）第三発電所（1, 800 k W）や鮫川の柿ノ沢発電所(2, 800 k W昭和 29 年)の電源開発を行い合計 15, 000 k W以上の電源を保有し，鉱工業の基盤となる電力の充実・確保を図った。またこれらの発電所の発電機はほとんどが日立製作所製であって同社の発展をも促すこととなった。

石岡発電所をはじめ当時日立鉱山により開発された発電所は，昭和 2(1927)年 5 月に独立した日立電力の所有となり，昭和 17 年 4 月配電統制令により設立された関東配電へ日立電力は統合され，さらに戦後昭和 26(1951)年 5 月に発足した東京電力に引き継がれた。唯一いわき市遠野町所在柿の沢発電所が日立鉱山（現・日鉱金属）の所有となって現在に至っている。

1) 以下の内容は佐藤幸次『茨城電力史』上（筑波書林 1982），及び『常陸太田市史』通史編下（常陸太田市 1983）に拠った。

2) 野口遵(1873～1944)は石川県生まれ，帝国大学卒。明治 41(1908)年に日本窒素肥料(株)を興した。明治 40 年代，水力発電の余剰電力を利用し，国内初のカーバイト工業の基礎を創った。後にイタリアからカザレー博士を招き， 宮崎県延岡に合成アンモニア工場を建設し，大正 12(1923)年には，年産 12, 500 t を生産した。わが国最初の合成硫安生産であった。その後，日本窒素は事業を進め，水俣にも工場を建設し， 一大硫安製造工場としての地歩を固めた。また，朝鮮・中国国境の鴨緑江に東洋最大のダム式発電所を完成させた。野口遵は日本の化学王と呼ばれたが， 各地に水力発電所を建設した発電王でもあった（産業考古学会　内田星美, 金子六郎, 前田清編『日本の産業遺産 300 選』3(同文館出版 1994)p163)。また『東北地方電気事業史』（東北電力 1960)p186 によれば，郡山絹糸紡績による沼上発電所から郡山間 24 k m・11, 000Vの高圧送電の設計をした人物でもある。

3)　加納友之介は明治5年太田町西二町生まれ。法学士。帝国大学法科卒。第一銀行取締役，東部電力会社取締役，東京自動車製造（株）社長等を歴任した。この時は住友銀行に栄転の途中で1ヶ月間の帰省中であった(註1)『常陸太田市史』)。

4)　広田精一は東京大学工学部電気科卒。工学士。会社員。神田に電機学校創設。神戸高等工業学校初代校長（注1)『茨城電力史』)。

5)　嘉屋実編『日立鉱山史』(日本鉱業日立鉱業所 1952)p97

6)　『近代産業の原点 産業発展の軌跡』観光ルートガイドブック(日立市役所 2007)

7)　石岡第一発電所（3,000ｋW）の発電機は東京電燈駒橋発電所（第2部1(2)p60）に次ぐ規模を誇っていた。またコンクリート建屋は発電所では国内最古のものである(佐藤惣一「茨城県における電力資源の開発」地理 6-6(古今書院 1961))。

(4)　茨城電気の創業

中里発電所を手放した茨城電気はこれに替わる発電所として瓦斯力発電所を建設し，県都水戸市に灯火を点すことにした。発電所の位置は需要地に近接していることや冷却水が得やすいことなどから，那珂川右岸の水戸市北三の丸132番地，通称「お杉山」に決めた(写真2-8･9)。建設予算書は表のとおりである。中里発電所建設の予算と比較してみると，瓦斯力発電の建設費は半分以下である。

表2-29　水戸電灯工事予算書

費　目	予算額（円）	費　目	予算額（円）
地　所	600	百馬力ガスエンジン	27,000
家屋建築費	2,880	鉄管弁類	1,500
75キロ発電機	5,660	励磁器	500
給水ポンプ	200	避雷器	50
大理石配電盤	1,200	電柱並腕木	1,620
変圧器	2,250	室内器具及線一式	10,000
屋外線	8,000	諸機械据付費	800
屋外線架設費	500	諸経費	2,500
運搬費	500	合　計	67,760
基礎工事費	2,000		

(『茨城電力史』)

瓦斯力発電は国内ではまだ例がなかったので，東京の貿易商社である高田商会に一式を依頼した。明治39(1906)年10月に工事に着手し，翌年6月に注文したドイツ製100馬力サクション瓦斯力エンジン(図2-1)とアメリカ製75ｋW発電機が到着した。明治40年8月2日発電機を据え付け，市内架線，屋内線工事の検査，8月8日仮使用が認可され，8月10日には電灯供給を開始し，水戸市に始めて電灯が点った。毎年この日には水戸変電所構内水天宮にて祭礼を兼ね，盛大な記念行事が行われている。

工事と並行して，市内外において点灯の勧誘を行った。しかし当時は電気に対する関心が低く，契約灯数は577灯に過ぎなかった。

それでも下期に入りさらに勧誘を進めた結果，水戸市と常盤村において325戸，灯数965灯の申込があり，その後は次第に増加し，明治41(1908)年には水戸歩兵連隊より多数の申込があって，前途に明るさが見られるようになった。当時の経営状況は次のとおりである。また当時の職員は13名であった。

表 2-30　茨城電気の経営状況　(明治40～大正2年)

	需要家数	灯　数	収　入（千円）	支　出（千円）	利益金（千円）	配　当（%）
明治40(1907)	325	965	5	5	0	—
41	354	1,651	18	12	7	7
42	430	2,827	22	14	7	5.7
43	873	4,057	35	22	13	8
44	1,575	6,511	50	30	20	4
大正元(1912)	3,919	12,823	88	58	40	8
2	5,765	16,803	110	71	62	9

(『関東の電気事業と東京電力』)

翌明治42年には契約灯数が当初の約3倍となり，これまでの75kWの発電機では不足となったので，150kWの発電機を注文した。明治43年下期，電灯契約数は水戸市他で4,000灯に達し，発電用動力は2馬力半，3馬力，8馬力の3台を擁し，150kW発電機1台のほか75kW発電機も併用する状況になった。

明治41年の茨城電気の経営状況を見ると，収入は定額灯13,119円従量灯3,722円その他を含めて収入総額は18,384円であった。これに対し支出は営業費10,698円その他を含め11,812円となり6,572円の利益を得ていた。この中から法定積立金450円別途積立金1,375円を差し引いて，配当金は総額4,080円となり年率7%の配当を行っている。まずまずのスタートといえよう。

明治44年には，石岡発電所開設によって余力ができた日立鉱山から，前記とりきめどおり中里発電所を買い戻し，あわせて町屋発電所1）を合計20万円で買取った。このため，水戸市での瓦斯力発電は一時休止した。

2-19 町屋変電所跡
常陸太田市西河内下町　国登録有形文化財

中里から水戸方面に送電するため町屋発電所より100mほど上流に変電所(写真2-19)を建設した。中里・町屋両発電所からの電気を南側軒下の三相の碍子から取入れ，最大電圧を 25,000Vに昇圧し，水戸・那珂湊・磯浜・平磯・大貫方面(表 2-23)へ送電する施設であった。太田，水戸方面への送電は同年 11 月 22 日より，那珂湊方面へは翌年 3 月 11 日より始められた。この年，資本金を 12 万円から 60 万円に増加させたのに加え，電気料金を定額灯 10 燭光 1 円 10 銭から 75 銭に値下げした。また大正 2(1913)年上期には金属線電球 2)を一挙に採用した。さらに同年金属線電球 16 燭光を，カーボン電球 8 燭光と同一料金の 65 銭としたことによって新規申込が殺到した。

このようにして明治 45(1912)年度中には需要家数 3,919 戸,取付灯数 1 万 2823 灯，動力 53 戸，126 馬力半となり，5 年間で需要家戸数．取付灯数ともに創業時の約 10 倍となった。茨城電気の経営は軌道に乗り，本県においても電気の普及・拡大が本格化する。大正 3 年以後の需要家数と灯数は表のとおりであった。

表 2-31 茨城電気の経営状況 (大正 3～13 年)

	需要家数	灯 数	収 入 (千円)	支 出 (千円)	利益金 (千円)	配 当 (%)
大正 3 (1914)	8,131	21,372	86	50	35	9
4	9,753	25,600	100	56	44	10
5	11,963	29,838	123	74	48	10
6	13,104	32,995	142	73	68	10
7	15,097	37,331	156	78	78	11
8	18,742	45,638	198	118	80	11
9	20,921	51,845	296	158	138	12
10	32,471	80,308	358	218	140	7.5
11	49,211	120,514	742	358	383	8.5
12	57,897	141,150	942	460	482	10
13	62,520	151,241	971	501	470	10

大正 10(1921)年から社名は茨城電力　(『関東の電気事業と東京電力』)

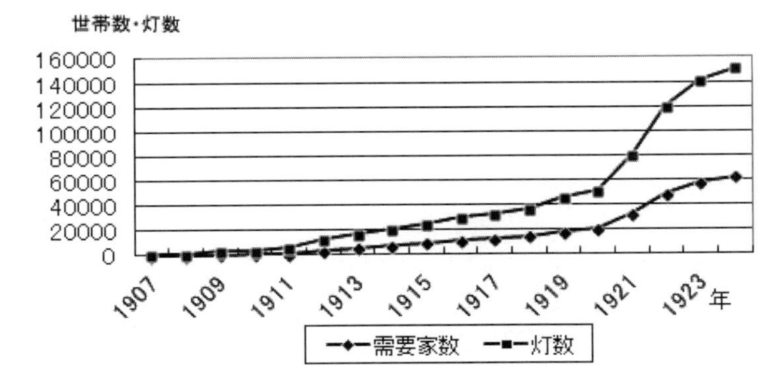

図 2-6 茨城電気の電灯需要家数・灯数　(『関東の電気事業と東京電力』)

大正元(1912)年の供給区域は水戸市，東茨城郡常盤村・渡里村・磯浜町・大貫町・河和田村，久慈郡太田町・中里村・河内村・誉田村・機初村・西小沢村，那

珂郡湊町・平磯町の計 14 市町村であった。また水戸市では専売局から 715 灯まとめての申込みがあった。大正 4(1915)年 10 月 12 日には，水戸市において創立 10 周年記念式典を盛大に行っている。大正 6 年までにさらに東茨城郡石塚村・圷村・沢山村・吉田村・上大野村，久慈郡佐竹村・幸久村，那珂郡菅谷村・五台村・大宮町・額田町・瓜連村の 12 町村が加わり供給区域は計 26 市町村となった。これに伴って同年資本金を 60 万円から 120 万円に増資している。

第一次世界大戦が始まると電力の需要は急増し，大正 6 年に里川水系賀美発電所の建設を始め，大正 8 年 3 月に使用を開始した。出力 540 k W，総工費 29 万 3030 円であった。

好景気に刺激され茨城電気の経営状況は良好で，社長前島平や専務丸山徳三郎らの経営努力により，毎年 1 割前後の配当を行った。しかし事業所は供給力不足という課題に悩まされていた。発電所の稼働状況にはそれが如実に表れている。すなわち大正 5 年は渇水で電力不足となり，火力（瓦斯力）をフル稼働させている。さらに同 5 年上期までは最大電力が常用出力の範囲内にあったが，同年下期には最大電力が常用出力を上回る状態となった。平均発電所負荷率が 75%から翌年には 83%となるなどしたため日立鉱山より受電することとし，さらに新規の水力発電所の建設が急務とされた。

表 2-32 茨城電気の発電所稼働状況　　（大正 3〜10 年）

	水力発電・受電					火力発電所供給電力量 (kW/h)
	常用出力 (kW)		供給量 (kW/h)	最大電力 (kW)	平均発電所負荷率 (%)	
	水力	受電				
大正 3 年下期	600		938,060	540	68	—
4 上期	600		939,583	550	67	—
4 下期	600		993,779	550	70	18,620
5 上期	600		855,764	560	62	145,598
5 下期	600		1,063,655	690	75	—
6 上期	600		1,110,440	650	83	22,727
6 下期	600	250	1,545,300	890	85	43,632
7 上期	600	250	1,575,590	960	81	77,418
7 下期	600	250	1,810,510	1,000	84	10,661
8 上期	1,100	250	1,974,543	1,351	65	7,298
8 下期	1,140	250	2,575,352	1,672	82	11,869
9 上期	1,140	250	2,618,692	1,460	84	—
9 下期	1,140	250	2,615,998	1,530	86	6,572
10 上期	1,740	250	3,011,598	1,638	67	2,727

（『関東地方の電気事業と東京電力』）

大正 9(1920)年には，資本金を 300 万円に増資した。

同年 10 月里川が大氾濫し，中里発電所は堰堤及び取入口・水門を破損し大きな被害を受けた。水車と発電機が運転不能となり，二台の水車・発電機を取り外し，新たに日立製作所製 1,250 馬力の水車と 1,000 k Wの発電機を据え付けた。現存する水車はこの時に取り付けたものである。発電機は昭和 36(1961)年に再工事を行い，三枚橋発電所（神奈川県箱根町）から移設し据え付けた。これは大正 6 年芝浦製作所製で，現存している発電機がこれである 3)。

大正 10(1921)年，多賀電気を合併し，社名を茨城電力と改めた。本店が水戸市北三の丸に置かれ，松原町（現・高萩市）の多賀電気を支店とした。この合併直前の茨城電気の資本金は 300 万円（165 万円払込），多賀電気の資本金は 100 万円（82 万 5 千円払込）で新会社の資本金は 920 万円（設立第一期に 659 万 5 千円払込）となっており，合併前より 2.3 倍の増資である。合併によって 412 万円の資金を調達することができた。この資金は以後の高原発電所・里川発電所・松原発電所の建設費用にあてられた。専務には前島平と樫村定男が就任する予定であったが，合併直前に樫村定男が病に倒れ，一人専務となった。

この大正 10 年には十王川水系の川尻川発電所が竣功した。出力 600 k W，総工費 33 万 7,785 円であった。翌年には里川発電所の建設に着手し，11 年より運転を開始している。出力 600 k Wであった。同年，川尻川発電所の上流に出力 150 k Wの高原発電所を建設した。15 年には出力 800 k Wの小里川発電所を完成させ，同年出力 600 k W徳田発電所が完成した。これにより里川水系に中里・町屋・賀美・里川・小里川・徳田の 6 発電所，十王川水系に川尻川・高原の 2 発電所を開発したことになる(図 2-7)。これらの発電所を訪ねてみると建設当時の茨城電力の考え方がよく伝わってくる。需要の増大に伴い，いかに電力が不足していたかを知ることができよう。

大正 11 年 1 月 1 日，茨城電力は笠間電気,下妻電気,結城電気を合併した。電灯需要グラフ(図 2-6)上でも急激な増加が見られる。笠間電気社長木村信義，下妻電気社長沼尻文治はそれぞれ茨城電力の取締役となった。また資本金が 1,015 万円となる一方，電力不足となっていた石岡電気との間に同年受電契約が成立し，水戸変電所と石岡変電所間に 2 万ボルトの送電線を建設した。

大正 12 年花貫川の松原発電所が完成し，花貫川第一・第二発電所と合わせて 2 万ボルトで高萩・中里方面へ送電した。また前年合併した笠間電気は帝国電燈から受電していたが同年水戸から送電し，合わせて下妻・結城方面へも真壁郡関本町に変電所を建設し水戸から笠間経由で供給した。

大正 13 年，異常渇水のため電力不足が深刻になり，需要家からの苦情が続出した。このため余剰電力を持つ郡山電気からいわき平を経由して 5 万ボルトの電

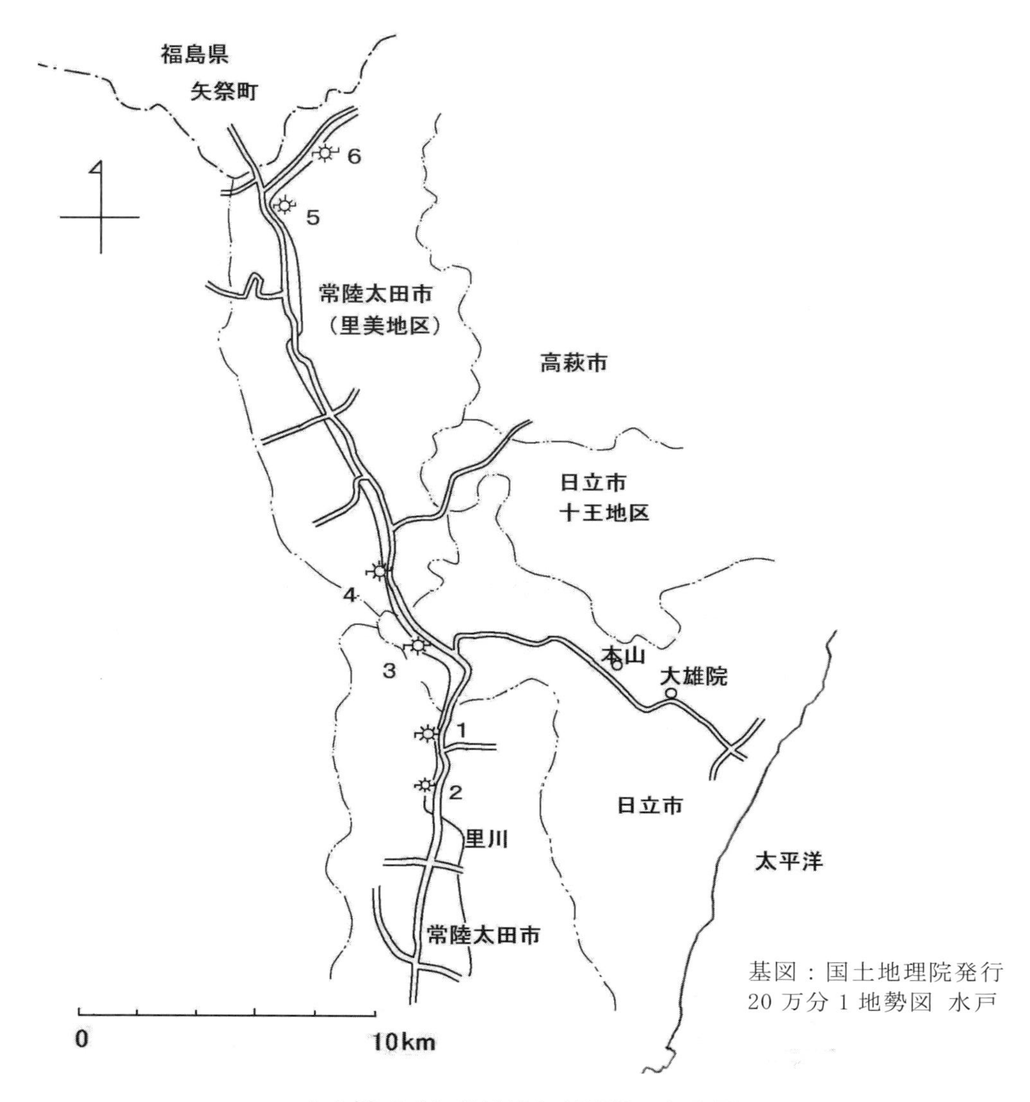

2-7/表 2-33 茨城電気が開設した発電所

発電所名	使用河川名	稼働開始年月日	出力（kW）	落差（m）	水量（m³/秒）	水路（m）	備考
1 中里発電所	里 川	明治 41.12	600	33.08	3.06	2,000	
2 町屋発電所		42.	300	—	—	—	日立鉱山で開設
4 賀美発電所	里 川	大正 8.3.5	540	33.6	2.09	4,300	
3 里川発電所		12.5.12	650	33.39	2.5	3,052	建屋に七人組の紋章 茨城電力に変更後
5 小里川発電所		15.2	800	102.3	1.391	2,082	東部電力と合併後
6 徳田発電所		15.9	600	105.8	0.78	2,209	同上
川尻川発電所	十王川	10.5.23	600	83.31	1.3	2,619	
高原発電所		11.8	150	24.5	1.11	1,000	茨城電力に変更後 昭和 27 年 10 月廃止

（『茨城県水力発電誌』上　『電気事業要覧』）

力を受電した。

このようにして茨城電力は，本県の中核的電気事業者としての役割を果した。その展開状況は後に(7)で詳述する 4)。

1) 明治41(1908)年日立鉱山で開発，140ｋＷ・横軸フロンタル水車・昭和31年8月廃止。

2) 従来のフィラメントが炭素線でできている電球はガス灯より暗く切れやすかった。金属線電球（タングステン電球）は 1905年オーストリアのアレクサンダー・ユストとフランツ・ハナマンにより開発され， 1910年ＧＥ社技師ウイリアム・クーリッジが高い強度と可鍛性を持つ引線タングステンの開発に成功した。引線タングステンは安く・強く・省エネでもあったため，近くに水力資源の乏しい埼玉・千葉・茨城の各事業所は金属線電球の省電力に着目し積極的に導入した（『関東の電気事業と東京電力』(東京電力 2002))。

3) 中川浩一『茨城県水力発電誌』上(筑波書林 1985)p17

4) 注 2)『同』

(5) 石炭火力で創業した多賀電気

大正期の松原町（現・高萩市）には多賀郡役所が置かれ，郡の中心地として町の賑わいをみた。こうした動向に後押しされるように多賀銀行 1)頭取樫村定男を中心とした人々は電気事業に乗り出し，多賀電気を創設した(写真 2-20)。当地の石炭による火力発電所と，その後に開発した水力発電所は地の利を得たものとして特筆される。とりわけ火力発電所の存在はその後ほとんど忘れられてきただけに文化発展に彩を添えたという意味から詳述してみたい。

創設時の概要 2)

総資本金	100,000円
払込資本金	50,000円
借入金	25,000円
灯力　電灯	27,654燭光
代表者	樫村　定男
主任技術者	土屋　好男
従業員	35人
事業所の位置	多賀郡松原町大字安良川
事業者	多賀電気株式会社
目的	電灯電力供給
事業経営許可年月日	大正元.8.3
事業開始年月日	大正2.9.16
供給区域	多賀郡松原町，豊浦町，櫛形村，日高村，平潟町，大津町，北中郷村，関南村，関本村（以上　電灯電力），松岡村，南中郷村（以上　電灯）

2-20 多賀電気開業1周年記念写真
松原町安良川の発電所にて大正3年9月16日撮影
前列左から4人目が樫村定男社長

発電所　汽力：多賀郡松原町大字安良川
キロワット数　120 k W
最大電圧　　3,500 V
備考　　　　150 k Wを 120 k Wに制限

資本金 10 万円のうち払込金は 5 万円と，他事業所同様資金の調達に苦労した様子が伺われる。従業員数 35 名を擁した。瓦斯力発電や受電と比べボイラーや発電機の稼働に様々な職種の職員が必要であった。ボイラーは石川島造船所製のランカッシャー型，出力 250 馬力，発電機は芝浦製作所製 50 k W（60 サイクル）である。

では多賀電気は高萩市内のどこにあったのであろうか。『電気事業要覧』には松原町安良川とあるだけで番地の記載はない。

私は昭和 60(1985)年 12 月，安良川(あらかわ)のことに詳しい黒沢正明さん（高萩市安良川 1 番地）を訪ねた。黒沢さんは現在の［みのりや質店］裏に火力発電所があったことを記憶していた。さらに多賀電気勤務者を紹介してくださった。その方は安良川 269 番地の 3（多賀電気跡地）に住む佐藤二郎さんという方であった。帰宅途中辺りが夕闇に包まれる頃佐藤さん宅を訪ねた。幸い佐藤さんは在宅しお会いすることができた。聞き取りにより判明したことは次の点である。

① 現在地に多賀電気があり，そこに勤務していたこと。
② ボイラーが 2 台あり発電していたこと。
③ 石炭を馬車で引いて来て燃焼していたこと。
④ この付近一帯は松林であったこと。
⑤ 土地所有者の樫村さんは山部（現日立市十王町）の人らしい。

ゆっくりした時間があればさらに詳細にわたる聞き取りができたであろう。後日の調査を念頭に失礼した。当時の私にはいつでも調べられるという安易な考えと，多賀電気の存在をタービン水車調査のどこに位置付けるかはっきりした見通しを持てなかったことがあり，聞き取りを逡巡する気持ちがあった。

ところがそうこうするうちに佐藤さんは病により他界してしまう。不十分な調査を後悔する。その後多賀電気跡周辺を歩いてみた。［みのりや質店］の主人，助友正道さんとそのお母さんの話では「宅地内に火力発電所の煙突跡が残っている」という話を，以前に家人から聞いたという。現在は住居内なので確認することはできない。また道路を挟んだ向かい側に住む黒沢清之介さんの奥様は

「庭の 2 本の金木犀は古くからあった井戸をそのまま埋め立てそこに植えたものです。井戸の外枠は取り外すことができなかったのでそのままにして樹木を植えたので今でも残っています。」

と話してくださった。ボイラー用の水を汲み上げる井戸が 2 本あったのである。さらに黒沢さんの家の西側で建物の基礎部分と思われる古いレンガ積み遺構を確認した。

このような経過をたどり多賀電気があった場所を特定した(図 2-8)。

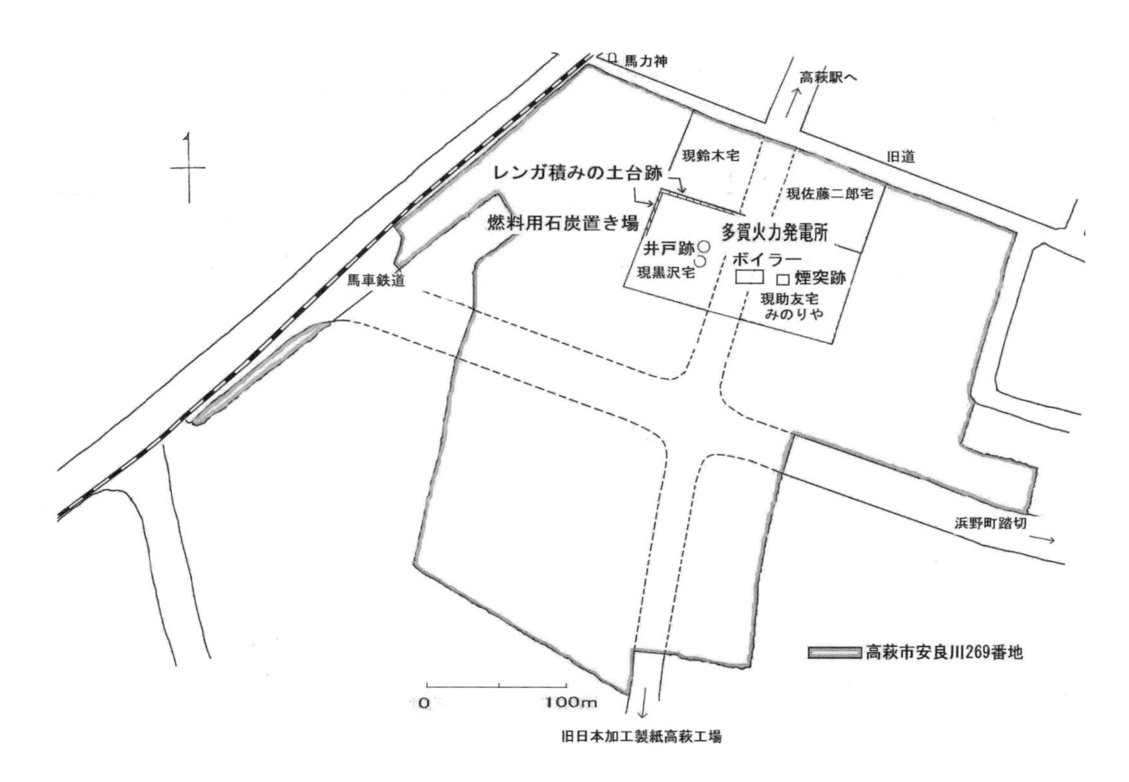

2-8　多賀電気の所在地と現状　高萩市安良川 269 番地

その後不十分であった調査を補うかのように，平成 12(2000)年 3 月に市民文化誌「ゆずりは」6 号において「高萩における発電の始まり」が特集された。多賀銀行頭取樫村定男のお孫さんである樫村嘉典さんの話，発電が始まった当時小学 1 年生だった宇佐美清凱さん，花貫川第一発電所を完成させた中井嘉市のご子息盛雄さんの話が載せられているので紹介したい。

宇佐美清凱さんは「学校と電気開きと共進会」,「当時道路に沿ってあった施設」と題して多賀電気について記述している 3)。内容は概略次のとおりである(原文を箇条書きにまとめた)。

・秋山炭鉱のトロッコ線を踏み切ると，右側の常磐線までの地所に大きな煙突 3 本から惜しげもなく黒煙を濛々と出して，機械の音も賑やかに操業していた火力発電所があった。

・大正 2 年，私が小学校に入学した年に創業したので私には記念される電気会社だった。この発電については，会社創立 2 年も前から大きな話題となって，街中を賑やかにしていた。

・多賀電気株式会社の事務所ビルには，イルミネーションが屋上いっぱいに灯され，その美観には何とも言えない電燈のありがたさが漂い，町民一同ただただ驚くばかりであった。

・玖台寺の入口に大きな天幕を張って柿岡大サーカスが音楽とともに興行し，7 日間の賑わいに，老人達は東京の浅草に行ったようだと話が尽きなかった。

・第一期工事として高萩，安良川地区の工事が終了し，何月何日何時に点灯するという予告が発せられ，忘れられない寒いときだった。

・住民は，今まで石油ランプの弱い灯で生活していた薄暗い家庭が，急に文明の電気に変り，明るい生活が出きると言うので，点灯の日にはお祭りのように御赤飯を炊いて待っていた。やがて，パッと電球がついた時には，何処の家でも万歳を叫んでお祝いした。

・燭光は最高 20W で 5W からあった。今までおふくろに文句を言われながら，一番嫌だったランプのホヤ掃除をしなくてもよくなり，電気神様と手を合わせた。

・その後，農家の夜業や工場の夜間操業にと，作業場にまで電化が進み，光源や動力源としてその需要が益々増大した。火力から水力に替えようと，大正七年に花貫川の水を利用した水力発電所が完成した。そして，製板工場，中小企業から精米，製粉，製麺総てが電化され，安良川水車営業者も次第に姿を消すようになった。

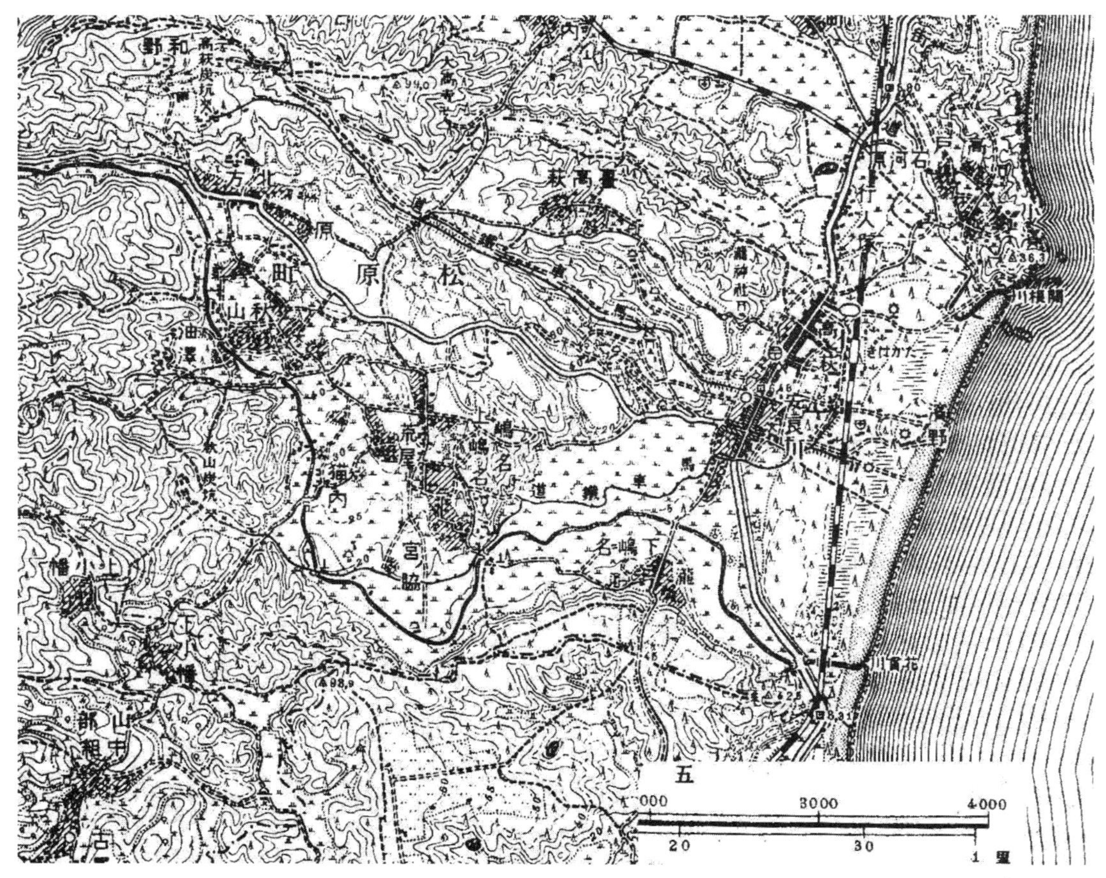

図 2-9 高萩市周辺図　明治 42 年測図 44 年製版 5 万分 1 地形図を拡大　：水車

秋山炭鉱は明治 29(1896)年東京に住む桑田知明によって創立され，明治 42(1909)年には年間生産高 3 万 6 千トン，従業員は 2 百人余であった。生産された石炭は 2 車または 3 車を連結した馬車鉄道によって高萩駅まで輸送された[4]（図 2-9）。十王町山部（現・日立市）の樫村定男（多賀銀行頭取）は，大正 2(1913)年，当時松林であった安良川 269 番地に発電所の位置を定め，協力者の橋本勲，小峰満男，穂積竹次郎，江戸周とともに石炭を燃料とした蒸気機関を設置して多賀電気を創設した。高萩駅へ輸送する途中の安良川に発電所を敷設することで容易に発電用燃料を得ることができた。県内では笠間電気に次ぐ第二番目の火力発電所であった。大正 8(1919)年水力発電所を完成させこれを機に本町１丁目７番地（東京電力旧高萩営業所隣にあたる）に新社屋を新築して移転した。屋根は銅版で外壁は白タイル張り木造二階建てのモダンな建物であった。点灯を記念して屋根には２尺おきに色電球が取り付けられ，夜間にはあたり一面に光り輝いた 5)（写真 2-21)。

2-21 多賀電気本社新社屋　高萩市本町１丁目７番地

多賀電気の創業は地域住民に電気の持つすばらしさを実感させた。パッと点いた灯りは家中を照らし出し，何にもかえがたいほどの魅力を持っていたに違いない。まさに地域の文化を彩る特筆すべき出来事だったのである。

電気供給範囲は大正元(1912)年に未開業ながら松原町(現･高萩市)･大津町･平潟町･北中郷村大字磯原･関南村（現･北茨城市）･豊浦町･櫛形村･日高村（現･日立市）と掲載されている。北中郷村大字磯原には設立予定の磯原電気があって，大正元年１月に多賀電気と合併した事情がある。比較的遠距離ながら大津町，平潟町，豊浦町など漁村密集集落が含まれている点に注目したい。大正４年にはさらに関本村･南中郷村（現･北茨城市）･松岡村（現･高萩市）を加えて計 11 町村に電気を供給した。

供給区域の拡大に伴い火力を 150ｋＷに上げたが不足分を補えず，大正６年には日立鉱山より 150ｋＷを受電している。さらに供給力不足を緩和するため花貫川に水力発電所を建設する計画を立てた。茨城電気の中里発電所や日立鉱山の石岡発電所が参考になったことは言うまでもない。大正７年８月に松原第一発電所（現・花貫川第一発電所 630ｋＷ）が完成し，受電も合わせて 800ｋＷとこの時点では県内一の出力を得ることができた。現・花貫川第一・第二発電所の土木工事は，鹿島組（現･鹿島）が多賀電気より請け負った。鹿島組の名儀人（下請人）管太平氏の代人中井嘉市（高萩市高浜町）は大正６年９月より大正８年９月まで現地で発電所建設にあたった。

花貫川第二発電所には調整水塔（サージタンク）(写真 2-22) が設けられている。これは落差が比較的小さく導水管が長い場合に用いられる装置である。水車の案内羽根（ガイド弁）を閉じる場合，導水管にかかる圧力を緩和し発電設備を守る役目がある。

調圧水塔の建設では何度モルタルを上塗りしても漏水が止まらず，海藻のフノリでモルタルを練ってようやく完成したという6)。凝固材などのない時代にすべて手作業で建設された建築物が，一世紀近くを経た今も現役であることは，当時の工事関係者の粘り強い建設意欲と，長い間保守点検を続けてきた事業所員の努力の賜物であろう。

大正9(1920)年1月には，松原第二発電所（現花貫川第二発電所750kW）が稼働を始めた。さらに茨城電気と合併し茨城電力となった後の大正12年12月松原発電所が完成した(図2-10)。水力発電の拡大により安良川にあった火力発電所の稼働は，大正8年で終了した。

2-22　花貫川第二発電所とサージタンク　高萩市中戸川

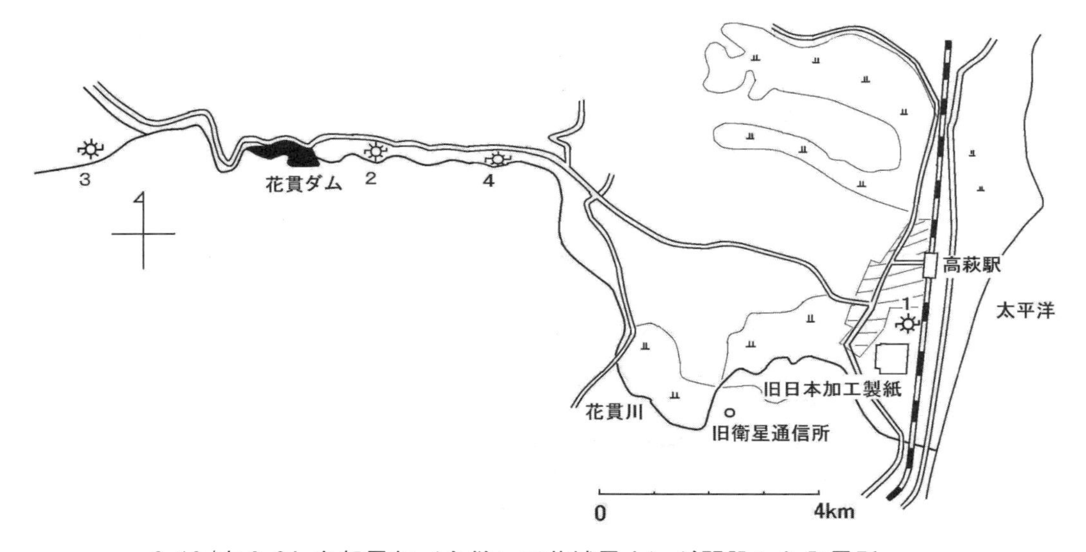

2-10/表2-34 多賀電気（合併して茨城電力）が開設した発電所

発電所	開設年月	出力(kW)	河川名	落差(m)	水量(㎥/秒)	水路(m)	備考
1 多賀電気	大正2.9	120	−	−	−	−	石炭火力
2 花貫川第一	7.5	630	花貫川	70.61	1.11	2,236	
3 花貫川第二	9.1	750	花貫川	112	0.834	1,563	
4 松原	13.1	330	花貫川	32.8	1.25	1,048	茨城電力

(『電気事業要覧』，『茨城県水力発電誌』上)

2-23 花貫川第一発電所第三水路橋
高萩市秋山　国指定登録文化財

2-24 サイクル変換装置　日鉱記念館
日立市宮田町

平成 22 年現在各発電所は東京電力の子会社である東京発電の手によって稼働を続けている。また花貫川第一発電所第三水路橋(写真 2-23) 7)及び第二発電所調圧水槽は，平成 11(1999)年 11 月国の登録文化財に指定された。地域の目立たない産業遺産に目を向け，文化財登録にご尽力くださった関係者にお礼を述べたい。

この後多賀電気は大正 10(1921)年に茨城電気と合併し茨城電力となった。多賀電気の社名は 10 年足らずのことであったが，県内唯一の本格的蒸気機関を稼働させた発電所として周辺地域に果たした役割は大きかった。

つぎにサイクル数の変遷について述べる。

茨城県のサイクル数については水戸市に設けられたサクションガス力発電所はアメリカ製 60 サイクル発電機で配電し，中里発電所や多賀電気も同じく 60 サイクルを採用した。ところが第 1 部に前述のとおり旧帝国電燈の供給地域である県南，県西（結城・下妻附近を除く）をはじめ，関東一円を供給地とする東京電燈がドイツ製発電機による 50 サイクルを採用したので，茨城県北部だけが 60 サイクルで運用する状況になっていた。この事は冬季の水量不足時をはじめ，事業所間で電力を融通しあうには大いに不都合であった。

この課題解決のため，日立鉱山では 50 サイクルに変換する装置を設置した(写真 2-24)。県北地域では大日本電力の傘下となってから多費を投じて 50 サイクルに変更した。昭和 12 年から 14 年にかけてのことである。最後まで 60 サイクルとして残されたのは県北でも日立の各工場，常磐炭田各炭鉱及びその周辺であった。サイクル変換装置を使用してきた日立鉱山も，60 サイクルをそのまま使用してきた日立製作所も，昭和 20(1945)年 5 月，日本発送電茨城変電所が完成して，猪苗代系統 50 サイクルが受電可能になったのを機会に，工場内の施設設備を一新し 50 サイクルを採用した 8)。常磐炭田各鉱では多種にわたる機器が 60 サイクルであった関係上 50 サイクルへの切り替えを遅らせていたが戦時中に協議し,高萩炭鉱構内北方地区に変電所を設け,日立地区からの 50 サイクルを受電することにした。高萩町安良川にあった旧呉羽紡績工場は戦時中に日立製作所が買収し軍需品の製造を始めたが,高萩炭鉱経由の 50 サイクルの電力を工場内の変電所で受電することになり，県域すべてが 50 サイクルに統一された 9)。

1)　多賀銀行は明治 33(1900)年 4 月創立。資本金 100 万円内払込金 43 万 5 千円，株数 2 万株，株主 571 名であった。設立当時に郡の中心地松原町には常北商業銀行 1 支店があるのみであった。鉄道もすでに開通し，炭鉱が盛況にむかい産業の発達がめざましく，金融機関の増設が要望された。 そこで穂積武・石平三郎・西丸健夫・俵汎愛・樫村定男・大窪義一・宮田翠・今川浅吉等が相談し本行を設立した。払込資本金の半額 12 万円を払い込んだ宮田翠が頭取となって営業を開始した。明治 36 年 1 月樫村定男が頭取となる。明治 43(1910)年社屋を新築する。大正 10(1921)年樫村定男が病没後，大窪義一が頭取となる。 当時の出張所は磯原・川尻・大津・平潟・助川・久慈に置かれ,県内の主要銀行に数えられた。同年の純利益金は 65,419 円,配当金は 43,751 円,配当は年 1 割であった(『常陸多賀郡史』全(復刻版　千秋社 1992))。

2)　逓信省電気局編『電気事業要覧』大正 4(1915)年版

3)　「ゆずりは」高萩市民文化誌 6 号（高萩市文化協会 2000.3.1）p40

4)　炭礦の社会史研究会編『茨城の炭礦に生きた人たち』(現代史研究所 1990)

5)　屋社をネオンサインで飾ることや写真中の社名入り半纏（はんてん）の着用は日本最初の営業用電灯会社であった東京電燈が始めたことで,各事業所が開業時にこれにならったようである。

6)　注 3)「同」p47 中井盛雄氏の話。

7)　大正 7 年 5 月完成。橋長 77.4m，幅 2.1m，(高さ 22.4m)，深さ 1.5m のコンクリート製箱型，流水量 1.2ｔである。二つのアーチが眼鏡のように見えることから通称「めがね橋」と呼ばれている（「高萩ふるさと散歩」千年杉が見続けた高萩の文化財　高萩市生涯学習推進本部・推進協議会 1997)。

8)　『東京電力 30 年史』(東京電力 1983)

9)　佐藤幸次『茨城電力史』下（筑波書林 1983）p140

(6)　創業した諸事業所

次に創業期の主な電気事業者である笠間電気，石岡電気，土浦電気，日立電気，真壁水力電気，鉾田電気についてまとめた。

笠間電気　明治40(1907)年6月，笠間町の有志田山覚之助は同町稲荷町（現・弁天町変電所附近）に従業員35名の笠間双立製材所を創設した。ここから出る廃材を燃料として明治43年2月東京の事業家吉村鉄之助が笠間電燈所を起業した。笠間電気と称して株式会社となったのは明治45年3月のことで，小規模(28 k W)ではあったが水戸市に次ぐ県内2番目の発電所である1)。発起人は木村信義や飯田栄三郎町長他有力商人14名で，東京市京橋区尾張町の［松本楼］で設立集会が開催された。資本金は3万円（600株）で，この内400株は笠間町の発起人と有志が持ち，200株を東京側で持った。社長には木村信義が就き，従業員は主任技術者横田収平他14名，供給区域は笠間町・北山内村の一部であった。

経理状況を見ると，明治45年5月と6月の合計収入が972円36銭支出が682円32銭で，290円4銭の収益をあげている。需要の伸びに合わせてこの年に瓦斯力発電へ切り替えた。大正3(1914)年の電灯料は半日灯（日没より日の出まで）で，タングステン電球10燭光月額55銭，炭素線電球10燭光75銭であった。電気器具は事業所より貸与され使用料は1灯につき月額10銭，工事費は1灯につき60銭であった。高額のため従来のランプ生活も多く見られたという。

大正5(1916)年3月には西茨城電気を，翌6年4月には岩間電気をそれぞれ買収し，供給地域は従来の笠間町北山内村に加え西那珂村，北那珂村，東那珂村，西山内村へと拡大された。これに伴い供給力不足となったため下野電力より受電した。さらに茨城電気からの受電に切り替え水戸方面との結びつきが強まった。大正11年2月には茨城電気から改称した茨城電力と合併している。笠間電気は茨城電気が下妻・結城方面へ進出する経由地点としての役割をも果たした。

石岡電気　石岡電気の創業に中心的役割を果たしたのは醤油醸造元［山吉］の浜 平右衛門である。石岡町は江戸期より清酒・醤油醸造が盛んで，清酒富士泉（藤田家），都志ら菊（冷水家），白鹿（山本家），白菊（広瀬家）などが知られており，醤油醸造は高浜の今泉家，石岡の金子源平衛，え平右衛門，村田宗右衛門など20家があって電気事業を興す上ではこれらの資本が基盤となった。明治43(1910)年，浜平右衛門(1882～1949)は石岡電気の設立願書を提出した。発起人は花塚仁兵衛・小沼銀三郎・村田勝次郎・来栖佐兵衛・山本吉蔵・久松直助・金子源兵衛・矢口幸三郎・平井栄之助で前述の有力商人を含む。石岡町一帯に点灯する目的であった。翌年5月，これが許可されると早速株式の募集を始めた。しかし株式はなかなか集まらず創業までの道のりはけして平坦ではなかった。取締役社長の浜平右衛門はこの間の事情を後に次のように述懐している。

「石岡電気の創立は明治 44 年である。その前年関西旅行をした時，地方の小都会にもすでに電灯の普及せる実情を視察して，石岡町の電化を企画し，千灯を目標として資本金 5 万円の株式会社を目論見たのであったが, 当時町民の一人も進んで株主たる可く申し込む者がなかった。株主なしでは会社は成立しない。他から資本を輸入すれば何でもないが，土地のことは土地の者がやる，でなくてはならないというのが我等の信念である。営利的にやるのではない。町の発展と町民の利便を図るためだ，同憂の志よ須(すべから)く進んで犠牲たれ，と絶叫して全町民の愛町心に訴え，辛うじて株式申し込みを整備し，火力発電を開業したのであった。」2)

11 月創立総会を開き，資本金 5 万円の石岡電気が設立された。翌明治 45(1912)年 10 月，瓦斯力発電（75 k W）により石岡町内 445 戸にはじめて電灯が灯った。大正 3(1914)年に第一次世界大戦が勃発した。好景気の中で需要家数が増加し，大正 6 年には供給区域が石岡町のほか新治郡志築村・新治村, 東茨城郡竹原村・堅倉村へと拡大した。株式配当は大正 4 年 6 分, 6 年 8 分であったものが 7 年 1 割，8 年は 1 割 2 分と好調であった。大正 4 年から 8 年までの間に供給区域に変化はなかったが電灯燭光数は 2.4 倍に増加している。

需要増に伴い瓦斯力発電では供給量が不足し，また燃料用コークスの高騰などの課題に直面した。これらの解決のため利根発電 3) からの受電を計画した。利根発電は群馬県高崎市の有力者を中心に設立された事業所で，大正 4 年 7 月岩室発電所（10,800 k W）の開発など積極的な投資を行った。このため第一次大戦後は余剰電力を抱え，経営の悪化を招いていた。石岡電気は水海道電気，土浦電気，高浜電気，鉾田電気とともに安価で共同購入することができた。

石岡電気事業所跡地は現・石岡市金丸町冷凍工業所に隣接し，ＪＲ石岡駅より直線で 300m ほどと見た。老桜が 1 本と稲荷神社が残されている。発電所の遺構は見当たらず白鹿駐車場の看板が目に付いた。

土浦電気　土浦電気は明治 44(1911)年 4 月出力 70 k W の瓦斯力発電で事業を開始し，土浦町・真鍋町・中家村の一帯に点灯した。県内 3 番目の事業所である。発起人代表は東京の実業家桜内幸雄（後の第二次若槻内閣の商工大臣）であり，他に地元の桜内兵衛・浅野弥右衛門・野村太助・坂野五兵衛が名を連ねている。資本金は 5 万円で社長には吉村鉄之助が就いた。所在地は現在の東崎町, 東京電力土浦営業所である。大正 4(1915)年には上記のほかに新治郡都和村・藤沢村・東村, 稲敷郡朝日村を供給区域とした 4)。大正 6 年には供給区域をさらに新治郡・稲敷郡内 16 町村に広げている。これは石岡電気で前述のとおり利根発電からの受電によって供給力が増加したために可能となった。同年帝国電燈と合併したが，大正 3 年龍ヶ崎電燈，大正 5 年常野電燈，大正 7 年水海道電気等同様の小規模瓦斯力発電所が相次いで帝国電燈に合併された。

日立電気　日立地区においては日立鉱山から分離した日立電力と地区有志代表遠藤靖によって創業した日立電気がある。前者は専ら日立鉱山および日立製作所の事業所用電力として稼働し，後者は一般灯火・電力用であった。

日立電気は大正 3(1914)年 5 月資本金 3 万円で創業し，日立鉱山より受電，事務所は宮田町に置かれた。供給区域は多賀郡日立村・高鈴村・河原子町・坂上村，久慈郡久慈町の 2 町 3 村であったが,大正 7 年にはさらに多賀郡鮎川村・国分村が加わった。大方の事業所が需要増に伴って供給面で不安があったのに対し，日立電気は受電先が日立鉱山であるため供給面は安定していた。世帯数増に伴い大正 6 年には 1 割，翌年には 5 分，同 8 年には 1 割 2 分の配当をした。

真壁水力電気　真壁水力電気は，灯火供給を目的として創設され，真壁町一帯に点灯した。発電所の所在地は真壁町大字田で，逆川から山ろくの尾根沿いにコンクリート管により導水し，落差をとって発電所へ導いた。大正天皇即位を記念する石柱を持つ調整池の存在が確認されている 5)。昭和 63(1988)年 4 月，現地で現況を調査したが水力発電所跡は確認できなかった。

事業許可は明治 44(1911)年 5 月，事業開始は大正 2(1913)年 10 月である。総資本金 4 万円，代表者は小田部藤一郎（西那珂村本郷生まれ），技師幡谷謙二郎，従業員は 15 名であった。使用水量 2.5 個，有効落差 280 尺，出力 45ｋWを 28ｋWに制限して営業した。最大電圧は 3,500V，発生電力は変圧せずに送電され，末端部分で 100V か 200V に降圧した。大正 13(1924)年に帝国電燈に買収された。

鉾田電気　鉾田電気は大正 5(1916)年 3 月に旧鉾田町・秋津村・新宮村・巴村に電力供給を開始した。資本金は 3 万円で高浜電気からの受電であった。需要増に伴い利根発電からの受電に切り替え,大正 11 年 5 月に北浦電気の創設と同時にこれと合併し，さらに北浦電気は昭和 6(1931)年石岡電気から改称した茨城電気に合併された。

1) 『笠間市史』下巻（笠間市 1998）p135
2) 『石岡市史』下巻通史編（石岡市 1985）p1106
3) 利根発電は明治 40(1907)年 5 月上毛水電として発足。明治 42 年 5 月社名変更して利根発電となる。利根川水系沼尾川に出力 1,800ｋWの水力発電所開設。明治 43 年上久屋発電所（1,200ｋW）開設。高圧で高崎方面へ送電。埼玉，千葉の電気事業者へ卸売，南関東へ進出。供給力不足から翌 44 年 11 月利根電力を買収。45 年資本金を 386 万円から 600 万円に増資。この資金で同年上久屋発電所の上流に位置する片品川に岩室発電所を開設。開設時出力 5,400ｋW。大正 8(1919)年には出力 1 万 800ｋW。前橋市，太田町，越谷町，千葉県市川市等へ送電。同年渡良瀬水力電気を合併。同年栃木電気を買収。大正 10 年 4 月東京電燈に合併（『関東の電気事業と東京電力』)。
4) 『土浦市史』(土浦市教育委員会 1966）p165。土浦電気の創業時写真も掲載されている。
5) 中川浩一『茨城県水力発電誌』下（筑波書林 1985）p163

(7)　電気事業の展開期

県域全体の動向

茨城県域の電気事業を考える**第Ⅱ期=展開期**（大正 5 年～昭和 3 年）は大正年代の好景気に支えられ小事業者が供給力不足に苦慮しつつも買収・合併をくり返し需要家数を増加させる時期である。県域では帝国電燈，東部電力，石岡電気，水浜電車が規模の拡大を図った。また資本力と創業への手法を会得した茨城電気や石岡電気によって未点灯地区に新たに事業所の設立がみられた。

まず県域全体を見ると大正 5(1916)年需要家数は 4 万世帯，点灯率 17%であったが，昭和 3(1928)年にはそれぞれ 20 万世帯 73%と驚異的な伸びが見られた。各事業所の大正 8 年及び大正 14 年の供給出力は次のとおりであった。

表 2-35　動力源別電気事業所（大正 8 年）

事業所	出力 (kW)					割合 (%)
	水力	汽力	瓦斯力	受電	計	
1　帝国電燈 龍ヶ崎営業所			40	50	90	2.8
2　茨城電気	600		150		750	22.9
3　笠間電気				90	90	2.8
4　帝国電燈 土浦営業所				330	330	10.1
5　石岡電気				81	81	2.5
6　帝国電燈 水海道営業所				90	90	2.8
7　多賀電気	450			350	800	24.5
8　高浜電気				76	76	2.3
9　真壁水力電気	28			30	58	1.8
10　結城電気				100	100	3.1
11　下妻電気				125	125	3.8
12　筑波電気				40	40	1.2
13　行方電気				26	26	0.8
14　日立電気				300	300	9.1
15　鉾田電気				15	15	0.4
16　帝国電燈 常野営業所				120	120	3.6
17　古河電気				180	180	5.5
計	1,078	0	190	2,003	3,271	
動力源別割合(%)	32.9	0	5.8	61.3	100	100

（『電気事業要覧』）

茨城電気と多賀電気の出力が突出して多い。多賀電気は需要家の増大に供給力が追いつかず日立鉱山 150ｋＷ・茨城採炭 200ｋＷより受電していた。帝国電燈に合併された龍ヶ崎電燈・土浦電燈・水海道電気・常野電燈は営業所として名称を残している。瓦斯力発電は次第に受電に切り替えられている。

表 2-36　動力源別電気事業所（大正 14 年）

事業所	出力 (kW) 水力	汽力	瓦斯力	受電	計	割合 (%)
1 茨城電力	4,651		150	1,165	5,966	59.4
2 帝国電燈 土浦支店				1,886	1,886	18.8
3 石岡電気				558	558	5.5
4 真壁水力電気	37			150	187	1.8
5 筑波電気				150	150	1.4
6 古河電気				300	300	3.0
7 日立電気				400	400	4.0
8 北浦電気				110	110	1.1
9 藤井川水力電気	137			20	157	1.5
10 久慈電気				60	60	0.6
11 恋瀬電気	17				17	0.2
12 黒沢電燈	8				8	0.1
13 水浜電車				150	150	1.5
14 鹿南電気（未開業）			30		30	0.3
15 袋田電燈（未開業）	40				40	0.4
16 三郷電気（未開業）			20		20	0.2
計	4,890	0	200	4,949	10,039	
動力源別割合(%)	48.7	0	2	49.3	100	100

（『電気事業要覧』）

総出力数は大正 4 年と比較すると大正 8 年で 1.6 倍，大正 14 年では 5 倍に増加した。需要家の急激な増加があった。また大正 8 年には水力 3 割，受電が 6 割を占めるが,大正 14 年になると茨城電気と多賀電気が合併し茨城電力となり周辺の水力開発が進んで県域総出力の 6 割近くを占めるようになった。県南地域では利根発電からの受電によって需要家を増加させてきた各事業所が帝国電燈に集約されていく状況にある。この時期になって県内の汽力，瓦斯力発電はそのほとんどが姿を消した。

茨城電気－茨城電力－東部電力の展開

次に茨城電気が茨城電力から東部電力と展開していく過程を追ってみよう。

茨城電気は多賀電気と合併し茨城電力となり，新たな資本によって水力発電所を開発したにもかかわらず，供給力が需要家数の増加に追いつかず，社長の前島平は供給力不足に苦慮していた。さらに大正 13(1924)年 7 月には異常渇水に直面し電力不足がさらに深刻な状況となった。そのため郡山電気や日立鉱山から受電し，応急の処置をとった。郡山電気は沼上発電所（1,560 k W）をはじめ，竹ノ内発電所（3,000 k W），大峰発電所（4,000 k W），さらに猪苗代湖からの日橋川発電所（1 万 9,200 k W）を擁し平電気を合併するなど潤沢な電力供給力があった。

一方需要は伸びず電力が余剰気味であった。ここに両者の利害が一致し，大正15(1926)年郡山電気と茨城電力は合併し名称を東部電力とした。本店は東京市京橋区北槙町18番地に移転され，郡山・水戸は支店となった。茨城県域には高萩・太田・湊・笠間・下妻・結城に各営業所が置かれた。社長は橋本万右衛門（前・郡山電気），副社長に前島平（前・茨城電力）が就いた。前島平は大正10年から13年にかけて茨城電力以外に藤井川水力電気，久慈電気，袋田電燈を自ら立ち上げ，また経営に関与し，未点灯地区への点灯と事業所経営の向上を図った。合併直前の茨城電力と郡山電気の経営状態は良好,両事業者ともに利益金が50万円前後あって1割前後の配当であった。

合併時以降の東部電力の電灯需要は表のとおりである。茨城県域は電灯数・電動馬力数で東部電力の6割を占めて,東部電力にとって大きな需要の柱となった。合併前の大正13(1924)年上期には茨城電力は電灯需要家数が約6万世帯，灯数が15万灯であったのに対し，2年後の昭和元(1926)年下期には約7万8千世帯，19万5千灯といずれも約1.3倍に伸びた。これは潜在的な需要が供給力増加によって表面化したものと考えられる。合併は両事業者にとってプラスに働いた。東部電力は茨城県域の電灯電力総需要量の4割を占める大事業所となった。

表2-37　東部電力の電灯・電力需要　a 茨城支店

年	電灯		電力			電気事業者 (kW)
	需要家数	灯数	需要家数	馬力数	電力装置 (kW)	
昭和元	71,088	169,934	—	—	—	—
2	78,067	194,580	1,220	3,824	47	2,225
3	84,223	207,435	1,231	3,995	58	2,332
4	86,408	216,286	1,339	3,773	71	2,667
5	88,936	222,104	1,339	3,886	103	2,340
6	90,961	226,655	1,449	3,771	185	2,165
7	81,170	225,970	1,526	3,771	296	2,330

b 郡山本店

年	電灯		電力			電気事業者 (kW)
	需要家数	灯数	需要家数	馬力数	電力装置 (kW)	
昭和元	33,796	105,280	1,482	5,402	6,656	5,357
2	36,698	114,469	410	1,865	2,148	11,740
3	37,937	118,703	420	1,799	110	12,752
4	38,786	122,902	443	1,869	15,296	590
5	44,461	138,623	528	1,901	7,011	7,652
6	45,205	140,834	527	1,647	248	11,867
7	44,247	146,209	638	1,901	290	11,694

（『関東の電気事業と東京電力』　支店本店名は出典のまま）

茨城電気の供給区域の拡大は巻末資料の図にまとめられる。水戸市と太田町を中心に次第に県北全域を需要地とする様子が見て取れる。

電気の導入を考える時，多賀・八溝山地では集落を結ぶ道路・河川が重要な役割を果たした。河川に沿って道路が開け人びとの交流がなされ，地区にとってはまさに文明の通路となった。①里川ルート，②久慈川ルート，③那珂川ルートの3ルートから大正期の電気導入状況を考えた。

①里川ルート，すでに述べたように久慈川の支流里川には，県域最初の水力発電所である中里発電所が開設された。これによって太田町－水戸間を結ぶ電線路が敷設され，大正 8(1919)年には南北に伸びる国道 349 号線（通称里美街道）に沿って福島県境まで電気がいきわたった。しかし福島電燈が県境を越えて大子町へ送電した例とちがって茨城電気は福島県側に送電しなかった。福島県側の点灯が早期に実現していたこと，峠を越えた住民の交流が頻繁ではなかったことを示している。また経営者が水戸・湊町方面への進出を念頭においていたためでもある。里美街道沿いの集落には点灯し，距離のある山間部が未点灯地区となった。村境の分水嶺を越えて東西に隣接する高岡村や生瀬村・袋田村へ配電するまでにはいたらなかった。

②久慈川ルートは①のルートから枝分かれしたものである。久慈川の茨城県側には水力発電所は存在しない。まず水戸－太田間高圧送電線に面し那珂郡役所が置かれた菅谷村に大正 6(1917)年に点灯し，大宮町も同年点灯した。これら 2 町村が中核となって帯状に点灯世帯が拡大した。この結果大正 9 年には山方村まで電気が導入された。しかしこれより以北に需要家は見られない。棚倉電気の進出によるものであろう。

洪積台地上の集落の点灯状況はどうであろうか。五台村中台地区は水戸市から2.3ｋｍと近距離にあるが点灯は大正 9(1920)年であった。五台村へは前述のとおり大正 5 年に点灯しているがその 4 年後の点灯であった。中台地区の西隣にあたる東木倉地区は大正 14 年，西木倉地区は昭和元(1926)年とさらに点灯が遅れた。神崎村の堤地区は昭和 2 年，芳野村の飯田・鴻巣地区は昭和 8 年と遅い点灯であった。つまり点灯と需要家の距離は必ずしも比例関係になく，近距離であっても電線路から離れ集落が分散していた地区では電気導入が困難であったことを示している。とりわけ水戸市を囲むように未点灯地区が出現していた。

大宮町への点灯は以後の西側各村への需要家拡大の拠点となった点で大きな意味を持つ。大正 15(1926)年には大宮町から生活道路となっていた長沢峠を越えて美和村に至る栃木県境までが供給地域となった。ではなぜ美和村には栃木県域の事業所が進出してこなかったのだろうか。

筆者の昭和 41 年から 3 年間の美和村における教員生活を振り返れば，美和村にとって栃木県烏山が最も身近な［町］であった。烏山の金融機関が村に入り，業者が学校を訪れ，卒業する中学生も真っ先に烏山高校を進路先とし，バスも 1 時間に 1 本は通っていたと記憶する。しかしこれは昭和 40 年代の話である。

烏山には大正 4(1915)年 4 月烏山電気（水力・115 k W）が設立されたが 1 年足らずで野洲電気・大田原電気とともに塩那電気を設立，後に福島電燈と合併している。烏山電気が進出しなかった原因として考えられることは，出力の限界に加え，大正年代において烏山と美和村との交流は頻繁でなかったこと，那珂川の侵食により栃木・茨城両県を隔てる谷がけわしく集落が途切れること，美和村・桧沢村の世帯数が少なかったことなどである。

河川のつながりがない町村は電灯も導入されなかった。茨城電気が久慈郡最北の里美村を経て福島県域へまで伸びていかなかった事例と共通する。

③水戸より那珂川沿いに栃木県へと伸びるルートは石塚村を経て圷(あくつ)村・沢山村までが茨城電気の供給区域となった。宇都宮へ通じる主要街道であるこの区域は集落が連続し現在でも交通量は多い。大正 3(1914)年創業の茂木水力電気（水力 50 k W・受電 150 k W）は那珂郡長倉村（現・常陸大宮市）を供給区域

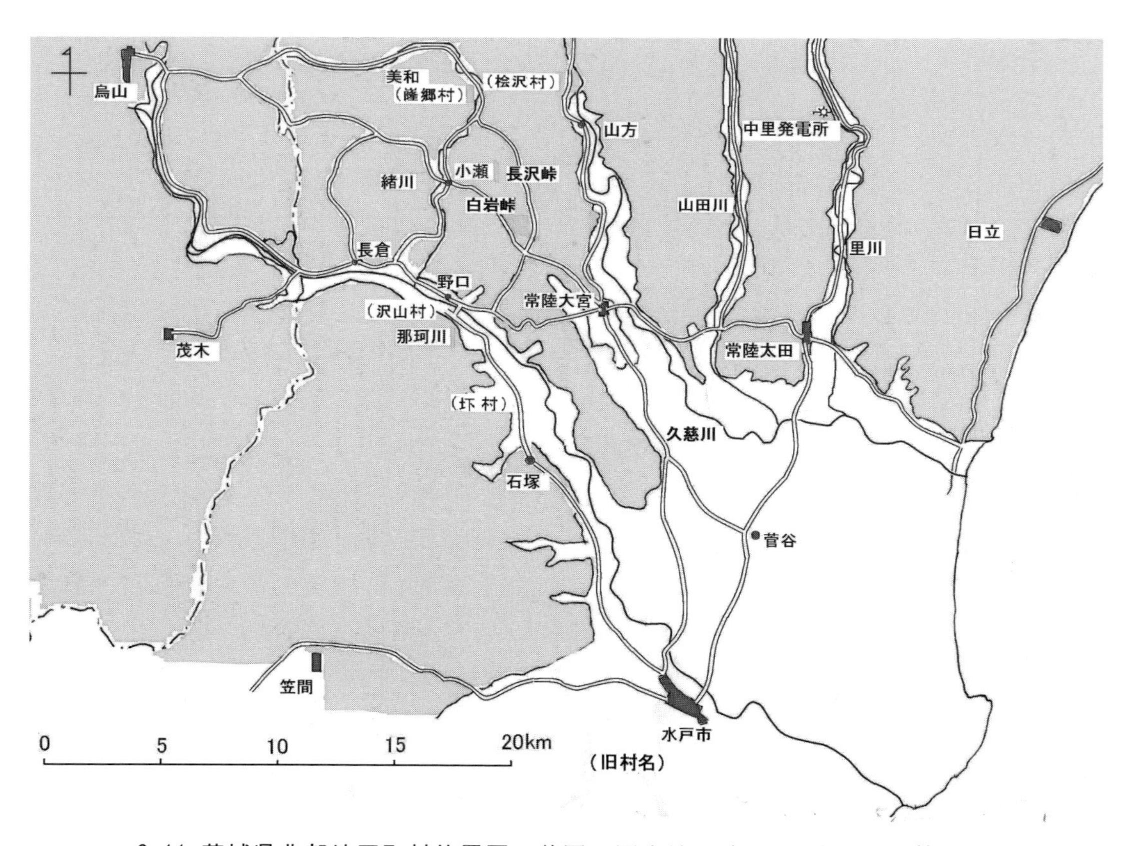

2-11 茨城県北部地区町村位置図　基図：国土地理院 20 万分の 1 地勢図

にしたのを契機として,周辺の伊勢畑村・野口村・八里村・小瀬村（現・常陸大宮市）へと拡大した。大宮町から小瀬村へのルートは当時としては急峻な白岩峠により住民の交流に障害となっていて，電気は栃木県側から供給された(図 2-11)。

旧美和村には長沢峠を越えて茨城電気が供給し，ふだん類似した地区と受け取られることの多い隣村の旧緒川村へは茂木水力電気が導入されるという，電気導入では異なった展開があった。茂木水力電気はその後野洲電気となり，福島電燈に合併された。

海岸部に目を向けると，多賀電気が国道 6 号陸前浜街道に沿って福島県境までを供給区域としていた。やはり出力数の問題からか，それ以北は供給地域とはしていない。茨城電気は多賀電気と大正 10(1921)年 9 月に合併し社名を茨城電力としたが，多賀電気の水力発電を手中にしたことに大きな意味があった。

茨城電力は笠間電気と翌 11 年 2 月に合併した。国道 50 号線沿いに県西部へも需要家の拡大が図られた。下妻地区への橋渡し的な位置でも重要であった。大正 14 年東部電力となる。総じて茨城電力－東部電力の供給地域は地形的な制約もあって，水戸市・太田町を中心に河川に沿って樹枝状に拡大し，昭和 11（1936）年大日本電力との合併をみる。その間隙（未点灯地区）を系列事業所の久慈電気・袋田電燈・藤井川水力電気の供給地域とし，昭和 15 年にはこれら 3 事業所も合併され，県域の北・中部の大部分が大日本電力の供給地域となった。

日立電気と水浜電車の合併

日立市の電気事情は日立鉱山の存在が大きな意味を持っている。

日立電気は昭和 2(1927)年になるとさらに供給区域を久慈郡東小沢村，那珂郡村松村，石神村まで拡大した。日立鉱山より 400ｋWの出力が安定して得られ，この年の株式配当は 1 割 5 分と高配当であった。同年 11 月水浜電車と合併が成立した。

一方水浜電車は大正 10(1921)年 8 月，150ｋWの受電により電灯・電力供給事業として発足した。本社を水戸市柵町 23 番地に置き，初代社長は太田町の豪商竹内権兵衛である 2)。大正 11 年 12 月電気事業とともに浜田－磯浜間 7.8ｋｍの電気軌道事業もスタートした。大正 12 年 7 月には稲荷村,石崎村,下大野村,大場村（現・水戸市）に電気を供給した。さらに大正 14 年には緑岡村（現・水戸市）へ，大正 15 年 12 月には中野村,勝田村(現・ひたちなか市)へと供給地域を広めた 1)。昭和 2(1927)日立電気と合併し，日立地区および那珂郡東海村を供給区域にした。需要家の増大と受電先が日立鉱山となったことによって水浜電車の経営を安定させた(図 2-12)。

電気軌道事業は海水浴客の増加等で活況を見せたが，自動車業者との競合によ

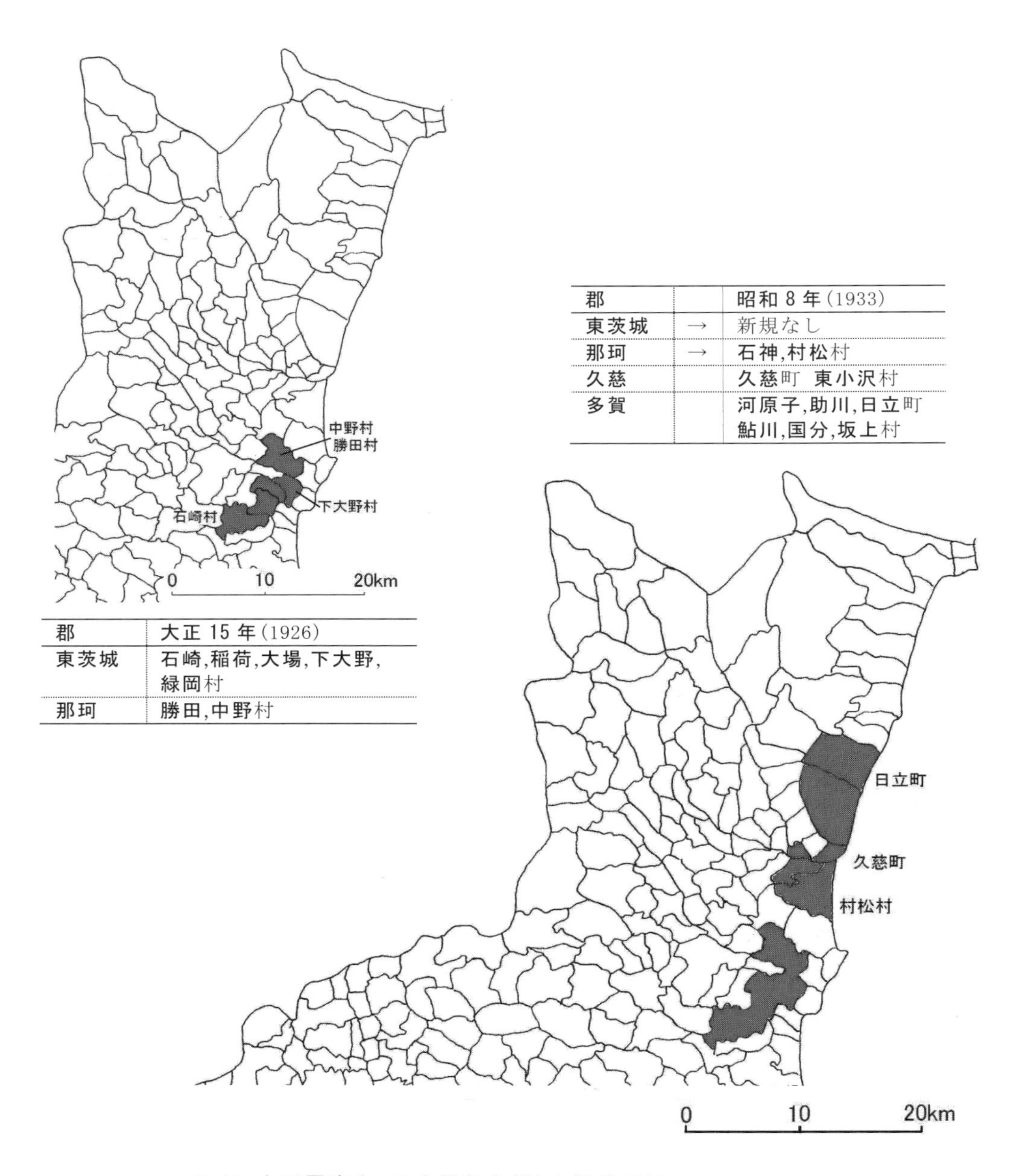

郡	大正 15 年(1926)
東茨城	石崎,稲荷,大場,下大野,緑岡村
那珂	勝田,中野村

郡		昭和 8 年(1933)
東茨城	→	新規なし
那珂	→	石神,村松村
久慈		久慈町 東小沢村
多賀		河原子,助川,日立町 鮎川,国分,坂上村

2-12 水浜電車(→日立電気合併)の供給区域

って次第に経営が苦しい時代を迎えた。この時期電灯・電力事業は経営に大きく貢献し，昭和 12(1937) 年の収入は電気軌道事業 11 万 3 千 6 百円に対し電灯・電力事業は約倍額の 22 万 4 千百円に上った 2)。

ここでひたちなか市の電気導入状況を見てみよう(図 2-13)。常磐線の開通は明治 30(1897)年，勝田駅の開業は明治 42(1909)年である。この地区は茨城電気と，遅れて創業した水浜電車の両事業所が競合している様子が見て取れる。明治 22 年の市制町村制施行により当地は佐野村・前渡村・勝田村・中野村・川田村の 5 村で構成され，山林原野がほとんどを占めていた 3)。

菅谷周辺に需要地を広げた茨城電気は，大正 8(1919) 年近隣の川田村・佐野村に点灯した。水戸市と湊・平磯地区の中間地域は未点灯地区として残存した。ここに進出したのが水浜電車である。すなわち大正 15(1926) 年，水浜電車は中野村・勝田村に，茨城電気が前渡村に点灯した。

しかし村内一斉に点灯されたわけではなく，旧中野村の東石川地区に電気導入がなされたのは 昭和 17(1942) 年になってからである 4)。現在では勝田駅を中心とした商業・住宅地区である当地域はほとんどが山林であった。旧佐野村の高場地区，旧前渡村の足崎地区・長砂地区の一部も同様で，遅れて昭和 21(1946) 年に点灯した。

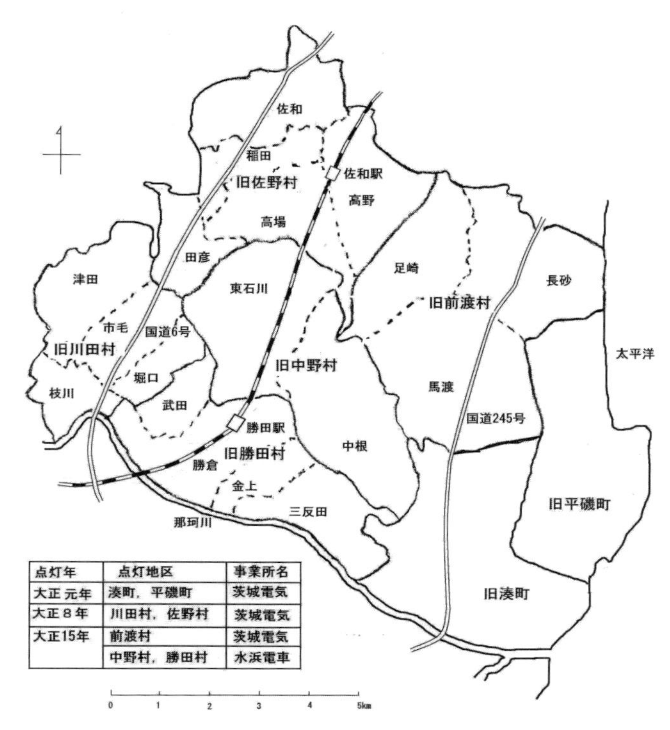

点灯年	点灯地区	事業所名
大正 元年	湊町，平磯町	茨城電気
大正８年	川田村，佐野村	茨城電気
大正15年	前渡村	茨城電気
	中野村，勝田村	水浜電車

2-13　ひたちなか市の旧村別電気導入状況

水浜電車の経営は順調であったが，昭和 17 年 11 月に配電統制令により電力部門を関東配電に譲渡し，電気事業から撤退した。このように日立市を含む海岸部は水浜電車によって電力供給がなされたが，その背景には受電先である日立鉱山が豊富な電力を保有したことがある。このため他の事業所の動きとは別に独自の歩みを進めた。

水浜電車は電気軌道部門の営業を続け，昭和 19 年湊鉄道他 4 事業所が合併し新たに茨城交通となり，戦後においては水戸市内を走る路面電車として多くの人々に親しまれた。しかし昭和 40(1965) 年 6 月に水戸駅前－上水戸駅間が廃止され，翌年 5 月には水戸駅前－大洗間も全線廃止となり懐かしい路面電車の姿は見られなくなった。

石岡電気－茨城電気の展開

県北部が地形的条件から帯状に需要地が拡大されたのに対し，県央・県南・県西部の洪積台地上の集落ではどのような状況であったのだろうか。県央部の中心事業所石岡電気のその後について考えてみたい。

石岡電気は高浜電気（大正 8 年 11 月合併以下同じ），北総電気（昭和 2 年 12 月），三郷電気（昭和 3 年 1 月），北浦電気（昭和 6 年 12 月）と相次いで合併した。

高浜電気は大正 2（1913）年 10 月広瀬慶之助（高浜耕地整理組合組合長）によって資本金 6 万円で創業した。しかし大正 8 年 11 月に火災にあったことが契機となって権利・設備を石岡電気に譲渡した。

浜平右衛門は大正 15(1926)年 6 月県南部の北相馬・猿島地区に北総電気を設立した。資本金 10 万円で帝国電燈より受電した。まもなく昭和 2(1927)年 12 月石岡電気に合併された。

三郷電気は大正 13(1924)年 9 月地元有志により設立された。資本金 7 万円で行方郡玉川村・小高村・行方村の三村に電気を供給した。昭和 3(1928)年 1 月には石岡電気に合併された。

北浦電気は大正 11(1922)年 5 月柿岡町の市村貞造によって始められた。資本金 50 万円で鹿島郡・行方郡・東茨城郡に電気を供給した。しかし市村は若くして病に倒れ石岡電気と合併することになった。

このように石岡電気は鹿島郡・行方郡の台地上に供給区域を拡大させたがこの地域は栃木・福島県域事業所の影響を受けることが少く，電気導入の気運も醸成されにくかった(巻末資料図)。

大正 10(1921)年 4 月利根発電が東京電燈と合併した。これを契機に石岡電気は受電先を利根発電から水戸の茨城電力に切り替えた。すなわち水戸－石岡間 24 マイル(38.6ｋｍ)に 1 万ボルト送電線を架設し受電を開始すると同時に石岡の火力発電所を廃止した。事業所の役員は発足当時のままで，死去した役員の後任は石岡町内の有力商人層から選任されるなど，地元の事業所としての経営理念を貫いた。昭和 2(1927)年の事業所概要は総資本金 75 万円，電力面は東京電燈より 250 ｋＷ，東部電力（茨城電力を改称）より 430ｋＷ購入し，北浦電気へ 200ｋＷ売り渡していた。需要数は電灯数 23,238，電力数 521.5 馬力，従業員は電気部 21 名，製氷部 8 名，事務部 10 名計 41 名であった。

昭和 8 年 12 月事業所名を茨城電気と改称した。水戸にあった茨城電力に代わって地元「茨城」の名を引き継ぐ形での事業所名の変更であった。昭和 14(1939)年の茨城電気の概要は表 (2-38) を参照されたい。

このように石岡電気は周辺部の小事業所を合併する形で需要地を広げ石岡・行方・新治の台地上に面的に需要地を拡大した。

帝国電燈－東京電燈の茨城県域への展開

広域電気事業者である帝国電燈が東京電燈に合併された事情についてはすでに述べた。茨城県域の供給区域は図のとおりである (巻末資料図)。最初に龍ヶ崎電燈が大正3年5月に合併された。創業からわずか1年後のことである。続いて下館電燈が真岡電燈と合併して常野電燈となり大正5年7月に帝国電燈と合併した（創業から3年後）。千葉県の銚子電燈が大正6年5月に（創業から1年後），土浦電気が江戸崎電気と合併後大正6年11月に帝国電燈と合併した（創業から6年後）。さらに水海道電気は取手電燈と合併後大正7年4月に帝国電燈と合併した（創業から7年後）。行方電気は下野電力と合併後大正10年5月に帝国電燈と合併し（創業から7年後），真壁水力電気は古河電気とともに大正13年2月に合併した（創業から11年後）。このように多くの事業所が創業からわずか数年で帝国電燈と合併したのは創業時に帝国電燈の出資があったことによる。結局県南・県西部の需要地は結城・下妻地区が東部電力に加わり，茨城電気（旧石岡電気）は独自の道を進み，帝国電燈は土浦・龍ヶ崎・取手・水海道・江戸崎を需要地とし，県西部の下館を結ぶ地域に拡大した。

帝国電燈を合併した東京電燈は事業が関東全域に展開していることから細部へのかかわりが十分とはいえず，鹿島地区や北浦周辺部，牛久・茎崎地区は未点灯村となって残された。こうした地区では地元有志が鹿南電気，鹿中電気，常陽電気を立ち上げ未点灯地区の解消が図られた。これらの事業所も関東配電に引き継がれる直前に東京電燈に合併された。

1）　逓信省電気局編『電気事業要覧』大正14年版（1925）
2）　中川浩一『茨城の民営鉄道史』（筑波書林 1981）
3）『那珂町史』（那珂町 1995）
4）『勝田の歴史』近現代（勝田市 1982）

(8)　広域期—電力国家管理の時代へ

第Ⅲ期＝広域期（昭和4年〜昭和17年）

この時期は買収・合併が大規模化し，各事業所の需要地がさらに広域化する時代であった。この傾向は特に大日本電力の茨城県への進出に顕著に見られる。国内では昭和6(1931)年9月に始まった満州事変が日中戦争に拡大し，戦時色が次第に色濃くなる中で昭和14年に国策会社としての日本発送電会社（日発）が発足するなど，国の基幹として電力の国家管理が図られた。

東部電力－大日本電力の展開

昭和8(1933)年8月，東京本社勤務であった副社長の前島平が青山南町の自邸で他界した。69年の生涯であった。茨城電気の創業にたずさわってから30年以上にわたり終始一貫電気事業に尽くし，県域に広く電気を普及した功績はきわめて大きかった。

同年12月東部電力の取締役改選が行われ，次のとおりとなった。

社　　　長　橋本万之助
常務取締役　西山亀太郎
取　締　役　丸山徳三郎　穴水熊雄　　桜木亮三　江幡　新　内田百合正
監　査　役　加納友之助　長島徳太郎　栖原啓蔵

注目すべきは取締役に穴水熊雄（北海道電燈），内田百合正（東邦電力）が加わったことである。福島・茨城県域へ進出を試みたのは中京にある東邦電力と北海道電燈の両者であった。東邦電力を率いる松永安左衛門は東部電力の大株主となって経営にも参画した。一方の北海道電燈の穴水熊雄も大株主となった。同年北海道電燈は大日本電力と事業所名を改称し，さらに昭和11(1936)年6月，めざしていた東部電力を合併した。社長に穴水熊雄，副社長に橋本万之介が就いた。水戸支店は水戸事務所と改称した。

北海道電燈の創立については次のとおりであり，製紙業の発展と関連した。

富士製紙は明治20(1887)年，富士山麓の森林開発のため資本金25万円で静岡県富士郡鷹岡村に創設された。その後次々と工場を増設・買収し，主力を針葉樹の豊富な北海道・樺太方面に移し，中小の製紙工場を合併した。大正3(1914)年のことである。第一次世界大戦の好況期には電力需要が増大し，電気事業の見通しも明るかったので工場の電気部門を独立させ，資本金1,650万円で富士電気を興した。

富士電気は数年で北海道内の小電力会社を合併し道内の有力事業所へと成長，事業所名を北海道電燈と改めた。また道内に中小の発電所を開発し，それらを連携させて経済的合理的な経営にあたった。昭和初期には函館の帝国電燈を合併，ついで秋田，山形，福島県に事業地を拡大し，昭和9(1934)年12月大日本電力と改称した。社長は穴水熊雄で，東京銀座富士製紙ビル内に本社を置き，各地に事務所を配置して本社との連絡にあたらせた。彼の願いは北海道から東京まで事業所が陸続きで結ばれることであった。しかし昭和17年4月，配電統制令により，茨城県域は関東配電，福島県域以北にあっては東北配電に，北海道は北海道配電にそれぞれ配電のみの事業所に統合され大日本電力は解散した。

県域全体の事業所

県域全体を見ると昭和14年における電気事業者は表のとおりである。大正末から昭和5年にかけて新規の電気事業者の創設が見られる。これらは電灯の普及や電力の需要拡大を背景にして，未点灯地区への需要に対応した結果である。大部分が需要地の範囲は大きくなく，他事業所からの受電であったことからもうかがえる。しかし藤井川水力電気，恋瀬電気，黒沢電燈，八溝川水力電気では小規模な水力発電所にて発電し近隣へ配電した。

表 2-38 茨城県の電気事業所　昭和 14 年　（大日本電力・東京電燈・福島電燈を除く）

事業所	事業開始年	原動力	電　力 (kW)	資本金 (万円)	電　灯 取付数	事務所の所在	代　表　者	従業者数
水浜電車	大正 3 *1	受電	1,900	215	40,062	水戸市 柵町	竹内勇之助	283
茨城電気 *2	元	受電	1,210	152.5	35,671	新治郡 石岡町	浜　平右衛門 1)	78
藤井川水力電気*3	11	水力	200	12	3,502	水戸市 鉄砲町	丸山徳三郎	16
恋瀬電気 *4	11	水力	17	7	502	新治郡 恋瀬村	吉田安太郎	4
黒沢電燈	11	水力	8	3	446	久慈郡 黒澤村		7
鹿南電気	13	受電	70	12	2,678	鹿島郡 鳥栖村	宮本　俊雄	18
袋田電燈	13	受電	105	15	2,378	久慈郡 袋田村	丸山徳三郎	10
常陽電気	昭和 2	受電	220	30	10,210	水戸市 柵町	大久保憲吉	20
稲敷電気	2	受電	35	5	200	真壁郡 真壁町	増渕彦之助	17
八溝川水力電気*5	2	水力	200			水戸市 鉄砲町	鴨川　四郎	12
鹿中電気	5	受電	34	10	1,807	鹿島郡 中野村	荒野　健吉	15
東野電力	大正 10	水力	160	20	2,261	宇都宮市 鉄砲町	西　鎮夫	17

*1　合併事業所による開始年（『電気事業要覧』）

*2　旧称石岡電気，水戸の茨城電気(茨城電力に改称)とは別事業所

*3　藤井川発電所　所在地東茨城郡常北町下古内。大正 12(1923)年 9 月建設。水量毎秒 0.83 ㎥，落差 34.2m，出力 200kW，横軸フランシス水車。昭和 46(1971)年 12 月廃止（『茨城県水力発電誌』下）。

*4　恋瀬川発電所　所在地新治郡八郷町大塚。大正 11(1922)年建設。水量毎秒 0.04 ㎥，落差 58.4m，出力 17kW，横軸フランシス水車。昭和 15(1940)年 2 月事業所が東京電燈に買収されたため廃止（『同上』下）。

*5　八溝川発電所　所在地久慈郡大子町上野宮。昭和 2(1927)年 11 月より稼働。水量毎秒 0.97 ㎥，落差 30m，出力 200kW，横軸フランシス水車。昭和 27 年廃止。他事業所への売電用発電所であり一般へは配電しなかった。また 60 サイクルで発電したために他への売電が制約された（『同上』下）。

・自家用発電は別枠とされ，常磐炭鉱の大北川発電所は別個に存続した。

・電気供給区域については**表 2-23** 参照。

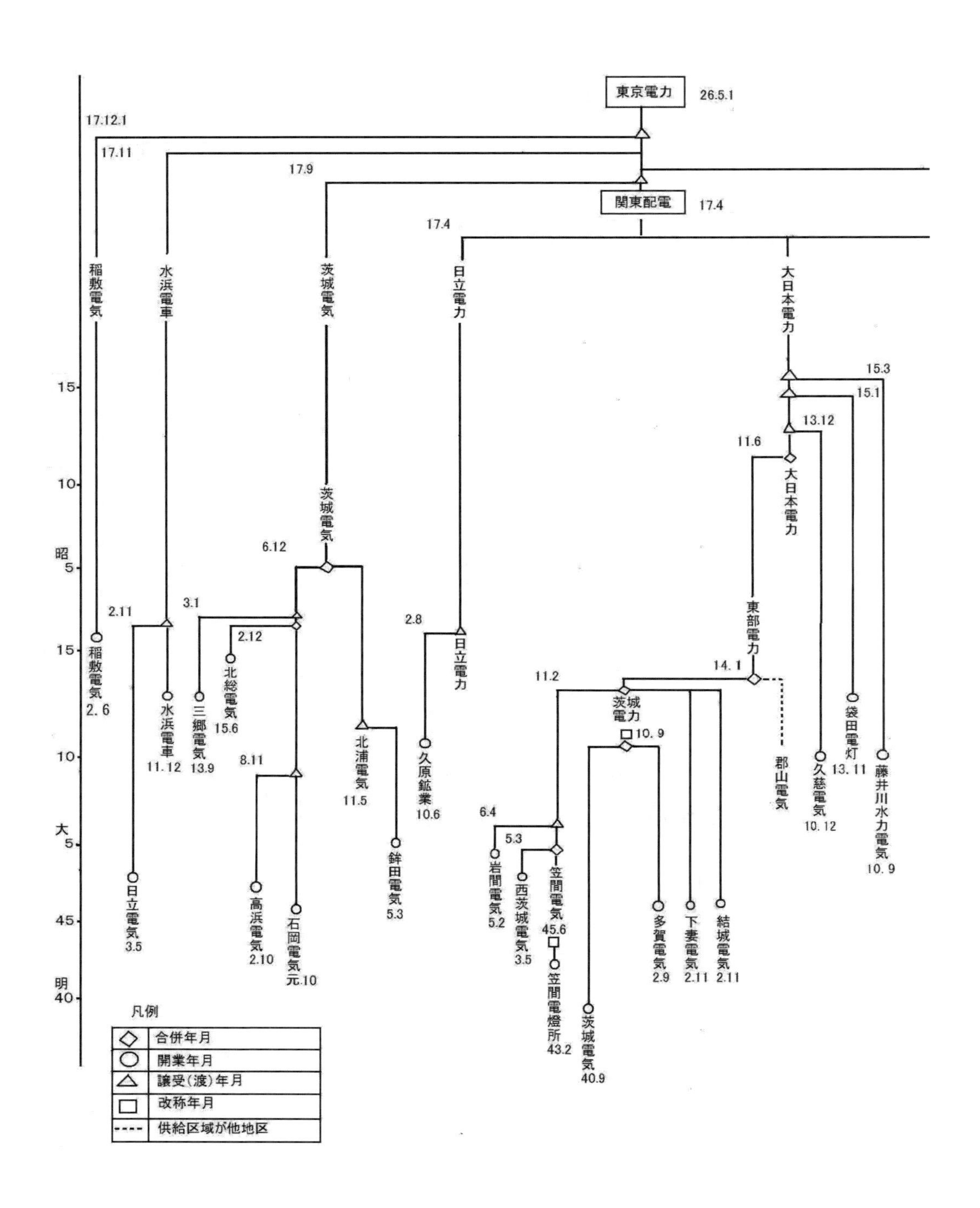

2-14 茨城県電気事業所沿革図

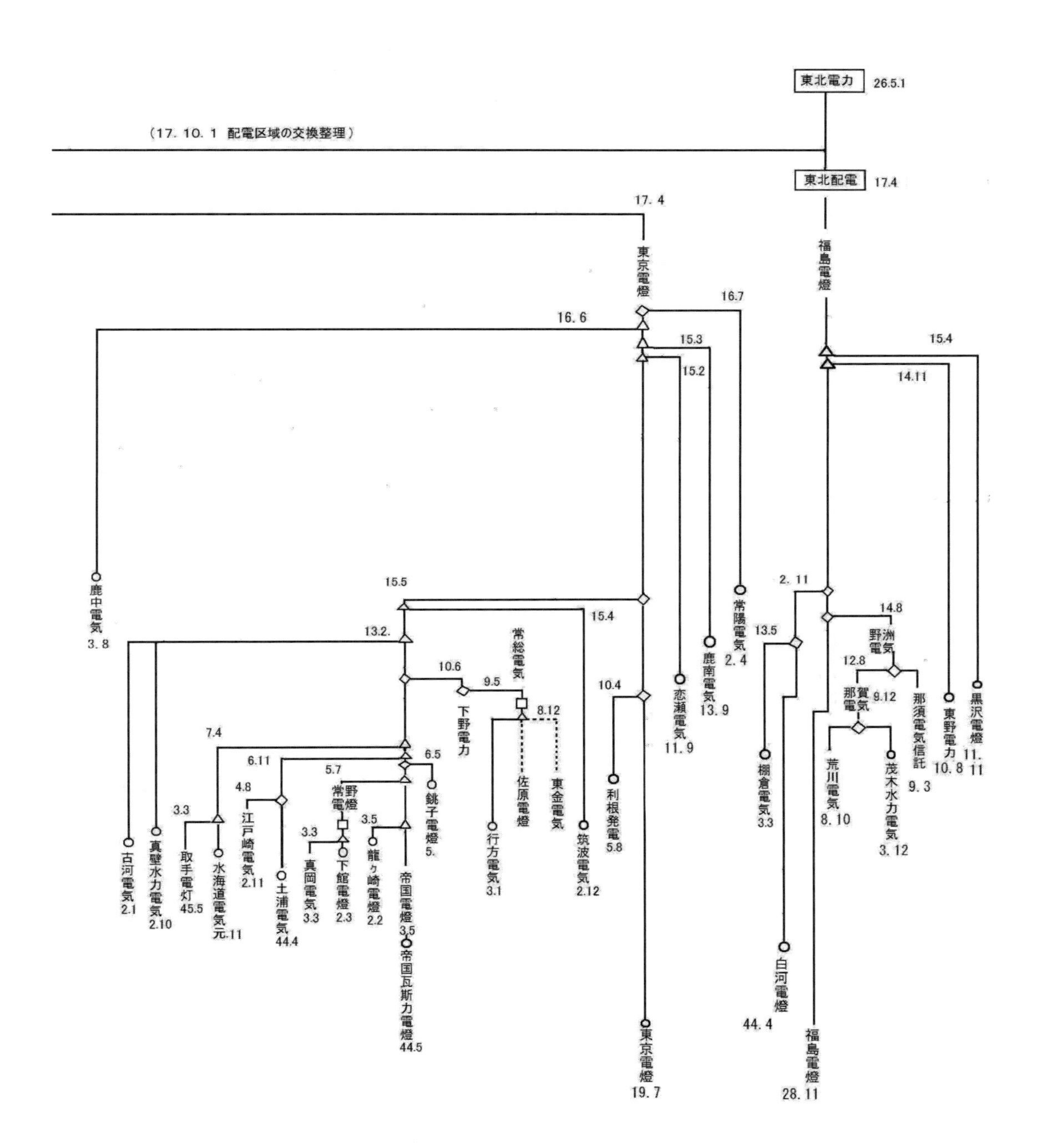

東北電力 26.5.1
（17. 10. 1 配電区域の交換整理）
東北配電 17.4
17. 4
東京電燈
福島電燈
16.7
16. 6
15.3
15.2
15.4
14.11
15.5
15.4
13.2.
2. 11
13.5
14.8
鹿中電気 3. 8
常陽電気 2. 4
鹿南電気 13. 9
恋瀬電気 11. 9
常総電気
10.6
9.5
8.12
10.4
下野電力
野洲電気
12.8
那賀電気
9.12
那須電気信託 9. 3
東野電力 10. 8
黒沢電燈 11. 11
7.4
6.11
6.5
5.7
4.8
3.3
3.5
3.3
常野電燈
銚子電燈 5.
江戸崎電気 2.11
佐原電燈
東金電気
利根発電 5.8
筑波電気 2.12
行方電気 3.1
棚倉電気 3.3
荒川電気 8. 10
茂木水力電気 3. 12
古河電気 2.1
真壁水力電気 2.10
取手電灯 45.5
水海道電気 元.11
土浦電気 44.4
真岡電気 3.3
下館電燈 2.3
龍ヶ崎電燈 2.2
帝国電燈 3.5
帝国瓦斯力電燈 44.5
白河電燈 44. 4
東京電燈 19. 7
福島電燈 28. 11

小事業所の合併

昭和 15 年には配電統制令の施行を前に県域小事業所を対象に供給区域の整理がなされた。すなわち東京電燈は同年恋瀬電気・鹿南電気，昭和 16 年に鹿中電気・常陽電気を合併し，大日本電力（旧東部電力）は昭和 13 年久慈電気，昭和 15 年袋田電燈・藤井川水力電気を合併，福島電燈は昭和 14 年東野電力，昭和 15 年黒沢電燈をそれぞれ合併した。これらの小事業所についてはこれまで省みられることが少なかった。稲敷電気のみが関東配電発足まで残った。

これまでの電気事業者の展開を全県域で図示する（口絵）。大正元(1912)年には 5 事業所に過ぎなかった県内の事業所は大正 8 年になると県外も含めて 16 事業所が供給地域獲得競争に乗り出した。特に県南部の帝国電燈，県北部の茨城電気が早くから広い供給域を占めた。しかしこの時点での点灯率は 28.8％に過ぎなかった。さらに大正 15 年には事業所の合併が進んだ反面新たに誕生した事業所も加わり県域のほとんどの市町村に電気が行渡った。県北部の東部電力（旧茨城電力）が県西部にも進出し南部の東京電燈（旧帝国電燈）と競合している。点灯率も 60.5％と上昇したが約 4 割の世帯が未点灯であった。その後も合併が繰返され，昭和 14 年国家総動員法の改正前においては 14 事業所，さらに昭和 16 年 3 月に国家総動員法が改正され電力事業所の統合がなされ，昭和 17 年中にはすべての事業所が関東配電に組み入れられて解散した。最後まで残存したのは 6 事業所であった。

なお各事業所の供給地域の中で，旧東茨城郡石塚村，稲敷郡朝日村・十余島村，真壁郡嘉田生崎村，行方郡大和村，新治郡斗利出村などに見られるようにひとつの町村内に 2 事業所が共存する事例もあった。

電気事業者の合併・統合の状況を図示すると図 2-14 のとおりである。県東部の東下村（現・波崎町）では大正 6(1917)年利根川川底に敷設したケーブルによって銚子電燈 2)が電力を供給し，県西部は下野電力により，県北部は棚倉電気(大子地区)，多賀電気（北茨城・高萩・日立の一部地区）によって比較的早期に点灯した。いずれもたいへんな困難を乗り越えて電気導入が実現したと言え，そこには人々の地域間交流が底部に存在する。水戸市や太田町などの県央部と，東下村・大子町・古河町など県域遠隔地の町村へ供給する県外事業者によって点灯事象は広がりを見せ，やがて県域全体に電気が行渡る。最後に点灯したのは県央部であったことは意外であり，電力供給力が弱小で供給量の多くを他県に依存した本県の特性をよく表わしている。

福島県の事業所が本県にも進出した事例として大子地区への棚倉電気があげられるが，詳細は後述（第 3 部 8）したい。

茨城県域の電灯普及状況

このように茨城県域では小規模水力発電と他事業者からの受電によって需要地の拡大がなされてきた。表 2-39 は県域の電灯普及状況を示したものである。大正 13(1924)年には点灯率が 50%を越え,その後も着実に需要地は拡大されたが,昭和 4(1929)年の 77%をピークに次第に伸び悩みの状態が続いている。戦時中一時期点灯率が 50%に落ちるものの，東京電力が発足する直前の昭和 25 年には約 84%に回復した。しかし未点灯世帯数（総世帯数から需要家数を差引いた数）が県域全体で 6 万 2 千世帯あった。同じ年の栃木県の場合は点灯率が 89.3%であって，茨城県より約 6%高くなっている。総世帯数は茨城県より約 10 万世帯少なく未点灯世帯数は約 3 万世帯である。なお茨城県が 50%を越えた大正 13 年において高点灯率を示す府県域は群馬県 83%，山梨・静岡県 90%，東京府においては 100%以上となっている。千葉県は最も低い 43%であった 3)。

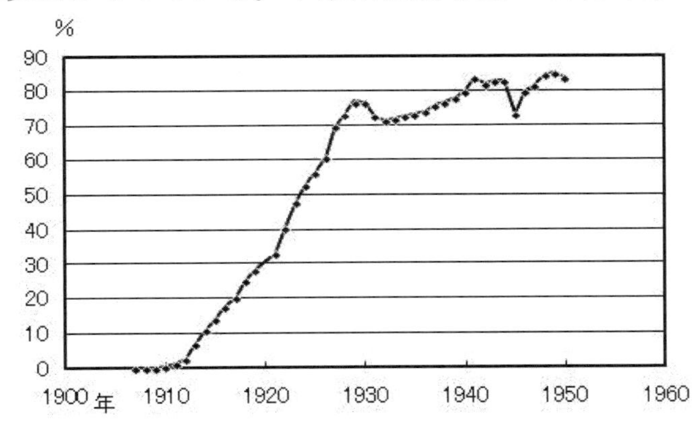

2-15　茨城県域の電灯普及率

（『関東の電気事業と東京電力』,『国勢調査以前日本人口統計集成』1～15）

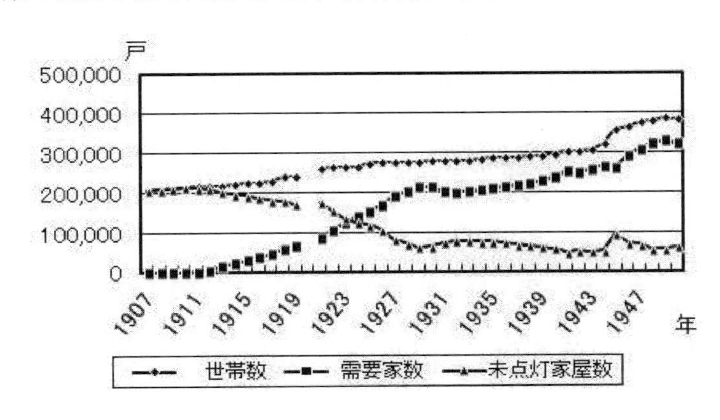

2-16　茨城県域の電灯普及状況

（世帯数は『昭和 25 年度茨城県統計書』,需要家数は『関東の電気事業と東京電力』）

表 2-39 茨城県の世帯数と電灯需要家の割合

	世帯数	需要家数	未点灯家屋数	需要家の割合（点灯率％）
1907（明治 40）	206,554	325	206,229	0.2
1908	208,625	354	208,271	0.2
1909	211,156	430	210,726	0.2
1910	213,736	987	212,749	0.5
1911	215,111	2,820	212,291	1.3
1912（大正元）	216,514	6,449	210,065	3.0
1913	218,396	15,731	202,665	7.2
1914	220,205	24,284	195,921	11.0
1915	223,880	31,551	192,329	14.1
1916（大正 5）	226,435	39,763	186,672	17.6
1917	228,046	46,629	181,417	20.4
1918	238,242	60,034	178,208	25.2
1919	238,501	66,710	171,791	28.0
1920	261,275	不明	不明	不明
1921（大正 10）	260,678	85,553	175,125	32.8
1922	261,430	106,259	155,171	40.6
1923	262,983	125,634	137,349	47.8
1924	264,010	139,188	124,822	52.7
1925	272,786	153,666	119,120	56.3
1926（昭和元）	273,835	165,563	108,272	60.5
1927	274,383	191,144	83,239	69.7
1928	275,213	201,941	73,272	73.4
1929	275,345	211,912	63,433	77.0
1930（昭和 5）	277,984	213,372	64,612	76.8
1931	278,425	203,199	75,226	73.0
1932	279,201	200,008	79,193	71.6
1933	280,276	201,360	78,916	71.8
1934	281,761	204,889	76,872	72.7
1935（昭和 10）	285,140	209,044	76,096	73.3
1936	286,599	212,488	74,111	74.1
1937	288,052	218,485	69,567	75.8
1938	289,388	222,187	67,201	76.8
1939	291,633	228,307	63,326	78.3
1940（昭和 15）	295,926	236,348	59,578	79.9
1941	302,484	152,956	149,528	50.6
1942	302,942	248,649	54,293	82.1
1943	306,252	254,497	51,755	83.1
1944	319,451	265,247	54,204	83.0
1945（昭和 20）	355,314	260,964	94,350	73.4
1946	363,501	290,784	72,717	80.0
1947	376,758	308,160	68,598	81.8
1948	379,728	321,650	58,078	84.7
1949	384,675	327,524	57,151	85.1
1950（昭和 25）	384,397	322,012	62,385	83.8

（世帯数は『昭和 25 年度茨城県統計書』，需要家数は『関東の電気事業と東京電力』）

1)　巻末資料「茨城県内の電気事業にかかわった人々」参照
2)　銚子電燈は明治43(1910)年2月 資本金5万円（1万2千円払込）で開業。供給地域は海上郡銚子町が中心で，工事設計は山崎四郎（日立鉱山技師）が行った。125馬力サクション瓦斯力機関，出力70kWである。大正2(1913)年に出力140kWに増量し，金属線電球を積極的に採用した。明治44年の配当11%，45年12%，大正2年12%と高配当を示した。大正6年7月帝国電燈に合併された（『関東の電気事業と東京電力』）。
3)　注2)『同』p299。点灯率は「需要家数を世帯数で除した数値」と示されている。

(9)　未点灯地区解消への取り組み

明治21(1888)年4月に公布された「市制及び町村制」に基づき，翌明治22年4月1日より市制町村制が施行された。逓信省発行の『電気事業要覧』は各事業所の供給区域を年毎にこの市町村名で掲載している1)。これをもとに電灯導入市町村数2)をまとめた(表2-40)。

大正元(1912)年には23市町村に電灯が灯った（未開業の事業所の供給予定町村も含めると68市町村）。これは全市町村数の6.3%に過ぎなかった（未開業も含めると18.6%）。順次大正4年に101市町村（27.6%），大正6年に147市町村（40.2%），大正7年に188市町村(51.3%)，大正8年に209市町村（57.1%）と拡大していった。

大正15(1926)年になると新たに起業した事業所の稼働があって333市町村（88%）に点灯し，未点灯村は残り34村となった。しかし昭和に入ってからも未点灯村は残存した。昭和2(1927)年における真壁郡五所村，那珂郡芳野村，久慈郡金砂村，猿島郡五霞村，筑波郡葛城村，稲敷郡十余島村・本新島村，鹿島郡徳宿村・若松村・大同村・中野村・豊郷村・波野村,行方郡太田村・大生原村の15村がこれであった。これらの村も昭和4年に東京電燈が稲敷郡本新島村に点灯し，真壁郡五所村，猿島郡五霞村，行方郡太田村・大生原村の5村がこれに続き残りは10村となった。翌昭和5年になると久慈電気が起業し久慈郡金砂村に，鹿南電気が鹿島郡若松村，稲敷電気が稲敷郡十余島村に，東京電燈が筑波郡葛城村に点灯し，電力未導入町村は6村となった。昭和6年には鹿中電気が創立され，鹿島郡大同村・中野村・豊郷村・波野村がまとめて点灯し未点灯町村は2村となった。昭和8年になると東部電力が那珂郡芳野村に点灯し，昭和9年茨城電気が鹿島郡徳宿村に点灯して，ここに県域すべての市町村に電気が行渡ったのである。初点灯から実に27年の歳月を要した。

しかしながら前述のように各市町村域全体に限なく送電されたのではなく，各町村内には未点灯地区が点在した。たとえば水戸市南西部丹下桜ノ牧開拓地に電

表 2-40　電灯導入市町村数　　　　　（大正元～8 年）

	大正元年 1912	4 年 1915	6 年 1917	7 年 1918	8 年 1919
茨城電気	13	13	26	25	38
笠間電気	1	2	6	8	8
西茨城電気		4	↑笠間電気と合併		
岩間電気			1	↑笠間電気と合併	
土浦電気	3	7	16	23	23
江戸崎電気		5	↑土浦電気と合併		
下館電燈	2	↓常野電燈と合併			
常野電燈		6	6	10	10
真壁水力電気	2	1	6	6	6
石岡電気	1	1	5	5	5
龍ヶ崎電燈	3	3	7	10	10
古河電気	1	4	3	9	9
高浜電気	3	8	8	8	8
水海道電気	5	8	19	24	24
取手電燈	1	↑水海道電気と合併			
下妻電気	10 未	9	9	13	15
行方電気	5 未	5	6	5	9
筑波電気	4 未	5	5	12	12
日立電気	5 未	5	5	7	7
多賀電気	8 未	11	10	10	12
鉾田電気	1 未	1	4	4	4
結城電気		1	1	5	5
茂木水力電気			1	1	1
棚倉電気		2	2	2	2
銚子電燈			1	1	1
点灯市町村総数	23(68)	101	147	188	209
全体に占める割合（%）	18.6	27.6	40.2	51.3	57.1

未は未開業　　　　　　　　（『電気事業要覧』）

灯がついたのは昭和 23(1948)年であったという 3)。旧鯉渕村・下中妻村・中妻村（現・水戸市）は大正 15(1926)年に点灯しているが，第二次大戦後も未点灯地区が相当数含まれ，その解消には時間を要した。

表 2-41 内原村の未点灯地区
（昭和 30 年 10 月現在）

	総世帯数	未点灯世帯	割合（%）
内原	330	4	1.2
三軒屋	31	1	3.2
大足	119	4	3.4
有賀	116	6	5.2
黒磯	43	3	6.9
田島	64	2	3.1
赤尾関	55	2	3.6
中島	32	30	93.8
大和	71	30	42.2
一の砂	26	20	76.9
下野	67	7	10.4
播田実	81	15	18.5
湿気	46	4	8.7
向古屋	28	1	3.6
後原	31	1	3.2
中台	40	3	7.5
三湯	69	5	7.2
計	1249	138	11.1

（『内原町史』通史編）

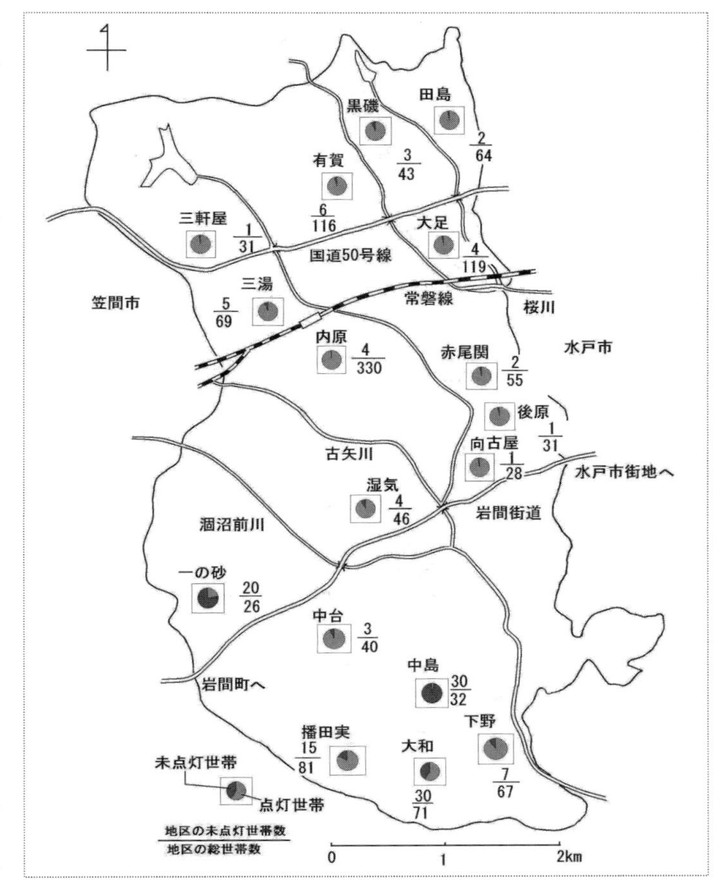

2-17 内原村の未点灯地区と未点灯割合　昭和 30(1955)年

水戸市の西隣内原村（現・水戸市）について未点灯世帯数の実態を見てみよう4)。地区別内訳は次のとおりである(表 2-41 図 2-17)。

集落は東茨城台地上に主要街道に沿って点在する。戦後は村域南部に開拓村が拓かれた。昭和 30(1955)年 10 月末における村域全体の世帯数は 2,329 である。その 6%にあたる 138 世帯が未点灯であった。未点灯地区 17 に限れば総世帯数 1,249 世帯の 11%にあたる。特に中島・大和・一の砂地区に未点灯世帯が多い。現在では県庁が近くに移転し，水戸市街地の拡大，ゴルフ場や大型ショッピングセンターの進出，常磐高速道路の建設と地域変貌の因子は多いが，旧来の平地林や田畑・果樹園（栗園）の景観が色濃く，かつて未点灯世帯が残存したことをうかがわせる。『内原町史』によれば既設配線地点からわずか 150m から 800m の距離が電気の導入を拒んだ。また昭和 32 年 1 月末締切の「未点灯地区電灯・電力申込書控」には大和地区 15 世帯，中島地区 28 世帯，内原字前原地区 7 世帯が記されているという。これら未点灯世帯も町当局と東京電力の協力によって昭和 30 年代前半までには解消された。

同様に昭和34(1959)年に水戸市小吹町水源開拓地に点灯された例5)や,昭和31年11月稲敷郡伊崎村北須賀地区（現・稲敷市）が遠隔地との理由で遅れて点灯した例,さらに同村泡地区では昭和4年に点灯した例6)などが挙げられる。

次に県域全体の未点灯世帯数について考える。前述のように既存の未点灯地区に加え，戦後各地に開拓者が入植したため増加傾向にあった。

未点灯世帯数の実態は茨城県電力協会が各市町村と連携して集計した。これによれば昭和28(1953)年の未点灯世帯は,全世帯数の7.1%にあたる21,350世帯と驚くべき数にのぼり，北海道に次ぐ全国第2位の未点灯世帯数を有していた。また各市郡別に見ると，山間地が多い久慈郡，多賀郡はもとより，平坦地域であっても鹿島郡,行方郡などで未点灯世帯数の割合が全戸数の1割以上を占めている。全県域に渡って未点灯地区が散在した(表2-42)。

関東地方全体としてみても茨城県は未点灯世帯数が突出して多く，全体の6割を占めた(表2-43)。

このように茨城県域に未点灯地区が多く残存した原因については，①電灯架設に多大の資金が必要であったこと，②県域の電力供給源が弱小であったこと，③都市人口が全国最低であり農業主体の世帯が散在したこと，④創業期電気事業者が外部資本によって起業したため地元意識が低かったこと，⑤県北山間地の集落

表2-42　県内未点灯世帯数（昭和28年）

市　郡	総世帯数	未点灯世帯数	割　合(%)
水戸市	18,829	136	0.7
東茨城郡	17,655	1,959	11.1
西茨城郡	17,585	1,516	8.6
久慈郡	26,508	3,390	12.8
那珂郡	34,136	2,434	7.1
多賀郡	4,972	616	12.4
鹿島郡	21,313	2,071	9.7
行方郡	12,905	1,290	10.0
筑波郡	14,534	504	3.5
結城郡	22,211	1,594	7.2
猿島郡	20,085	1,456	7.2
北相馬郡	12,241	247	2.0
稲敷郡	26,127	1,504	5.8
新治郡	22,409	1,373	6.1
真壁郡	27,833	1,260	4.5
計	299,343	21,350	7.1

（「電協会報」2号 昭和29年2月）

表2-43　都県別未点灯世帯数

都県名	未点灯世帯数
栃　木	3,444
群　馬	692
茨　城	11,895
埼　玉	382
千　葉	1,894
神奈川	117
山　梨	408
東　京	519

東京は伊豆諸島を含む

（「電協会報」15号 昭和32年1月）

点在状況や県南部における利根川の存在が京浜方面からの電気導入に障害となったことなどが挙げられる7)。

これらの事実をふまえ，未点灯地区の解消に向けて誰がどのような取り組みをしてきたか考える。①茨城県電力協会の取り組み，②東京電力茨城支店の取り組み，③農山漁村電気導入促進法の成立の3点から述べる。

まず始めに茨城県電力協会の取り組みについて述べる。

茨城県電力協会は東京電力茨城支店の協力・支援の下に，電気の普及・啓発を目的として昭和28(1953)年に設立された。内部組織として［教育部会］と［活用部会］から成り，教育部会では①使用合理化優秀事例集の発行，②機関紙「電協会報」の発行8)，③未点灯地区の実態調査及び解消促進委員会の設立などの活動が計画された。総会において未点灯地区解消問題は電力問題中の重要事項と位置付けられ，積極的に取り組むことを全員で確認した。

総会を受けて翌昭和29年1月には第一回の常任理事並びに支部長会議が開催され，会長・副会長をはじめ10名の常任理事と水戸・日立・大宮・笠間・石岡・鹿島・土浦・水海道・龍ヶ崎・古河・下館の各支部長が出席し，会務報告や支部の活動状況の報告がなされた。

一方総会における未点灯地区解消促進委員会の設立を受けて，昭和30年5月24日午前10時より，第一回委員会が東京電力茨城支店会議室において開催された。出席者及び議題は次の通りであった。

出席者

茨城交通(株)専務取締役　県生活科学課長　県工鑛業課長　県開拓連会長　日立工機(株)取締役　県信連専務　電協大宮支部長　電協石岡支部長　関東電気工事(株)　東京電力(株)茨城支店営業課長　電協理事　電協総務幹事

議題

イ　未点灯地区解消五カ年計画の策定
ロ　未点灯解消問題探求のため座談会等の開催
ハ　未点灯地区数，戸数及び工事費概算額等基礎資料整備の推進
二　資金面における隘路打開策の検討
ホ　電気導入順位決定基準の樹立並びにこれに基く順位決定

第二回委員会は同年10月22日開催され下記のとおり第一回委員会の決定による経過報告がなされた。

議題イについて東京電力では昭和33年下期までに未点灯地区を解消するよう予算

表2-44　未点灯地区数と工事計画

管内	地区数	世帯数	総工事費（万円）
日立	13	142	413
大宮	47	791	1,888
水戸	13	171	444
笠間	8	106	276
石岡	44	934	2,898
鹿島	7	57	178
土浦	18	303	898
龍ヶ崎	7	158	521
水海道	25	346	799
下館	5	56	162
古河	7	97	225
計	194	3,161	8,703

（「電協会報」8号 昭和30年1月）

を計上し，強力に解消への働きかけを行ったこと。

議題ハについては表 2-44 のとおりである。

今後の未点灯地区解消については強力に推進することを申し合わせた。

昭和 31(1956)年 9 月第三回未点灯地区解消促進委員会（最終委員会）が開催された。「電協会報」には次のように記されている。

最終委員会 9 月 15 日に開催。

最初東電側より未点灯戸数調査に対する県並びに市町村の協力に対し感謝の意が表され，次いで下表の如く未点灯地区解消状況が報告された(表略)。

東京電力としては，この残余の未点灯地区解消について，県知事を本部長とする無電灯地区解消促進本部に対し

一　電気導入資金融資枠の拡大

一　県及び市町村における自己資金の一時貸付

等を申し入れ解消するよう努力しているが協会においても県民福祉増進の為強力に推進するよう，東電より懇請がなされた。

協会としてはこれらの状勢より問題は導入資金面にあることが確認されたので委員会において検討の結果，協会として左の事項を関係官公庁並びに東京電力に対し申し入れを行い未点灯地区解消に力を注ぐことになった。

記

一　県及び市町村に於て自己資金の一時貸付，又は市町村が銀行より借り入れ融資の途を講ずることを県及び市町村に申し入れる。

一　電気導入資金融資枠の拡大並に融資の簡易化を県を通じ農林省に申し入れを行う。

一　資金難により取り消しを行った地区に対し資金融資の途が講ぜられた場合は優先的に点灯するよう東京電力に申し入れを行う。尚参考までに関東地方に於ける都県別未点灯戸数は下記の通りで茨城が全関東の 6 割強を占めており甚だ寒心に耐えないところである。

最終委員会議の内容を受けて，未点灯地区解消促進委員会は，昭和 32 年 2 月 13 日，県知事並びに町村長会長宛に申し入れを行った。ここで 2 年間にわたり 3 回の会議を開催し，検討してきた未点灯地区解消の問題は今後東京電力や県・町村長会の動きを見守ることとし委員会を解散した。

申し入れの内容は次の通りである。

申入書

昭和 32 年 2 月 13 日

茨城県電力協会　　会長　平木健一

未点灯地区解消対策本部

本部長　　友末洋治　殿

茨城県の未点灯戸数は昭和 31 年 10 月 1 日現在 11,895 戸におよび，別表の通り関東地方第一位，北海道に次ぎ全国第二位を占めており，原子力研究所設置県として誠に寒心に耐えないところであります。

茨城県電力協会は，未点灯地区民の総意に基き，県内未点灯地区を解消し，低文化の汚名を返上，県民の福祉増進のため，東京電力の無制限供給対策確立を機会に下記の通り申し入れを行うものであります。

記

一　農山漁村電気導入法による枠外未点灯地区に対し，県当局自己資金による融資の途を講ずること。

一　県当局は農林省に対し，導入資金融資枠の拡大並に増額，手続きの簡素化を申し入れる

こと。
一　県は各市町村長に対し，各市町村内未点灯地区に対し，市町村自己資金の融資の途を講ずるよう申し入れること。尚，町村長会長に対しては定例又は臨時町村長会議に未点灯地区解消促進を上程し，県並びに農林省に対し，電気導入資金枠の拡大と増額の申し入れを行うこと。
一　電気導入資金融資枠外の小規模未点灯地区に対しては，町村自己資金融資の途を考慮するほか，銀行融資の仲介をすること。
（「電協会報」16 号　昭和 32 年 3 月）

次に東京電力の未点灯地区解消についての取り組みを述べる。

東京電力区全体でみると昭和 26(1951) 年以降 10 年間で約 49,000 世帯へ新たに電気供給を行った。この結果昭和 37 年度末には未点灯戸数は約 5,400 戸にまで減少している。未点灯地区の解消には補助金の交付など地方公共団体の協力を得るために，都知事・県知事に対し親書によりこれを要望している 9)。このようにして，昭和 38 年に約 3,000 世帯，39 年に 1,700 世帯の点灯が実現し，同年度末で未点灯需要家はほぼ解消改称されるまでに至った。

東京電力では経営理念として「当社は単なる利潤追求だけを目的とするのではなく，地域社会へのサービスを念願し，企業努力によって獲得した利益を，地域社会に還元して企業ともども相互共栄を図る」9) を掲げている。茨城支店においても理念の具現化に努め，自社のボランティア活動はもちろん補助金の交付等を地方公共団体に働きかけ，未点灯地区の解消に積極的に努めてきた。この事例を 3 点挙げる。

第 1 は行政側と東京電力が協力して電気導入を実現した久慈郡里美村（現・常陸太田市）の事例である。里美村では東京電力の協力を得て未点灯地区の解消に積極的に取り組んだ。昭和 33(1958) 年から 8 年間の状況は表のとおりである 10)。

表 2-45　里美村の電気導入実績

導入年月	（大字）地区名
昭和 33. 3. 16	（里川）七反
35. 12. 8	（折橋）天竜院. 八丈石. 苗の平
39. 7. 11	（折橋）荻の久保
39. 10. 23	（小妻）笠石
39. 12. 21	（里川）岡見
41. 1. 25	（大菅）田平
41. 2. 1	（小菅）赤仁田
41. 9. 15	（里川）牧場

特に岡見地区は里川宿まで 8ｋｍあり，東京電力からの電力導入ができず福島県塙町那倉から東北電力の供給を受けた。これは高萩市柳沢地区や北茨城市関本町小川地区が東北電力から導入した事例と同様である。

第 2 は東京電力茨城支店の努力の具体例を「電協会報」の記述をもとに述べる。

東京電力では非常な努力を重ね，毎年 2,000 戸程度ずつ点灯してきたが，本年 7 月現在で 886 箇所 1,919 戸が残っている。東京電力では今般さらに社会的責任の充実という意味から 38 年，39 年の 2 カ年間で全面的に解消する計画を立て，工事方式の改良，アルミ線の使用等極力工事費の減少を図り，現在実施中である。しかしながら，現存する未点灯は，その立地条件が極めて悪く，多額の工事費を要するため，受益者の負担は非常に大きい。

現在未点灯についての補助制度としては「農山漁村電気導入」「開拓者への電気導入」「単県事業による電気導入」の3法があるが，これらについても諸条件があるので全部が適用の対象とはならない。また補助金交付の対象となっても自己の負担額の支出能力がないため電気導入の不可能なものも多い（「電協会報」45号 昭和38年6月)。

また昭和50年代後半茨城支店長の話として，茨城大学中川浩一教授が次のような事例を挙げた。

「工事費を切り下げ，住民の費用負担を少なくするために，東京電力では次のような努力をした。電柱を運ぶには普通ならトラックを使うが，車道のない山中の家へは馬の背につけて運んだ。ところが普通の電柱は長すぎて馬の背に乗せにくく，片方が山の斜面に作った道では，急カーブを曲がりきれない。そこでパイプ状の短い先細の電柱を作り，継ぎ足して利用した。目的地までは，短い長さの電柱として運び，現地で組み立てるのである。日本鋼管(株)との共同開発だった。現物は，東京電力水戸営業所長が『私の若い時の発明です』と言って，山方宿（現・常陸大宮市）の山奥に車で同行してくれた。その時には道路が拡幅され，車の乗り入れが可能であった。同じものが高萩や北茨城にもあるのではないかと考えている。また谷越しの配線には電柱を省略し，谷に吊橋状にケーブルをかけ電線を吊り下げた。これも山方宿の奥にある。さまざまな工夫がなされ無点灯世帯数の解消につながったのである。」(東京電力茨城支店長の話)

高萩市や北茨城市内について筆者も各地を調査・観察したが，同様の事実を眼にすることはできなかった。

第3点は昭和63(1988)年10月18日（火）のいはらき新聞の記事を紹介しよう。ここには「待望の電灯ともる」という見出しのもと，東京電力が社内の電気供給規定を改定し，既設地より1km以内は無償としたために，本県最後の電気のない家に明かりがともった事情が報じられている。東京電力のボランティア活動であった(写真2-25)。

昭和63年(1988年) 10月18日 (火曜日) (12)

日立県北鹿行

待望の電灯ともる

“電気のない家”解消

佐藤さん一家、大喜び

里美村

2-25 茨城県最後の点灯記事

東京電力は今年1月，山間地帯の無電気地区をなくすため電気供給規定を改定。これまで1軒につき工事費が 60万円を超える場合は利用者負担になっていたのを， 1kmの範囲以内なら無償で工事をすることにした。東京電力常陸太田営業所では「県内で居住者としては最後。 佐藤さん宅は電源から 973mでギリギリ，限界です。」と話している。

佐藤さん宅は，国道349号から高萩・県立里美野外活動センター方面へ向う県道上君田小妻線をさらに山奥へ約1km入った所にある。佐藤さんは約50年前から現在地に住み，農業のほかに林業も営み，冬は炭焼きもしている。子ども3人の5人家族，長男と次男は自宅から車で通勤，高校2年の長女はバイクで通学している。

以前はランプ，ローソクの生活だった。 20年前から家の脇を流れる沢の水を利用して水力発電をしていたが，冬は凍結して使えないことが多かった。4年前にディーゼル発電機を備えたものの燃料代がかさみ，つい最近までローソクがはなせなかったという。

佐藤さんは5月下旬，工事を同営業所に申し込んでいたが，山の中に電柱32本を立て，総工費約980万円を投じる工事の末，先月30日から待ちに待った電灯の明かりがともった。

佐藤さん夫妻は「子どもたちがローソクを使って勉強している姿を見ると，電気が早くつけばと何度も思った。電気製品を買っても飾り物だった。今は洗濯機も自由に使え，テレビを見ながら明るい電灯の元で一家団らんもできる。苦労したかいがあった。」と嬉しそうに話している。

ほぼ同時期に，日立市石名坂地区でも老夫婦宅に東京電力のボランティアで点灯したことが，朝日新聞茨城版に掲載されていたと中川浩一教授が記憶している。

全国に電気が行き渡るようになった事実を支えたという意味では，昭和27(1952)年の「農山漁村電気導入促進法」(巻末資料)の公布が大きな役割を果たした。この法律は，十二条からなり，電気が供給されていない地域へ電気を導入する場合の，国や都道府県の電気導入計画や，資金の貸付，資金の補助等が定められている(巻末資料参照)。電気導入に補助金が支給され，資金面での隘路が解消へ向った。法案の成立に関する当時の新聞記事を引用する11)。

電源開発促進法，公納金存続問題，はては東京電力会長問題をめぐる華かな論議の蔭で自由党は経済自立態勢の一環として農漁村の電力不足を解消し生産力の増強をはかる目的で5月14日政務調査会の役員会を開き農漁村電力導入法要綱案を決定，議員提出の形で出すこととなり具体的な法案の条文作成にとりかかった。

これに要する予算は27年度において約30億円だが，これは次の国会で計上しようということであった。そして成案が急がれていたが13国会は予想以上に荒れ…(略)…14国会また開会数日を出ずして解散…(略)…第15国会に農山漁村電気導入促進法案の名で上程12月24日参議院本会議を自由党原案通り通過成立させた。これによって農山漁村の電気導入は急速に進められることとなる訳で数多き政府与党の悪法のうちでの紅一点ともいうべきであった，…(略)…

さらに国は，同年の「農林漁業金融公庫法」，昭和28年の「離島振興法」，昭和37年の「辺地に係る公共的施設の総合整備のため財政上の特別措置等に関する法律」を制定するなどして，未点灯地区改称のための行財政措置をとった。

このような各方面からの努力の結果，茨城県においても次第に未点灯地区が解消していったことは誠に喜ぶべきことであった。

年度別未点灯世帯の減少状況は下記のとおりである。

表 2-46　年度別県内未点灯世帯数

年.月	昭和29.3	30.3	31.3	32.3	33.3	34.3	35.3	36.3
世帯数	21,302	20,831	16,867	9,760	8,586	6,317	4,848	4,257

(「電協会報」36号 昭和36年7月)

この後の状況については東京電力本社の「昭和38・39年度までに完全解消を図る」とする新経営方針を受けて茨城支店においても努力が重ねられた。昭和39年4月，東京オリンピック開催年には残る未点灯世帯は735となった。

昭和30年当初21,000軒を数え，北海道に次ぎ全国第2位といわれていた未点燈家屋は，県当局，市町村，農協，東電等のたゆまざる尽力により，昭和38年度末には遂に1,000戸を割り，735戸となった。

昭和30年5月に当協会「未点燈地区解消促進委員会」が誕生してから丸9年，ほぼその目的を達成したわけであるが,残る735戸のなかには，総工事費1戸当たり100万円を超える家屋もあり，また多額の工事負担金を負担できない家庭も少なくない。

当協会では，創立10周年を記念し,恵まれない家庭に対し「配線設備一式」を30戸に寄贈し,未点燈解消に協力したが，残る735戸に対しては，当協会の組織を以ってしても全面解消にはおぼつかない諸問題をかかえており，県・市町村・農協の積極的な協力と,東電の努力が期待されます。 （「電協会報」47号　昭和39年4月）

さらに同年9月には521世帯となった。

当協会が創立以来その解消に努め，創立10周年に際しては，30戸の屋内配線助成を行うなど意欲的に進めてきた未点灯家屋の解消は，当協会の善意が動機となって,本年度に入って東京霞が関ライオンズクラブ・東京電力が「恵まれない未点灯家庭」に対する屋内配線助成を行った。この結果当県内の未点灯家屋は,東電の配線設備から極長距離にある山間僻地の 521戸を残すだけとなった。なお残りの解消については国および地方自治体の助成に期待が寄せられている。 （「電協会報」48号　昭和39年9月）

さらに昭和39年12月末には350世帯となった。

かつては北海道についで全国第2位，東電発足の昭和26年には2万数千世帯を数えていた当県の未点灯家屋も，昭和38年末には，1,000を割り，昨年末には350まで解消した。

その間，農山漁村電気導入法の公布， 当協会未点灯地区解消促進委員会の誕生などがあり，解消に拍車をかけたが，解消が進むにつれ，地域的経済的な諸問題が表面化し,解消が鈍った感があった。当協会では，いちはやく,恵まれない家庭に対する屋内配線寄贈などにより点燈促進を図ったが，今後の促進は県・市町村等自治体のご協力を期待している。

（「電協会報」49号　昭和40年1月）

この後は，電協会報に未点灯家屋解消に関する記述は全く見あたらない。完全とは言えないながらも，東京電力茨城支店や関係機関の電気導入に関する活動はほぼその目的を達したものと理解できる。戦後叫ばれてきた大きな社会問題が多くの方々の協力によって解消した。

未点灯家屋の解消状況について次のグラフで示す。

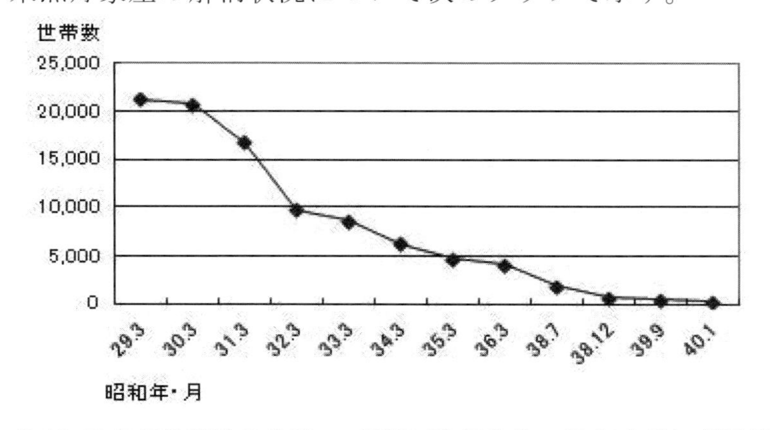

2-18 未点灯世帯数の推移　（昭和29年3月～40年1月）（「電協会報」をもとに作成）

茨城県域に限なく電力が導入されるまでに県内初点灯から約 80 年の年月を要した。茨城県電力協会内につくられた［未点灯地区解消促進委員会］や［東京電力］さらに［農協］［ライオンズクラブ］など諸団体の支援がなければ，電力の導入は実現し得なかったであろう。とりわけ東京電力茨城支店の献身的なボランティア活動が未点灯地区解消に主導的な役割を果たした。関係者の努力に敬意を表したい。

1) 市町村名の記入は茨城県市町村区域図（昭和 33 年 3 月 31 日現在）を使用した。これによれば市町村数は 366 となる。しかし昭和 33 年において市制を実施している水戸市，土浦市，日立市，勝田市については旧村域が地図に示されていないため市町村数はさらに多くなるが，ここでは 366 を基準とした。また『角川地名大辞典』8 茨城県（角川書店 1983）を参照した。
2) 『電気事業要覧』には事業所ごとに電気供給町村名が掲載されている。しかしこれは各町村の一地区に供給されていれば，町村内すべてに供給されているように記載される。従って必ずしも市町村内に限なく配電されたわけではない。ここでも同様に町村名が掲載されてあれば，たとえ点灯が部分的であっても，電気が供給された市町村とした。
3) 茨城県教育友の会水戸支部影山雄之「開拓農民として生きた徳川幹子」（茨城県教育友の会会報第 93 号 2006）には著者が昭和 53 年水戸市緑岡中学校に勤務時，郷土クラブの生徒とともに丹下桜ノ牧地区の徳川幹子宅を訪れ，開拓をテーマに聞き取り調査を行ったことが記されている。点灯については「電灯が入ったのは、昭和 23 年で男女を問わず工事にかり出され，汗を流して手伝う。待望の電気が点ると，万歳をして喜んだのである。」との記述がある。この文章に接したことが以後の市町村史閲覧の契機となったと言う点で感謝申し上げたい。
4) 『内原町史』通史編（内原町 1996）p1178。内原町は平成 5 年 2 月 1 日水戸市と合併。
5) 『水戸市近現代年表』（水戸市 1991）
6) 『東町史』通史編（東町 2003）p1010
7) 橘川武郎『松永安左ェ門』（ミネルヴァ書房 2004）には松永安左ェ門の九州電燈鉄道時代のこととして「電柱 1 本につき，30 灯以上の申し込みがなければ延長しないという供給規定上の制限を取り除き，辺鄙な地域にも可能な限り電気を供給した。このような低料金サービスによる利用者開拓主義は，結局は九州電燈鉄道の業績向上をもたらし，同社が九州電力業界の覇者となる上で大きな力を発揮した。」と記されている。各事業所には同様の事業所内供給規定があったことが考えられる。
8) 「電協会報」は昭和 28 年 11 月 24 日に創刊号（1,000 部印刷）が発行された。一般会員・他電力協会・関係官公庁・学校などに配布され残部を会員募集用として県内各支部に配布方を依頼した。第 2 号には隔月発行とあるが第 18 号昭和 32 年 9 月発行には毎月 1 回発行と記されている。実質は不定期刊。一部 10 円。
9) 『東京電力 30 年史』（東京電力 1983）p652
10) 『里美村史』（里美村 1984）p916
11) 『電気年鑑』昭和 28 年（日本電気協会新聞部 1953）p55

(10)　営業点灯の隙間に灯った自家発電

前節まで茨城県域における営業電気導入の動きをみた。県域全市町村に電気が導入されたのは昭和 9 年(1934)であるがそれは市町村単位の統計上のこと，山間地にあった最後の未点灯住宅に点灯されたのは実に半世紀をへた昭和 63 年である。この間タービン水車による自家発電に取り組んだ地域もあった(図 2-19)。

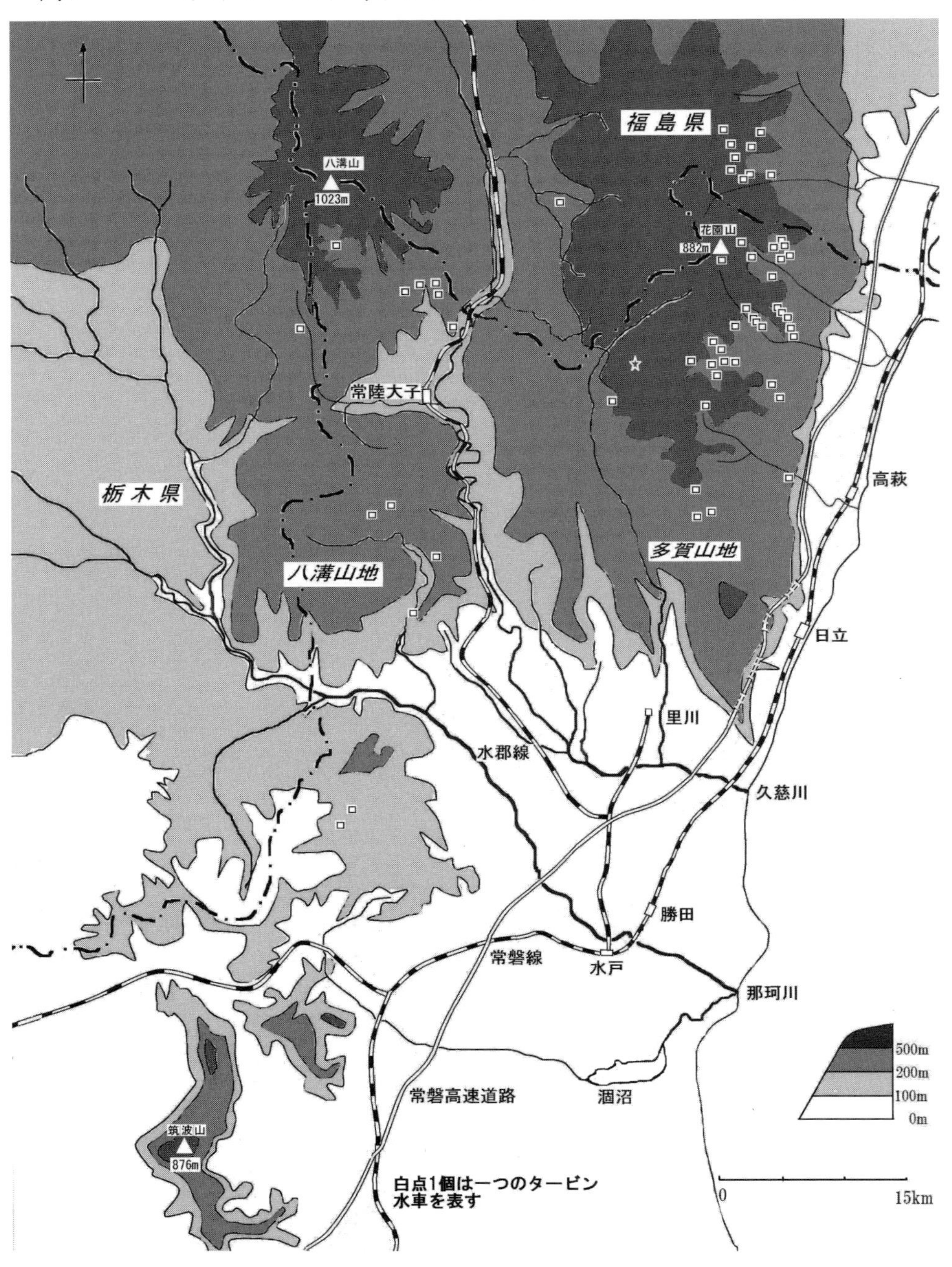

2-19 自家発電用小型タービン水車の分布　☆は昭和 63(1988)年東京電力県内最後の点灯地

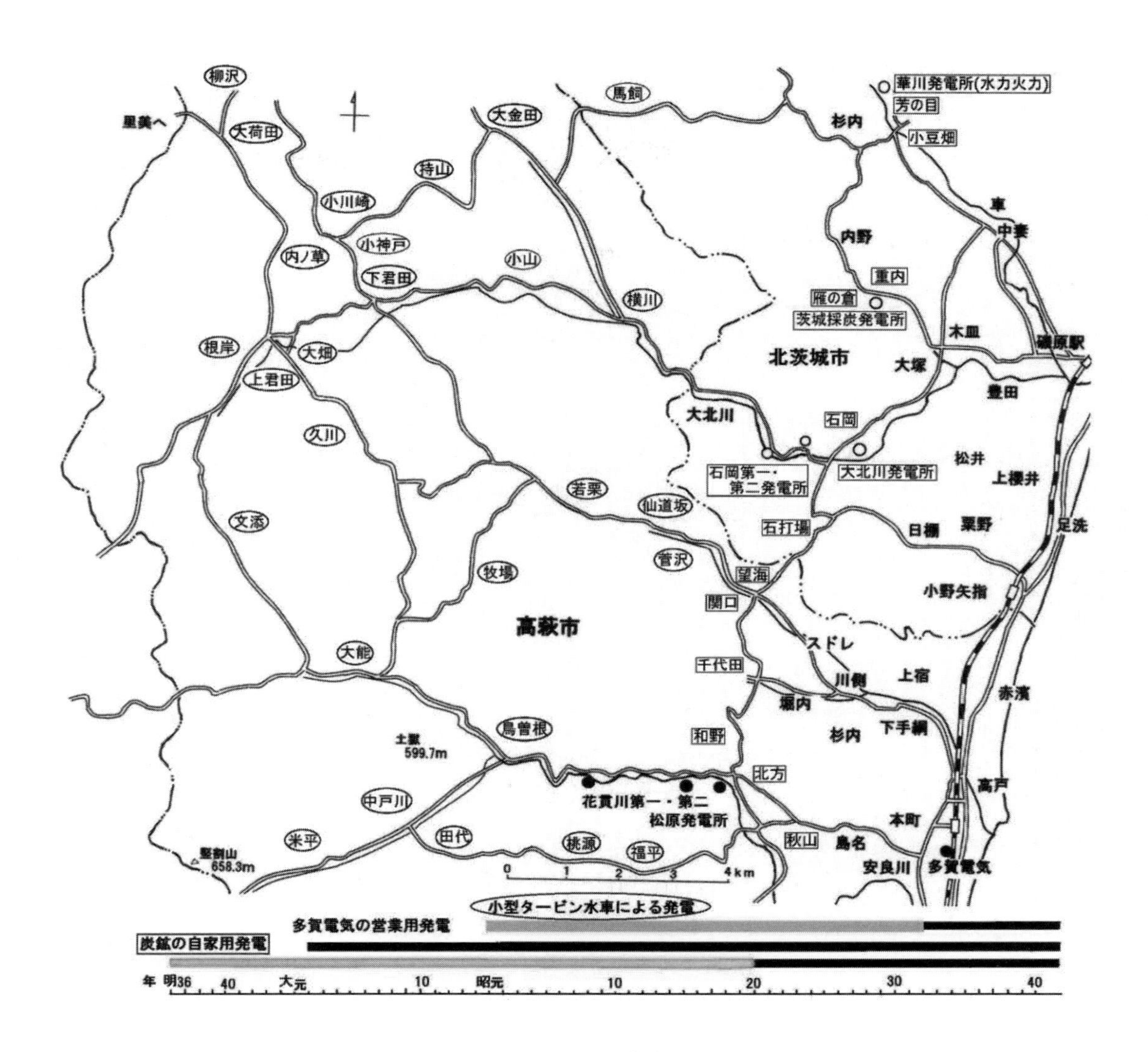

2-20 地区別点灯区分（高萩市・北茨城市）

高萩市・北茨城市内の点灯状況は3地域に区分できる。すなわち①石炭採掘事業所の自家用発電所により点灯した地域②営業用発電所である多賀電気により点灯した地域③小型タービン水車による発電により点灯した地域の3地域である。

狭い地域内で異なった3タイプの地域形成がなされ，炭鉱事業所の最初の点灯（明治36年）から営業用電気が導入される（昭和40年）まで62年間を要したことは極めて珍しい事象といわなければならない。これら3タイプの地域は孤立した存在ではなく，互いに影響を受けながら今日に至った(図2-20)。

すなわち①明治 36(1903)年茨城無煙炭鉱は華川村芳の目にて石炭による火力発電所を創業させた。これは県内最初の発電事業であった。次いで明治39年花園川より引水し水力発電を行った。これは水力発電としては日立の陰作発電所についで県内2番目であった。火力・水力合計で165ｋWの出力を得て132馬力の電力を鉱業所内に送り込み，鉱業所・周辺住宅併せて 321 箇所に電灯を灯した。これは茨城電気によって水戸市に点灯される 4 年前にあたり，県内初点灯はまず自家用発電所の稼働によるものであった。同鉱業所はさらに大正 9(1920)年水力により大北川発電所を稼働させた。これらの発電所は同鉱業所が突然の大出水によって廃坑・閉山のやむなきに至る昭和 46 年まで稼働を続けた。事業所が操業を続ける間，従業員住宅の電灯料はすべて事業所が負担した。図中鉱業用発電所の電気は昭和 20 年 5 月をもって営業用電気が導入されたとした。これは日立製作所が日本発送電茨城変電所完成により猪苗代線が導入されたのを機会にすべての施設を 60 サイクルから 50 サイクルに切り替え，高萩市にあった同社の人絹工場も北方変電所を経由して 50 サイクルを導入した。この時期をむかえ県内すべての地域で 50 サイクルが実現し電気の融通が一段と進んだことに根拠を置いた。

②は沖積低地部及び一部の山麓部または標高 50m 前後の洪積台地が含まれる。およそ標高 100m の等高線が南北に走り，山麓部の集落を分ける境界をなしている。多賀電気の供給範囲は東西に約 10ｋｍ，南部の日高地区から北部の平潟地区まで約 25ｋｍの区域を，木皿変電所や五浦変電所など幾つかの変電所を経由して送電された。多賀電気による花貫川第一発電所・同第二発電所さらに東部電力時代になってからの松原発電所の開発は供給力を増強し大きな力となり，一時は中里発電所の出力を上回った。しかし冬季の渇水期には出力が低下し，茨城採炭より受電することもしばしばであった。

③については営業コストと収益の問題で電気事業所から，いわば見棄てられた山間地・散村地にあって地域住民の努力が特筆される。自家発電は生活向上への願いを実現した住民によるボランティア活動としての位置づけができよう。大正末から昭和の始めにかけて稼働したのはそのうちの一部で，多くは昭和 20(1945)年代からのものである。高萩市においては昭和 32 年から 33 年にかけて一斉に営業用電気が導入されていったが，北茨城市山間地やその北側ではさらに遅れ昭和 40 年代に営業用電気が行渡った。

第３部　小型タービン水車の遺構を調べる

地域の小規模な発電用水車小屋跡　木製の水槽はめずらしくタービン水車竪軸には回転力をベルトで発電機へ伝導するプーリー(滑車)が残る。現在はすべて撤去(⇒185ページ)。

タ ー ビ ン 水 車 調 査 表

<table>
<tr><td colspan="4">＿＿＿＿＿地区 タービン水車の概況
調査年月日　　　年　　月　　日</td></tr>
<tr><td>所 在 地</td><td colspan="3">市　　　町　　　村</td></tr>
<tr><td>設 置 年</td><td>昭和　　　年</td><td colspan="2">廃止年月日　昭和　　年　　月　　日</td></tr>
<tr><td>設 置 者</td><td></td><td colspan="2">現在所有者</td></tr>
<tr><td>使 用
目 的</td><td colspan="3">発電　　精米　　製粉　　こんにゃく製粉　　製麺</td></tr>
<tr><td>種 類</td><td colspan="3">竪軸　　横軸　　横軸ダブル</td></tr>
<tr><td>馬 力 数</td><td>馬力</td><td>回転数</td><td></td></tr>
<tr><td>製 作 所</td><td colspan="3"></td></tr>
<tr><td>発 電 機</td><td>型式
（ 直流　　交流 ）</td><td colspan="2">出力
（ 電流　　　電圧　　　）</td></tr>
<tr><td>流 水</td><td>有効落差
m</td><td colspan="2">引水法
（ 水路　　水槽　　水圧鉄管 ）</td></tr>
<tr><td colspan="4">見 取 図</td></tr>
</table>

3-1 タービン水車調査表

1　野外調査の実際

研究は驚異と疑問から出発するといわれている 1)。昭和 60 年 8 月より始めた野外調査（フィールドワーク）は謎解きのような楽しいものであった。その実際は次のとおりである。

タービン水車がどこで稼働していたかを見つけ出す調査は旧高岡村（高萩市）から始め，次第にその範囲を拡大し，気がつくと県域山間地域をすっぽりと覆っていた。これを見て中川浩一先生は「多賀・八溝山地の小型タービン水車」と言う表題を考えてくださった。ほとんどが単独行であったが，那珂郡緒川村・高萩市秋山地区の調査は長谷川清先生（当時高萩市立東小学校教諭）に，笠間市の調査は高野栄治先生（当時笠間市立稲田小学校教諭）に同行願った。

まず地形や河川の状況からタービン水車が稼働したであろう箇所を予測して調査に入り，水車関係者から聞き取りをした。また志賀宗一所有の冊子「タービン水車主なる納入先」に記載されている地区住所と納入先氏名を確認して訪ねたことも多かった。しかし敷設後約 50 年間で水車を取りまく状況は激変し，現地ではほとんどが話題となることもなく，400 箇所以上の水車が記載されていたにもかかわらず，確認できたのは約 100 箇所にすぎなかった。

筆記用具，調査ノート，調査用紙，カメラ，地図（五万分の一・二万五千分の一地形図），巻尺を携行した。調査ノート（野帳）には調査日時・場所・水車所有者名・感想を現地で記入した。いただいた名刺の添付，収集した資料の転載にも使用し，帰宅後に整理した。また水車所有者・関係者の話は残らず記述した。まとめの時に記憶が不確かな部分を補うのに重宝した。調査用紙の内容・聞き取り項目はタービン水車の幾つかを仮に調査し，これをもとに共通する項目を選んで調査項目を決めた 2)。自由記述欄を作ったのは資料転載・現場の概略スケッチ・感想・考察が書き込めてよかった (図 3-1)。写真撮影後はネガをファイルしたが，始めから整理方法が一定していなかったため紛失したものもある。デジタル化されてからは整理が簡単になった。収集した資料はファイルに保存した。聞き取り調査は一つの箇所に何度も訪ね，その都度思いもよらない新発見に出合った。多くの水車関係者にお会いし話を聞く中で人びとの生き様をかいまみることができた。

1)　尾留川正平『現代地理調査法』 I 地理調査の基礎（朝倉書店 1972）

2)　調査項目を決めるためにはこの他に黒川静夫（関商工高校）「三重県における水力利用その経過と現状」（産業考古学会会報・昭和60年8月）を参考にした。

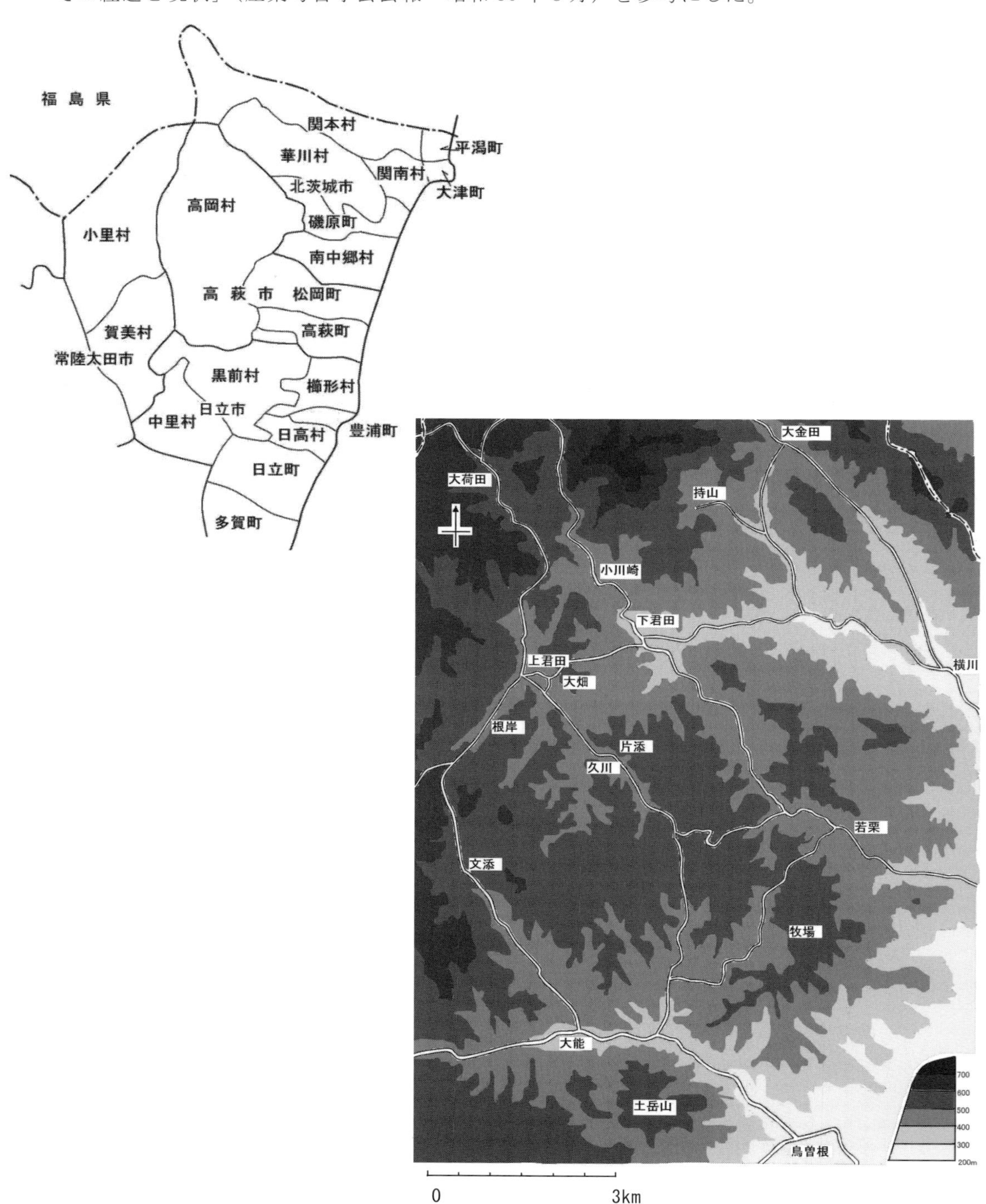

高岡村村内図　基図：国土地理院発行2万5千分の1地形図

3-2 旧高岡村の位置

2　旧高岡村の発電用小型タービン水車

(1)　旧高岡村の概況

旧高岡村は，標高 400mから 500mの多賀山地（阿武隈山地の茨城県側）が村内全域を占めている(図 3-2)。

多賀山地は，太平洋と久慈川の支流・里川に挟まれた楔形の隆起準平原で，起伏の少ない山地となっている。土岳(つちたけ 599.7m)，和尚山(おしょうさん 804m)竪割山(たつわれさん 658.2m)などは高原上の残丘で，頂上付近はなだらかである。河川が樹枝状 1)に山地を浸食し，山間盆地には集落が散在する。

旧高岡村の君田・横川地区は内陸部に位置するため，気候的には春から夏にかけて最高気温が海岸部より高く，冬期には 4 ヶ月にわたって平均最低気温が氷点下となり，－10℃以下の日が何日か続くこともある 2)。冬季は海岸部が雨であっても積雪が見られるなど，同じ市内でも特異な様相をみせている（図 3 - 3・巻末資料)。高萩市の中心部からの距離は約 20ｋｍで，西側の常陸太田市里美地区からは約 15ｋｍである。

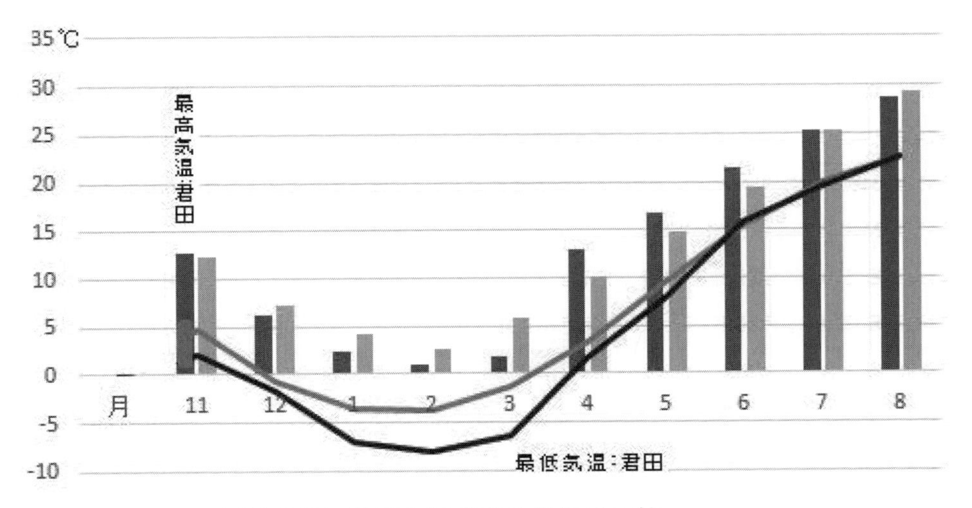

図 3-3 君田地区と海岸部の気温の比較

君田・横川地区には営業目的の水力発電所は設置されていない。集落の近くには大北川や花貫川に発電所用取水口が取り付けられているが，発電所は山地の東側山腹部にあり，当地域には何等影響を及ぼしていない。この自然条件が自力更生策としての小水力発電に地域住民が立ち上がるきっかけにもなったのである。

表 3-1　タービン水車一覧　－高萩市君田・横川地区－

番号	所在地	設置年月日	使用目的			タービンの種類
1	高萩市上君田　字中手	大正 15.7.15	精米		発電	フ・竪
2	上君田	昭和 3.8.1		製材	発電	フ・竪
3	上君田	昭和 23		製材	発電	フ・横・ダ
4	下君田	昭和 4.5.27			発電	フ・竪
5	下君田　小川崎	昭和 7 か 8			発電	フ・横・ダ
6	下君田　川名古	昭和 12.6.12	精米		発電	フ・横
7	下君田　川名古	昭和 23	精米		発電	フ・竪
8	下君田　片添	昭和 28.10.23			発電	フ・竪
9	上君田　内の草	昭和 22 か 23			発電	フ・竪
10	上君田　大畑	昭和 23		製材	発電	フ・横・ダ
11	下君田　片添	昭和 29.1.2		製材	発電	フ・竪
12	上君田　滝の倉	昭和 33.6.13	精米		発電	フ・竪
13	下君田　大荷田	昭和 25.5.24	精米		発電	ペルトン
14	下君田　川平	昭和 24	精米		発電	フ・竪
15	上君田（文添）	昭和 23			発電	フ・竪
16	下君田（柳沢）	昭和 26 か 27			発電	ペルトン
17	下君田（大平）	昭和 23		製材	発電	フ・横・ダ
18	横川	昭和 6	精米	製材	発電	フ・横
19	横川　柿ノ木平	昭和 24	精米		発電	ペルトン
20	横川	昭和 20	精米		発電	フ・竪
21	横川	不明	精米		発電	フ・竪
22	下君田　野竹内	計画中			発電	フ・竪

フはフランシス型　ダはダブル(複式)　　竪は竪軸　横は横軸

私は昭和 55(1980)年 4 月から高萩市立君田中学校に勤務し，昭和 60(1985)年前期，茨城大学において内地留学研修の機会に恵まれた。研修終了後，指導教官の中川浩一教授から小水力発電に使われたタービン水車についての調査を勧められた。調査の結果，君田地区全体で 18 箇所のタービン水車が設置さていたことが明らかになった(図 3-4)（表 3-2)。営業用電力の導入が遅れていたために，昭和 20 年代後半には地区内のほぼ小字ごとにタービン水車が稼働し，小規模自家用発電を行った。

その後の調査により地理的環境が類似している市内横川地区や日立市旧黒前村，北茨城市華川村花園地区・水沼地区，関本村才丸地区など多賀山地全域において同様の自家用発電を行っていたことがわかった。営業用電力の導入は昭和 32(1957)年以降になった。多賀電気による高萩市・北茨城市の海岸平野部への点灯は山間地域まではその出力から拡大し得なかった。北茨城市の石岡第一・第二発電所は専ら日立鉱山の企業用として稼働した。

馬力	落差（m）	発電機（kW）	配電戸数	調査年月日（昭和）	現況	製作者	番号
4	2	直 2	18	60.12.21	水路のみ	下村電友舎（東京）	1
1	2.4	交 0.5	6	60.10.6	埋設	市村鉄工所	2
16	3	交 3	6	60.10.6	埋設		3
0.4	3	交 0.3	1	書類による	昭和10.6廃止		4
5	4	交 2	15	61.1.12	現存	勝田在住者（中古）	5
12	2	直 3×2	18	60.11.8	水路のみ		6
	3	交 5	20	60.11.8	水路・台座		7
		交		60.12.21	なし		8
3	3	交 3	21	61.1.8	なし		9
15	5	直 5	9	60.12.21	なし	イ鉄工所	10
4	3	直 1	4	60.12.21	現存		11
5	3	直 1	17	60.12.21	水路のみ		12
5	10	交 5	14	60.10.19	稼働中	平沢電業社	13
	2	交	5	60.12.21	なし		14
3	2	直 1	5	60.12.21	小屋のみ	市村鉄工所	15
	2	直 0.2	5	61.1.11	なし	柳田（大子町）	16
20	5	交 3	6	61.1.12	なし		17
4.5	3	直	2	62.1.18	なし	日立・小池鉄工所	18
			3	62.1.18	なし	発電機は土浦から	19
	2	3	2	62.1.18	現存	富士電機製造（株）	20
	2		1	62.1.18	なし		21
			3	61.1.12	なし	市村鉄工所	22

直は直流 交は交流　　　　　　現存は完全な形で現存

電力導入が遅れた地域では，生活向上に向けてどのような工夫がなされていたのであろうか。「農山漁村電気導入促進法」の適用によって，商業用電力が導入されるまで，住民の自助努力としてなされた自家用電力の使用を支え稼働していたタービン水車は，具体的には発電実施とどのようにかかわっていたのだろうか。数多くのタービン水車が架設されていた君田・横川両地区の具体的な事例を，聞き取り調査の内容をもとに個々の水車について述べる。

1)　尾留川正平『現代地理調査法』Ⅰ地理調査の基礎（朝倉書店 1972）p144 の分類によれば，水系のパターン(1)樹枝状にあたる。

2)　昭和 56 年，高萩地区営林署は下刈りした山麓に直播の大根栽培を試行し，マスコミ等でも取り上げられ地域の話題となった。そこで君田中学校の生徒が社会科自由研究の課題に「君田地区の高原野菜栽培」と題し，夏の冷涼な気候を利用した高原野菜栽培が君田でも可能か調査・研究をした。君田地区の気温は生徒が毎朝登校時に校舎西側の百葉箱中の最高・最低温度計にて計測し，ノートに記録した。また毎日の記録を折れ線グラフに表し廊下に掲示した。海岸部の気温は同時期の高萩市消防本部（東本町 3-11）の観測データである（巻末資料）。この結果君田地区では夏季に最高気温が海岸部より高く，反対に冬季には最低気温が海岸部より低くなる内陸性の気候であることがわかった(1984～1985 年の記録)。また同様の記述が「君田の自然」(高萩市教育委員会昭和 62 年 9 月 1 日発行）や『高萩市史』上にも記載されている。このことから，大根栽培には早めに種を蒔き収穫することが気温の変化を有効に活用することに結びつく，ということがわかった。

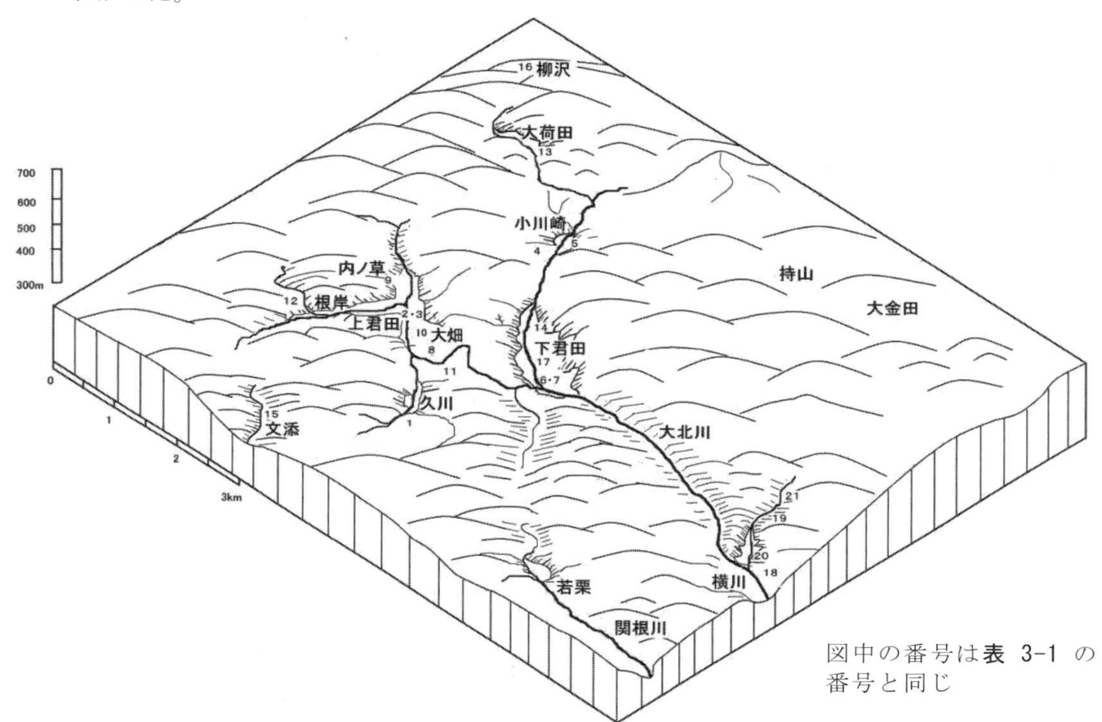

図中の番号は**表 3-1** の番号と同じ

3-4 君田・横川地区水車分布図 基図：国土地理院発行 5 万分の 1 地形図 ブロックダイアグラムの作成には藤岡謙二郎『地域調査ハンドブック』（ナカニシヤ 1980）を参考にした

(2) 上君田宿(しゅく)地区の発電・製材兼用タービン水車

はじめに，上君田宿地区の製材・発電用水車について紹介する。地区の好位置に早くから稼働してきた水車である。昭和 4(1929)年に稼働を始めた。この時期は，県内初点灯から約 25 年が経過し，県全域で各地に営業用の電力が導入された時期である。これら営業用電力に替わるものとして，この地ではタービン水車による電気導入がなされた。明るさは営業用よりも劣り故障も多かったが，夜間照明に早い時期からタービン水車が稼働した。県内外をはじめ，他地域の電気導入の動きが山間地に影響をもたらしたと考える。また地区内では電気導入のさきがけとなった。配電された戸数は8戸で自宅と付近の住宅，それに旧上君田小学校校長住宅である。周辺全集落に点灯するには出力が足りなかった。

水路は大北川の支流から導水した。水田用水路を用い，2 箇所に木樋を使用した。比較的長い距離を通水することによって，準平原部の平坦地に掛ける水車に落差をとった。このようにして，昭和 4(1929)年 12 月に地区における最初の製材用・発電用水車が稼働を始めた。小規模水車ではあったが山間地に明かりが灯った。

昭和 23(1948)年になると，同所にて佐川清二さんが製材・発電用水車を稼働させた。所有者が変更になった事情は判明しない。水車の設置状況は，長男の佐川良祥(よしあき)さんと奥様の話から明らかになる。堰堤はタービン水車より 200m ほど上流で，これまでの用水路をそのまま活用した。木製の樋は新設した。

大北川支流の川幅は 8mで，木樋最上流部にはコンクリート製の堰堤があったことも以前と同様である。堰堤の位置は現在祭礼用旗柱が残る地点より小道に沿って東に進み，大北川支流と交わる地点よりわずか上流にあった。堰堤上部は歩行可能で，中央に水門を設け，水量を調節した。右岸に沿って幅 5 尺，深さ 4 尺の松板製水路を設け，200m 下流の水槽に導水した。水路幅・水深といい規模が大きい。水槽手前にはごみとり用のスノコと余水吐を取りつけ，大雨時には放水した。樋は腐食に強い松材を使ったが，7 年ほどで新しい板と交換した。水槽は 3 m立方のもので，かなり大きく内部の清掃には大変苦労したとのことである(図3-5)。

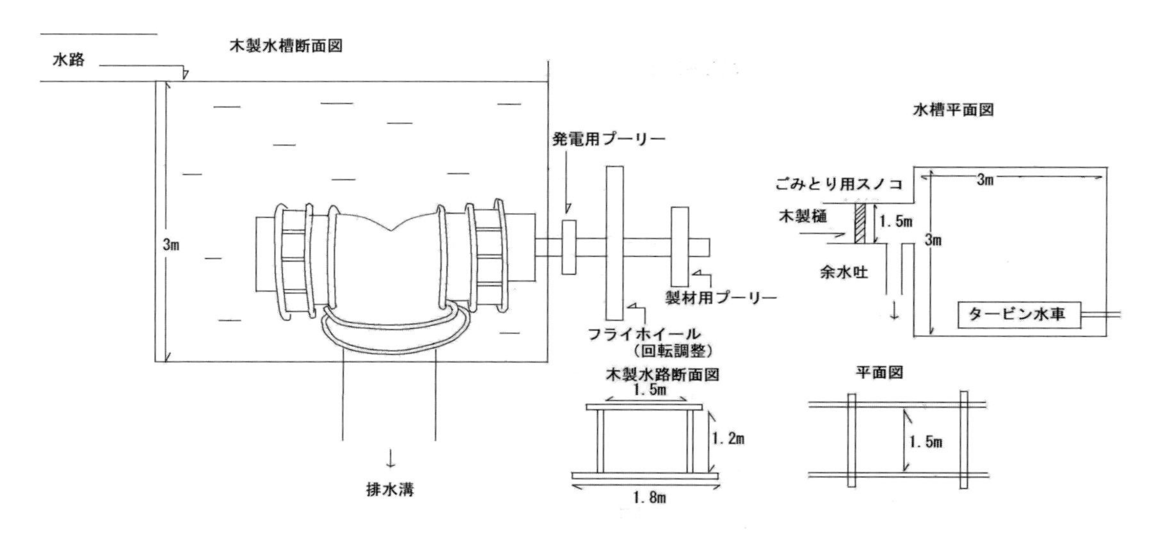

3-5 佐川良祥タービン水車図

タービン水車は，横軸複式で，水戸の市村鉄工所製である。水槽の東側に取り付けられた。以前のタービン水車は，この時点で馬力が大きい複式水車に交換されていた。タービン水車の横軸には発電機用プーリー，回転調整用フライホイール，製材機用プーリーがあり，水車軸からの動力を各機械に伝えていた。昼は製材用機械に平帯のベルトを接続し､夜は発電機につなぎかえて効率よく利用した。市村鉄工所に勤務した志賀宗一所有の『タービン水車主なる納入先』にはこの事実を裏付けるように,昭和 23 年現在,所有者佐川良祥さん名で電灯 30 戸とある。以前より水車の馬力が増し,宿地区全体の各戸に配電するだけの出力が得られた。12 馬力の製材水車も同じ所有者名義で記載されている。水車が兼用されていた事実を確認した。

調査を始めてまもなくの昭和 60(1985) 年 10 月，佐川良祥さん宅 (市内有明町) に伺い，聞き取り調査を行った。佐川良祥さんと奥様は苦労した昔を懐かしむように当時の記憶をたどってくださった。話はより具体的になり，そして熱を帯びた。手間隙をかけて水車とかかわっただけに，忘れがたい記憶が鮮やかによみがえってくるようであった。

昭和 28(1933)年 10 月，市村鉄工所職員の志賀宗一が佐川良祥水車の修理のために上君田を訪ねた。メモには次のような記述が残されている(写真 3-1)。ガイド弁やランナーが磨耗したため，部品の計測をし，新たな部品を発注したうえで，後日納入予定であることが理解できる。

上君田 佐川様 ダブル式 28.10.10.
ガイドベン 巾5寸、長8½" 厚1½" 10枚

3-1 志賀宗一メモ 上君田佐川様…

このようにして敷設し活用されたタービン水車は，昭和 33(1958)年，東京電力の導入とともに製材用機械は高性能電動機に切り替えられ，個々の家庭には営業用電灯が灯ってその役目を終えた。タービン水車は約 30 年間の稼働であった。タービン水車と付属施設は埋め立て･整地されて昭和 60(1985)年現在,跡地は営林署の木材保管所となっている(写真 3-2)。

3-2 佐川水車跡地

(3)　上君田久川(くがわ)地区共有の発電用タービン水車

ほぼ同時期に上君田久川地区（上君田字中手 506）において，地区共有の発電用タービン水車が稼働した(表 3-1)。地区内に点灯することが主目的であったが，精米用にも使用された。地区の人びとの協力で，共用小規模タービン水車を設置したという点で特筆される。自力更生で生活向上への努力がなされていた。昭和4(1929)年5月のことで,君田地区では最も早く稼働を始めたタービン水車と言えよう。同時期上手綱仙道坂にあった製材所では職人の住宅点燈用タービン水車があった。久川地区の人びとはこれを見て「いいものがある」と言って試行したのである。地区の方々から聞き取り調査を行って，発電用地区共有水車の稼働状況が明らかになった。

戦前は久川地区 12 戸の他に同じ下郷地区の田の草地区，大畑地区にも配電していたが，この地区までは距離があるために途中で出力が低下し，電灯は薄暗い明かりとなった。戦後は市村製作所製のタービン水車に改修し，久川地区のみ配電した。設備費用は高価であったが共有田から収穫される米を売って資金とした。田の草地区，大畑地区には後述の通り地区の発電用水車が完成していた。通算して 30 年間,タービン水車が灯りの源として,地域全体に配電し続けることになる。

現地を見てみよう。昭和 61(1986)年 1 月，地区の方に案内されて水車遺構を調査した。水車は生活道路と並行して大北川支流の久川左岸にあった。近年道路の拡幅工事が行われ，道路が久川の右岸を通るようになったこともあって人びとの立ち入りは全くなく，草木が繁茂し遺構を確認することすら容易ではなくなっていた。これまで通勤に何度も通った道路であったがタービン水車の存在には気づかなかった。案内者がいなければ確認できないだろう。水車小屋は土台を残して形をとどめていない。コンクリート製の堅固な堰堤が，唯一人びとの目にふれる遺構である。

堰堤から水車小屋までは幅 70ｃｍの細い水路が 54ｍほど続いている。水車小屋は７ｍ×４.２ｍの木造で，タービン水車は竪軸で３.８馬力，市村鉄工所の製作である。小さな水車が発電機を回転させ，この地区に明かりを灯す大きな役割を果たしていたのである。

敷設工事は地区住民の労力奉仕であった。完成後の管理も鍵当番を決めて全戸順番制で行った。地区住民の発電への強い思いが感じられる。

(4)　下君田大荷田(おおにた)地区の手作りペルトン水車

昭和 32 年の営業用電力導入とともに,多くのタービン水車が姿を消していった中で，君田地区でただ一ヶ所，平成の年代まで稼働してきた手作り小型洋式水

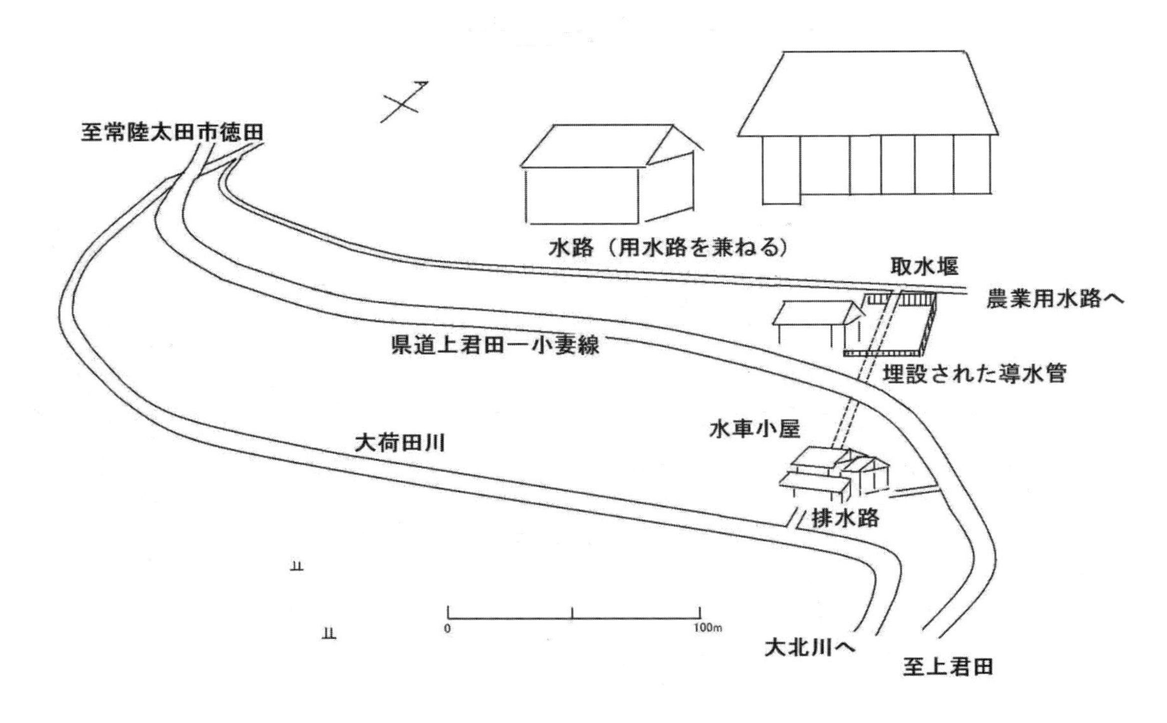

3-6 大荷田地区のペルトン水車見取り図

車がある。大荷田の精米・発電兼用ペルトン水車である。

昭和 60(1985)年 10 月，水車の調査を始めてまもなくの頃，営業用電力の導入に尽力し，その後も電力の管理・維持にかかわった一人である上君田の鈴木広次さんから，次のような話をうかがった。

「自家発電をやめてから 30 年近くになりますが，今でも精米に使われている水車があるんですよ。水車を調べているのなら是非見学したらいいでしょう」。

早速お願いすると，快く案内役を買って出てくれた。

上君田の宿地区から，さらに北へ杉林の中を 4ｋｍほど進むと，やがて視界が開け，大荷田地区が見えてくる。江戸時代に新田開発が行われた地区で，現在戸数 11 戸，人口 24 人の地区である。当時私が勤務していた君田中学校には 5 名の生徒が通学していた。大北川の支流大荷田川にかかる雹ヶ橋を経て 100mほど上流の左岸に青いトタン屋根の小屋が目にとまる。これが地区共有の水車小屋である(図 3-6)（写真 3-5)。営業用電力が導入される以前には，発電も行われていたという。今でも稼働中であることが驚きであった。

地区の方が一人，精米の作業にやってきた。

「おばさん，この水車ができたのはいつですか？」

「昭和 25 年 5 月 24 日ですよ」

3-3 取水門　大荷田川左岸へ分水

3-4 生活用水でもある水路

3-5 水車小屋　導水管は右手上の県道下に埋設した

「ずいぶんはっきりと覚えていますね」
「だって息子の誕生日と同じですからね。忘れませんよ」
なるほど，それでは忘れられないだろう。

小屋の鍵を開けて，精米の準備が始まった。一輪車で運んできた玄米を，小屋の中にある精米用の箱に入れる(写真3-6)。そして水門を開けるために，道路を挟んだ向かい側の土手を登っていった。

水路は通常生活用水・灌漑用水として使われ(写真3-3・4)，タービン水車稼働時に分水する。小屋の上方にあたる附近にそのための仕切り板が取り付けられている。

通水すると同時にタービン水車が回転し，直結してある回転調整用のフライホイールが勢いよく回転を始める。鉄製のカバーがかけてあるので水車内部はうかがい知ることはできないが，水流音からかなりの回転数を持つことがわかる。回転中のタービン水車軸と精米機を平ベルトでつなぐ。作業は一瞬のことで使い慣れていることが分かる(写真3-7)。一袋30ｋｇの米を二袋精米し，作業は約１時間かかった。動力代はもちろん無料である。しかし，高齢化が進み米を水車小屋まで運ぶ手間を考え，最近は水車を使わない家も出てきたという。現在使用しているのは６戸である。完成してから故障は

3-6 精米作業のはじまり

3-7 水車軸と精米機を平ベルトでつなぐ
ペルトン水車本体はカバーの中

3-8 カバーをはずしたペルトン水車全景　奥はフライホイール手前は精米機と結ぶ平ベルト

ほとんどなく，運営費は徴収していないという。

次に水車の構造を詳しく見てみよう。昭和62(1987)年4月，産業考古学会見学会の予備調査のために中川浩一先生と訪れた際，水車のカバー（ケーシング）をはずして内部を見せていただいた(写真 3-8)。タービン水車の直径は約 45ｃｍある。周囲を２本の鉄線で補強し，溶接で水受けが固定されている。18 個の水受けは半球形で，中央先端部は半円状に削られている。

直径 20ｃｍのコンクリート導水管の先端部（射出口）は２本の鋼管で出来ており水圧を上げるために径を細く絞り込んである。2 本の管は位置を前後にわずかにずらしタービン水車の水受けにあたる仕組になっている(写真 3-9)。落差は約 7ｍあってある程度の回転数が得られている。

3-9 水車射出口と水受け

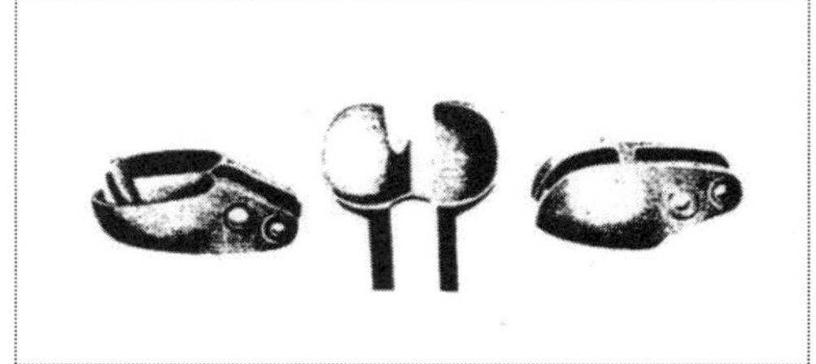

3-7 ペルトン水車の水受け 1)

ペルトン水車の一般的な形状を調べてみよう。

ペルトン水車は高落差で水量が比較的少ない場合に用いられる。営業用発電所のペルトン水車は通常羽根車の水受けが 18～25 個程度取り付けられている(写真 2-2)。軸は水平である。巨大な例としては富山県真川発電所の 18,650 馬力（落差 518m・水量 3.14 ㎥）がある。水受けは楕円形で，中央に水切りがある(図 3-7)。この水切りと水受けのふちが出会う部分は切り取られている。これは水流が水受けにあたった場合，水切りと水受けの縁によって互いに直角に曲げられた水流が衝突することを避けるためである。水受けが多くては１回転の間に流水を切る度数を徒に増すことになり，また少ない場合は流水がどの水受けにも当らずに突き抜ける恐れがある。従って水受けの数は水流と水車の相対運動を考えて適当に定められている。水車は通常鋳鋼製で水受けはボルトによって取り付けられている。

また水受けの内面は湾曲し流水に対して摩擦抵抗を与えないために工夫されている 1)。

これらのことを参考に大荷田の水車を考えてみると，規模や流量は比較にならないが，中央先端部が切り取られるなど手作りの中に水車製作の基本をふまえて設計・製作されている。昭和 25(1950)年から現在まで，37 年間も稼働し続けている見事なペルトン水車である。

ではこの水車の設計者は誰なのだろうか。地区の方々の話から，高萩駅に程近い市内大和町で［平沢電業社］を経営する社長平沢孝さんが設計し，市内の鉄工所に依頼して製作したことがわかった。

平沢孝さんは水車が完成し，点灯したときの様子を次のように話してくださった。

「電灯がうまく灯ったときは，私も感激しましたよ。横川地区の持山(もちやま)というところで成功して，大荷田は二箇所目だったのですけれども…。電灯をつけてやるといわれて，集金した金を全部持ち逃げされた例もあるように，地区の人々はたいへん苦労していたようですね。現地をよく調べて，落差の最も大きく取れるところを選びました。工事には地区の人びとが総出で労力奉仕をしてくれましてね。導水路になるヒューム管を埋めるのがとても大変でした。道路を横断しなければなりませんでしたからね。そうそう，電灯が灯ったときは，そこのおばあさんでしょうね。私の前に来て，「ありがたい。ありがたい」と言って手を合わせて拝むんですよ。地区の人びとが電気を大変心待ちにしていたことがよくわかりました。復員してきて，この時ほど〈良い職業についたなあ〉と思ったことはありませんでした。持ってきたラジオのスイッチを入れると，犬がびっくりして，ほえながら家の周りをぐるぐる回ったのですよ。犬も始めてラジオ 2)を聴いたのでしょうね。」

昭和 62 年 5 月 16 日・17 日，一泊二日で産業考古学会水車と臼の分科会・電気分科会共催の「北茨城の水車と小水力発電所見学会」が開催された。20 名の参加があった。ここ大荷田の水車も見学コースに加えていただき，現地で参加会員の方々から多くの示唆に富む，そして厳しいご指導をいただいた。

その後も時折大荷田地区を訪れ，水車の無事を確認してきた。平成 4，5 年ころには，その役目を終えたのか，小屋の入り口に向かう小道は背の高い雑草が目立つようになってきた。そして平成 14 年 11 月 13 日，久しぶりに訪ねてみると水車小屋付近は道路拡張工事中で，水車小屋はすっかり取り壊され，道路の下を横切って埋設されていた導水管の断面が無残に土中から姿を見せていた。地区の人々の生活にとけ込み大活躍した水車に思いをはせた。

1)　松本容吉『アルス機械工学大講座』第 5 巻水車（アルス 1935） p26

2)　ラジオ放送は大正 14(1925)年 3 月に東京で始まり，昭和 3(1928)年には日本放送協会が埼玉県新郷，大阪府千里に放送所を設け全国的な放送が開始された。当時ラジオは「娯楽の王様」と呼ばれ，電気の普及と密接に結びついて普及したが，大正年代は三球レフレックス受信機が定価 50 円，早川金属工業（現・シャープ）の鉱石ラジオでも 3 円 50 銭と高価であった（『週間日録２０世紀』講談社)。

(5) 上君田片添(かたそえ)地区の発電用タービン水車

昭和 60(1985) 年 9 月，私が勤務していた高萩市立君田中学校の生徒に発電用水車の話をすると，

「それなら家にあるよ」

と言って，一人の生徒が私を自宅に案内してくれた。これが片添地区の水車である。稼働を停止して約 30 年が経過しているが，タービンの納まった珍しい木製の水槽と，隣接する水車小屋はそのままの形で残されていた。また小屋の内部には，配電盤が実用当時を思い起こさせるには十分の形で保存されていた(図 3-8)。

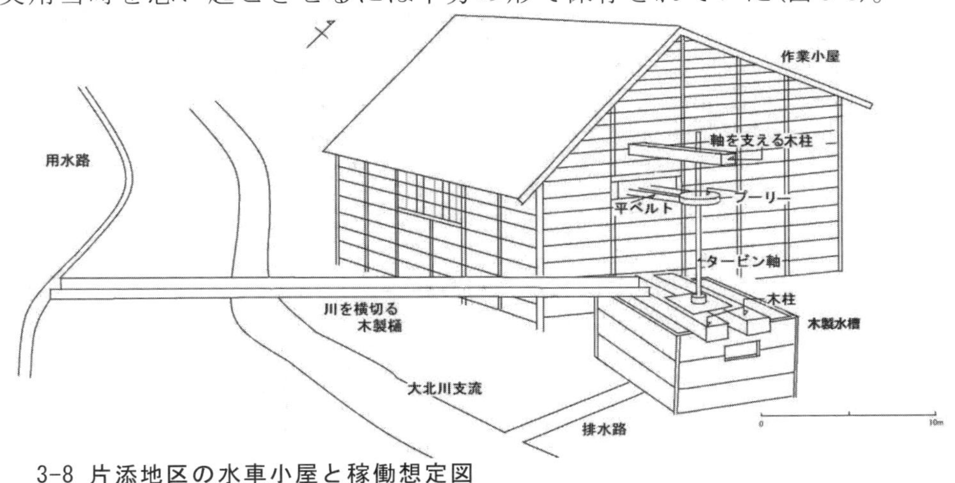

3-8 片添地区の水車小屋と稼働想定図

3-10 片添タービン水車小屋 川の向こう側中段が用水路跡　3-11 珍しい木製の水槽と竪軸

堰堤は小屋より71mほど上流にあり，コンクリート製で堅固な作りになっている。用水は山裾を大北川の支流久川に沿って導かれ，これより川を挟んで対岸の水車小屋へ，長さ15.5mの木製樋が渡してあったが，これは現存しない(写真3-10)。タービン水車はフランシス型竪軸で，水槽内部の草木を除去すると，タービン水車上部とこれに接続してガイド弁が確認できた。フランシス型タービン水車の遺構に初めて触れた。木製の水槽は縦横1.2m×1.2m，深さが1.5mの大きさで腐食も少なく，よく現況をとどめている(写真3-11)。タービン水車軸上部のプーリーにかけられた平ベルトは小窓より小屋内部に伸び，発電機や精米機を稼働させていた。昭和29年2月より発電を始め，発生電力は周辺4戸にも配電した。水車は4馬力,発電機は直流1kWである。得られた電気によってラジオを聴いたのをよく覚えているという。小屋内には配電盤が残されており120V，5Aの表示があった(写真 3-12)。発電用水車があったことの確かな証を見た。有効落差3mのミニ発電所で，5年間ほど灯火をともし続けたことになる。小発電所とはいえ，この地域にとって重要な役割を果たしていたのである。副次的に製粉用にも使用されていた。

3-12 配電盤は発電用水車のあかし

戦前には同じ場所に在来型の水車があり，このときは製材用として使われていた。上君田には製材所が宿，片添，大畑地区の3箇所にあった。片添の製材所では，在来型の水車で［丸のこ］を回し，製材した。製材された木材は6頭の牛の背に積み，約10km離れた上手綱菅の沢(すげのさわ)まで運んだ。ここで馬車に積みかえ，高萩駅まで運んだという。菅の沢は物資の中継所で，職員が10人ほどいた事務所があったが，今はその面影を残していない。

(6) 上君田大畑(おおばたけ)地区の製材・発電用タービン水車

昭和23(1948)年，上君田大畑655番地には個人所有の製材用タービン水車が稼働した。また同タービン水車によって発電機を稼働させ，大畑地区へ送電した。大北川の支流は上君田宿地区の水車を稼働させ，さらに大畑地区の水車を，そしてさらに前述の片添地区の水車をも稼働させた。製材所跡地は現在水田として利用されている。昭和60年12月，君田中学校の男子生徒2人とともに周辺を調査し，用水路跡を実測した。タービン水車遺構は見あたらなかった。

聞き取り調査によれば，タービン水車は横軸複式型で15馬力あった。製材用として十分な機能を持つ水車であった。市村鉄工所製の水車である。発電機は直流で最初は3ｋＷであったものを5ｋｗに替えている。製材用タービン水車であったため出力が高くて100Wの電球が何度も切れたという。有効落差5m，川沿いに木製の幅3尺の水路をつくって導水した。この点は上君田宿と同様である。大畑地区4戸，田の草地区5戸，計9戸に配電された。以前は久川地区から送電されたが大畑地区独自で発電を始めた。

製材用タービン水車は，昭和32(1957)年に東京電力の導入とともに稼働を停止した。

(7) 上君田井戸沢(いどさわ)・根岸(ねぎし)地区共有の発電用タービン水車

上君田宿地区より大北川支流をさらにさかのぼると，周辺には人家もなく山林の中に細道が続く。支流に沿って進むと貴重な植物の宝庫である［滝の倉湿原］へと続いている。井戸沢・根岸地区の人びとは集落より数百メートル上流の上君田滝の倉 349 番地に地区共有の水車を完成させ，地区内 17 戸に配電した。昭和33(1958)年6月のことであった。水量調整枡のコンクリート上部に完成年月日が刻まれていた(写真 3-13)。［井根発電所］とあり，これは井戸沢・根岸地区の略であろう。小規模発電所ではあるが完成時の人びとの喜びが伝わってくる。

しかし高額の支出をして水車を完成させたが，数ヶ月後には東京電力が導入された。この事実をどのように受け止めたらよいのだろうか。営業用電気導入の予定を知らなかったのか。承知してはいたがタービン水車敷設の計画が以前からなされてきたので，製粉・精米用にも使えることを考えて設置したのか不明である。事実水車はその後も精米用として稼働したが集落より離れていたためか次第に使われなくなった。

3-13［井根発電所］と刻まれた水量調整枡

状況を詳細に見てみよう(図 3-9)。大北川支流の川幅は4mあり，堰堤は川を斜めに横切るように石積みされたもので，簡便である。支流とはいえ水量が多かった。これより25mはコンクリート管を埋設して導水している。管の直径は60ｃｍとやや太い。いったん水路調整池に集められた流水は，直径25ｃｍのコンクリート管により14m下流の水車小屋へ導水されている。

水車小屋内部に導かれた河水は，入口近くにあったタービン水車を稼働させ，

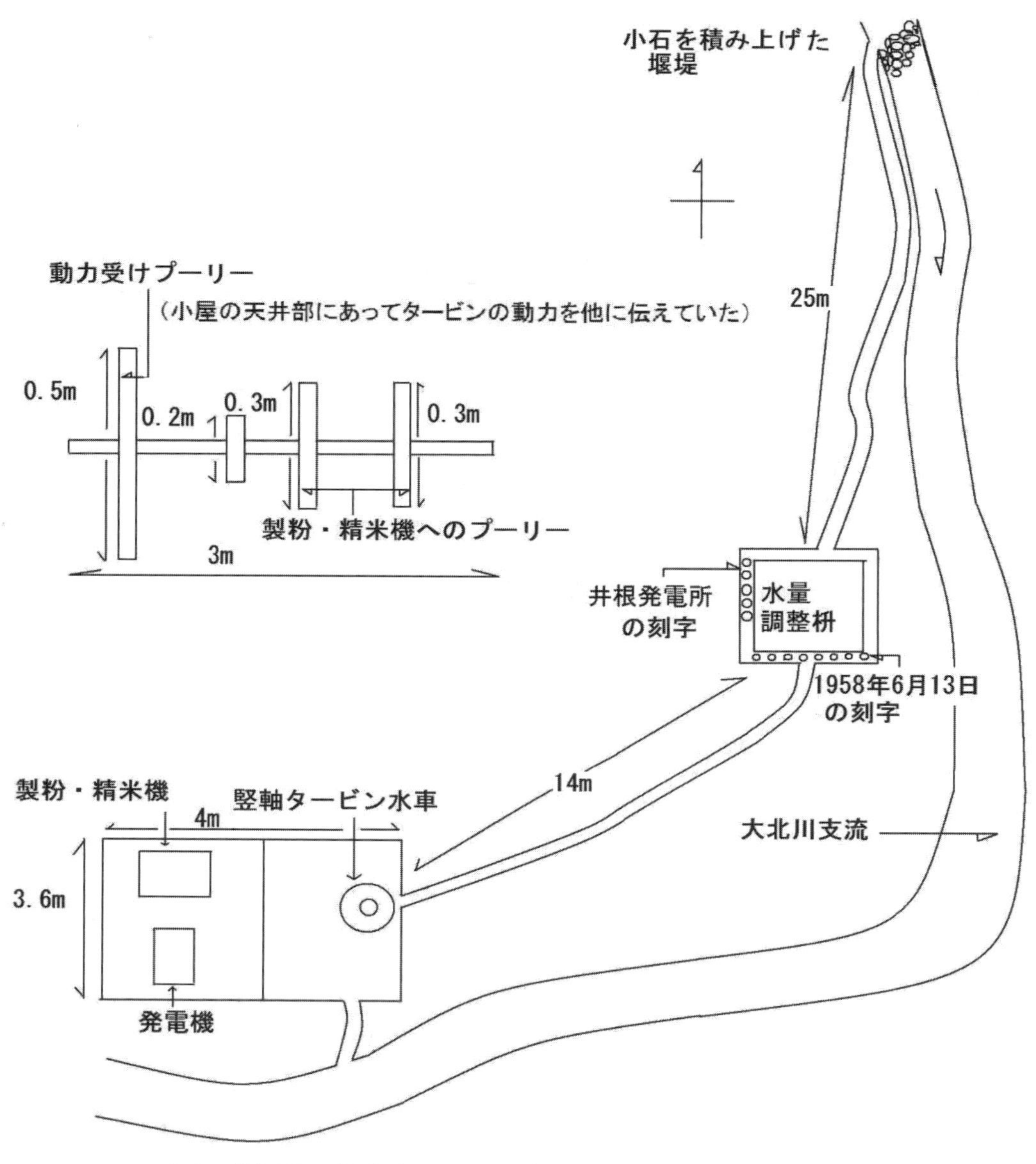

3-9　井戸沢・根岸地区のタービン水車見取り図

3-14　放置されたタービン水車のランナー

3-15　水車跡を説明する鈴木広次さん

隣の部屋の発電機と製粉機に動力を伝えていた。小屋は3.6m×4mの広さがあった。タービン水車は竪軸露出型で3〜5馬力であった。発電機は直流で1kW，回転数1,500である。有効落差は3mと小さい。

昭和60(1985)年10月，上君田の鈴木広次さんの案内で現地調査を行った。鈴木広次さんも久しぶりに訪れた様子で，水車小屋が崩壊していることや，樹木が繁茂し周囲を覆っている光景に驚いていた。タービン水車のランナー・水車軸・プーリーが附近に散乱していた(写真3-14・15)。貴重な資料がまた一つ消え去る状況に接した。水車軸が残存していたので計測した。また地区の方より当時の発電機と電球を借用し写真に収めた(写真3-16)。

3-16 [井根発電所]の発電機と電球

(8)　下君田宿(しゅく)地区の発電用タービン水車

県境の柳沢(やなぎさわ)地区を水源とした大北川が下君田地区を潤している。水量が豊富である。大北川は周辺の支流と合し，山麓部を侵食し深い峡谷となって見事な景観をつくり出している。春や秋の観光シーズンには県内外の観光客の眼を楽しませている。

下君田字川名古(かわなご)にあった地区共有のタービン水車を紹介しよう。

昭和60年11月に現地調査を行った。昭和12(1937)年始動という古くから稼働していたタービン水車である。集落の裏手にあたる杉林の中に設置され，コンクリート製のタービン水車の基礎部分が残存する。水車小屋はすっかり姿を消していた。水路は取水口より50m程あり，掘削したU字状の水路遺構が確認できた。

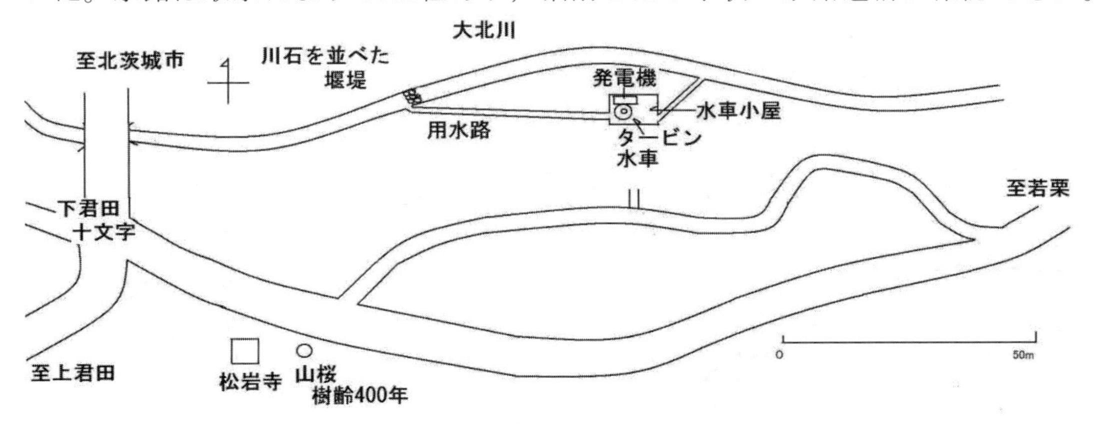

3-10 下君田宿地区のタービン水車見取り図

堰堤は川石を敷き詰めただけの簡便なもので，水量が豊富だったためにこれで十分であったのだろう(図 3-10)。

タービン水車は竪軸露出型で 12 馬力，3ｋＷの発電機を 2 個設置した。川平(かわだいら)地区にも送電しようとしたが，距離があるために電圧が低下し，暗い明かりになってしまった。地区内 12 戸に配電し，1ヶ月 10 円ずつ集金して運営費に当てた。

(9)　下君田小川崎(こがさき)地区の発電用タービン水車

下君田宿地区よりさらに 2ｋｍほど大北川の上流に目を向けると，地区共有の発電水車があった。旧上君田小学校と統合した旧下君田小学校は地区の生活改善センターとして生まれ変わったが，道路を挟んで反対側の大北川左岸に位置する小川崎の水車については，昭和 61(1986)年 1 月及びその後何度かの聞き取り調査を重ねることにより次のことがわかってきた。

タービン水車の設置は，昭和 7 年か 8 年頃のことである。営業用電力が導入された昭和 33 年まで稼働した。発電専用の水車で，設置場所は下君田小川崎，個人宅の裏手敷地内である(図 3-11)。堰堤は大北川に直接コンクリートと石を組み合わせて造り，水量が豊富なためそれほど高さをもたせず，河水がたえず堰堤をオーバーフローするように造成されている。また川幅半分の位置に水量調節用仕切りが見られる(写真 3-17)。取り入れられた河水は，大北川に沿って左岸の水路をタービン水車へと導かれる。大北川と柳沢に向かう道路に挟まれた水路は両面に石垣が組まれ洪水対策の跡が見て取れる(写真 3-18)。それでも大雨による洪水時には幾度となく補修が必要となった。水路の延長は約 100ｍで，水路端とタービン水車をつなぐ 5ｍほどの木製の樋がかけられていたが調査時には取り払われていた。

全体設計は大荷田の水車を設置した平沢孝さんであった。タービン水車は複式横軸露出型で，コンクリート製の水槽内に現存していた(写真 3-19)。 タービン水

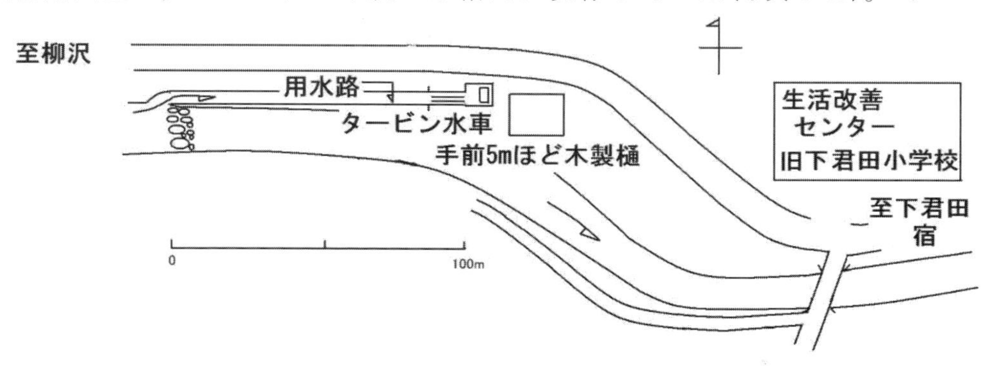

3-11　小川崎地区のタービン水車見取り図

車の製作所は不明であるが，勝田市（現・ひたちなか市）在住の方から購入したという。工事もこの方が行っている。製材用に使用していた中古の水車であったが，高価であった。有効落差が 5m あり，小川崎地区のみならず，小神戸(おがみど)地区，野竹内(のだけうち)地区まで計 15 戸に配電する電圧が得られた。

発電機は，船舶用に使っていた，やはり中古品という。運営費を徴収し，修理代とした。発電機は故障が多く，その都度遠方より修理者を依頼するのでたいへんな手間であった。故障のため 2〜3 日暗い中で夜を過すこともまれではなかった。

3-17　大北川支流の堰堤
水車用水路への水流も豊富である

3-18　石垣で護岸された用水路

3-19　水槽内に残る複式横軸型のタービン水車

(10)　上君田文添(ぶんずい)地区の発電用タービン水車

上君田より大能地区に通じる道路はやがて峠にさしかかり，その先には数戸の集落が見えてくる。文添地区である。もともとは大能地区所属であったが君田地区に編入する時点で文を添えたという故事が伝えられている。住所は上君田 49－

3-20　点灯記念の文字が残る柱

5番地と表示され，地区共有のタービン水車が敷設された。昭和23年のことで発電専用タービン水車である。型式は竪軸露出型で，2～3馬力あった。製作者は市村鉄工所である。有効落差2m・発電機の出力は直流1kWであった。以前は木製水車を使って発電をしていたという。福島県より水車大工を呼び寄せて工事を行ったが，木製水車は回転にむらがあり電光が安定しなかった。また大工さんが長期滞在となり困惑したという。1年でタービン水車に取り替えた。タービン水車設置費用は，木炭40俵を生産して1俵100円で販売しこれにあてたという。4,000円ほどの値段であった。

こうした苦労があったためか，水車小屋内部の柱には「昭和23年9月20日点灯開始文添発電組合」の文字が確認できる。この地区でも点灯は大きな出来事の一つであった。営業用電力が導入されるまでの10年間稼働した(写真3-20)。

(11)　下君田柳沢地区の発電用ペルトン水車

下君田地区から福島県塙町へ通じる道を10kmほど進むと，やがて県境近くの柳沢地区にでる。ここには5戸が共有するペルトン水車があった。住所は下君田78番地，個人宅の裏手にあたる。開設されたのは昭和26か27年とのことでペルトン式の水車は珍しい。羽根車の直径は約60cm，周囲に水受け20個が付属していた。時々水受けが外れることがあるので苦労したという。水車の製作は大子町の柳田さんという方が行った。取水堰より6mの距離を直径60cmのコンクリート管で導水し落差2mをとって，コンクリート管の先を細くして水受けにあてた。馬力は不明であるが，直流発電機は2kWの出力があったという。

昭和60(1985)年現在で戸数は2戸である。県所有の山林を維持・管理する職業についている。二人のお子さんが君田中学校に通っていた。片道10kmの道のりを両親が車で送迎していた。

柳沢地区の営業用電力の導入は福島県の東北電力系統から導入した。茨城県側から導入するより近距離であったためである。その後茨城県内の地区はすべて東京電力管内となったが，現在でも配線は福島県側からである。

(12)　横川地区の精米・発電用タービン水車

高萩市横川地区は君田地区と類似した自然環境の中にあり，タービン水車の存在については，君田地区の状況を想い起こしながら調査を行った。この結果5ヶ所のタービン水車を確認した。中でも遺構の残存状態が良好な横川197番地豊田武門(ぶもん)さんの水車を紹介しよう(図3-12)。

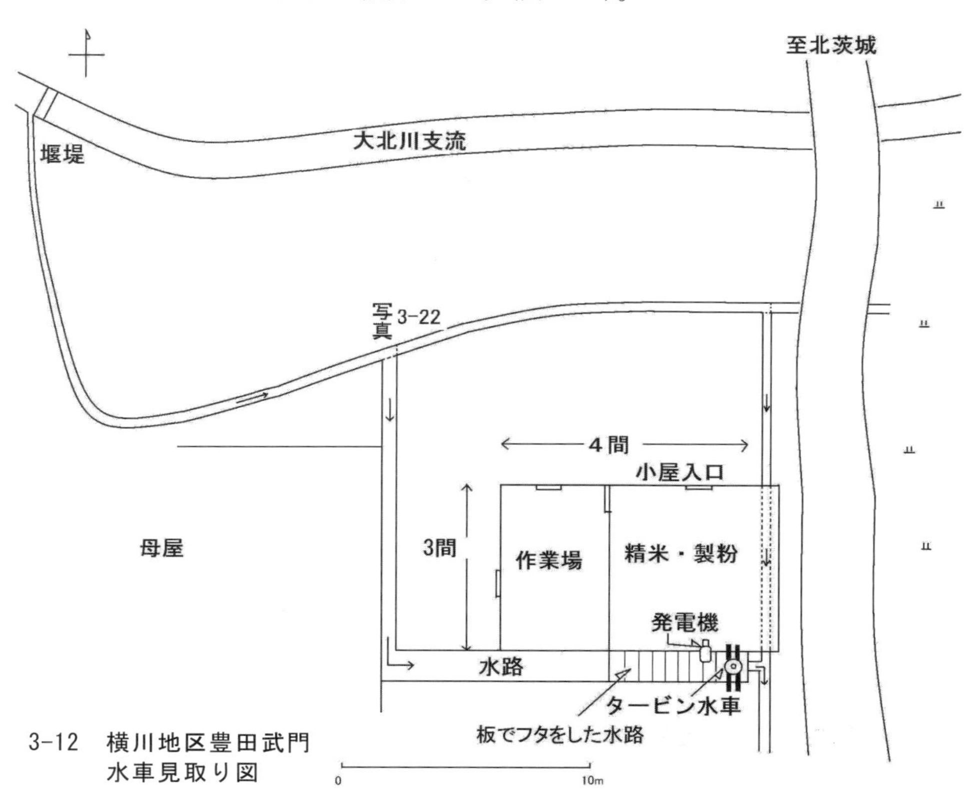

3-12　横川地区豊田武門
水車見取り図

3-21 豊田武門水車小屋

3-22 水 路　農業用水は北側を直進，水車用水は右へ

水路は大北川支流から引水し，幾度かの曲折を経て水車小屋に至る(写真 3-22)。底部，側部とも花崗岩を組んで造られ，堅固な造りは極めて珍しい。よく観察すると水路だけでなく水車小屋基礎部分・屋敷周辺部などが石積で残存することから，敷地内の石組みは一括して同時期に設計され，完成したものであろう。農業用と兼用で調査時現在でも流水が確認できる。小屋内の水路はタービン水車の納まる水槽と同じ幅で作られ，流路幅が広い。小屋内部の水路部分は杉板で蓋がけされていて，作業・物品の保管場所となっている。排水も含めて全体として水車小屋の周囲をとりまく形となっている。

水車小屋は自宅敷地入口にあり，物置・作業場を兼ねて十分な広さが確保されている。タービン水車は小屋の南東側角に露出した形で設置されており，広域農免道路から竪軸のタービン水車軸が確認できる(写真 3-21)。

水車軸は長く天井部まで伸び，その動力は床面に並行した平ベルトで天井部のプーリーに接続され，さらにタービン水車横にある発電機や近くの精米機・製粉機へと伝えられている(写真 3-23)。発生した電力は発電機から伸びる導線により近くの木柱や側板に沿って配線され，外部へと導かれている。これらの諸設備は埃をかぶってはいるが稼働当時そのままであり，電力の活用時を想い起こさせる。配電盤は見あたらない(写真 3-24・25)。

3-23 発電機と水車軸　西から

タービン水車は昭和 20(1945)年から同 33(1958)年まで稼働した。これ以前は明治時代からの木製の水車が稼働していたとのことであった。使用目的は精米と発電で，自宅と隣接する旧横川小学校に配電した。タービン水車は竪軸露出型で 3 馬力，回転数 1,700，これを動力とした発電機の方は出力 3ｋＷで富士電機製造株式会社製であった。

営業用電力導入後に精米・製粉機などは新製品と

3-24 水車動力受け軸　北から

3-25 動力受け軸と分配軸

したものの，水車小屋は現在もそのまま使用中であった。

(13)　営業用電力導入の経緯

ここで，高萩市旧高岡村への営業用電力導入の経緯をみてみよう。

昭和 27(1952)年 12 月 29 日に農山漁村電気導入促進法が公布され，また一方では昭和 29 年 5 月，茨城県電力協会内に「未点灯地区解消委員会」が設立されるなど，未点灯地区に営業用電力を導入することへの機運が盛り上がってきた。これに呼応するように旧高岡村内でも「電気がないのは高岡村くらいだ」などという声が聞かれ，電力導入への要望が各世帯で高まってきた。これを受けて旧高岡村北部と南部に電気導入組合が結成された。地区の代表者は松本栄さん(下君田)，鈴木重光さん(横川)，鈴木広次さん(上君田)，宇野栄さん（下君田)，広木充明さん（若栗）の 5 名である。この方々は旧高岡村の村会議員としてともに活動した仲で，日頃より［土用会］という個人的な会合を持ち，気心の知れた間柄であった。これらのことから「旧村内がまとまって一斉に電気を導入しよう」ということも全員が一致して申し合わせた。北部電気導入組合の代表には松本栄さんが就き，事務局長は広木充明さんが担当した。

代表者は早速活動を始め，東京電力本社や茨城支店，さらに茨城県庁への陳情を行った。一戸あたり 3,000 円を徴収して運動資金とした。この結果，まもなく県より旧高岡村北部（上君田，下君田，若栗，菅の沢，大能牧場，大荷田，柳沢，小山，大金田，横川）へ 600 万円，旧高岡村南部（米平，中戸川，鳥曽根，大能，桃源，田代）へ 300 万円と待望の補助金が交付された。不足分は，一戸あたり旧高岡村北部で 3 万 5 千円，南部で 5 万円を集金しているが，比較的遠距離の文添地区では 8 万円，大荷田地区では 10 万円の集金となった。各地区の代表者を始め多くの方々の活動が実を結んだ。

このようにして旧高岡村全体として昭和 32 年から 33 年にかけて，東京電力の電気が一斉に導入された。電気導入組合による一斉点灯は県内各地にみられた点灯時の動きと共通する点が多い。

電気導入が実現してまもなく，高萩市北部電気導入組合事務局長であった広木充明(みつあき)さんが代表して，当時の小峰威夫(たけお)高萩市長から感謝状が贈呈された。その文面を紹介しよう(写真 3-26)。

感謝状

高萩市北部電気導入組合　広木允明殿
貴下は高萩市北部電気導入組合事務局長として，当市上手綱菅の沢(すげのさわ)，仙道坂(せんどうざか)，若栗，大能(おおのう)，牧場，上・下君田 255 戸の未点灯集落解消のため，率先して局にあたられ早期導入に寄与された功績は誠に顕著であります。ここに，その功績を長く讃えるため記念品を贈り感謝の意を表します。

昭和 33 年 12 月 8 日　高萩市長 小峰 威夫

感謝状

広木允明殿

高萩市長小峰威夫

3-26　電気導入組合事務局長への感謝状

これらの事実を裏付けるかのように，『高萩市史』(下) には高萩市が厚生事業の一つとして取り組んだ「無医村地区の解消」，「市営住宅の建設」と合わせて「無灯火地区の解消」の状況が記されている 1)。 旧高岡村以外にも市内山間地区に未点灯地区が散在していたが，昭和 40 年を以って全面的に解消された。

無灯火地区の解消

<table>
<tr><th>点灯年月日</th><th>地 区 名</th><th>戸 数（戸）</th><th>工事費（円）</th></tr>
<tr><td>昭和 31. 3.22</td><td>駒木原</td><td>39</td><td>662,000</td></tr>
<tr><td>31. 5.10</td><td>石舟</td><td>19</td><td>552,000</td></tr>
<tr><td>31.10.19</td><td>安良川丘</td><td>6</td><td>284,000</td></tr>
<tr><td>－</td><td>大能・中戸川・福平</td><td>－</td><td>8,536,586</td></tr>
<tr><td>33. 8. 5</td><td>和野</td><td>－</td><td>560,591</td></tr>
<tr><td>33. －. －</td><td>金成</td><td>10</td><td rowspan="2">20,000,000</td></tr>
<tr><td>－</td><td>下君田・上君田</td><td>247</td></tr>
<tr><td>37.11. －</td><td>大金田・持山・富岡</td><td>38</td><td>3,030,000</td></tr>
<tr><td>38. 7. －</td><td>秋山上和野</td><td>48</td><td>1,237,519</td></tr>
<tr><td>40. －. －</td><td>柳沢・大沢</td><td>8</td><td>2,215,000</td></tr>
</table>

（－は不明を示す　高萩市報「たかはぎ」による）

3　旧松原町・松岡町の製粉精米用タービン水車

平成 4(1993)年には，県内各地の水車調査がほぼ終了していた。最後にいつでも調査に出向けると考えていた，自宅周辺部旧松原町・松岡町（現・高萩市）のタービン水車に目を向けることにした(表 3-2)。

多賀山地が東側の沖積平地と接する山麓部には，いくつかの在来型の水車がかけられていた。とりわけ花貫川より導水した秋山地区（旧松原町）には，2 箇所の水車遺構が確認できた。他にもいくつかの水車が稼働していたことが，地形や用水路の状況から予想された。この地域の状況については長谷川清教諭（当時高萩市立東小学校勤務）が児童とともに調査し，市教育研究会社会科研究部主催の自由研究作品展に詳細に発表している。これによれば在来型水車が戦後にタービン水車に切り替えられ，高度経済成長期を迎える昭和 30 年代後半まで稼働したことが判明する。製粉・精米用がほとんどで，発電は行っていない。電力の導入は多賀電気により大正 10 年代に実現していたのである。

市内上手綱川側（旧松岡町）には製粉用タービン水車があった。堰堤はしっかりしたコンクリート製でもともとは農業用水路に引水する目的で作られた。川幅約 15mの関根川に構築してある。これより約 300m上流の関根川にかかる堰堤と合わせて 2 本の水路が，上手綱・下手綱全体のほとんどの水田を潤している重要な役目を持つ水路である。

私が小・中学生の頃であるから，昭和 20 年から 30 年代のこと，上手綱川側地区は通学路の途中にあたり，呉服店・履物店・理髪店・郵便局・薬局・小料理屋・パン屋・製材所などが軒を並べる小商店街が形成されていた。千代田炭鉱や関口・望海炭鉱の谷口集落の役割を果たし賑わいを見せていた。高萩駅からのバスも川側が終点であった。関根川の取水口には今では堅固な水門ができているが，当時は石積の堰堤から直接水路に導入されていた。用水路には常に満々と水があふれ，水車を稼働させた後は農業用水となって流水した。年に一度水路掃除のため用水が止められると小魚が跳ねていた。水門から水車までの間は 100mほどであったが，途中に農機具修理用の鍛冶屋さんがあって，よく学校の帰りに見学した。堰堤上部の広い水面では紺屋を営む方が水中で中腰になって，寒い朝でも一心に細長い布をさらしていたのを思い出す。

人びとの生活と結びついていた関根川から取水した用水路は，水車小屋入口手前で分岐し，ごみとり用のスノコを通って小屋へと通じていた。水路は水車使用

表 3-2 タービン水車一覧　－高萩市 松岡・秋山　日立市十王地区－

番号	所　在　地	設置年	廃止年	使　用　目　的	タービンの種類
1	日立市十王町 高原	昭和 25	昭和 28	精米　発電（1 戸）	ペルトン
2	高原	昭和初年	昭和 24	精米	フ・竪
3	高原	昭和 17	昭和 25	精米 精麦	フ・横
4	高原	昭和 5	昭和 49	精米 製粉 製麺 豆腐	フ・横
5	高原	昭和 23	昭和 30	精米 製粉	フ・横
6	高萩市上手綱	昭和 10	昭和 41	精米	フ・横
7	上手綱 関口	昭和 4	昭和 16	精米	フ・竪
8	島名	昭和 23	昭和 30	精米	フ・竪
9	島名	昭和 21	昭和 37	精米 製粉 製麺　発電（1 戸）	フ・竪
10	日立市十王町 山部	昭和 43	稼働中	発電	ペルトン

フはフランシス型　竪は竪軸　横は横軸

時以外には余水吐からもとの水路に合流させていた。ある時，好奇心から水車小屋内部をのぞいたことを思い出す。板戸をそっと開けると中はクモの巣と粉が交じり合って雑然としていた。水車は板張りの床下にあったのであろうか，見ることはできなかったが，周辺の機械が規則正しい音を出して回転していたように思う。

水車調査も終了間近になって，ようやく自分の実体験と調査の内容が結びついた。「あっ，あれがタービン水車だったんだ」と合点がいった。現在はすべて埋設され，水車所有者も在住しない。用水路だけが農業用として昔と変わらず水を湛えて流域の水田を潤している。

1)『高萩市史』下（高萩市 1969）p541

表 3-3　タービン水車一覧　－北茨城市－

番号	所　在　地	設置年月日	廃止年	使　用　目　的	タービンの種類
1	北茨城市華川町 花園	昭和 7.3.31	昭和 38	製材　発電	フ・横
2	関本町 才丸	昭和 14	昭和 38	精米　発電	フ・竪
3	関本町 才丸	昭和 7.3.31		精米　発電	フ・横
4	関本町 楊枝方	昭和 10		精米　発電	フ・竪
5	関本町	昭和 25		精米　発電	フ・横
6	華川町 花園	昭和 25	昭和 38	製材　発電	フ・竪
7	華川町 花園	昭和 9	昭和 25	精米　発電	フ・横
8	華川町 花園	昭和 26	昭和 38	精米　発電	フ・竪
9	石岡町	昭和 2		精米	

フはフランシス型　竪は竪軸　横は横軸

馬力	落差（m）	河 川	調査年月日（平成）	現在の職業	現 況	製作者	番号
	5		4. 9. 1		なし	平沢電業社	1
3	2		4. 9. 1		なし	市村鉄工所	2
2	2	十王川	4. 9. 13		なし	岡部鉄工所	3
5	3		4. 9. 13		なし	市村鉄工所	4
3	7	十王川	4. 9. 13	造り酒屋	なし	市村鉄工所	5
3	2		4. 11. 29		なし		6
		関根川	4. 11. 29	雑貨店	なし	市村鉄工所	7
	2		4. 11. 29		なし	市村鉄工所	8
3	2	花貫川	4. 11. 29		なし	みょうがや鉄工所（烏山町）	9
	3		昭和 61. 12. 8	畜産業	稼働中	自家製	10

馬力	落差（m）	発電機（kW）	配電戸数	調査年月日（昭和）	現 況	製作者	番号
4	2		13	63. 9. 30	なし	市村鉄工所	1
		1	3	63. 9. 30	なし		2
			2	63. 9. 30	なし		3
2		2	12	63. 9. 30	なし		4
5	3. 5	2	12	63. 9. 30	なし		5
15	4	5	25	63. 9. 30	なし	市村鉄工所	6
5	3. 5	1	1	63. 9. 30	なし	岡部鉄工所	7
	2		11	63. 9. 30	なし	岡部鉄工所	8
2	1			平成 24. 6. 18	水路	市村鉄工所	9

4　北茨城市の発電用タービン水車

北茨城市の山間部は高萩市君田地区と同様電気の導入が遅れた地域である。したがってタービン水車も発電用を主としてとして活用された。

華川町花園で4箇所，関本町才丸（さいまる）・楊枝方(ようじかた)で4箇所，石岡町1箇所計9箇所のタービン水車を確認した(表3-3)。

最も規模が大きかったタービン水車は，華川町花園にあった製材及び発電用水車である。開設は昭和25(1950)年で，東京オリンピックの前年昭和38(1963)年まで稼働した。地区共有水車である。タービン水車は竪軸露出型で15馬力を擁した。市村鉄工所製である。有効落差 4m，用水路は花園川より導水した。発電機は交流5ｋｗで，地区25戸に配電した。当時の遺構は残存しない。

古いタービン水車のひとつが華川町花園の水車で，昭和9(1934)年開設である。花園川と才丸川が交わる地点に，横軸露出型の水車をかけた。有効落差 3.5m，才丸川から水路を作って導水した。日立の岡部鉄工所製である。5 馬力で精米用にも使われた。発電機は交流 1ｋW，明電社製であった。自家用発電はなぜか昭和25年頃中止している。

地区共用の水車は華川町花園にあった。旧花園小学校の隣である。発電・精米用に用いた。昭和26(1951)年に開設され，営業用電力が導入される昭和38(1963)年まで稼働した。タービンは竪軸露出型で日立の岡部鉄工所製である。農業用水路を使って有効落差は2mあった。発電機は直流モーターで地区内11戸に配電された。すべての施設は埋設され残存しない。

関本町平袖(ひらそで)地区にあったタービン水車はやはり戦後に架設されたもので，昭和40(1965)年まで稼働した。地区住民は水不足もあって，水車がはたしてしっかりと稼働するか不安を持っていたが，照明以外にもラジオが聴けるなど自家発電の機能が理解され，1戸増え1戸増えしながら点灯祝いを行い，地区がまとまっていったという。合計で12戸が発電に加わった。

昭和14(1939)年に関本町才丸地区において3戸まとまって，タービン水車が架設された。この水車は昭和38年まで稼働した。水車の稼働状況は他所と同様発電が主で精米用にも用いられた。才丸地区ではこれ以外にも5箇所で点灯を試みたが，水量や地形の状況から満足できるような明るさは得られなかった。

5　日立市のタービン水車

(1)　十王(じゅうおう)町高原(たかはら)地区の発電用タービン水車

高萩市に隣接して日立市十王町高原地区がある。聞き取り調査の結果，5 箇所にタービン水車が存在したことがわかった(表 3-2)。しかし，他の山間地域と異なるのは，発電用としては稼働してこなかったことである。

その理由は，大正 11(1922)年に地区内に高原発電所が竣功したことによる。同発電所は，茨城電力により開設されたもので，多賀電気に次いで多賀山地に創業した営業用電力の事例である。取水量毎秒 1.11 ㎥，有効落差 24.5mで最大 150 ｋＷの発電を行った。水車は横軸フランシス型で日立製作所製，発電機も同社製であった。昭和 27(1952)年に廃止されるまで，やや下流に完成していた十王川発電所に送電し，両発電所あわせて茨城電力へ送電していた。もちろん地区内各戸にも送電しており，高原地区は多賀山地でも比較的早く電気が導入された。このような理由で，高原地区の水車は君田・横川・才丸・花園地区の諸地域とは異なる，製粉・精米用が主な用途の水車であった。

具体的な例を取り上げると，まず名酒を提供している個人宅の水車が高原 411 番地にあり，昭和 23(1948)年に稼働を始めた。市村鉄工所製の横軸 3 馬力の水車で，有効落差 6～7mであった。精米・製粉用として，酒米の精米には重宝した。昭和 30(1955)年十王川の河川改修工事のために取り壊されたため，その後は営業用電力に切り替えた。

次に自家用発電を試みた高原 3138 番地の水車を見てみよう。設計者は高萩市の大荷田地区の水車設計者である平沢孝さんである。水量不足であったため近くの沢に堰堤を作り小規模ダムとし，鉄管 2 本で自宅まで導水しペルトン水車を回転させた。有効落差 5mで自宅用のみの点灯には成功したが，配電盤の故障が回復せず，昭和 25 年から 3 年間の稼働であった。高原地区にあっても集落から距離がある地区へは高原発電所の電気が導入されない，という状況は沢平地区と同様である。東京電力の導入は昭和 35(1960)年になった。

高原595番地で長く稼働した水車を見てみよう。昭和 5(1930)年から同 49(1974)年まで約半世紀活躍した。精米・製粉・製麺用で発電はしていない。他に縄の製造や豆腐用大豆の製粉に使用した。現在は精米所となっている。笠間市の吉原地区・高萩市大荷田地区や常陸太田市下幡の水車に共通する精米水車として，長く活用された好例である。フランシス型横軸5馬力で有効落差が3m，市村鉄工所製である。父親の代に架設された。現在は埋設されて確認することはできない。

調査時の昭和61(1986)年には，現代版とも言えるタービン水車が稼働していた。十王町山部の水車がこれである。下君田の方から「今でも水車で発電をしている方が居りますよ」との話を聞いて訪ねてみた。高原地区からまもなくの地点を北に向かい，途中から徒歩で向かった先は，山地に囲まれた中に一軒だけ住宅があった。水車はすべての装置が手作りで，昭和43(1968)年に完成したと聞き取ったが，発電機の製造が昭和43年8月とあるので，これより後のことと推定される。近くの沢に水路を作り，ビニール管で導水してペルトン水車を回転させた。山方町在住の方の設計で，値段は15～16万円であった。発電機の銘盤には「交流発電機　容量1kW　周波数50　電圧100V　力率1　電流10A　型式E－V　回転数3000回転／毎分　昭和43年8月　昭和電機製造株式会社」の文字が読み取れた。60W電球を1個点灯し，蓄電することによってテレビも見られるという。ひとりで畜産業をしておられた。

(2)　水木(みずき)地区の製粉精米用タービン水車

この地区への電力導入は，前述のとおり大正3(1914)年に日立電気によってなされた。日立鉱山からの受電であり，同時に供給された区域は日立村，高鈴村，河原子町，坂上村，久慈町であった。大正7(1918)年には鮎川村，国分村に供給地が拡大している。昭和2(1927)年に水浜電車（本社は水戸）に合併された。この時点で供給地区はさらに東小沢村，村松村，石神村へと拡大された。したがって小型タービン水車は発電用ではなく，専ら製粉・精米用であった。

宮田川，桜川，泉川などで在来型の水車が明治期から稼働してきた。多賀山地の東側山麓部海岸段丘面が河川の浸食により生じた地形や，海岸段丘面が沖積低地部に接続する地点に在来型水車の稼働が認められる(図3-13)。地形的に落差を取りやすく，適度な水量が好条件を作り出していた1)。

水木町の沢畑純男タービン水車についてみてみよう。この水車は同地区在住の佐藤惣一先生から調査を勧められた。

泉が森湧水池は泉川となって年間を通して変わらない水量を確保することができる。したがって明治期より沢畑水車のほかにも古川米店，萩谷精米店，根目沢精米など在来型の水車が稼働して来た。これらについては未調査である。

沢畑純男宅では魚介類を仕入れて栃木方面で販売し，帰りには当地の綿を仕入れて水木地区で販売した。この商いは明治27(1894)年頃より始め，この地区では屋号の［わたや］が通称であった。在来型の水車はこの時から稼働してきたという。効率よいタービン水車に改修したのは昭和5～6年ごろであった。製粉・製麺

3-13 日立市域の在来型水車分布図 ● 国土地理院５万分の１地形図「大子」 明治39年測図

用水車で，昼間は製麺用，夜間には小麦の製粉用として石臼を回し24時間稼働した。横軸で5馬力あり，有効落差3mである。営業用電力に切り替えた昭和12(1937)年まで稼働した(表3-4)。

現状を見てみよう(図 3-14)。泉川から分岐した水路が両側の養魚場を経てタービン水車設置場所に延びている(写真 3-28)。タービン水車は取り外したが水路は現在も生きている。これに接続して幅1.5m長さ3mほどのコンクリート製枡が残されている(写真 3-29)。これは在来型の水車を稼働させた名残りであろう。屋敷

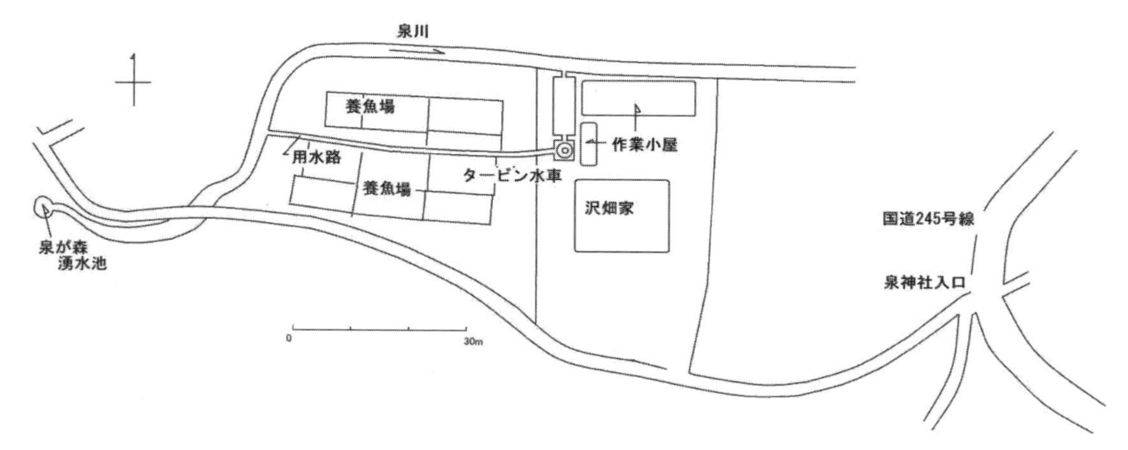

3-14　沢畑純男タービン水車現況図

3-27　製麺作業所

表 3-4　タービン水車一覧　－栃木県　福島県　茨城県日立市・常陸太田市－

番号	所　在　地	設置年	廃止年	使　用　目　的	タービンの種類
1	栃木県馬頭町	昭和 13	昭和 43	精米　製麺	フ・堅
2	福島県矢祭町 内川字矢地下	昭和初期	昭和 48	精麦 こんにゃく製粉	フ・横ダ
3	茨城県日立市 水木町	昭和 5	昭和 12	精麦 製粉 製麺	フ・横
4	水戸市 千波町払沢	昭和 6	昭和 20	精米	フ・堅
5	真壁町 羽鳥	昭和初期	昭和 40	製粉	ペルトン
6	笠間市 北吉原	昭和 18	稼働中	精米 精麦	フ・堅
7	西茨城郡七会村 大広			発電	フ・堅
8	西茨城郡七会村 真端	昭和 30		発電	フ・堅
9	久慈郡里美村折橋横川			発電	フ・横
10	栃木県黒羽町 須賀川	大正 12	昭和 45	精米　製粉　発電	フ・横
11	福島県矢祭町 東館入宝坂	大正 7	昭和 10	発電	ペルトン
12	茨城県常陸太田市 下幡	昭和 24	稼働中	精米 精麦 製粉	フ・堅
13	日立市 河原子町			精米　製粉	

フはフランシス型　堅は堅軸　横は横軸　ダは複式

3-28 泉川からの水路と養魚場

3-29 在来型水車名残りの水槽跡

内には当時使用した石臼が数個庭石として保存されている。製麺作業場はしっかりした造りで屋敷北側に残存する(写真 3-27)。周辺の宅地開発等により泉が森遊水池の水量は以前の3割ほどに減少したと言われている。しかし現状においてもタービン水車を稼働させるには十分の水量と見受けられた。

馬力	落差(m)	河 川	調査年月日	現在の職業	現 況	製作者	番号
5	2	武茂川	昭和 63.7.17	うどん製造	なし		1
	2		平成元.1.15	製粉業	なし		2
5	3	泉川湧水	平成元.2.19	うどん店	水路	市村鉄工所	3
2	2	逆 川	平成元.1.22	米店	なし	市村鉄工所	4
4.5	10	男女川	昭和 63.4.24	製粉業	水槽・水路		5
6	2.5	二反田川	昭和 62.1.25	農業	稼働中	市村鉄工所	6
			昭和 62.4.2	農業	なし		7
			昭和 62.4.2	農業	なし		8
	3		昭和 61.4.29	旅館	なし	市村鉄工所	9
3	1.5		昭和 63.7.17	製茶	現存		10
	8		昭和 61.4.29	農業	なし	市村鉄工所	11
2	2	里川支流	平成 12.8.4	地区共有	稼働中	市村鉄工所	12
4		桜 川	平成元.1.22	郵便局員	未確認	市村鉄工所	13

現存は稼働しないが完全な形で現存

3-30 タービン水車の位置を
説明する沢畑純一さん

現在は純男さんの息子純一さんの代となっているが，タービン水車設置箇所や水路について詳細な説明を受けた(写真3-30)。

日立市では近年この地区を［イトヨの里 泉が森公園］に指定し，環境の整備に努めている。清流にしか住めない貴重な魚［イトヨ］の保護活動に地区の人びとが力を結集して取り組んでいる(写真3-31)。

3-31 イトヨの里泉が森公園から沢畑宅を望む

1)　日立市史編纂委員　佐藤惣一「地形図に見る日立の歴史・明治後期と大正初期の日立」（日立市報　昭和63年10月5日）

・佐藤惣一「泉川の利用」（郷土常陸No.7　1962）

・国土地理院発行5万分の1地形図（明治39年測図同40年製版）には宮田川に6カ所，東連通川に5カ所の在来型水車が記されている。

6　福島県いわき市田人(たびと)町の発電用タービン水車

阿武隈山地の福島県側となる勿来や植田地区の山間地にも足を運んでみた。ここにもタービン水車が稼働していた地区があった(表3-5)。

はじめにいわき市への電力導入について考えてみよう。最初に電力を導入したのは磐城電気である。すなわち明治44(1911)年1月，石城郡平町5丁目に出力90ｋＷの石炭火力発電所が創設され，平町他2か村に電力が供給された。資本金5万円で代表者は白石貞義であった。大正元(1912)年10月には石城水力電気の創設が計画され，供給地域を石城郡田人村，川部村，窪田村，錦村，鮫川村，山田村，上遠野村，泉村，渡辺村，磐崎村と定め，四時川支流の小川に小川発電所（出力1,200ｋＷ－石城郡川部村大字小川）を建設し，資本金50万円で事業経営の許可を得た。石城水力電気は大正4(1915)年未開業のまま勿来水電と名称を変更し，大正5年には勿来水電と磐城電気が合併し夏井川水力電気となった。この時点で前記10村に電力が導入された。しかしながら田人村の山間地区には電力の供給がなされなかった。このことは旧高岡村と同様の状況であった。

はじめに，いわき市田人町旅人(たびと)字和再松木平(わさいまつきたいら)の水車を紹介しよう。平成5年5月から7月にかけて聞き取り調査を行った。

国道6号線を北上し，いわき市勿来地区より国道289号線，いわき－棚倉線を西へ進む。よく整備された山間の道路を5ｋｍほど進むと川部町から田人町に入る。ここで偶然にも道路右手に古い水門を眼にした。車を降りて土地の人に話を

3-32 水門跡と緑川万七さん
立っている道路はかつての四時川支流の川筋であった

表 3-5　タービン水車一覧　－福島県いわき市 －

番号	所　在　地	設置年（昭和）	廃止年（昭和）	使　用　目　的
1	いわき市	27	45	製材　発電
2	鮫川村 渡瀬 223	17	平成 4	精米 製粉 製麺　発電
3	いわき市田人町戸の内			こんにゃく製粉
4	田人町旅人和再松木平	27	36	製材　発電
5	田人町貝泊(地区共有)	32	39	精米 製粉　発電 (32 戸)
6	田人町戸草(地区共有)	32	39	精米 製粉　発電 (32 戸)
7	田人町貝泊	32	39	精米 製粉 製麺　発電
8	田人町貝泊	12	39	精米 製粉 製麺　発電
9	田人町貝泊	32	39	精米 製粉 製麺　発電
10	田人町貝泊	32	39	精米 製粉 製麺　発電

フはフランシス型　竪は竪軸　横は横軸　ダは複式

聞くとタービン水車の遺構であった。

運よく所有者の緑川万七さんから話を聞くことができた。この水車の歴史は四代前の緑川万寿吉さんが明治 21(1888)年に在来型の水車を創設したことに始まる。タービン水車に切り替えたのは昭和 27(1952)年 6 月 6 日，万七さんの息子さんが誕生した日である。製材所に働く人の手でタービン水車を取り付けた。この地区にはすでに昭和 2(1927)年に電力は導入されていたが，強力であった複式横軸タービン水車は昭和 36(1961)年頃まで，主として製材用に使用された。日立市の岡部鉄工所の製作である。錦地区に住む方が仲介人となったと聞いた。水量が 15 個から 20 個，有効落差 4m，17 馬力を有する大型のタービン水車であった。現在の道路面が往時の四時川支流の川筋にあたり，水車用水を引水するために設置した水門が道路脇に見えるという，珍しい景観となっている(写真 3-32)。水路も道路に沿って残存し，幅・深さともに 1mほどとやや広く，ある程度の水量が確保されていたことが推測できる。すでにタービン水車は埋設，製材所は取り壊されて見ることはできないが用材を収納していた小屋が残されていた。

以下は緑川万七さんの話である。

ある日，自宅へ税務署員が「電気料の証明書を見せてほしい」と言ってやって来た。「製材業をしていてこれだけの電気料ではないでしょう。ほかに別の証明書があるのではないですか」と。電気料があまりにも少ないので不思議に思ったようであるが，タービン水車を見て納得していただいた。

一方，都合のよいことだけではなく，タービン水車の管理は，毎日順番で勤務者が水当番にあたり，当番者は朝 30 分早く出勤し，就業前に水門を開けて水車を稼動させ，帰りは水門を閉じ火気の安全を確認して 30 分遅く帰ったという。

タービンの種類	馬力	落差(m)	河 川	調査年月日(平成)	現 況	製作者	番号
	17		入旅人川	5.7.10	なし	岡部鉄工所	1
フ・竪	3		鮫 川	5.6.13	なし		2
在来型水車			別当川	5.5.25	現存		3
フ・横ダ	17	4		5.5.25	取水門	岡部鉄工所	4
フ・横	12	2	戸草川	5.5.30	なし	岡部鉄工所	5
フ・横	12	10	戸草川	5.5.30	なし	岡部鉄工所	6
フ・横	5	3	大柴沢川	5.5.30	なし	ふじ電気	7
フ・横	5	2	大柴沢川	5.5.30	なし	ふじ電気	8
フ・横	5	3	戸草川	5.5.30	なし	ふじ電気	9
フ・横	5	3	戸草川	5.5.30	なし	ふじ電気	10

次に貝泊(かいどまり)地区を訪ねることにした。緑川さんの会話の中に「貝泊地区で発電用水車が稼動してきた」という話が聞かれたからである。

貝泊地区はさらに西の山間地に位置している。電力の導入は昭和40(1965)年というから，高萩市旧高岡村よりさらに数年遅くなった。

地区共有の発電用タービン水車は，田人町貝泊地区と戸草(とくさ)・井出・山口地区の4箇所，計95戸が発電用として活用してきた。調査では貝泊地区と戸草地区の共有水車を確認することができた。戦前・戦中に架設され，電力導入とともに姿を消した。日立の岡部鉄工所製である。戸草地区のタービン水車は，落差10mの滝の上部に敷設されたものの，馬力アップにはあまり効果はなかったようである。

貝泊地区の中心部で雑貨店を営む芳賀武さん宅に立ち寄ってお話を伺った。芳賀さん宅は昭和30年代には現在地よりさらに1kmほど離れた所にあり，近所の方々が集って，タービン水車で発電した電気でプロレスや東京オリンピック中継のテレビを見たという。芳賀さんは当時村会議員の立場にあって山村間を結ぶ道路の整備など，私財を投げ打って尽力された方である。人びとの生活向上に人一倍関心をもっており，村役場が電気導入時に各戸に配布した電力導入に関する補助金明細書を自分の手帳にメモしていた。

これによれば電気導入資金は国や県・村からの補助金をあて，不足分は1戸当たり均等割で負担したことがわかる。事務費，材料費（高圧用電線・低圧用電線・電柱637本分)が加算され，最終的な1戸当たりの負担額は148,000円であった。

7　栃木県黒羽町の発電用タービン水車

栃木県黒羽町須賀川地区（現・大田原市）は，八溝山塊の南西部に位置し，東隣は茨城県大子町である。『電気事業要覧』大正元年版には黒羽町に営業用電気が導入されたのは明治42(1909)年1月と記されている。同年大田原電気（那珂川水系箒川支流百村川－滝岡発電所出力 120 k W）が創業し，周辺の東那須野村・川西町・黒羽町・西那須野村に送電した。大正5(1916)年5月大田原電気は野洲電気（塩谷郡氏家町－瓦斯力 60 k W－供給区域氏家町他 4 町村）・烏山電気（荒川－藤田発電所－出力 115 k W－供給区域烏山町）を合併し塩那電気となった。この事業所はこの地の中心事業所となり，昭和11年まで継続して福島電燈と合併，同17年4月に東北配電に吸収される。

旧須賀川村に電気を導入したのは塩那電気ではなく東野電力である。この事業所は大正10(1921)年8月に195 k Wを受電する形で創業された。従業員28名資本金30万円で事務所は川西町にあった。供給区域は那須郡大山田村，須賀川村及び茨城県久慈郡佐原村，依上村の4村であった。

大子町上金沢地区で聞き取り調査中に，「黒羽町須賀川に大正末期から昭和 40年代まで稼働していた発電用タービン水車がある」という話を聞いた。

さっそく黒羽町へ向け車を走らせる。まもなくうっそうとした杉木立に入る。県境を示す木柱［栃木県］の文字を左に見て4 k m程のところに，［芭蕉の里くろばねパーキング］がある。道路の反対側には［須藤製茶工場］の看板が目にとまる。ここがタービン水車及びその文書が保存されていた須藤歌之助（現在は孫の義朗よしあき）宅である(表3-4)。

屋敷内は落ち着いたたたずまいになっている。昭和63(1988)年7月のことである。母屋より離れて水車小屋と用水路がしっかりした形で保存されている。水路内には土砂に半ば埋没しながらも横軸タービン水車が残存する(写真 3-33)。水車軸が水車小屋の床下まで伸びている。床板は取り外しが可能で水車軸のプーリーから平ベルトで室内の発電機や製粉機に連結されている(写真3-34)。

「ここで気づかないうちに着物の裾がベルトに絡み付いてしまいましてね」。家の人が大声に気づかなかったらどうなっていたであろうか。義朗さんが命拾いをした話をしてくれた。タービン水車は人の体を引き込むほどの力があった。

久慈川の支流押川にかかる堰堤は木製で右岸には数mの隧道が掘られ，水路は

3-33　泥に埋もれた横軸タービン

3-35 屋敷内を流れる水路

3-34 床下のタービン水車軸・プーリー

小屋まで約 200m続いている(写真 3-35)。発電機が保存されていた(写真 3-36)。銘盤によればアメリカ製で中古品のように思われる(写真 3-37)。

3-36・37
発電機・配電盤を説明する須藤さん

須藤家は水車に関する文書を多数大切に保存してきた。義朗さんの了解を得てこれらを閲覧し，聞き取り内容とともに水車の変遷をまとめてみた。

須藤家水車の変遷

年・月・日	文書作成・送付	備　考
明治 10.	在来型水車稼働	文書なし
大正 12. 7.	東京逓信局長あて電気工作物施設届	木製特製水車に作り替える
8. 3	栃木県知事あて自家発電水力使用を出願	
12. 17	栃木県知事より許可	
13. 2. 11	東京逓信局長あて電気工作物施設落成届	
2. 19	東京逓信局長より使用認可証受理	
昭和 4.	木製特製水車をタービン水車に改修	タービン水車稼働
6. 10	農産業組合臨時総会	地区で水車購入可決
7. 1	電気工作物売買契約書	須藤家→地区住民
7. 20	土地家屋貸借契約	須藤家より借用
8. 1	自家用電気工作物譲渡認可申請書提出	東京逓信局長あて
10. 16	東京逓信局長より申請書についての照会	
11. 19	答申書提出	申請書の不備修正
	譲渡許可	文書なし
45.	営業用電気の導入	タービン水車稼働停止

明治の頃より須藤家は材木業を営む山林大地主であった。伐採専門の杣（そま）職人や材木を運ぶ牛方が雇用され，小作制度もあった。近隣にこれらの人々の居宅があって，須藤家はその中心をなしていた。こうした中で在来型の水車が動力源として稼働した。在来型水車が造られた年代は把握できなかった。

大正 12 年にはこの在来型の水車を改修し，直径 4 尺，長さ 9 尺，カバー付の円筒状特製水車（木製）を横軸にして水路に掛け稼働させた。より効率的に動力を得ようとしたのである。設計に 1 週間を要した。落差 5 尺という地形に合わせ，通水実験をして完成させた。大田原から呼び寄せた水車大工は「これまでにこのような水車を作ったことはありません」という。精米用水車であった。

特製水車に改修した目的の一つが点灯を試みることであった。このことは営業用電気が大田原町を中心に周辺に供給され始め，須賀川地区でもそうした刺激を受けている事を意味している。

詳細は東京逓信局長宛の文書が物語っている。須藤家では提出文書を正・副 2 通作成し控えを大切に保管してきた。同様の文書は発電を行った各地区で作成され，町村役場を通して各県庁・逓信省宛送付された。今回の調査範囲では須藤家以外には全く残存していなかった。まさに貴重な資料である。これにより大正年代より今日までの水車を取りまく動きが鮮やかによみがえる。「どうぞお使いください」と快く掲載を許可してくださった。心より感謝申し上げたい。

電灯を灯(とも)した最初の届出文書は次のとおりである。

自家用第一種電気工作物施設御届

今般拙者構内ニ於テ従来使用シ来ル木製水車ヲ原動力トシテ 発電機ヲ取付邸宅内ニ電灯点火施設仕度 自家用電気工作物規則第三条第一項ニ依リ此段及御届候也

大正十二年七月　　日

栃木県那須郡須賀川村大字須賀川一九三四番地

農　　須藤歌之助

東京逓信局長

一　計画書

（イ）目的

電灯

（ロ）使用区域

栃木県那須郡須賀川村大字須賀川一九三四番地

願人構内一円　別紙図面区画内

（ハ）発電所ノ位置

栃木県那須郡須賀川村大字須賀川一九三四番地

（ニ）発電所ヨリ使用区域ニ達スル電線路ノ経過地名

同一構内ニ付ナシ

（ホ）「キロワット」数最大電圧及原動力ノ種類

「キロワット」数　一「キロワット」　最大電圧一一〇「ヴォルト」

原動力種類　　水力

二　工事設計明細書

一　発電所内設備

発電所名称　　別ニ名称ト称スルモノナシ

発電所位置　　栃木県那須郡須賀川村大字須賀川一九三四番地

（イ）発電所ノ出力

最大出力　一「キロワット」

出力時間　日没ヨリ日出迄毎夜平均十四時間
(ロ) 発電機
直流二線式
容量　一「キロワット」
電圧　一一〇「ヴォルト」
回転数　一八〇〇回
個数　壱台
予備　ナシ
(ハ) 保安装置
発電機ノ保安装置トシテハ其母線ニ適当ノ安全器付開閉器ヲ設備ス
配電盤ヲ設備シ夫レニ相当ノ電圧計電流計各一個及ランプ式漏電器ヲ設備ス
発電機ノ鉄台ハ電気的完全ニ接地スベシ
機械器具ノ装置及電線接続図ハ別紙ノ通リ
二　配電設備
(イ) 電気方式　直流二線式配電電圧　一一〇「ヴォルト」
需用者端子電圧　一〇〇「ヴォルト」
(ロ) 架空電線路ノ構造
発電所ヨリ直接引込ムモノニテ架空電線路ト称スルモノナシ
(ハ) 保安装置
引込口ニハ外部ニ適当ナル「ケッチホールダー」内部ニ引込用鉄箱開閉器ヲ設置ス　各電灯位置ニハ「フュウズ」入「ローゼット」ヲ使用ス
其他施設ノ方法ハ工事規程ヲ遵守ス

今では１ｋＷの電気は超微小であるが，暗闇に点(とも)った電灯は文明の先端に接した喜びであっただろう。自家用とはいえ詳細にわたる書面内容である。さらに発電機の動力となった水車の設計は次のとおりである。

一　水力設計
水力ニ関スル設計ハ現願人以前施行セルモノニテ 今回発電機取付ケニ際シ原形ヲ損セザルハ勿論何等加工ヲ施ス事モ無之ニ付省略スト雖モ大体ニ於テ
(イ)　使用河川名　押川
(ロ)　流水量
該用水堀ハ九立方尺ノ流量ヲ有シ渇水更ニナシ　自己ノ精米用ニ使用スル水量ハ五立方尺 夜間ハ精米数少キタメ電力発生ニ水量ヲ増加スルノ必要ナシ
落差　五尺
実馬力　三.二一七五馬力
取入口放水路落差ノ損失ト称スルモノナシ
(ハ) 引水法
元来此水路ハ自己ノ構内ヲ通ズル押川ノ水ヲ利用シ 是ニ直チニ水車ヲ設備シタルモノトス
(ニ) 前項ノ事由ニテ水路工作物トシテ特記スベキモノナシ
(ホ) 水車
種類　木製
馬力数　三.二一七五馬力
回転数　三十回転
個数　壱台
予備　ナシ
調速機　ナシ
以上　担当技術者　金子暢三九

水量9立方尺，落差5尺で3馬力の出力を得た。4ヵ月後，待望の許可する旨の文書が届いた。

栃木県指令土第二〇一五四号
　那須郡須賀川村大字須賀川
　　　　　　　須藤歌之助
大正十二年八月三日付出願自家用発電水力使用ノ件許可ス但別紙命令書ノ条項ヲ遵守スヘシ
　　　　　　　　　　　　　　　　　　　　　　　　　　大正十二年十二月十七日
　　　　　　　　　　　　　　　　　　　　　　　　栃木県知事　　山脇　春樹　　印
　命令書（省略）

　第一　起業ノ概要
一　起業者ノ住所　職業　氏名
　栃木県那須郡須賀川村大字須賀川一九三四番地
　　　　　農　須藤歌之助
二　起業ノ目的
　電力ヲ発生シ自分邸宅内ニ電灯ヲ点火スルモノトス
三　供給区域
　栃木県那須郡須賀川村大字須賀川一九三四番地一八四三番ノ壱一八四二番地
　　　　　　　　　　　　　　　　　　　　　　　　　　（自分所有宅地内）
四　取水河川ノ名称
　押川（久慈川流域）久慈川ノ弧流
　（イ）取水口位置
　　栃木県那須郡須賀川村大字須賀川第一九三四番地先
　（ロ）放水口位置
　　同県同郡同村大字同　同番地
五　使用水量　　　毎秒九立方尺
六　有効落差　　　五尺
七　馬力数　　　　四.九九五馬力　　二馬力製穀用　　二馬力発電用
八　発電力　　　　一.二六八「キロワット」
九　水ノ使用期間　三十個年
　第二　水路工事
一　水路一覧図　水路平面図，水路縦断面図
　　　　　　　　水路構造図，水量測定場所横断面図
二　計画説明ノ大要
　（イ）河川ノ状態
　　本河川ハ右岸岩石ニシテ左岸ハ耕地ニ接シ灌漑用河川ニシテ 上下流ニ幾多ノ灌漑取水口ヲ有スル 渇水時ト雖モ著シキ渇水ヲ見ズ 又洪水時ト雖モ沿岸崩壊流身ノ変化等余リ見ザル 河川ノ氾濫等ナキ河川ナリ
　（ロ）取水河川ノ勾配
　　前後ニ渉リ平均水面勾配ハ四百分ノ一トス
　（ハ）取水ノ方法
　　取水口ハ河川ノ右岸ニ隧道ヲ設ケ 坑口ニ木製ノ制水門ヲ造リ別ニ堰堤ヲ設ケズ 自然ノ流込ミノ方法ヲ用ユ
　（ニ）水路ノ延長ハ八十四間ナルモ内隧道十四間素掘トナシ七拾間ハ開渠ヲ以テス　図面ノ如シ
　（ホ）使用水量決定ノ理由
　　本河川ノ渇水時ニ於ケル水量ハ十七.四立方尺ナルガ故ニ内九立方尺ヲ使用シ 残余ヲ下流ニ放流スルモノナリ 依テ使用水量ヲ九立方尺ト決定ス
　（ヘ）水路断面ノ算定ノ方法
　　別紙計算書ノ通リ

（ト）水車ノ種類及其数
旧式木製水車　　　壱台
（チ）掘鑿土砂ノ数量及処理ノ方法
水路ハ在来ノモノヲ修理使用シ 取水口隧道及放水路等在来ノ侭使用スルガ故ニ 掘鑿土砂ヲ生ゼズ 依テ之ニ対スル処理ノ方法ヲナスノ必要ナシ
堰堤
自然流込ミノ方法ヲ取ルヲ以テ堰堤設置ノ必要ナシ 然レドモ渇水時期間水ニ不足ヲ生ズル場合ハ 芝塊及菰ノ類ヲ以テ仮〆切ヲナシ使用スルト雖モ 降雨ノ場合ハ忽チ流失スルガ故ニ 之レガ為ニ上下流ニ悪影響ヲ及ボス等ノ事無キハ従前ト異ナラズ
取水口
取水口ハ隧道口ヲ設ケ木製ノ制水門ニ依リテ水量ヲ調節ス
水路
開渠ニシテ図面ノ通リ
水槽水圧管
木製ノ旧式水車ニ射水スル設計ナルガ故ニ水槽水圧管ノ必要ナシ
放水路
放水路ハ在来ノ通リニシテ図面ノ如シ
第三　河川ノ水量測定
一　流域面積　　一.〇七方里
二　流域ニ於ケル植林状態
裸地　　百分の〇
耕地　　百分の三〇
林野　　百分の七〇
三　雨量観測表　　百馬力未満ニ付省略ス
四　取水口付近ニ於ケル流水量及測定ノ方法時期並ニ測定ノ場所ノ横断面図
流水量　　　　一七.四立方尺
測定ノ年月日　大正十二年二月二十五日　＊図では一五日
横断面図　　　別紙ノ通リ
五　発電所及取水口付近ニ於ケル最高低及平水位
別紙縦断面図ノ通リ
六　水量測定担当技術者ノ住所氏名
栃木県那須郡大田原町二二八番地　土井　忠健
第四　起業ト治水其他公益事業トノ関係
一　取水口ヨリ放水口ニ至ル間並ニ附近ニハ既許可ノ水利事業者ナキ己ナラズ 何等公益ニ支障ヲ生ズル事ナシ
二　魚族ノ棲息ヲ認メズ 舟筏流木ノ通航ナシ
三　名所旧蹟ニ及ボス影響
名勝旧蹟ハ附近ニ在存セズ 依テ之レ等ニ及ボス影響更ナシ
四　取水口ニ於ケル洪水時ノ水面ノ隆起ニ起因スル影響程度
取水口ハ堰堤ヲ設ケズ故ニ水面ノ隆起ヲ来ス事ナキハ 従来ノ工法ヲ其侭使用スルガ故ニ 十数年来ノ経験ニ徴シテ明ナリ
五　貯水池ノ設置ナシ水ノ使用後ハ本川ニ放水スルモノナリ
第五　工事費概算書
別紙ノ通リ　一金　壱千五百円也

工事費概算

	内訳	数量	単価	計(円)	摘　要
水路工事費	取水口費	1		170	在来ノ取水口水制門ヲ附ス
	水路費			350	在来ノ水路ヲ修理ス
	水車費	1		130	
電気工事費				850	送電線引込線ヲ含ム
合計				1,500	

流水量計算　　　　　　（大正 12 年 2 月 15 日測定）

測点	距離	水位	平均水位	面積	摘要
1	0				
2	3.0	1.0	0.5	1.5	
3	6.1	1.2	1.1	6.6	
4	1.0	0.6	0.6	0.6	
計				8.7	

浮子ヲ用ヒ再三反覆ノ結果 流速二尺五寸ヲ得タリ

A＝8.7　V＝2.5　K＝0.8　　Q＝A．V．K．＝8.7×2.5×0.8＝17.4

故ニ流水量は 17.4 立方尺ト決定ス

きわめて詳細にわたる文面である。工事費千五百円は高額である。財産家でなければ支出できない額であった。大部分が電気工事費である。技術担当者を大田原町より呼び寄せ，詳細にわたり専門的知識をもとに書面を作成させた。

まもなく逓信局長より「電気工作物使用認可証」が送付された。内容は次のとおりであった。

電第四五九号　　使用認可証

栃木県那須郡須賀川村大字須賀川一九三四番地

須藤歌之助

大正十三年二月十一日届出落成電気工作物ノ使用ヲ認可ス

大正十三年二月十九日

東京逓信局長　　山岸　哲夫　印

夜間の電灯は近隣住民にとって憧れの的であったに違いない。隣家を初めとして須藤家には点灯の希望が寄せられ，また一方では農業用機械の動力として電気が用いられるなど，電気は用途面でも広がりを見せていった。

このような動きの中で昭和 4(1929) 年には水車にとって大きな動きがあった。木製水車からタービン水車に切り替えたのである。これまで補修等にあたってきた水車大工が他界したのが契機になった。しかしながら文書の上ではタービン水車に関する記述は見られない。聞き取りでは 3 馬力と従来の 3.2175 馬力よりは小さい。落差は 1.5m で同じである。おそらく木製の水車はタービン水車と同様に水路に直接架けられていたのであろう。

さらに経営面でも変化があった。同年自家用電気工作物を須藤歌之助の個人所有から地区 13 全世帯の所有とし，全家庭に点灯するという形を採った。水車は地区所有，土地・建物は須藤家所有とし地区住民がこれを借り受ける形にしたのである。このために「自家用電気工作物譲渡認可申請書」を作成した。文面は次のとおりである。

自家用電気工作物譲渡認可申請書

電第二六三号大正十三年二月一日附自家用電気工作物施設認可 仝電第四五九号大正十三年二月十九日附電気工作物使用ノ認可ヲ被リ従来使用罷在候処 今般須賀川農産業組合ニ譲渡致候条御認可被成下度 此段及申請候也

昭和四年七月二十日
栃木県那須郡須賀川村大字須賀川一九三四番地
譲渡人　　　須藤歌之助　　　印
仝県仝郡仝村仝大字
譲受人　　　藤田金之助　　　印
栃木県知事　森岡二郎殿

「水利使用工作物譲渡許可申請」1)が東京逓信局長波多野保二あて送付されているがほぼ同様で重複するために省略する。双方に同じ目次が付された添付書類は控えによってその内容を知ることができる。

目次
一　電気工作物売買契約書
二　売買契約書ニ附属スル出願当時ノ水力使用申請ニ関スル起業概要其附属書類
三　売買契約書ニ附属スル出願当時ノ自家用電気工作物計画書其附属書類
四　農産業組合臨時総会決議録写
五　農産業組合定款
六　臨時総会決議録ニ附属スベキ電気使用細則
七　水路工作物敷地並ニ発電所家屋貸借契約書　　以上

以下目次に沿って資料を掲載する。

一　電気工作物売買契約書

栃木県那須郡須賀川村大字須賀川一九三四番地須藤歌之助(甲) 仝県仝郡仝村仝大字一九三三番地藤田金之助外十二名(乙) トノ間ニ自家用電気工作物一切ノ売買契約ヲ左記条件ニ基キ行フモノトス

条件

第一条　甲所有大正十二年十二月十七日附栃木県指令土第二〇一五四号久慈川弧流押川ノ水利使用許可ニ因ル水路工作物一式　並ニ大正十三年二月一日附電第二六三号自家用電気工作物施設認可　仝大正十三年二月十九日電第四五九号付ノ使用認可ニ因ル自家用電気工作物一式 別紙図面並ニ設計書ニ記載アル通り 甲ノ所有権ヲ乙ニ譲渡シ乙ハ之レヲ買収シタリ

第二条　前条記載ノ所有権売買価格ハ昭和四年一月現在金壱千五百円也ト甲乙協定ノ上格定セリ

第三条　乙ハ第一条記載甲ノ所有権代価金壱千五百円也ヲ昭和四年七月一日支拂タリ甲ハ之ヲ受領セリ

第四条　第一条記載ノ工作物ニ関スル税金其他ノ諸経費ハ昭和四年七月一日前ニ係ルモノハ一切甲ニ於テ支弁シ以後ニ関スル諸経費ハ乙ニ於テ支弁スルモノトス

第五条　第一条記載ノ工作物ニ関シ各官庁譲渡認可一切完了スル迄ハ甲ノ責任ニ属スルモノトス

右契約スルコト依テ如件 而正副弐通ヲ作成シ各自領置候也

昭和四年七月一日
栃木県那須郡須賀川村大字須賀川一九三四番地
売渡人(甲)　　須藤歌之助　印
仝県仝郡仝村仝大字一九三三番地
買受人(乙)　　藤田金之助　印
(他十二名　住所氏名印　略)

二　売買契約書ニ附属スル出願当時ノ水力使用申請ニ関スル起業概要其附属書類
(約一ヵ月後に提出された自家用電気工作物計画変更認可申請書216ページ参照)

電気工作物売買契約書ニ添付スベキ図面

一 水路平面図

二　水路縦断面図
三　水路横断面図
四　水路構造図
五　発電所室内機械器具配置図
六　配線図

三　売買契約書ニ附属スル出願当時ノ自家用電気工作物計画書其附属書類

計画書　　　　　　（「自家用電気工作物計画変更認可申請書」222 ページ参照）

一　目的追加
電灯ノ外農用一般ノ動力ヲ追加
二　使用区域変更
須賀川農産業組合員一般ノ構内
（組合員 13 名の住所氏名　略）
三　発電所ヨリ使用区域ニ達スル線路ハ殆ンド使用区域連続スルヲ以テ省略
別紙ノ図面ノ通リ

四　農産業組合臨時総会決議録写

昭和四年六月十日当組合総会ヲ召集ス
出席者　一四名　　全員出席
開会　　午後一時三十分
議長　　藤田金之助
議案　　第一号案　農産業組合定款変更ノ件　定款第三条ノ目的事項中電気経営ノ一項ヲ加フ
第二号案　須藤歌之助ヨリ買収セル電気工作物ヲ組合員ノ所属トスル件
第三号案　電気経営上ノ細則制定ノ件
第四号案　金七百円借入ノ件
審議
第一号議案
本案ハ定款変更ノ必要ヲ認メズ 電気ハ石油ト同様消費ト称スベキモノニ付定款第三条第四項ニテ適用スレバ可ナルモノニアラズヤ 尚本組合ハ営利ヲ以テ目的トスルニアラズ 故ニ経営ト称スベキモノニアラズ
採決　多数原案否決
第二号議案
須藤歌之助ヨリ自家用電気工作物ヲ藤田金之助外十二名ニテ買収セルニ就テ 此買収人ハ全部当組合ノ組合員ニ付 之レヲ組合ノ事業トセントス 就テハ組合事業ニ附属セシムベキヤ 附属セシムベシ
採決　多数可決
第三号議案
本案審議ニ時間ヲ要スベキニ付 第四号案ノ審議ニ入ランコトヲ動議ス
多数賛成
第四号議案
金七百円借入ノ必要ハ自家用電気工作物買収ニ関シ 其不足金ヲ一時借入スベキ必要アリ 当組合ハ直チニ秋ノ準備ノ必要モアリ又農具其他買入モ必要ヲ生ズベシ 此附原案ヲ変更シ壱千円ノ借入トシテハ如何 賛成
採決　多数　千円借入可決
第三号議案
電気経営上ノ細則制定
経営上ノ文字ヲ改メ使用上ト云ト原案ノ訂正ヲ求ム 一同賛成
電気使用細則別紙
採決　多数原案承認
臨時総会終了

昭和四年六月十日　午後七時三十分
議長　　　藤田金之助　印
出席組合員　（氏名　印 略）

五　農産業組合定款

総 則

第一条　本組合ノ名称ヲ農産業組合ト称ス
第二条　本組合ノ事務所ヲ栃木県那須郡須賀川村大字須賀川内ニ設置ス
第三条　本組合ノ事業目的ハ組合員ノ互助施設ニテ左記事項ノ事業ヲナス
一 農作物並ニ農生産物ノ改良
二 肥料共同購入及助成
三 植林．果実栽培．養蚕奨励
四 組合員ノ消費節約及消費物共同購入
第四条　本組合ノ出資金五千円也トス
第五条　本組合ノ継続年限昭和四年一月十五日ヨリ昭和弐拾五年一月十五日限リトス
但シ組合員総会ニ於テ期間ノ伸長ヲナスコトヲ得
第六条　本組合ハ第三条ノ各項目的ヲ果スノ精神ニテ 資金償却以外利益ノ分配ヲナスベキモノニアラズ

出資方法

第七条　出資ノ方法ハ昭和三年度本村特別戸数割ニ比例シ其率ヲ別ニ定メ 総出資五千円ヲ限度トシ之レヲ五分シテ五期ニ納付ス 但シ一期ハ一ヶ年トス
第八条　出資金ノ払込期日ハ毎年一月十五日限リトシ 延滞ノ場合ハ百円ニ付日歩五銭ノ延滞利息ヲ納付スベシ
第九条　出資金払込完了迄ノ必要ノ資金ハ次年度ニ払込ムベキ資金額ノ範囲ニ於テ 役員会ノ決議ニ依リ他ヨリ借入スルコトヲ得ルモノトス
第十条　前条ニ因ラザル資金ノ借入レハ 組合員総会ノ同意ヲ得ルニアラザレバ借入スルコトヲ得ズ

役員及任期並ニ総会報酬

第十一条　本組合総会ニ於テ左ノ役員ヲ定ム
組合長　　　一名
事務管掌員　一名
監査員　　　二名
第十二条　本組合事業遂行上専門識者ヲ嘱託スルコトヲ得
第十三条　組合長ハ組合ヲ代表シ一切ヲ処理シ 事務管掌員ハ組合長ヲ補佐シ組合事務及会計一切ヲ担当ス 監査員ハ必要ニ応ジ事業ノ情態及会計ノ監査ヲナシ事業運用上ニ過失ナカラシム
第十四条　役員ノ任期ハ何レモ満二ヶ年トス
但シ満期ノ際其レガタメ特ニ総会招集ノ必要ヲ認メザル場合次期ノ総会迄任期ヲ伸長スルコトヲ得ルモノトスル
第十五条　役員ノ報酬ハ任期中 組合長六十円 事務管掌員百五十円 監査員二十円トス

総 会

第十六条　本組合ノ総会ハ定時及臨時ノ二種トス
定時総会ハ毎年二月十五日 臨時総会ハ必要ニ応ジ召集スルモノトス
第十七条　総会ハ十日前ニ告知組合長之レヲ招集シ 総会ノ議長ハ組合長之レヲ行フ組合長事故アル時ハ他ノ役員之レニ代リ 役員モ亦事故アル時ハ組合員中ヨリ互選シ議長トナル
第十八条　総会ハ組合員ノ過半数ノ出席ニ依リ開会スルコトヲ得 又議決ハ出席組合員ノ過半数ノ同意ヲ得テ議決ス 賛否同数ナル時ハ議長之ヲ採決ス

会 計

第十九条　本組合ニハ左ノ帳簿ヲ置ク
日記帳

総勘定元帳
金銭出納帳
過年度貸借対応一覧表
第二十条　年度決算ハ毎年一月末日ト定ム
第二十一条　利益金処分案左ノ通リ
利益金ノ百分ノ五十　資本償却積立金
仝　百分ノ五十　組合定款第三条ノ施設補助
雑 則
第二十二条　第三条各項ノ細則並ニ本組合庶務規定ヲ別ニ定ム
第二十三条　組合員タルノ資格ヲ失ヒ又脱退ヲナスコトアルモ 払込タル出資金ノ返還ハナサザルモノトス
第二十四条　組合員増加ニ伴フ資本金ノ増加ハ総会ノ議決ニ因ルモノトス
第二十五条　組合員増加.脱退.資格消滅ノ場合ハ総会ノ議決ヲ要ス

六　農産業組合定款第三条第四項中一部 電気使用細則
第一条　電灯ノ使用ハ組合員住宅家屋 五坪ニ対シ十燭光一灯ノ割合ニテ点火スルコトヲ得
第二条　電灯ノ点火ハ日没ヨリ日ノ出迄トシ 如何ナル事情アルモ昼間ノ点灯ヲ禁ズ
第三条　電気工作物ハ組合ニテ指定シタル器具材料以外ノモノヲ使用スルコトヲ得ズ
第四条　電気工作物ノ取付又取除其他故障修繕ハ 組合ニテ定メタル係員以外ニテ施行スルコトヲ得ズ
第五条　組合員ハ動力ヲ使用スルコトヲ得 其種類ハ精米,精麦,製粉,平麦,引割,稲扱,籾摺,用水ポンプ等トス
第六条　前条ニ要スル諸機械ハ一切組合ニテ貸与シ 其ノ運転取扱ハ組合係員ヲ派遣スルモノトス
第七条　稲扱及籾摺ハ一時的ニ混雑スベキモノニ付組合ニ於テ予メ予告ヲナシ順序ヲ定ム
第八条　電灯電力使用上組合員ハ維持費ノ負担ヲナスベキ義務ヲ有ス
其割合標準ハ左ノ通リ定ム
電灯一燭ニ付 一ヶ月三銭
精米一斗ニ付 仕上米二合
精麦一斗ニ付 仕上麦五合
製粉一斗ニ付 十五銭
平麦一斗ニ付 仕上麦五合
引割一斗ニ付 二銭
稲扱一反歩ニ付 五十銭
籾摺一俵ニ付 十銭
第九条　前条ノ負担金ハ毎年組合員総会ニ依テ定メラルルモノナレバ其年ノ情況ニヨリ変更スルコトアルベシ
第十条　電灯ノ臨時増灯必要ナル場合ハ本規則第一条ニ依ラズ組合役員協調ヲナシ増灯セシムルコトアルベシ
第十一条　動力不足ヲ生ズル場合ハ本則第一条ニ因ラズ制限スルコトアルベシ
第十二条　本則ノ規程ヲ犯シタルモノハ組合ノ罰則規定ニテ処分スベシ

水車に付属する土地・家屋については須藤家と地区住民との間で貸借契約を取り交わした。以下のとおりである。

土地家屋貸借契約書

昭和四年七月一日売買契約ヲナシタル電気工作物附属条件トシテ発電所工場家屋並ニ水路工作物家屋屋敷ヲ須藤歌之助(甲)対農産業組合長藤田金之助(乙)トノ間ニ左ノ条件ニヨリ貸借契約締結ス也

左記

一　栃木県那須郡須賀川村大字須賀川一九三四番地内 水路工作物敷六畝及発電所並工場家屋敷二畝及仝家屋木造平屋拾五坪ハ甲ノ所有権トス
二　乙ハ前条甲ノ所有土地家屋ヲ借リ受ケタリ
三　借地料一ヶ年金参拾円也トシ支払期日毎年十二月二十四日ト定ム
四　維持，修理ハ乙ニ於テ負担スベシ
五　大改築ヲスベキコトアル時ハ乙ハ甲ノ承認ヲ受ケルモノトス
六　本契約ノ効力ハ昭和四年七月一日ヨリ生ズルモノトス

昭和四年七月二十日

須賀川村大字須賀川一九三四番地
貸付人　　須藤歌之助　印
須賀川村大字須賀川　農産業組合長
借受人　　藤田金之助　印

このような地元の手続き終了を待って逓信省へ計画変更認可申請書を農産業組合長名で送付した。

自家用電気工作物計画変更認可申請書

電第二六三号大正一三年二月一日附自家用電気工作物施設認可 並ニ電第四五九号大正一三年二月一九日使用認可
右ハ栃木県那須郡須賀川村大字須賀川一九三四番地須藤歌之助ヘ御認可相成 従来使用罷在候処 今般別冊ヲ以テ自家用電気工作物譲渡許可及申請候通リ 当組合ニテ一切ヲ引受ケ申候 就テハ別紙計画書ノ通リ使用目的並ニ使用区域追加変更相生ジ候条 御認可被成下度 此段及申請候也

昭和四年八月一日
栃木県那須郡須賀川村大字須賀川　須賀川農産業組合
組合長　藤田金之助 印
東京逓信局長 波多野保二殿

計画書

一　目的追加
電灯ノ外農用一般ノ動力ト追加
ニ　使用区域変更
須賀川農産業組合員一般ノ構内
栃木県那須郡須賀川村大字須賀川一九三三番地
（氏名略 以下 12 名の住所氏名略）
三　発電所ヨリ使用区域ニ達スル電線路ノ経過地名
発電所ヨリ使用区域ニ達スル電線路ハ殆ンド使用区域連続スルヲ以テ省略
別紙図面ノ通リ
四　キロワット数及最大電圧
キロワット数　一「キロワット」
最大電圧　一一〇Ｖ
五　電線路ノ種類
架空線式

工事設計明細書

一　配電設備
（イ）電気方式　直流二線式及電圧一一〇「ヴォルト」

（ロ）　架空電線路ノ構造

一　電線種類　　ビーエスー〇番以上第二種絶縁電線低圧

二　支持物　　　平均柱間距離三十五米突

　　　　　　　　種類　木柱ニテ杉材　九本

三　構造ノ大要

電線ノ末ロハ十八ミリメートル以上 長七.五メートル以上ノモノヲ使用 電線地表上五メートル以上ノ高サニ保持スベク長サ六十ミリメートル*太サ七.五ミリメートル*ノ欅材腕木ヲ取付 夫レニ直真棒付低圧大形二重碍子ヲ取付ク 電柱ノ根入レ全長ノ五分ノ一ヲ埋メ込ミ 根枠ヲ取付突キ固ム 線路ノ引留曲線其他必要ニ応ジテ支線支柱ヲ用ヒ 風雨其他ニ斜倒ノ患ナカラシム

電線路亘長三百三十米突　　（*後述答申書で単位をセンチメートルに訂正している）

（ハ）　保安装置

引込線ヲ架空線ヨリ分岐スル場合 柱上分岐点附近ニ安全器ヲ挿入シ 又屋内引込口附近ニ耐水不易燃質ノ小箱形安全器付開閉器ヲ取付ク

以上　　　　　　　　　　　　　　　　　　担当技術者　　土井忠健 印

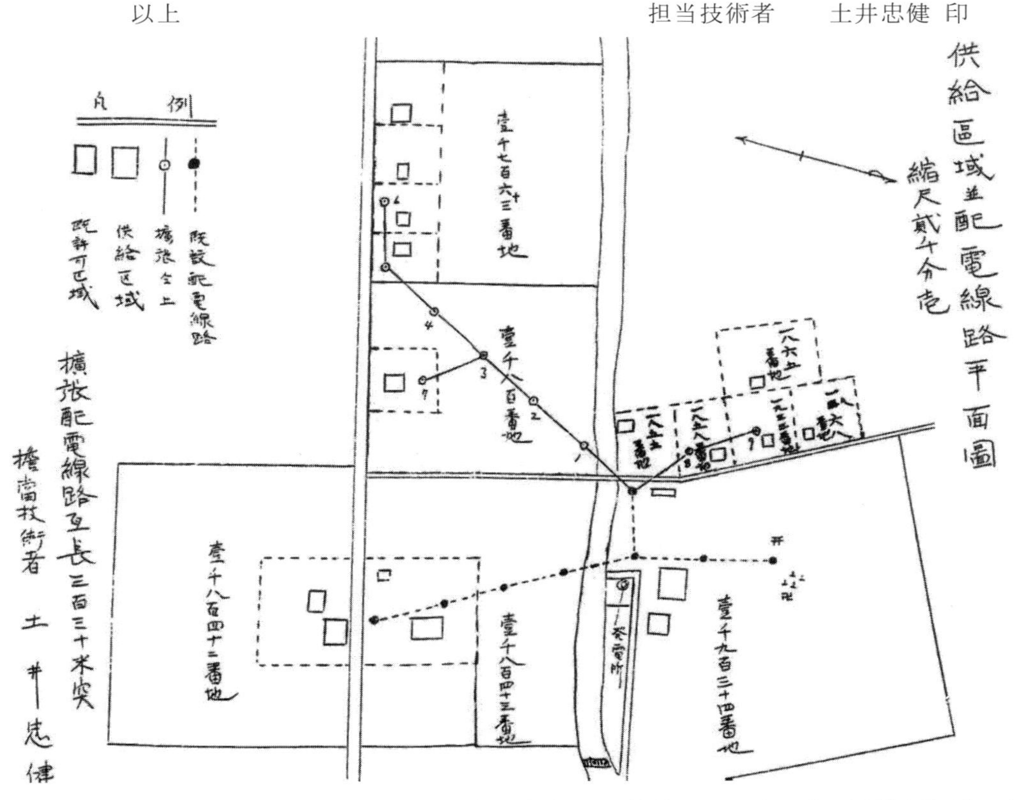

3-15 須藤歌之助タービン水車発電で得られた電気の配線状況　昭和 4 年 須藤家資料による

申請は特に架線電線路や保安装置の部分が変更されている。13 戸に配電するための安全器を取り付けた。この書類は提出後東京逓信局長より訂正補足を指摘され，以下のとおり回答した。

答申書

本年十月十六日附ヲ以テ照会ヲ被リ候 自家用電気工作物譲渡認可申請書ニ不備ノケ所訂正補足スベキ様御下命相成候ニ就テハ 別紙ノ通訂正仕リ度候条此段奉願候也

昭和四年十一月十九日
栃木県那須郡須賀川村大字須賀川一九三四番地
自家用電気工作物
譲渡人　　　須藤歌之助
同県　同郡　同村同大字一九三三番地
須賀川農業組合
譲受人組合長　藤田金之助　印
東京逓信局長　　波多野保二殿

訂正補足書
一 水利使用変更許可書及命令書ノ謄本ヲ提出スルコト（但シ何月何日変更許可申請中ナル旨ヲ附記セラルルモ差支ナシ）
本項ニ関スル書類ハ別紙栃木県ノ証明書ヲ添付ス
二 架空電線路ノ構造図ヲ提出スルコト
別紙図面之通リ
三 木柱及腕木ノ大キサハ長六〇ミリメートル太サ七.五ミリメートル等記入アリ単位ノ誤記ト認ラルニ付相当訂正スルコト
右ハミリメートルトアルヲ何レモセンチメートルノ誤リニ付訂正ス
以上　技術担当者　　土井　忠健

栃木県指令土第二六五四号　（上記一添付証明書）
栃木県那須郡須賀川村大字須賀川一九三四番地
譲渡人　　　　　　　須藤歌之助
同県同郡　同村大字同
譲受人　　　須賀川農産業組合
組合長　　藤田金之助
昭和四年七月二十日附申請水利使用工作物譲渡許可ノ件ハ昭和四年八月八日附土第二六五四号ヲ以テ受理シ調査中ニ属スルコトヲ証明ス
昭和四年十一月十四日
栃木県知事　　原田　維織

以後タービン水車は取り決めに従い稼働を続けた(写 3-38)。

大正 10 年東野電力によって旧須賀川村に営業用の電気が導入されることになった時の事である。須藤家では水車による自家用発電装置を見越して，営業用電気は導入しないことにした。しかし需要家を増やし利益を得る目的をもつ東野電力としては，谷沿いに茨城県大子町依上(よりがみ)村や佐原(さわら)村まで配電することを願った。そのためにはどうしても須藤家所有の土地を通過しなければならない。須藤歌之助は頑固一徹の人間であった。自分の土地に電柱を立てることに反対したのである。東野電力は幾度となく懇請したのであろう。ようやく山際に電柱を立てることで了解を得た。この事によって須賀川村をはじめ押川下流の依上村，隣接する佐原村にも営業用電気導入が実現した。

時が経て昭和 40 年代後半の高度経済成長期を迎え電化製品が多数出回るようになると，須藤家でも自家用発電だけでは電気をまかないきれなくなった。そこで東京電力からの電気を導入することにしたが，この時は前事情もあってか，たいへん苦労したと義朗さんは話してくださった。依上村の人びとが須賀川のタービン水車を鮮明に覚えていたのはこうしたいきさつがあったからであろう。

高萩市上君田久川地区の水車とほぼ時を同じくして稼働を始めた水車がここにもあった。須賀川の場合は須藤家という中心があって地区に広がったが，久川地区の場合は地区が基盤となっていた。タービン水車の運営方法は各地区の実情により多少の違いはあるが，各地に断片的に残る稼働許可の申請文書や地区の定款は似通っている。タービン製作者・部品販売者・市町村の事務担当者等の後押しがあったのであろう。

余談になるが帰途，奥の細道の途次松尾芭蕉が立ち寄ったという黒羽町の雲巌寺に行ってみた。「木啄も庵は破らず夏木立」の句が有名である。参拝の後，入口近くでふと立ち止まると，立派な石造りの門の裏面に〈寄贈者名　須藤歌之助〉の文字が大きく刻まれてあるのに気づいた。

1)　本来「水利権…」が栃木県知事あてであり，二通は逆に発送されていたらしい。

3-38　須藤歌之助水車小屋と押川の流れ

8　久慈郡大子町のタービン水車

(1)　大子地区の電気事情とこんやく生産の概況

八溝山地は福島県南部に始まり，茨城県の最高峰八溝山（1,022m）を経て筑波山に至る南北約 100ｋｍの山地である。この間，久慈川の支流押川，那珂川，JR水戸線沿いの谷によって分断され四つの山塊(さんかい)を形成している。北から八溝山塊，鷲子(とりのこ)山塊，鶏足山塊，筑波山塊がそれである。大子町の水系図を見ると久慈川に注ぐ中小河川が互いに平行に流路を作り，それぞれの谷あいに集落が立地し，小型タービン水車が稼働してきた 1)。

はじめにタービン水車と関連が深い，大子町周辺の電気導入事情について述べたい。

大子町への点灯は，大正 3(1914)年 3 月棚倉電気を興した福島県東白川郡笹原村の白石禎美（福島農工銀行頭取）によってなされた 2)。茨城県内では早い時期の点灯であった。当時の大子町長であった益子彦五郎は棚倉電気側から灯火個数が 500 あれば経営上採算が合うとの考えを示され,「500 ハ見込ミアリ」と返答し，その数に達しない場合は「各戸ヲ勧誘ス」として送電事業が始まった 2)。当初の点灯戸数は 223 戸（全戸数 850 戸）, 電灯数は 532 灯を数え目標を上回った。供給地域は大子町と宮川村であった。しかし事業所側に需要拡大に伴う十分な供給力がなく，停電することもしばしばで需要家は不便をきたし，電灯料不払い運動を起こして事業所に対抗した 3)。

また地元で製材業を営む大森均一は大正 11(1922)年水力による黒沢発電所を建設し，資本金 3 万円で黒沢電燈を創設した。黒沢村町付に事務所を置き，出力 8ｋＷの極小水力発電機で旧黒沢村（現・大子町）一帯に送電し，一定の役割を果たした。大正 15(1925)年には一部を白河電燈より受電している。昭和 15(1940)年に福島電燈と合併した。

さらに茨城電気社長前島平は未点灯地区を多く残した県域北西部に久慈電気，袋田電燈・藤井川水力電気を相次いで誕生させた。

まず久慈電気は棚倉電気から 70ｋＷを受電し，大正 10(1921)年に旧天下野(てがの)村・高倉村・染和田村・山田村・金砂村・金郷村・郡戸村・久米村（現・常陸太田市）・世喜村・上野村（現・常陸大宮市）に送電した。資本金 25 万円で大正 15 年には 5 分 6 厘，昭和 2(1927)年には 5 分 9 厘の配当をしているから黒字経営であった。

袋田電燈は大正 13(1924)年に操業を開始し，茨城電力から 35ｋＷを受電し，旧袋田村・上小川村・生瀬(なませ)村（現・大子町），下小川村・諸富野(もろとみ

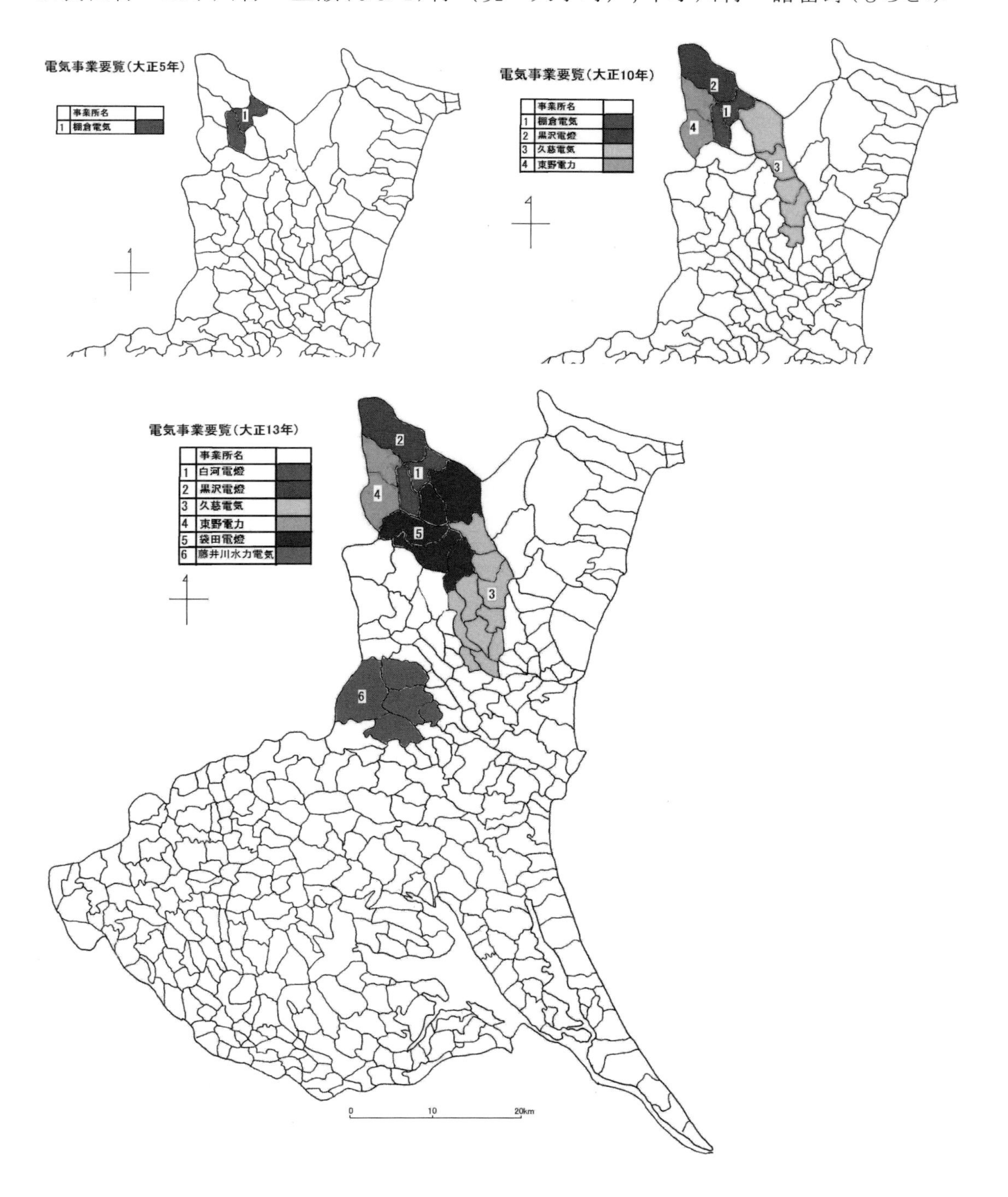

3-16　大子町周辺の電気事業の展開　(『電気事業要覧』)

の)村（現・常陸大宮市）に送電した。資本金は15万円で事務所を袋田村に置いた。経営は苦しく無配当であった(図3-16)。

藤井川水力電気については後述する。3事業所はいずれも昭和13年から15年にかけて大日本電力に合併された。

東野電力は前述のように事業開始は大正10(1921)年で195kWの受電先は大田原電燈と思われる。昭和14(1939)年に福島電燈に合併された。

このように大子町およびその周辺地域は福島県・栃木県に隣接している地理的な優位さから，大正年代に全域に電力導入がなされた。同地区におけるタービン水車は営業用電力が導入された後に設置されたものが多く，多賀山地のタービン水車とは違った意味合いがある。それはタービン水車の稼働目的が製粉・精米・製麺・製材と，農家の副業としての性格が強いことである。

反面電気導入の大正初期には灯火が主たる目的で，動力に使うまでには十分な電力が得られなかった事情もある。このためかなりの数の水車が稼働し続けた。またこんにゃく粉など粒状から粉状にする粉砕作業はエネルギー効率が悪く，電気を使うと長時間作業になりコスト高になる。この点で水車は効率がよかった。したがってタービン水車の多くは高度経済成長が始まる昭和40年代，さらに50年代まで稼働し続けた(表3-6)。

次にタービン水車で製粉した大子町の特産物こんにゃく芋の生産について述べてみよう。

こんにゃく芋の原産地はインド，もしくはスリランカなど各説がある4)。一般的には仏教伝来とともに日本に伝わったとされる。茨城県には徳川光圀が招いた明の儒学者朱舜水(しゅしゅんすい)により中国からもたらされたとされている。

茨城県はこんにゃく芋の栽培の盛んな地域である。江戸時代には水戸藩が藩の専売品とし生産を奨励した。主として大子町を中心とする保内郷(ほないごう)が産地である。この地以外に久慈・多賀・那珂・真壁・結城・猿島郡でも栽培された。

久慈郡諸沢村にはこんにゃく会所が設けられ，頭取であった中島藤右衛門（1745～1825）は生のこんにゃく芋を乾燥させて保存する技術を開発した。

こんにゃくは春に植え付け，秋には冬越しのため掘り起こし火室や屋根裏などに保管される(写真3-39)。3年間これを繰り返し収穫されたこんにゃく玉は薄く輪切りしてくしに刺し，自然乾燥させる。乾燥したこんにゃく芋は[荒粉(あらこ)]と呼ばれ，これを粉状にする時に水車が使われた。製粉化することによって必要な時に必要なだけ使用することが可能になった。山間の傾斜地は水はけがよく，こんにゃく栽培に適していたが，病虫害の発生や価格の変動など生産には課題も多かった(写真3-40)。

3-39
掘り起こした
こんにゃく玉

3-40　こんにゃく畑　大子町上金沢で炎天下に育つ

こんにゃく芋の年間生産高及び精粉価格(233ページ)は次のとおりである。

こんにゃく芋の収穫高　　　　（トン）

	明治 38	39	40	大正元	2	3	5	10	11	12
全国	35,535	33,654	31,899	45,384	40,947	35,658	42,736	37,703	38,365	42,382
茨城	11,297	11,657	8,649	5,674	不明	3,421	4,569	2,276	2,322	3,248
	大正 13	14	15	昭和 2	9	10	11	20	21	22
全国	46,782	53,872	54,985	53,956	55,144	55,498	55,134	22,421	11,461	10,280
茨城	3,554	4,248	4,651	4,464	4,344	4,532	4,637	1,520	1,424	不明
	昭和 26	27	28	32	33	34	44	45		
全国	24,484	30,368	34,834	79,560	84,900	81,000	25,900	114,200		
茨城	3,915	4,158	2,441	5,080	5,690	6,050	9,080	7,530		

（財団法人日本こんにゃく協会編『近代こんにゃく史料』）

表 3-6　タービン水車一覧　－久慈郡大子町－

番号	所在地	設置年（昭和）	廃止年（昭和）	使用目的	タービンの種類
1	大子町 上川原	5	26	製麺 精米 製粉	フ・横
2	下金沢	24	56	精米 製粉	フ・竪
3	上金沢		26	精米 製粉	フ・竪
4	左貫	20	30	製麺 精米 製粉	フ・横
5	初原	9	12	製麺 精米 製粉	フ・竪
6	下野宮	27	63	製麺 精米 発電	フ・竪
7	葦野倉	20	24	製麺 精米 製粉	フ・竪
8	蛇穴	30	41	発電(13 戸)	フ・横
9	町付久根下	7	47	精米 製粉※	フ・竪
10	小生瀬	12	稼働中	精米 製粉 発電	フ・竪
11	頃藤	18	28	製麺 精米 製粉	フ・竪
12	蛇穴新田	34	44	精米 製粉 発電	フ・竪
13	上郷	14	25	製麺 精米 製粉※	フ・竪
14	町付	15	25	製麺 精米 製粉 精麦	フ・竪
15	町付下町	10	25	製麺 精米 製粉	フ・竪
16	上郷	10	25	製麺 精米 製粉	フ・竪
17	上野宮	22	38	製粉※ 精麦	フ・竪
18	上野宮	14	45	精米 製粉 製茶	フ・竪
19	上野宮	15	45	発電	フ・横
20	上野宮ついたち平	24	36	製粉 くり物 発電	フ・竪
21	上野宮磯神	28	38	発電(15 戸)	フ・竪
22	町付	23	26	精米 製粉※	フ・竪
23	町付下町	25	30	製粉※	フ・竪
24	中郷	10	26	製粉 製茶 発電(2 戸)	フ・竪
25	下野宮根本	15	28	製粉※	フ・竪
26	下野宮	25	45	製麺 精米 製粉	フ・竪
27	下野宮	25	30	製粉※	フ・竪
28	左貫	8	16	製粉※ 製茶	フ・竪
29	左貫	12	17	製麺 精米 製粉	フ・横
30	左貫	5	8	製材	フ・竪
31	左貫	初期		製材	フ・竪
32	初原	14	57	製麺 精米 製粉	フ・横
33	上郷白坂	10	30	製麺 精米 製粉	フ・竪
34	町付	戦前	30 ころ	こんにゃく製粉製造	

※はこんにゃく製粉　フはフランシス型　竪は竪軸　横は横軸

昭和 48(1983)年の茨城県こんにゃく生産量は約 6 千トンで，この 9 割が大子町，山方町，美和村，水府村などの奥久慈地方で生産されていた。全国的には群馬県，福島県，栃木県に次いで生産量が多い 5)。

馬力	落差(m)	河 川	調査年月日	現在の職業	現 況	製作者	番号
4	1	押 川	昭和 63.7.17	うどん製造	なし	市村鉄工所	1
	1	押 川	63.7.24	無職	なし	松本（塙）	2
8	3	押 川	63.7.17	会社員	なし		3
	1	初原川	63.7.17	農業	なし	岡部鉄工所	4
		初原川	63.8.2	農業	なし		5
5	2	八溝川	63.7.23	うどん製造	稼働可		6
	2.5	押 川	63.8.2	うどん製造	なし	市村鉄工所	7
	5	八溝川	61.4.29	農業	水路	浅井（日立）	8
7.5	2	八溝川	63.7.24	畜産	現存	市村鉄工所	9
3	2	滝 川	63.8.3	農業	稼働中	薄井（水戸）	10
5	2	大沢川	63.10.12	農業	タービン	市村鉄工所	11
	2	八溝川	平成 2.11.4	農業	現存	浅井（日立）	12
10	2	八溝川	2.11.4	農業	なし	市村鉄工所	13
3	1	八溝川	2.11.12	米店	なし	市村鉄工所	14
2	2	八溝川	2.11.12	農業	なし	市村鉄工所	15
	2	八溝川	2.11.14	農業	なし		16
3	2	八溝川	2.11.14	農業	なし		17
	1	八溝川	2.11.14	農業	なし		18
	2	八溝川	2.11.14	養魚場	なし	松本（袋田）	19
5	3	八溝川	2.11.14	農業	水路	市村鉄工所	20
	2	八溝川	2.12.16		なし		21
	2	八溝川	2.12.16	電業社	なし		22
2	2	八溝川	2.12.16	会社員	なし		23
3	8	八溝川	2.12.16	農業	堰堤		24
10	4	八溝川	2.12.16	製粉業	現存	市村鉄工所	25
2	2	八溝川	2.12.16	会社員	現存		26
8	2	八溝川	2.12.16	農業	小屋		27
3	3	初原川	2.12.25	農業	なし		28
3	10	初原川	3.1.27	製茶	なし	市村鉄工所	29
10		初原川	3.1.27		なし	市村鉄工所	30
10	8	初原川	3.1.27		なし	市村鉄工所	31
5	3	初原川	3.1.27	農業	保存	市村鉄工所	32
2	2	八溝川	2.12.12	農業	なし		33
		八溝川	昭和 63.7.24		水路		34

保存はタービンを分解して保存

昭和 48(1983)年に茨城民俗学会では大子町全体の民俗関係全般にわたっての調査を行った 6)。この結果大子町にはこんにゃく水車が 26 箇所あって，この中の 16 箇所はタービン水車に切り替えられたことが報告されている。

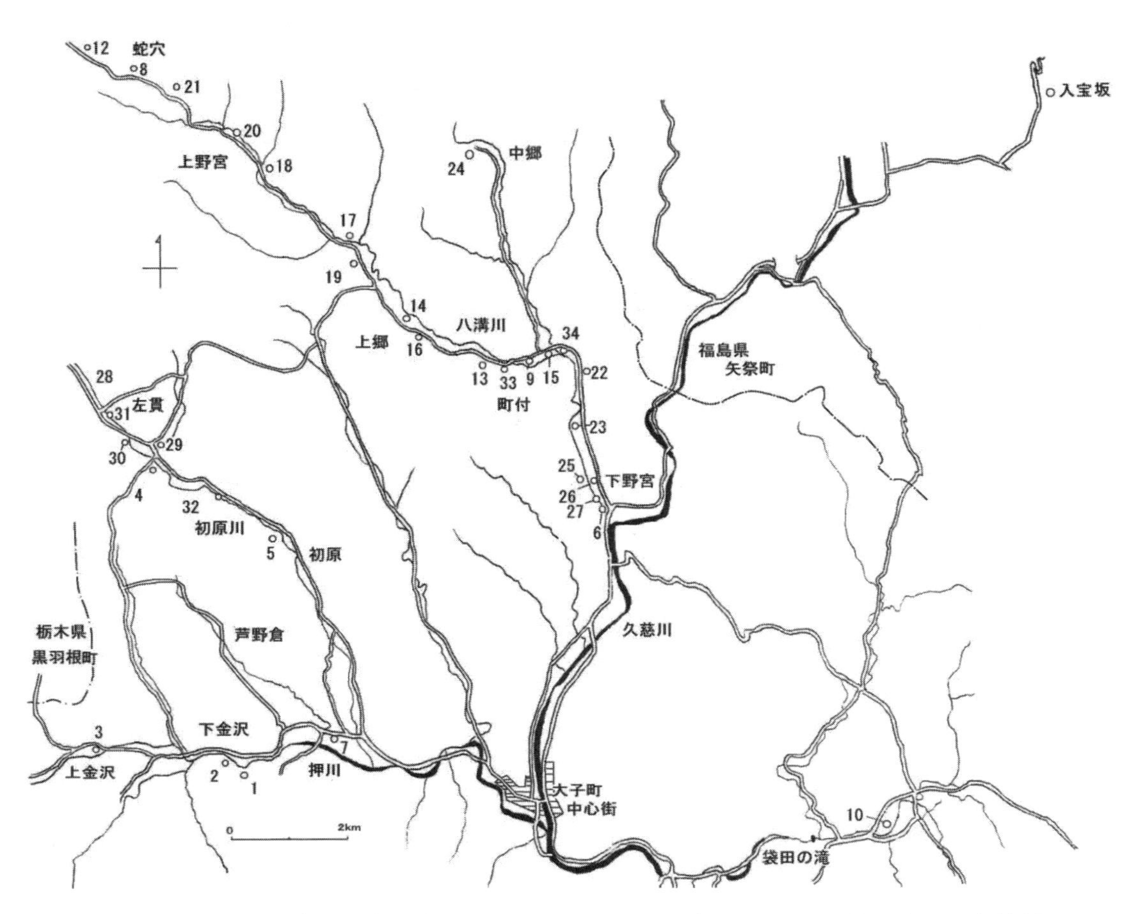

3-17 **大子町のタービン水車分布図** 昭和63年から平成3年までの聞き取り調査結果

私は昭和63(1988)年7月より平成3(1991)年9月まで大子町の聞き取り調査を行った。遺構が確認できた水車は34箇所にのぼり調査した県内各地区の中では最も多かった。八溝川沿いに20箇所，押川3箇所，初原川9箇所，他に大沢川・滝川に各1箇所見られた。大子町中心部と槙野地を結ぶ浅川流域では全く水車に出会わなかった。また生瀬地区は未調査の箇所が多い。稼働目的は製粉・精米・製麺用が多く，こんにゃく芋製粉用水車は9箇所であった(表3-6 図3-17)。

大子地区に多数のタービン水車が集中している理由は，①適した水量と地形，②普及・奨励のための補助金，③水車稼働の必要性があげられる。

長時間の製粉作業には水車が適している。作業開始時は原料が臼内に多いためにタービン水車はゆっくり回転し，粉末状態になった時期には回転が早まり良い製品が得られる。こうしたことも水車を稼働させる理由である。

聞き取り調査時に話題になった水車はすべて訪ねたつもりであるが，水車稼働時とは世代が替わったことや，河川改修により撤去された水車もあり，詳しい内容を聞き取ることができなかった事例もいくつかある。タービン水車の保存状態が良好で，詳細な内容を把握できた水車について報告する。また調査時とまとめの時期とは20年の空白期間があり,この間に他界された方があって水車だけが残されている例もあり，こうした水車については掲載の了解が得られないために省略した。

1) 尾留川正平『現代地理調査法』I 地理調査の基礎(朝倉書店 1972) p144 水系のパターンによれば(5)平行状にあてはまる。
2) 『大子町史』通史編下巻（大子町 1988）では大正5年とあるが，電気事業要覧によった。
3) 注2)『同』p380
4) 『近代こんにゃく資料』昭和48年6月15日発行　財団法人日本こんにゃく協会
5) 飯塚一雄『技術文化の博物誌』第2集（柏書房 1983）
6) 『大子町の民俗』茨城県北部農山村地区民俗資料緊急調査報告書（茨城民俗学会 1974） p43-53　川田プリント

(2) 松本武タービン水車

国道118号線を北上し，福島県境近くに大子町下野宮十字路がある。左折して八溝川が浸食してできた細長い水田地帯を進む。周囲の小高い山麓には集落が散在し，のどかな田園風景が開けている。道路改修が進み快適なドライブが楽しめる。1ｋｍほどの所に茨城交通バスの停留所[下の内]がある。ここを左折し下の内橋を渡ると八溝川右岸に水車小屋が遠望できる(図 3-17)(写真 3-41)(表番号 25)。これが江戸時代に代々この地域で名主をつとめてきた松本家，松本武こんにゃく製粉用タービン水車である。松本家は東京で全国から集荷するこんにゃくの問屋を営んでいたが，自らこんにゃく製粉の創業を思い立ち，出身地の大子町で松本文吉（長男）がこれを始めた。現在は孫の松本年男所有である。

現況を見てみよう。堰堤は木製で八溝川がゆるく蛇行する地点に構築され(写真 3-42)，高さ 1.3m，幅 20mの当時の形で残存する。土砂が堰堤上部まで堆積してもなお形状が変わらず堅固なつくりである。水路は農業用水路も兼ねて八溝川の右岸を幅 1.34m，深さ 0.65mで続く。水車小屋までは 139mである(写真 3-43)。この堰堤の約 50m下流には新たに堰堤を作り，藤田敬之助タービン水車が稼働したがこちらの遺構は残存しない。

水車小屋は八溝川に沿って細長いつくりとなっている(写真 3-44)。

昭和 15(1940)年に改修したフランシス型竪軸 10 馬力の市村式タービン水車は

3-41　松本武水車を南から遠望　八溝川右岸

3-42　八溝川水車用水路の取水堰堤

3-43　水車用水路 右岸の土手約 140m で水車へ

3-44　水車小屋

小屋の入り口部に据え付けられていた。タービン部は取り外してあり，Ｖベルトが３方向にかかっている。在来型水車稼働時には平ベルトで２箇所のプーリーへ動力が伝わったが，タービン水車の稼働に合わせて１列加え３列の杵・臼を敷設し，平ベルトもより強力に動力を伝えるＶベルトへと変更した。現況はその後に改修したモーター駆動の状況と考えられる(写真 3-45)。

木製の筒状集塵施設がみえる。稼働時と同じ状態で天井部には木製扇風機が内蔵されていたという。水車動力は直径 92ｃｍのプーリーを回転させ，この軸から三方向にＶベルトがかけられている。昭和 28 年まで稼働した。製粉用の器具としては杵，臼，集塵装置など当時使用した装置はそのままの形で残されていた(図 3-18～21)。

臼は直径 36ｃｍ，深さ 31 ㎝のコンクリート製でロート状になっている。一回で１貫の荒粉を製粉することができた(写真 3-46)。臼は飛粉の拡散を防ぐため周囲を木板で密閉してある。木製の集粉筒は天井近くから次の部屋へ続いている。

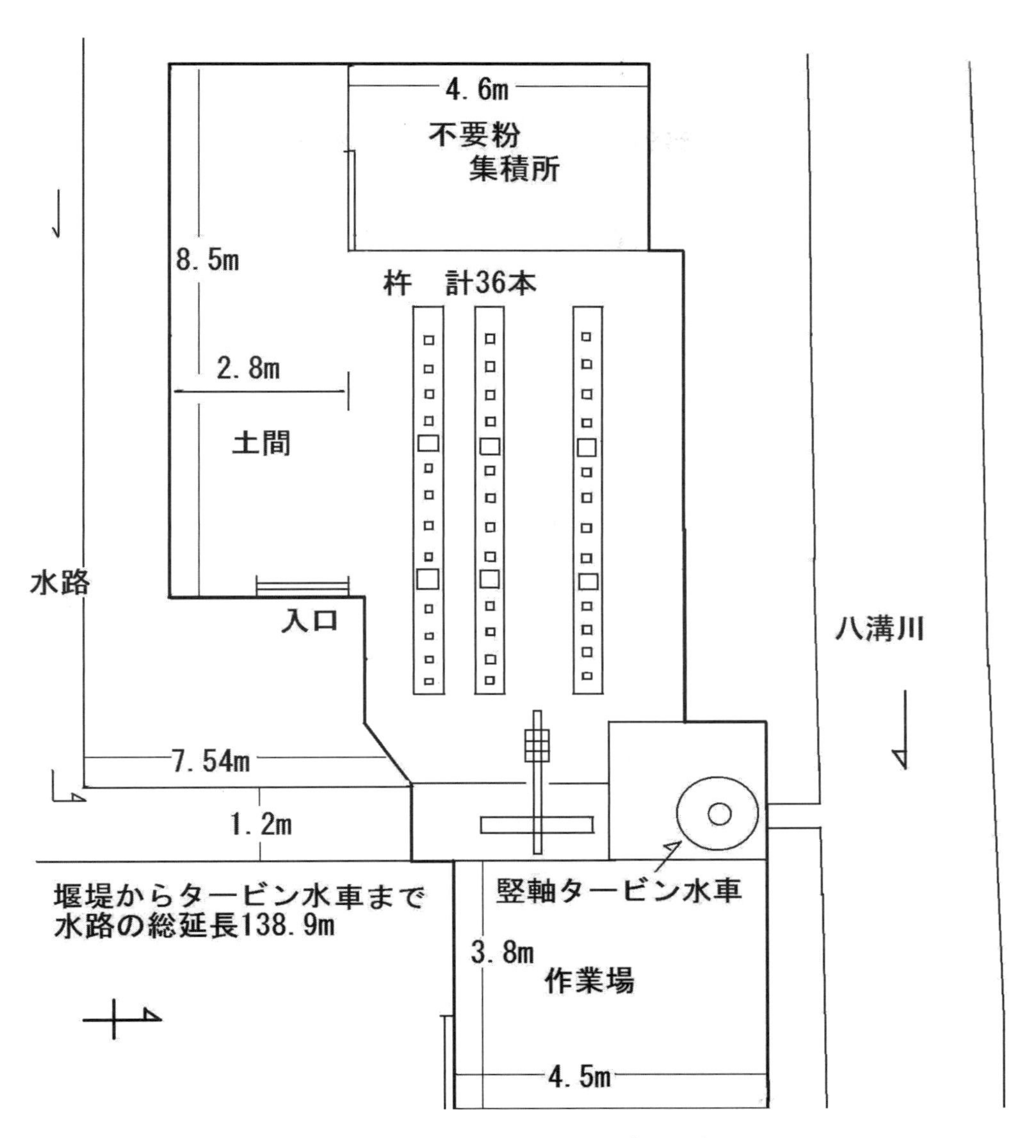

3-18 こんにゃく製粉用松本武タービン水車平面図

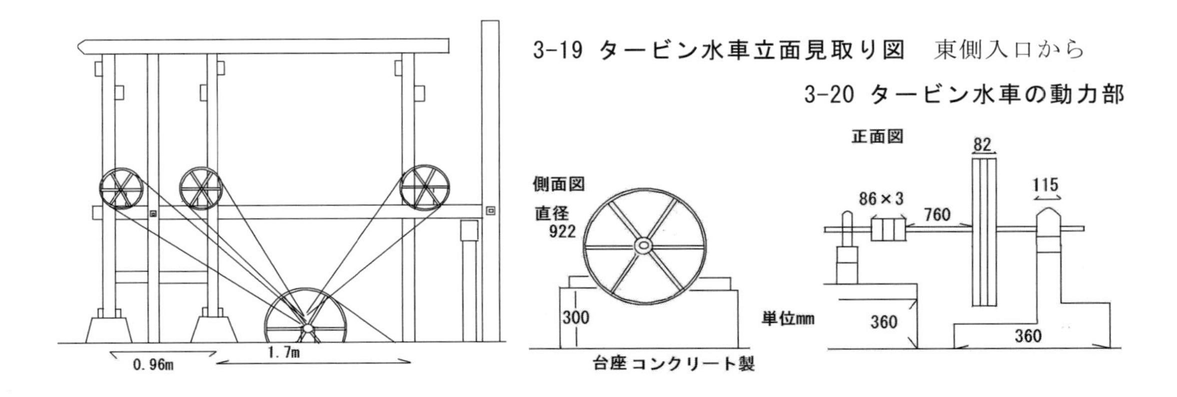

3-19 タービン水車立面見取り図　東側入口から

3-20 タービン水車の動力部

小屋内に粉が拡散しないような工夫である(写真3 - 48)。

杵には厚布製の「あおり」がついている。細かな粉は杵の上下動で煽られ，集粉筒の中を飛散し隣室に集められる(写真3－47)。杵は1列に12本ずつ並列する。在来型の水車稼働時には2列24本であったが，タービン水車に改修した時点で，もう1列加え3列の計36本とした。杵は長さ2.65m・幅0.12m。トチノキ製であり，1本の重さは18kgあった。1列12本の杵は，3本が同時に上下する。一度に持ち上げる重量は1列で54kg，タービン水車全体に加わる力は54kg×3列＝162kgである。タービン水車でこれだけの動力が出せたのか疑問も出てくる。あるいは3列に改修した時点で動力不足をきたし,モーター駆動に切替えたのかも知れない。

3-45　水車動力部

3-46　杵・臼・ベルト

3-47　あおりのついた杵

3-48　杵列間の集塵装置

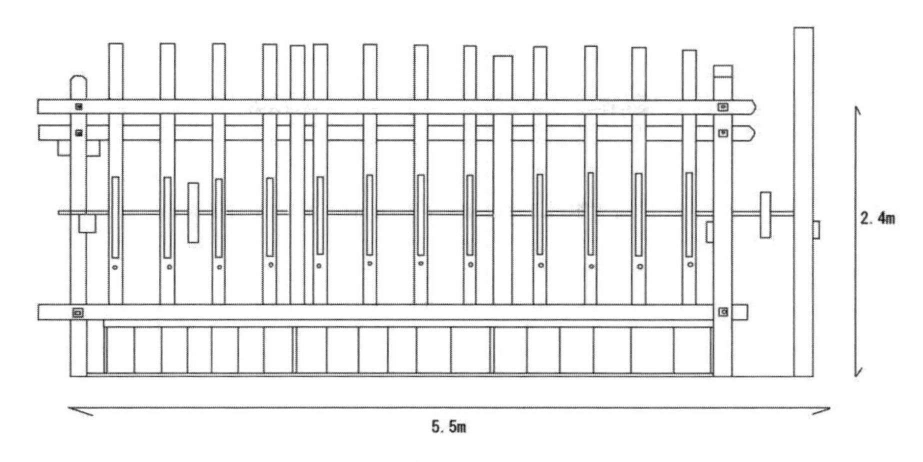

3-21 水車杵図　南から見た状況

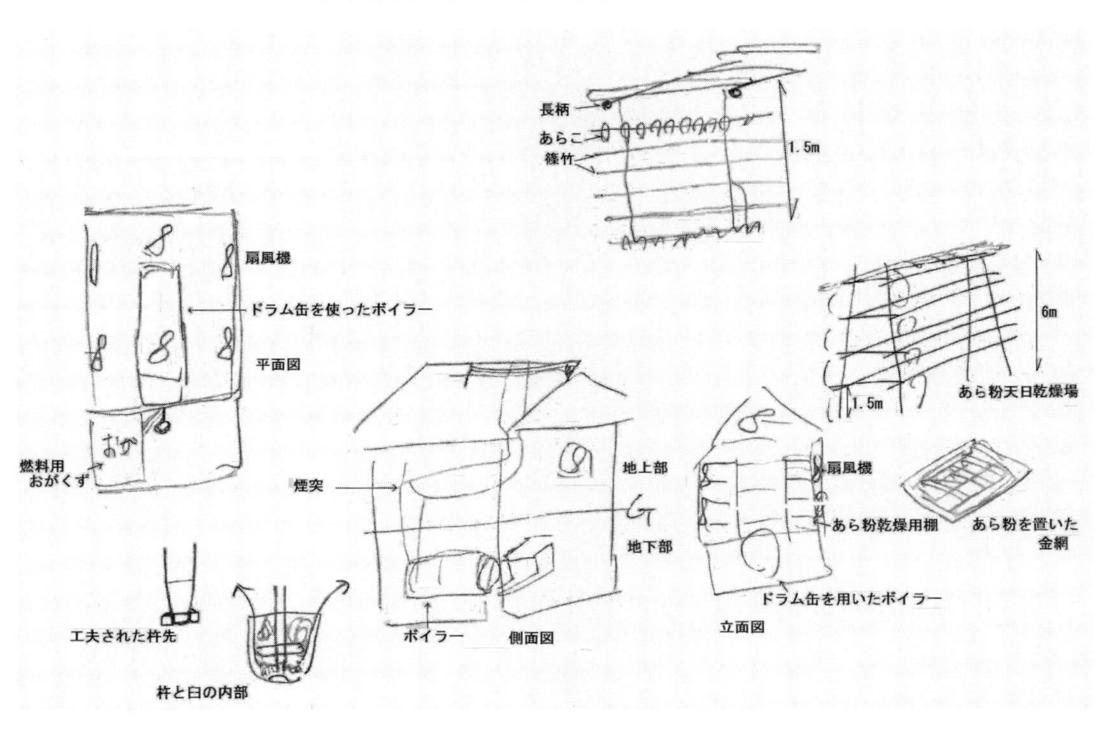

3-22　こんにゃく玉室内火力乾燥法状況図

生玉からこんにゃく粉になるまでの工程を見てみよう。

生のこんにゃく玉を乾燥させる方法は天日乾燥法と室内乾燥法がある。

年男さんの描いた図をもとに松本武水車の天日乾燥法と当時の室内乾燥法を再現する(図 3-22)。

こんにゃく玉の収穫期は 10 月から 1 月である。近辺の主婦約 50 人が 1mほどのシノ竹に輪切りにしたこんにゃく片を刺す。乾燥場は長柄(ながら)で組み立て高さ 4 段（約 6m）に達する。ここに順にシノ竹を配列する。高所での作業は危険も伴ったことであろう。夜間は防霜のために筵(むしろ)をかぶせた。完全乾燥まで 10 日から 2 週間を要した。注意する点は雨にあてないことである。水分を含んだ[あら粉]は黒色に変化し，製品価値がぐっと下がるからである。

松本水車では室内乾燥を試みた。水車小屋入口八溝川沿いに半地下の乾燥室を新設した。暖房はドラム缶を改良したストーブである。はじめは近くの製材所のおがくずを燃料としたが，その後さらに効率よい重油バーナーを敷設し，この熱で乾燥させた。年男さんの父松本文吉は機械の組み立てに長けており，すべて自分で発想し製作した。乾燥室の地上部は両側に棚を作り，生玉を千切りにしたこんにゃく芋を金網に並べた。火力乾燥の始まりである。乾燥室の周囲 6 箇所には扇風機を配置し，排気と熱伝導を良くした。この扇風機の回転にもタービン水車の動力が使われた。この方法により［あら粉］は以前の半分の 5 日で製品化し，量産に結びついた。

朝 6 時，乾燥した［あら粉］1 貫(3. 75kg)を臼に入れる。夕方 17 時に水車を止めて精粉を取り出す。 11 時間の製粉時間である。取り出しに 1 時間の作業を行い，18 時には再び［あら粉］1 貫を臼に入れ夜通しの翌朝 5 時まで水車を稼働させる。昭和 30 年代になると臼は一回り大きくなって 3 貫用が主流となった。臼に入れる［あら粉］の量が多くなったのである。このため完成品となるまでには 23 時間を要した。約 1 日かかったが交換作業は 1 日 1 回でよくなり，自由な時間は他の作業が可能となった。

臼の中で［あら粉］は飛粉，中粉，精粉（とびこ，ちゅうこ，せいこ）の 3 種類の粉末になる。こんにゃく粉として出荷されるのは精粉だけで，全体の 6 割程度である。最後まで粉にならずに残った［あら粉］は［さなぎ］と呼ばれ，取り除かれる。飛粉は最も軽い粉で肥料に混ぜたり，各種の糊として使われた。中粉は花粉(はなこ)とも呼ばれ，一部は［こがし］という食用粉となり団子の材料になった。

こうして作られたコンニャク粉は 1 駄 1) ごとにまとめて出荷された。下表は精粉の価格を示したものである。価格変動の激しいことは今も昔も変わらないが，昭和 23 年時が飛びぬけて高騰しているのが目にとまる。また昭和 40 年代に再び価格が上昇してきた。当時の農産物価格としてはよい値段で流通した。このため水車小屋から袋ごと盗難という事件も発生した。製品は一度東京に集められ，ここから全国に再配送された。

こんにゃく精粉の価格　（1駄あたり円）

年	大正元	2	3	4	5	6	7	8	9
（円）	90	73	85	133	112	116	316	422	383
年	10	11	12	13	14	昭元	2	3	4
（円）	415	498	515	517	399	254	264	269	213
年	5	6	7	8	9	10	11	12	13
（円）	181	175	152	162	199	204	173	328	360
年	14	15	16	17	18	19	20	21	22
（円）	469	560	485	493	623	630	1,366	5,239	76,000
年	23	24	25	26	27	28	29	30	31
（円）	258,000	69,500	36,800	52,800	33,000	39,200	32,700	33,600	31,700
年	32	33	34	35	36	37	38	39	40
（円）	39,500	27,600	16,900	28,500	38,700	60,000	85,400	58,900	53,100
年	41	42	43	44	45	46	47		
（円）	60,500	49,700	39,300	38,300	49,200	92,400	112,950		

（『近代こんにゃく史料』，群馬県こんにゃく原料商工業協同組合調べ）

松本武タービン水車はしっかり構築した水車設備ながら，稼働期間が 13 年間と短かった。原因は原料不足や価格の変動などであろう。

平成 22 年 12 月，松本年男さんに勧められて現代版こんにゃく粉製造元を訪ねた。大子町本町の［水戸印蒟蒻粉製造元（有)松浦政二商店］である。以下，政二さんの孫にあたる幹夫さんの話である。

生玉は 1 日で製粉化される。こんにゃく玉の収穫から搬送は勿論，裁断，乾燥，製粉とすべてが機械化されていた。［あら粉］は温度を 83℃に保った大型乾燥機内を進む。金網上を上段部から下段部へと運ばれる途中で乾燥され，隣室の製粉室に送られる。製粉には 3 方式があるが，松浦商店では杵・臼を配置する方式(スタンプミル)をとっていた。この方式は粉をつぶす・粉をみがく作業が同時になされ効率は悪いが良い製品ができるという。集塵筒も昔の木製からステンレス製に変わっている。

大子町全体のこんにゃく栽培についても話をうかがった。近年大子町では小規模こんにゃく栽培の景観が少なくなった。それは 1 戸あたりの作付面積が拡大し，ある地区に集中したためである。田原地区，山田地区，上金沢地区，塙地区が栽培地域となっている。総作付面積は 6 町歩という。またすべての作業が機械化され，掘り起こし→30kg 用・40kg 用金網製コンテナへの収納→製粉工場へ運搬と効率がよい。外国製品の流入に伴い大規模化・効率化しないと採算が取れなくなってきた。品種は2年で出荷できる［赤城大玉］の栽培が多く，最近［三山優(みやままさり)］も増えてきている。こんにゃく栽培には町内で70名ほどがかかわっているが高齢化が進み，次世代の育成が課題であるという。

1) 一駄とは昭和初期に180kgのこんにゃく粉を意味した。あら粉45kgが4袋，精粉なら40kg 4袋で1駄と言った。

(3) 鈴木春身タービン水車

鈴木春身タービン水車は，大子町小生瀬361番地にある(表番号10)。意外にも日本三大瀑布として有名な［袋田の滝］のすぐ上流にあたる。タービン水車が稼働してきたことは想像もつかないことであった。

地形的には久慈山地に位置し，多賀山地とは久慈川の支流里川によって二分されている。袋田地区から常陸太田市里美地区へ通じる新月居トンネルを抜けると，まもなく滝川にかかる橋が眼に入る。これを渡ってすぐ右折する。あたり一面は観光りんご園が広がる。右手に水車小屋見える。近隣3軒で観光リンゴ園を経営している。水車による製粉・精米作業は副業であった。調査をした昭和63(1988)年8月には稼働中であった。

鈴木春身水車は，明治期より在来型の水車を稼働させてきたが，能率向上を図って昭和12(1937)年にタービン水車に替えた。竪軸3馬力で水戸から薄井さんが取り付けに来たという。市村鉄工所の従業員の中には名前は見当たらない。こんにゃく芋製粉用のほかに，精米，製麦，製麺，発電にも使用した。

3-49 水路幅で設置された水槽

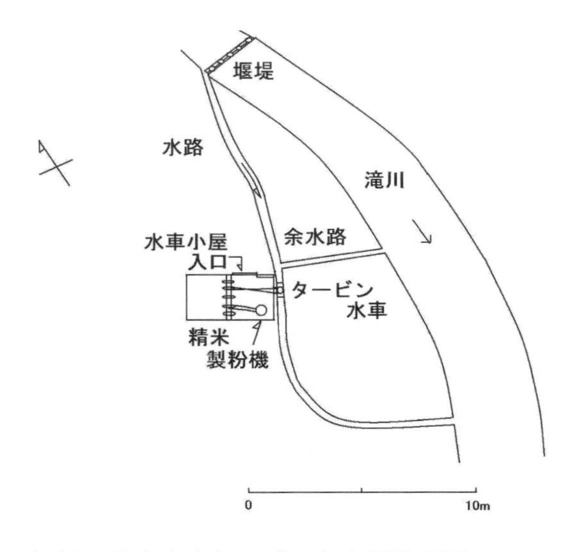

3-23 鈴木春身タービン水車見取り図

堰堤は木製杭を打ち，丸太を並べて作られている。流水量が多い部分は洪水時に破壊されている(写真 3-50)。滝川から水路への取り入れ口は小石とコンクリートで固められ，他は土を掘り込んだ水路となっている。水車小屋まで約 80mの水路が続く。小屋に隣接し水路上に竪軸のタービン水車軸が確認できる(写真 3-49)。周りは竹林である。水路幅と同じ広さでタービン用水槽が作られ，上部は小屋からの屋根で覆われている(写真 3-53)。

調査時にタービン水車を稼働させていただいた。写真左後方の余水路を閉じて十分な水量が得られたころあいを見計らって水門を開ける(写真 3-51)。水槽内に水量が満たされるとやがてゆっくりとタービン水車が回転を始める。竪軸タービン水車からの動力は地面と平行に平ベルトを渡し，3m程離れた軸で受けている。軸にはプーリーが 4 個あって，製粉機やその他の機械へ動力を伝える仕組みになっている(写真 3-52)。日頃使い慣れているので手際がよい。課題は滝川からの水路が狭く水量不足となることである(図 3-23)。

3-50 用水取り入れ口の堰堤

3-51 水門操作

3-52　回転中の水車小屋内部

3-53　タービン用水槽　手前にごみ除け
奥に水車の竪軸　左は屋根を受ける柱

(4)　蛇穴地区の発電用タービン水車

八溝山の山麓，福島県や栃木県と県境を接する位置に大子町蛇穴地区がある(表番号 8)。前述の通り大子町への電力導入は大正年代のことで県内でも早い点灯であったが，蛇穴地区は町中心部より遠距離であるため長く未点灯の状態が続いた。近辺に開設された黒沢電燈からも配電されなかった。しかしオリンピックを見た記憶があることから，昭和 39(1964)年ごろには自家用発電で点灯したと考えられる。北茨城市や高萩市の山間地同様，自家用共同発電を行ってきた。地区 13 戸の共用である。創設は昭和 20 年から 30 年頃と不確定である。日立市の浅井さんが横軸タービンを稼働させた。詳しい状況は聞き取ることが出来なかった。

さらに栃木県に程近い蛇穴新田では昭和 44(1969)年まで発電・精米・製粉用の水車を稼働させた。タービン水車は竪軸で馬力数は不明である。製作者は蛇穴地区と同様，日立市の浅井さんである。近くを流れる八溝川の支流より水路にて導水した。水車小屋はしっかりしたつくりで現存し，内部は農事用の［わら］が重ねられていた。取り除いてみると，中からコンクリート製の 3 組の臼が現れた。杵はまだ新しく，あまり使用した形跡は見られない。発電は 1 戸のみであった。

9　常陸大宮市美和・緒川地区の製粉精米用タービン水車

(1)　旧美和(みわ)村・緒川(おがわ)村の概況

旧美和・緒川村を取り巻く八溝山地は，鷲子(とりのこ)山塊西端の鷲子山（422.7m）を高地点として東に向けてなだらかな山地が広がっている。山間を縫うように流れる緒川は両岸に河岸段丘をつくり，沖積部にあっては貴重な水田となる。段丘面から山ろく部にかけては畑地として土地利用されてきた。一方氷之沢(ひのさわ)地区から小瀬(おせ)地区にかけては緒川が，隆起してできた山地を侵食し，大きく蛇行を繰り返しながら急崖を形成し,やがて野口地区で那珂川と合流する。こうした地形をうまくとらえていくつかのタービン水車が稼働した(図 3-24)。

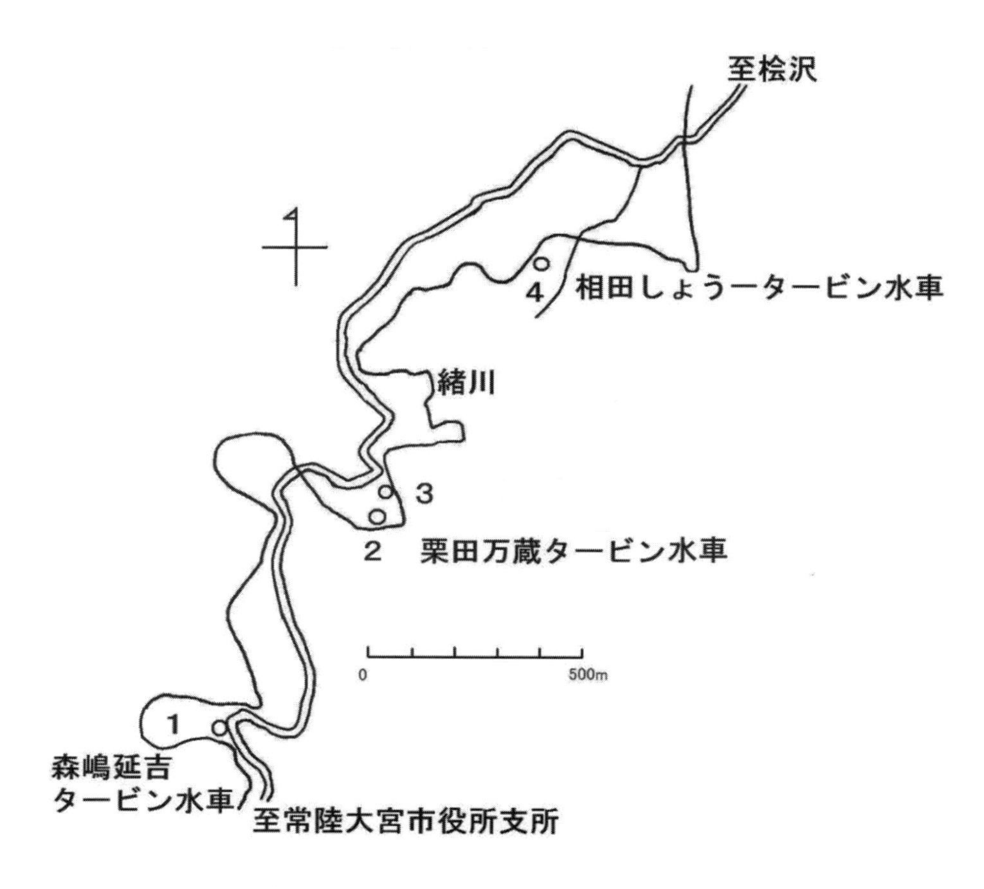

3-24　緒川地区タービン水車位置図　基図：国土地理院２万５千分の１地形図

まず初めにこの村域周辺の電気事情を考えてみたい。水戸市に点灯した茨城電気は周辺地域に需要地を拡大する過程で，大正 2(1913)年 9 月，大宮町（現・常陸大宮市）に電気を導入した。さらに大正 6(1917)年には旧額田町・瓜連村（現・那珂市）に，大正 8(1919)年には旧静村・大賀村・山方村（現・常陸大宮市）へと，供給地域が点から線へ，線から面へと拡大されていった。茨城県の北西部にあり栃木県と接する旧美和村（現・常陸大宮市）には大正 14(1925)年に電気が導入された。栃木県側から旧美和村へ送電されなかったのは烏山電気（藤田発電所・115ｋｗ水力）の出力が不足したこと，那珂川の浸食した谷が深かったこと，烏山地区内への配電域が広く電圧降下が著しかったことによる。

一方美和村の南側に隣接する緒川村（現・常陸大宮市）や御前山村は栃木県から送電された。茂木水力電気は大正 3(1914)年 12 月，芳賀郡中川村に出力 75ｋｗの逆川発電所を建設し周辺地域に送電した。茂木水力電気はその後合併を繰り返して那賀電気→野洲電気となり，大正 14(1925)年 11 月に福島電燈の傘下に入る。この間大正 6(1917)年には旧長倉村（現・常陸大宮市），大正 15(1926)年には旧八里村・小瀬村・野口村・伊勢畑村（現・常陸大宮市）へと供給地域を拡大した。

さらに隣接する旧岩船村・西郷村・小松村・七会村・大池田村（現・笠間市）への電気導入は藤井川水力電気によった。茨城電気社長前島平は大正 10(1921)年 9 月，藤井川発電所を建設し，藤井川水力電気を創業した。資本金は 12 万円で事務所は水戸市北三之丸の旧茨城電気事業所内に置かれた。藤井川発電所は毎秒 0.83 ㎥の水量と 34.24ｍの落差により最大 200ｋＷの出力があった。しかし流量は季節により変化が激しく，渇水期には 50ｋＷの発電もおぼつかない状態であった 1)。このため茨城電気より受電を強いられた。藤井川水力電気は昭和 15(1940)年 3 月に大日本電力と合併し，藤井川発電所は昭和 46(1971)年 12 月まで稼働した。

このように県北西部は比較的早期に営業用電力の導入が図られた。にもかかわらず，この地のタービン水車は大子地区と同様，精米・製粉・製材用として長く稼働してきた(表 3-7)。とりわけ製粉用水車が多く，うどん製造に結びついていることもこの地区の特徴である(写真 3-54)。

筆者は昭和 41(1966)年 4 月から 3 年間，当時の美和村立小田野小学校，同鷲子(とりのこ)小学校（現在は両校ともに常陸大宮市立美和小学校に統合）に新採教員として勤務した。夏の雷鳴の轟きや冬の低温など，内陸部の気候に驚いたことを思い出す。夏には小田野川や緒川で水泳学習を行い，冬季は水田を借用して特製スケート場を造った。下駄の底に刃をつけたスケート靴で楽しい学習であった。

この時点で数多くのタービン水車が稼働していたに違いないが，当時は知る由

3-54　うどん干し場　緒川地区

3-55　緒川で遊ぶ子ども

もなかった。20年後にタービン水車調査のために訪れると，道路が改修され，旧道には懐かしい建物が残存した。すでに校長先生は他界され担任した児童と出会うこともなかったが，いくつかの水車遺構に触れることはできた(写真3-55)。

1)　中川浩一『茨城県水力発電誌』下（筑波書林 1985）p179

表 3-7　タービン水車一覧　－常陸大宮市 美和・緒川・御前山地区－

番号	所在地		設置年(昭和)	廃止年(昭和)	使用目的	タービンの種類
1	旧美和村	高部入桧沢	初期	25	製麺 製粉 製材 発電(1戸)	フ・横
2		高部	15		製材	フ・竪
3		高部東河内	14	19	製麺 精米 発電(3戸)	フ・竪
4		氷の沢	15	48	製麺 製粉 精米 精麦	フ・横
5		下桧沢		54	製麺 製粉 精米 精麦 製材	フ・竪
6		上桧沢	2	30	製麺 製粉 精米 精麦	フ・竪
7		上桧沢	29	52	製麺 製粉 精米 精麦	フ・竪
8		小田野口	20	36	製麺 製粉 精米	フ・横
9		氷の沢	15	30	製麺 製粉 精米 精麦	フ・竪
10	旧緒川村	上小瀬	12	46	製麺 製粉 精米 製材	フ・竪
11		上小瀬			製麺 製粉	フ・竪
12		上小瀬	大正 15	15	製麺 製材 発電(5戸)	フ・竪
13		上小瀬	3	45	製麺 製粉 精米	フ・竪
14		上小瀬	35	45	製麺 製粉 精米	フ・竪
15		上小瀬西根	10	55	製麺 製粉 精米 精麦	フ・竪
16		子舟	20	40	製麺 製粉 精米	フ・竪
17		下小瀬	13	24	製麺 製粉 精米 精麦	フ・竪
18		上小瀬	10	27	製麺 製粉 精米 精麦	フ・竪
19		上小瀬	13	25	製麺 製粉 精米 精麦	フ・横
20	旧御前山町		10	30	製麺 製粉 精米	フ・竪
21		門井	7	45	製麺 製粉 精米 精麦	フ・竪

フはフランシス型　竪は竪軸　横は横軸

3-56　バス停の名は今もタービン前

馬力	落差(m)	河川	調査年月日	現在の職業	現況	製作者	番号
15	2	緒 川	昭和 63. 10. 16	村長	水路	田中鉄工所（水戸）	1
	2	緒 川	61. 10. 18	製材業	なし		2
5	2	緒 川	63. 10. 16	農業	なし	市村鉄工所	3
7	3	緒川(隧道)	平成 2. 8. 2	農業	現存	市村鉄工所	4
	7	緒川(隧道)	2. 9. 2	米店	なし		5
6	3	緒 川	2. 9. 2	農業	現存	みょうがや鉄工所(烏山)	6
5	3	緒 川	2. 9. 2	うどん製造	現存	みょうがや鉄工所	7
	6	緒 川	2. 9. 2	米店	なし	みょうがや鉄工所	8
8	3	緒 川	2. 10. 7	農業	なし	市村鉄工所	9
15	2	緒川(隧道)	2. 8. 1	製材業・雑貨店	水路	市村鉄工所	10
15	2	緒川(隧道)	2. 8. 1	農業	水路	市村鉄工所	11
25	3	緒川(隧道)	2. 8. 1	車部品工場	水路	田中鉄工所（水戸）	12
3	2	緒 川	2. 10. 7	養豚	堰堤水路	市村鉄工所	13
5	2	緒 川	2. 10. 7	会社員	なし	市村鉄工所	14
	3	緒 川	2. 10. 7	なし	現存	市村鉄工所	15
4	3	緒 川	2. 10. 7	うどん製造	なし	市村鉄工所	16
3	2	緒 川	2. 10. 7	精米所	なし	市村鉄工所	17
5	2	緒 川	2. 10. 7	牛乳販売	水路	市村鉄工所	18
3	2	緒 川	2. 10. 7	農業	なし	室井（水戸）	19
5	8	緒 川	2. 10. 7	農業	なし		20
8	2	緒 川	2. 10. 7	農業	なし		21

隧道は用水路の一部が隧道(トンネル)　　現存はタービンが完全な形で現存

(2)　森嶋延吉タービン水車

はじめに森嶋延吉タービン水車を見てみよう。お孫さんにあたる森嶋末吉さんからお話をうかがった。現在は自動車部品工場を営んでいる。

旧緒川村小瀬地区から茨城交通バスで旧美和村桧沢方面に向かうと，まもなく緒川が山地を大きく侵食し，急崖を形成する。この地点に，その名も[タービン前]というバス停留所がある(写真 3-56 口絵参照)。上小瀬 1403 番地，ここに森嶋さんのお宅がある(図 3-25)。大正 15(1926)年から稼働したタービン水車は，この地区のタービン水車利用の先鞭となった水車である。大きく湾曲した急崖に隧道を掘削しタービン水車を敷設した。規模も大きくバス停留所の名として残るのもうなずける。緒川より直接引水したタービン水車は，少ない落差でも 25 馬力という強力なパワーを生んだ。

森嶋延吉が大株主となり他 4 名とともに水車を稼働させて(株)森嶋製材所を起業した。タービン水車は竪軸で水戸の田中鉄工所製と聞いた。製材業が主たる目

3-57　取水口跡　覆われたトンネル

的で，ほかに製麺，発電，精米，製粉にも使用した。タービン水車への専用水路となる隧道は，入水部と出水部の両側から掘削し，完了まで約２年間が費やされた。共同出資資金の大部分がこれにあてられたという。もちろん手掘りである。

森嶋さんの話では人が一人腰をかがめて歩けるほどの広さがあった。距離は100mほどであろうか,短距離でも大規模工事であったことがうかがえる。取水口がコンクリートで覆われた姿を確認することができる（写真3-57）。

水車小屋附近の隧道出口部は土石を詰めて閉鎖されている。隧道内をうかがうことはできないが，隧道上部がわずかに確認できる。製材作業場に続く水路跡は

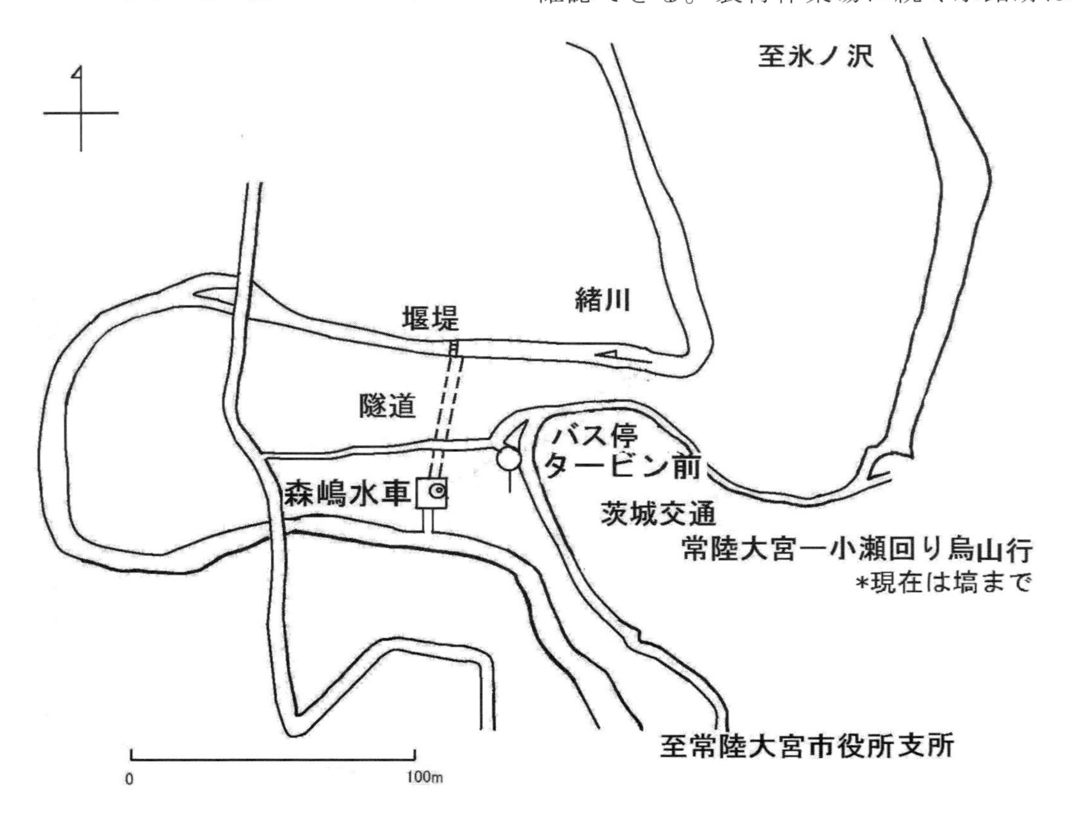

3-25　森嶋延吉タービン水車見取り図　基図：国土地理院２万５千分の１地形図

3-58　隧道出口部と水車小屋に向かう水路跡

3-59　水車位置を説明する森嶋さん

3-60　森嶋製材所跡に建つ工場と蛇行する緒川　建物右背後にトンネル跡がある

1.2mほどの幅があり水量が多かったことを想像させる(写真 3-58)。堰堤は残存しない。河水は隧道出水部から製材工場に導かれ(写真 3-59)，製材用の機械を稼働させた後，うねるように床下から元の緒川に流れ込んでいたと言う(写真 3-60)。

製材の需要が少なかったためか，タービン水車は第二次大戦が始まろうとしていた昭和 15(1940)年に稼働を停止した。

(3) 栗田万蔵タービン水車

隧道を掘削して用水路とする方式は後に近隣の 4 箇所に新たなタービン水車を生みだした。

栗田万蔵タービン水車について見てみよう。森嶋水車より 1ｋｍほど上流に位置している(図 3-26)。稼働を始めた年代や停止した年代は不明である。用途は製粉・製麺で，製材業は行わず，夫婦二人で稼働させた。竪軸 15 馬力，有効落差 2m，市村鉄工所製である。堰堤は緒川に直接かけ，松や栗の木のくいを打って作った。河水はこれより約 80mにわたって隧道を掘削し，タービン水車に導いた。水路跡・タービン水車跡が残存する。

すぐ上流には製材用水車があり，昭和 12(1937)年より 46(1971)年まで稼働した。市村製作所製 15 馬力竪軸水車であったが遺構は残存しない。

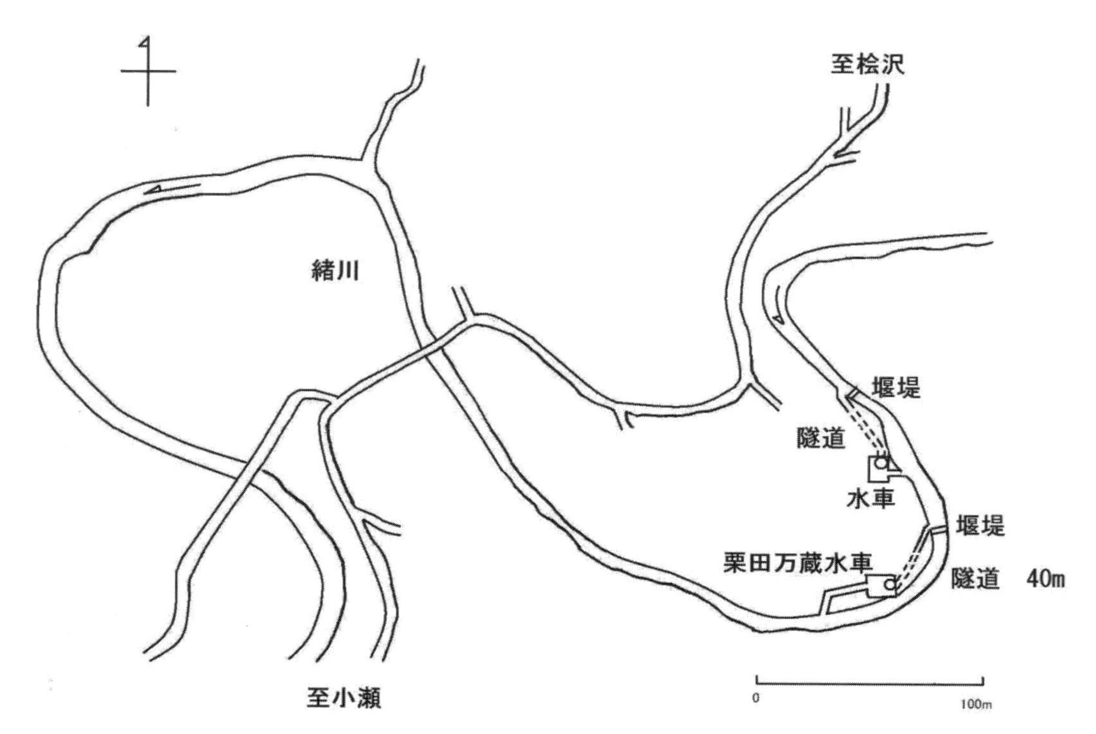

3-26　栗田万蔵タービン水車見取り図　基図：国土地理院 2 万 5 千分の 1 地形図

(4)　相田(あいだ)しょう一タービン水車

さらに上流の氷之沢(ひのさわ)2855番地に相田しょう一(現・守治(しゅうじ))タービン水車がある。在来型の水車は大正 12(1923)年にかけられ，その後昭和9(1934)年に洪水に遭うまで稼働した。昭和 15(1940)年にタービン水車に改修し，この機会に対岸の高台に水車工場を移設した。タービン水車の製作は水戸市柵町の市村鉄工所で，営業の室井さんが設置にあたったという。守治さんは以前訪ねたことのある市村鉄工所の様子を「ハイカラな工場でした」と語っている。

昭和 40(1965)年頃シャフトなどを交換し，昭和 48 年まで稼働していたというから，かなり長期間活躍したことになる。精米，製粉，製麺用であった。有効落差は 3m，7 馬力のタービン水車である。

木製の堰堤は現存しない。守治さんの話によれば緒川に斜度をとって取り付けてあったという。洪水時に堰堤にかかる水圧を緩和する工夫であろう。松製の杭の間を松や竹の小枝を編んで堰堤とした。杭を打つために［たこ］または［たこ足］と呼ばれる道具を作り，4 人が引く綱で地上へ引き上げ，その重量で杭を打った。何度か堰堤の修理が必要であったが，その都度［堰普請(せきふしん)］と呼んで地区の人びとの共同作業が行われた。取水口に最も近いところには［ながし］と呼ばれる水量調節箇所を作った。竹の笹を束ね三段にして流路を作ったのである。水量が多い時は取り外し，少ない時は閉鎖できるような装置であった。

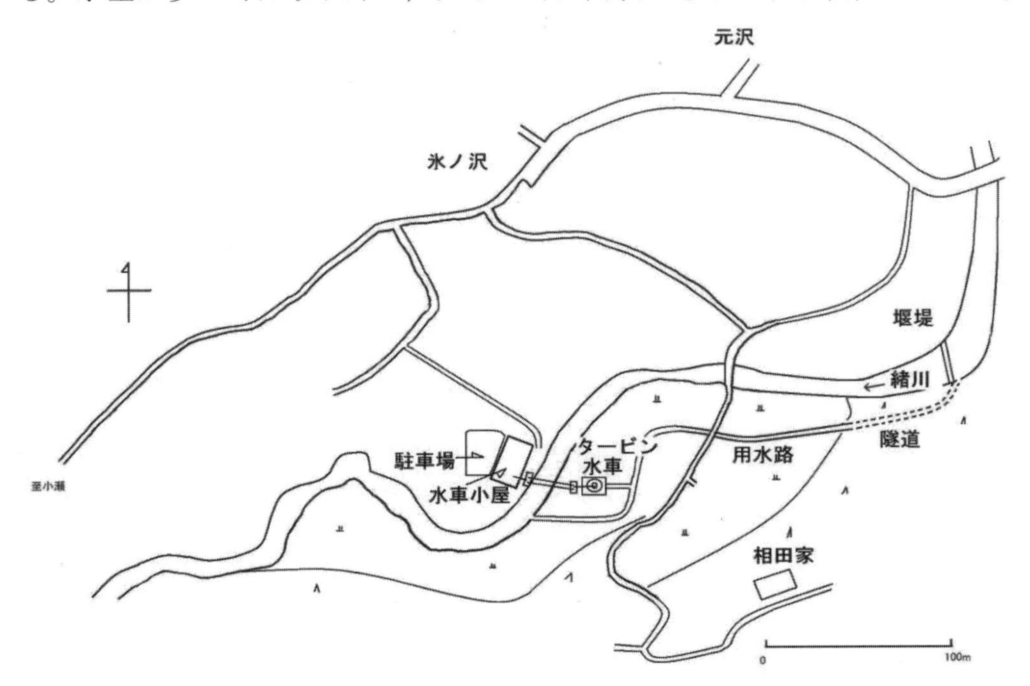

3-27　相田しょう一タービン水車見取り図　基図：国土地理院 2 万 5 千分の 1 地形図

3-61　タービン水車と水車小屋　　水車と作業小屋が川をはさんで立地する唯一の例

3-62　タービン水車竪軸部

3-63　フライホイールと平ベルト

3-64　水車小屋内部

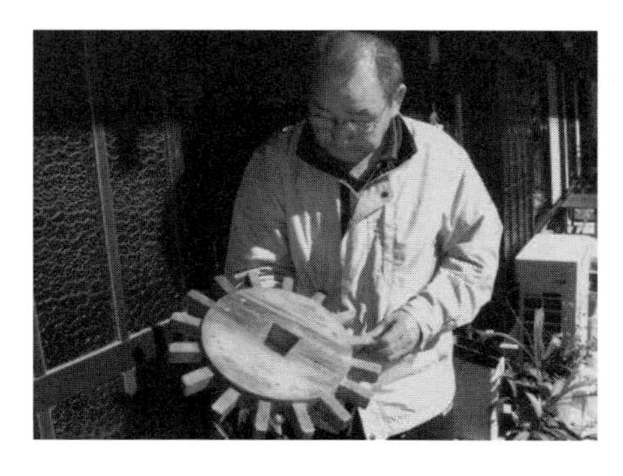

3-65　在来型水車部品を手に相田さん

用水路は堰堤からまもなく隧道に入り，現在は杉林となっている中を約 100m 進むと，その後は水田を潤しながら流下する。農業用水路から分離する場所には枡を設け，水車用に 6 割，灌漑用に 4 割の水量が使われた(図 3-27)。堰堤からタービン水車までの水路は約 250m と目測した。隧道は硬・軟両地層が折り重なり，軟らかい地層部分には補強が必要で苦労したことを聞き取った。

次にタービン水車の現状を観察してみよう。タービン水車は水田の中に簡単な屋根に覆われて残存した。内部は土砂に覆われタービンの様子は確認できない(写真 3-62)。タービン水車と水車工場とは緒川を挟んで対面する(写真 3-61)。この間は，ロープによって動力を伝達した。タービン水車と水車工場の 2 箇所にタービン水車の動力を平ベルトからロープに伝える手製の装置が作られた。マニラ麻製のロープは両岸からしっかり張ったが自然に緩み，川原の小石と接触するなどしてすぐ疲弊した。2 年に 1 度は新品と交換する必要があった。タービン水車動力は水車工場の天井部にあるプーリーに伝えられ，精米機や製粉機へと平ベルトで動力が伝えられた(写真 3-63・64)。水田の中に目立たず残されたタービン水車はこの地唯一の造りであり，水車と工場を分離する配置の仕方に感心した。水田の確保，材料・製品の運送などから工夫した結果であろう。

(5)　長岡水次(すいじ)タービン水車

上桧沢 1721－12 には長岡水次（現・税(ちから)）タービン水車がある。もともとは在来型の水車を稼働させてきたが，昭和 29(1954)年に焼失し，新たにタービン水車を取り付けた。緒川がゆるやかに蛇行し，また落差のとりやすい好位置にある。水車の用途は精米，製粉，製麺用で，地区の精米・製粉をまとめて取り扱ってきた。昭和 52(1977)年まで 23 年間稼働した。有効落差 3m，5 馬力のこの地の標準的な水車であった。製作者は栃木県烏山町の［みょうがや鉄工所］である。

堰堤を見てみよう。緒川に直接かかる堰堤はコンクリート製である。中央部分は意図的に破壊された姿で，洪水時に堰を守るための処置と思われる(写真 3-66)。

水路は河川に沿って流路を取り，道路部は水路を埋設して横断した。水車小屋近くに配水枡を作り水量を調節した(写真 3-67・68)。タービン水車は竪軸露出型で一階に残存し，保存状態が良い(写真 3-70)。水路幅は 1.2m，深さが約 1m である。タービン水車が敷設された部分は水路幅が約 2m と広くなっている。これは在来型の水車があった名残りで，この部分全体に貯水してタービン水車を回転させた。水量が十分確保できたゆえんであろう。

昭和 40 年代には水車小屋前の道路改修が行われ，道路が水車小屋より高い位置を通るようになった。このため，水車小屋は道路の高さに合わせ二階造りに改修し，精米・製粉作業はこの二階部分に移設した。縦長に伸びたタービン水車の

3-66 堰堤 ゆるやかに蛇行する緒川右岸から取水する

3-67 水量調整弁 下は枡の内部

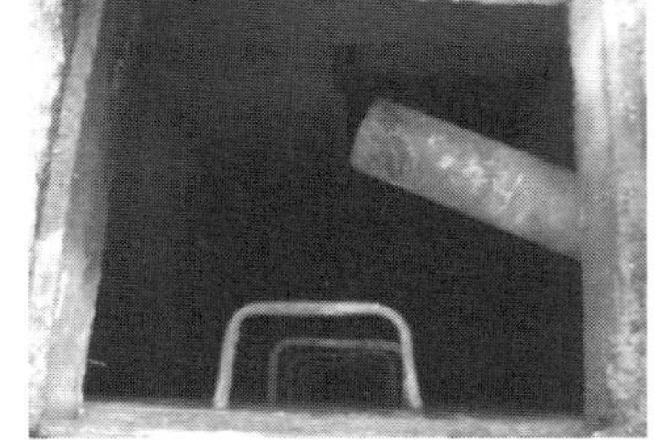

3-68

3-69 2階まで伸びる水車軸

3-71

3-70 竪軸露出型タービン水車

3-72 現在は電動で稼働中の精米機・製粉機など

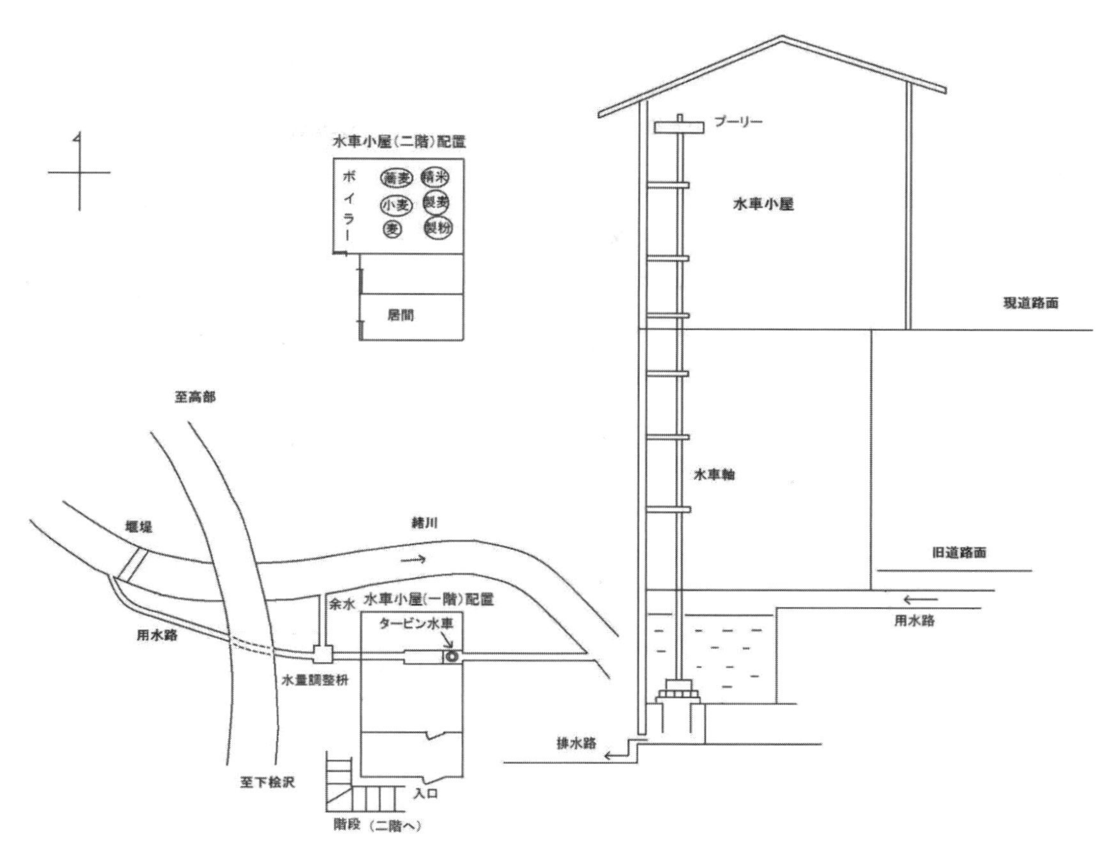

3-28 長岡水次タービン水車平面図・断面図

軸は約 7mあった。軸全体が柱にしっかり固定され，伸びたための動力ロスは少ない様子である。軸の回転が精米機に動力をしっかりと伝えられていた（写真 3-69）。小屋は一階がブロックを積んで堅固な造りであり，二階作業場の広さは 3.5 間×4 間ある。中に製粉機，精米機，製麦機などが整然と配置され，現在も電動で稼働していた（写真 3-71・72）（図 3-28）。

排水は手掘りの簡素な水路により緒川へ戻されるようになっていた（写 3-73）。

3-73　旧排水路から見た作業場

(6)　井樋(いとい)松太郎タービン水車

旧緒川村上小瀬4440－2には，井樋松太郎（現・佳人(よしと)）タービン水車があった。堰堤，水路は農用と共用であったため残存するが，他の施設は埋設された。精米，製粉，製麺用である。在来型の水車をタービン水車に改めたのは昭和3(1928)年のことで横軸の水車であったが，昭和 30(1965)年に竪軸に改修した。製作所は市村鉄工所で3馬力，有効落差は7尺である。3尺幅の水路で導水した。昭和45(1970)年にモーターに切り替え，精米所を継続したが，現在は養豚業に転業している。

タービン水車の販売に活躍した市村鉄工所志賀宗一さんの手帳には，昭和29(1954)年3月15日と19日に，井樋精米所に集金のため来訪したことが記されている。

10　調査結果のまとめ

小型タービン水車の分析

聞き取り調査では多賀山地で54箇所，八溝山地で64箇所のタービン水車遺構と出合った。いずれも小規模で簡素な施設であったが地域住民にとっては高価で貴重な水車であり，産業・文化の発祥源でもあった。

聞き取り調査の結果は表のとおりである（表3-8）。

設置時期　　5年間ごとにみると10数基のタービン水車が新たに稼働し，同数のタービン水車が廃止された。

大子地区や美和・緒川地区では戦前に多く設置された。補助金の交付が関係していると考えられる。

君田・横川地区では昭和初期から稼働してきたタービン水車は数少なく，昭和20年から25年に急激な増加が見られる。自家発電用として各地に細かに敷設されたためである。

水車型式　　タービン水車はフランシス型が全体の90.7％とほとんどを占めていた。中でも71.3％が竪軸型で残りが横軸型である。農林省の「13年調査」結果も同様にフランシス竪軸型水車が多い（表1-2参照）。この理由として地形や水量に適応し易いことや，軸から他機械へ動力の伝導が容易であること，メンテナンスも手軽であることなど使い勝手がよいことが挙げられる。竪軸型の水車軸は長短があり，長いものは5mほどの天井部まで伸び，軸が梁に固定され，平ベルトによって地面に平行に動力が伝えられ，諸機械を稼働させている。一方地上からわずかに突き出た水車軸を持つものなど周囲の状況に応じて様々であった。いずれも水車動力を一旦動力受け軸（中心軸）に伝え，ここから製粉用，精米用，発電用などの諸機械に平ベルトで動力が振り分けられる。横軸型は小屋の床下に水車軸があり，平ベルトにより床上部の精米機等と連結されるが注油やベルトの架け替えに不便であった。竪軸型，横軸型ともにタービン水車から一旦水車動力受軸で受けて，これより様々な機械へと動力が伝達されている点は同じである。

馬力数と落差　　馬力数を見ると5馬力以下のタービン水車が全体の半数近くを占め，製材用など用途によっては10馬力以上の水車も見られたが，これらは少数であった。

水車の落差は5m以下が77％と，高落差がとれない地形であっても高馬力が期待できる利点があった。水量は測定できなかったが，生活用水として使用するよう

表 3-8　タービン水車 118 箇所　調査のまとめ

タービン水車 設置年

	〜大正15	〜昭和5	〜10	〜15	〜20	〜25	〜30	31〜	不明
1　君田・横川	1	2	2	1	1	9	3	1	2
2　上手綱・島名・十王		3	1	0	1	4	0	1	0
3　北茨城			4	1	0	2	1	0	0
4　いわき					2	0	2	5	1
5　県内外	2	3	1	1	1	1	1	0	3
6　大 子		3	7	8	3	7	3	1	2
7　美和・緒川・御前山	1	4	3	7	2	0	1	1	2
計	4	15	18	18	10	23	11	9	10
割合　(%)	3.4	12.7	15.3	15.3	8.5	19.5	9.3	7.6	8.4

タービン水車 廃止年

		〜昭和20	〜25	〜30	〜35	〜40	〜45
1　君田・横川					21	0	0
2　上手綱・島名・十王		1	2	3	0	1	1
3　北茨城			1	0	0	4	0
4　いわき						7	1
5　県内外		3	0	0	0	1	2
6　大 子		4	5	10	0	3	5
7　美和・緒川・御前山		2	3	4	0	2	3
計		10	11	17	21	18	12
割合　(%)		8.5	9.3	14.4	17.8	15.3	10.2

タービン水車 種類 馬力 落差

	タービンの種類					馬 力 数				
	フ・堅	フ・横	フ・横複	ペルトン	不明	〜5	〜10	〜15	〜20	21〜
1　君田・横川	13	2	4	3	0	10	0	2	2	0
2　上手綱・島名・十王	4	4	0	2	0	6	0	0	0	0
3　北茨城	4	4	0	0	0	4	0	1	0	0
4　いわき	1	6	1	0	2	5	0	2	2	0
5　県内外	6	3	1	2	1	7	1	0	0	0
6　大 子	27	6	0	0	1	15	7	0	0	0
7　美和・緒川・御前山	17	4	0	0	0	9	4	3	0	1
計	72	29	6	7	4	56	12	8	4	1
割合　(%)	61	24.6	5.1	6	3.4	47.5	10.2	6.8	3.4	0.1

フはフランシス型　堅は堅軸水車　横は横軸水車　複は複式

タービン水車 使用目的

	使用目的（複数回答）							水車確認数
	製粉	精米	精麦	製麺	製材	発電	その他	
1 君田・横川	0	10	0	0	6	22	0	22
2 上手綱・島名・十王	3	9	1	2	0	3	1	10
3 北茨城	0	7	0	0	1	8	0	8
4 いわき	6（1）	7	0	5	2	8	0	10
5 県内外	5（1）	5	4	2	0	5	0	13
6 大子	27（8）	21	2	14	3	8	4	34
7 美和・緒川・御前山	18	17	8	20	5	3	0	21
計	59 (10)	76	15	43	17	57	5	118
割合（%）	50	64.4	12.7	36	14.4	48.3	4.2	

（ ）は こんにゃく製粉用

～50	～55	60～	不明
0	0	1	0
1	0	1	0
0	0	0	3
0	0	1	1
1	0	2	4
1	0	4	2
2	3	0	2
5	3	9	12
4.2	2.5	7.6	10.2

	落差（m）			
不明	～5	～10	～15	不明
8	18	1	0	3
4	8	1	0	1
3	5	0	0	3
1	6	1	0	3
5	8	2	0	3
12	28	3	0	3
4	18	3	0	0
37	91	11	0	16
31.3	77.1	9.3	0	13.6

な用水路がタービン水車としては適しており，久慈川や那珂川など水量が多い河川に直接かかるタービン水車は見あたらなかった。きわめて低落差・少水量向きの水車であった。農林省の「13年調査」ではこれらの中でも高馬力のタービン水車が多い。これは全国抽出の「模範的水車」の意味が高馬力水車と捉えられたことによると考えられる。

水車設置に好適な箇所　これらタービン水車の設置に好適な条件を満たす箇所は，次のような模式図に表すことができる(図 3-29・30)。

まず多賀山地では準平原部や山麓部があげられる。準平原部には河川の浸食によっていくつかの小扇状地が形成され，耕地や住宅地となっている。この箇所に目が向けられた。高原地区（日立市），君田・横川地区（高萩市），花園・才丸・水沼地区（北茨城市），貝泊地区（いわき市）など共通する地形である。一方山麓部においては河川の浸食により谷口に土砂が堆積し小扇状地が形成され，タービ

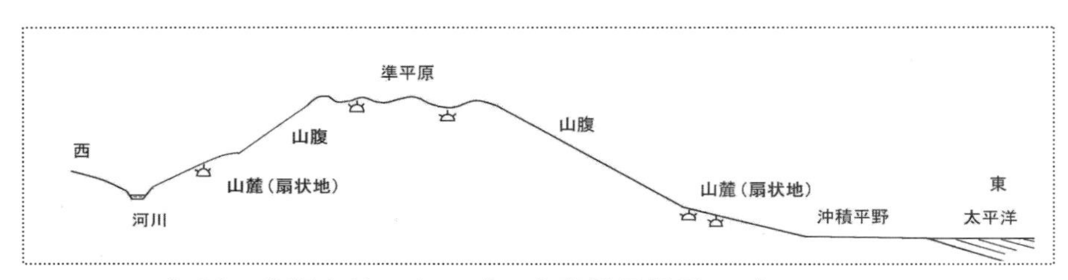

3-29　多賀山地のタービン水車設置場所モデル

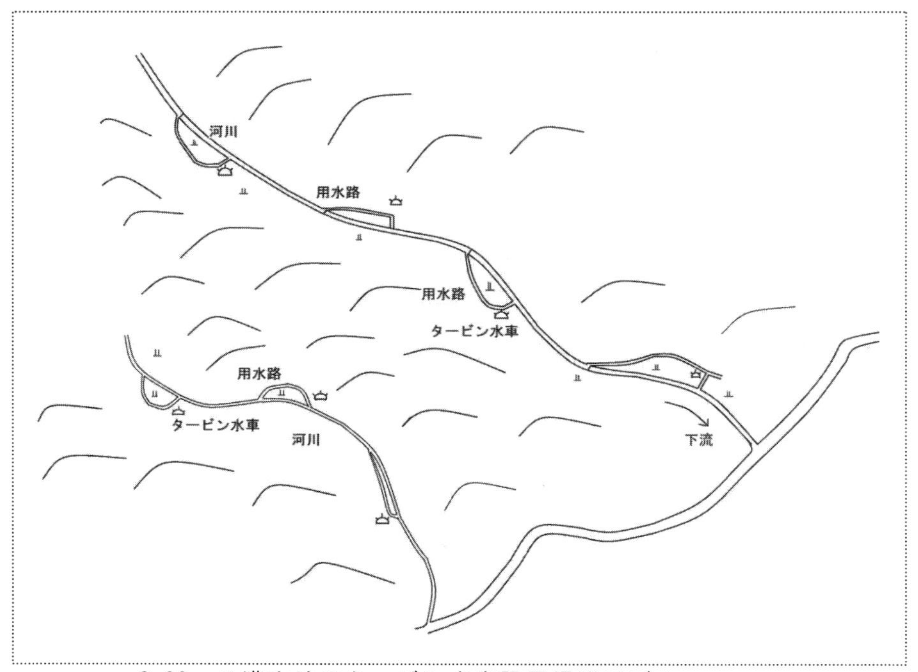

3-30　八溝山地のタービン水車設置場所モデル

ン水車の稼働には好適な地形となった。松岡・秋山地区（高萩市）のタービン水車がこれにあたる。山腹部は急峻な山地となっており，後にいくつかの多目的ダムや営業用発電所が建設された。タービン水車の設置には不向きである。沖積平野部にはタービン水車が存在しない。

八溝山地では久慈川や那珂川の支流に多くのタービン水車がかけられた。タービン水車数は押川（5 箇所），八溝川（21 箇所），初原川（7 箇所），緒川（21 箇所）である。これらの地域は河川に沿って集落・耕地が連続し，生活道路によって結ばれている。一箇所の水車が敷設され好結果が得られれば，この例にならい幾つかの水車が稼働した。

全国の小水力水車との比較

次に全国の状況と比較してみよう。「昭和 13 年発行の「小水力利用ニ関スル調査」について」の集計結果は次のとおりである。

水車の据え付け方法・水車の理論出力・価格

	竪軸（台数）	横軸（台数）	不明（台数）
フランシス水車	14	11	6
プロペラ水車	4	1	0
ペルトン水車	0	3	0
計	18	15	6

理論出力（馬力）	台数
1	2
2	1
3	2
4	2
5	4
6	3
7	7
8	5
9	3
10	0
11	4
13	2
21	1
47	1
不明	2
計	39

価格（円）	台数
100～	2
200～	7
300～	5
400～	6
500～	3
600～	7
700～	0
800～	4
900～	0
1000～	2
不 明	3
計	39

（いずれも「昭和 13 年発行の「小水力利用ニ関スル調査」について」より集計）

比較的大規模・高価格のタービン水車が多いことがわかる。
さらに価格面を考えると馬力と価格は正比例し馬力が高いほど高価格である。

全国の水車用途は次のとおりである。

表 3-9 小水力利用施設における作業の種類 （昭和 13 年・全国）

	1	2	13	3	4	5	14	6	10	21	15	16	20	18	7	8	9	17	12	11	19
番号	籾摺	精米	製穀	製粉	精麦	押麦	ひき割	肥料配合粉砕	飼料粉砕	澱粉	製麺	製茶	製糖	搾油	わら打	製縄	縄仕上	綿打	製材	発電	揚水
1																				○	
2	○	○		○																	
3	○				○																
4	○	○		○		○													○		
5	○	○													○						
6	○	○		○						○						○					
7		○		○	○		○	○			○						○				
8	○	○		○	○	○											○				
9	○	○		○		○	○														
10	○	○		○	○		○														
11																					○
12		○		○	○	○															
13		○	○	○	○	○										○				○	
14	○	○		○																	
15	○	○		○											○	○					
16	○	○													○		○				
17	○	○		○				○							○			○			
18		○		○	○																
19		○													○	○	○				
20	○	○		○																	
21	○	○		○	○	○			○												
22	○	○		○																	
23	○	○		○	○	○			○												
24	○	○		○	○	○			○												
25	○	○		○	○	○															
26		○		○							○										
27		○		○				○							○	○					
28	○	○	○		○											○			○	○	
29	○	○	○																	○	
39	○	○			○	○													○		
30		○		○	○	○														○	
31												○									
32																			○		
33		○	○	○	○	○															
34	○	○		○	○	○		○	○					○							
35												○									
36	○	○		○	○	○															
37		○		○	○			○											○		
38	○	○											○								
計	24	33	4	26	18	14	3	5	4	1	2	2	1	1	6	6	4	1	5	5	1

前田清志「昭和 13 年発行の「小水力利用ニ関スル調査」について」（『エネルギー史研究』第 13 号西日本文化協会 1984）

＊作業種類の順序は変更したが，番号は出典のまま

一方多賀山地と八溝山地ではタービン水車の果たしてきた役割が異なっていた。水車動力はその地域の必要としている作業の動力源として生かされた。

多賀山地では営業用電力導入が遅れたために，地域ぐるみで発電用に小型タービン水車を稼働させた。営業用電力が普及した昭和 30 年代以降は，発電用タービン水車は無用の長物と化し，一部を除きほとんどすべてが一斉に放置された。この点から，タービン水車の単一型稼働と呼ぶことができよう。

表 3-10 タービン水車の用途－高萩市君田・横川地区－

番号	製粉	精米	精麦	製材	発電
1		○			◎
2				◎	○
3				◎	○
4					◎
5					◎
6		○			◎
7					◎
8					◎
9					◎
10				◎	○
11		○			◎
12		○			◎
13		○			◎
14		○			◎
15					◎
16					◎
17					◎
18		○		○	◎
19		○			◎
20		○			◎
21		○			◎
22					◎

○は各用途とも同程度の場合。◎は中心の用途。聞き取り調査から記入。
以下表 3-12 まで同じ

表 3-11 タービン水車の用途－久慈郡大子町－

番号	製粉	精米	精麦	製麺	こんにゃく粉	製茶	くり物	製材	発電
1	○	○		◎					
2	○	○	○						
3	○	○							
4	○	○		○					
5	○	○		○					
6	○	○	○						
7		○		◎					○
8									◎
9		○			◎				
10	○	○	○	○					○
11	○	○		○					
12	○	○							○
13	○	○		○	◎				
14	○	○	○	◎					
15	○	○		○					
16	○	○		○					
17			○		◎				
18	○	○				◎			
19									◎
20	○						○		◎
21									◎
22	○	○			◎				
23					◎				
24	○					◎			○
25					◎				
26	○	○		○					
27					◎				
28					◎	○			
29	○	○		○					
30								◎	
31								◎	
32	○	○	○						
33	○	○		○					
34					○				

表 3-12 タービン水車の用途－常陸大宮市美和・緒川・御前山地区－

番号	製粉	精米	精麦	製麺	製材	発電
1	○			○	○	○
2					◎	
3		○		○		○
4	○	○	○	○		
5	○	○	○	○	◎	
6	○	○	○	○		
7	○	○	○	○		
8	○	○		○		
9	○	○	○	○		
10	○	○		○	◎	
11	○			○		
12	○	○		○	◎	○
13	○	○		○		
14	○	○		○		
15	○	○	○	○		
16	○	○		○		
17	○	○	○	○		
18	○	○		○		
19	○	○	○	○		
20	○	○		○		
21	○	○	○	○		

前掲（表 3-9）農林省「13 年調査」に掲載されたタービン水車 39 箇所中，発電用として稼働したのは青森県三戸郡中沢村泥障作泥障作共同自家用電灯組合（現・八戸市），神奈川県足柄上郡北足柄村大倉沢地蔵堂水利電気組合（現・山北町），和歌山県日高郡真妻村松原真妻村松原農事実行組合（現・印南町），岡山県苫田郡奥津村下斉原山戸原 54 山戸原共栄組合（現・鏡野町），高知県長岡郡上倉村白木谷 808 中組自家用電気組合（現・南国市）の 5 箇所と少なかった。そのうち青森県中沢村の事例だけは多賀郡高岡村の事例に近い単一型稼働で，他の 4 箇所は精米・製粉等との兼用であった。

この資料による限り，自家用発電を主目的とした多賀山地の多数のタービン水車は全国的に極めて稀な存在であった，と言えよう。

これに対し大子地区や美和・緒川・御前山地区を含む八溝山地では営業用電力が比較的早期に導入され，以後タービン水車は動力源として人びとに知られるようになった。在来型水車は効率のよいタービン水車に改修され，製粉・精米は勿論特産品のこんにゃく粉製粉や製茶・製麺などに活用され，現金収入を得る役割を果たした。このため昭和50年代まで長く稼働する水車も幾つか見られた。多年にわたり多種類の機械の動力源として活用された点から，タービン水車の複合型稼働と呼ぶ。表3-9のとおり全国的にも複合型のタービン水車が一般的であった。

茨城県域の電気導入状況

水車と関連が深い茨城県域の電気導入については次のようにまとめてみた。

a 県北部は山地が多く電気導入には苦労が絶えなかった。個別に見ると地区が河川でつながっている事が重要で，この意味では河川・道路が電気を運んできたとも言えよう。図3-31は電気導入と地形の模式図である。

①～③は県境・町村域などなんら障害とならず，河川に沿って電気がやってきたことを示す。

④⑤は峠を越えては送電されなかった例である。限られた出力数と生活上の交流が少なかったことがうかがえる。

唯一の例外は⑥で茨城電気によって大宮町から長沢峠を越えて栃木県境に位置する美和村まで送電された。

江戸期以来，大宮町から美和村への道路は山方村産和紙の流通路として生活上

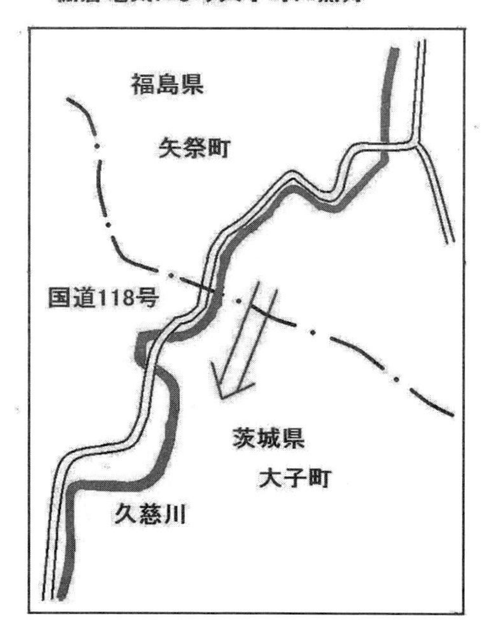

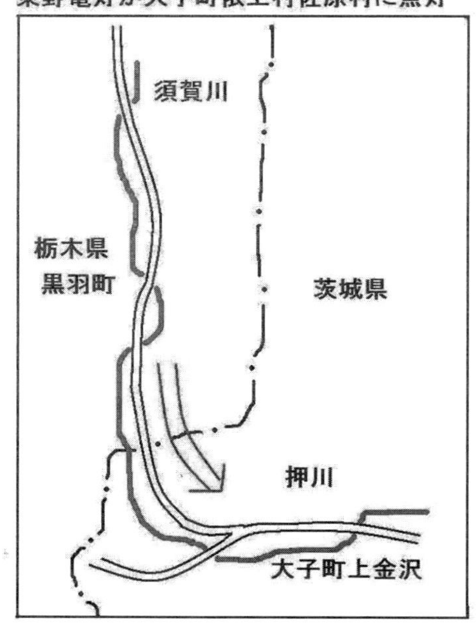

③茂木町ー長倉村
茂木水力電気が長倉村に点灯

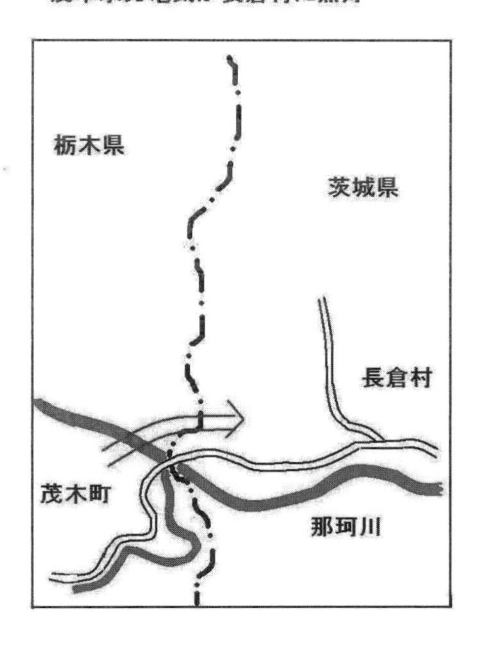

④烏山町ー美和村
烏山電気は美和村へ送電しない

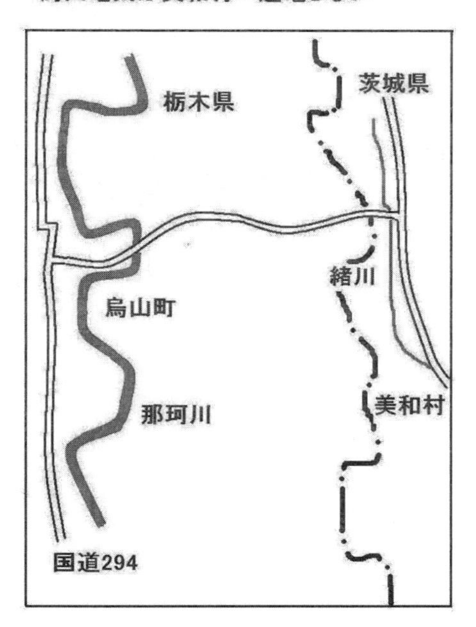

⑤里美村ー矢祭町
県境を越えて送電しない

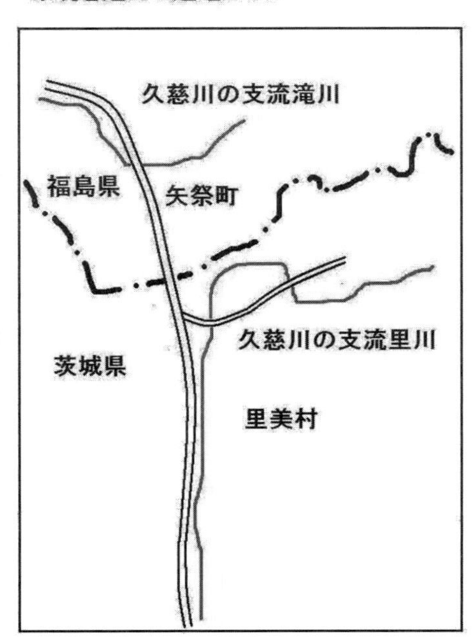

⑥大宮町ー美和村
茨城電気は長沢峠を越えて送電

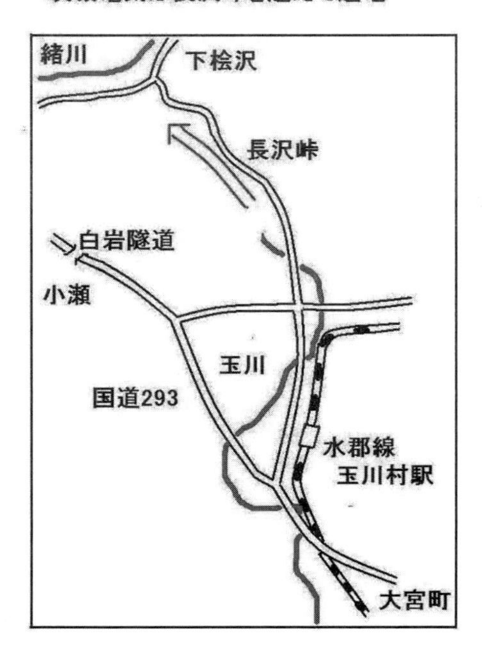

3-31 電気導入の略図

重要な役割を果たしていた証しである1)。

b　県南部は外部資本により瓦斯力発電で起業した事例が大部分で，需要家の増加に伴い他事業所からの受電に切り替えた。

郡役所所在地など地区の中心となる町に事業所が開設され，これらを核として合併を繰返しながら周辺部へと需要家を拡大させた。

栃木県や東京方面に近い地区から次第に電気が供給され，県東部へと供給地域が拡大されていった。

銚子電燈が瓦斯力発電によって開業し低出力にもかかわらず，いちはやく利根川を挟んだ波崎町（当時の東下村）に配電したのは，同じ漁師町として両町村の結びつきがとりわけ強かったことを示していよう。

1)　山方町文化財保存研究会編『西ノ内紙』（筑波書林 1981）p14には良質の和紙の産地となった要因として①良質の楮（こうぞ）を産出したこと，②清らかな水，③漉手（すきて）の技術，④久慈川の水運が挙げられている。

小型タービン水車の意味するもの

毎日の生活の中で電気は欠かせない。東日本大震災では改めて電気のありがたさを知らされた。私たちはあまりにも便利な生活を手に入れたためにすっかりこのことを忘れてしまっていた。

明治末から大正年代にかけて各地に電気が導入され，電気事業所は利潤が見込まれる地域をターゲットに需要地を拡大した。こうした中で山間地や散村地域にまでなかなか電気は行渡らなかった。それは電気の供給量が絶対的に不足していた茨城県の事情とも重ねあわされる。

タービン水車による自家用ミニ発電はこうした時代の中で稼働を始めた。それは利潤を追求する行為とは逆に主体が地域共同体によるボランティアであった。そしてこれらの背景には未来へ向って期待感やわくわく感があり，よりよく生きようとする人びとの姿があった。点灯実現のために多くの地域で地域住民の気運の高まりが見られ，共同作業や積極的な物資の提供が各地で展開された。高萩市上君田文添地区の水車小屋柱に残る「昭和23年9月20日点灯開始　文添発電組合」の文字や，同井戸沢・根岸地区のコンクリート製水路枡に刻まれた「井根発電所　昭和33年1958年6月13日」の文字はその事実を現在に伝えている。

自家用発電水車あるいは製粉等の作業動力水車ともに，導入した地域の人びとに生きる活力を与えた。小型タービン水車は，生活向上への意欲に支えられ山間地に散在する多くの地域で普及したものの，時流には抗しきれずほぼ消滅した。今その事跡を知る人もわずかとなってしまった。

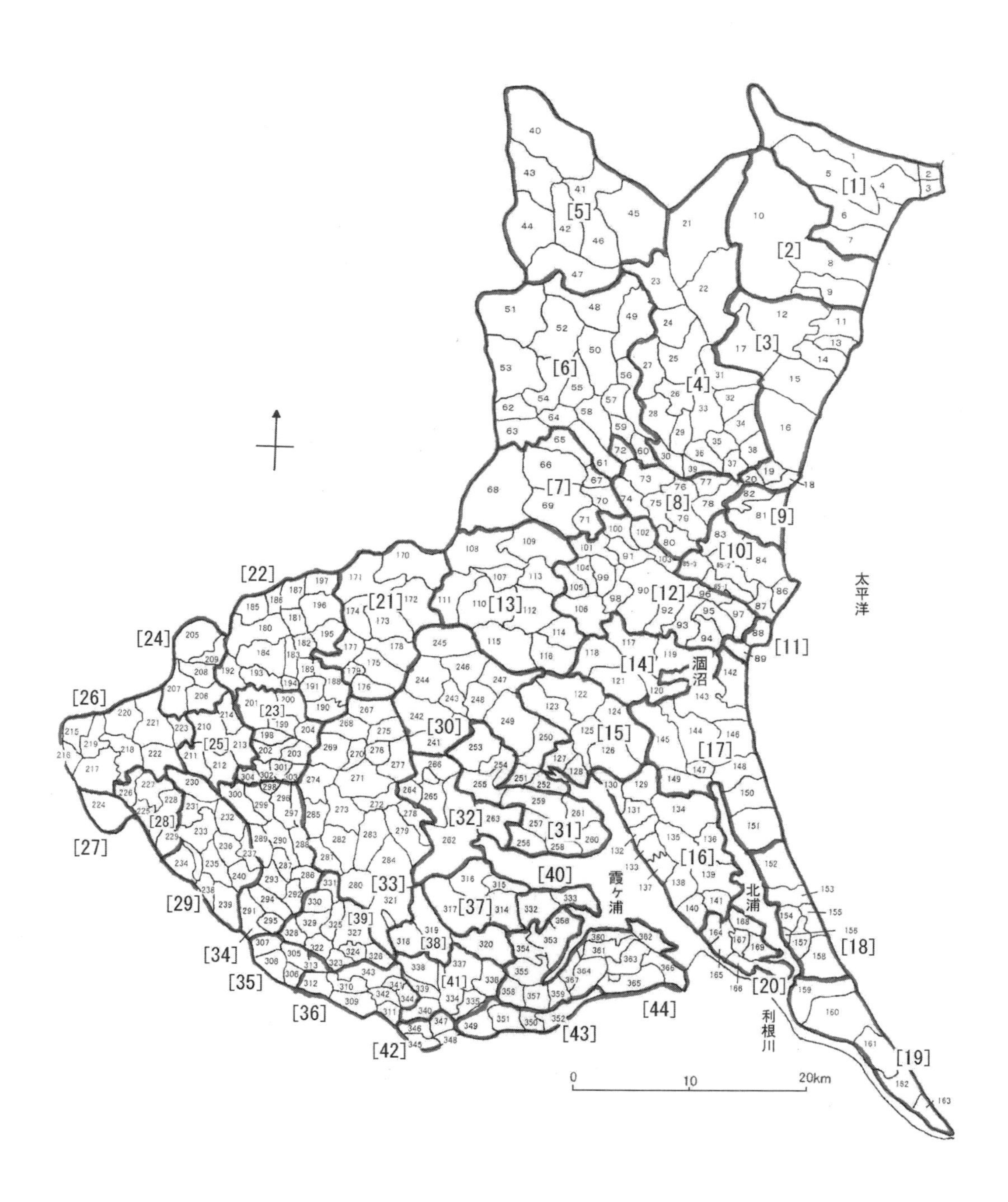
[1]
[2]
[3]
[4]
[5]
[6]
[7]
[8]
[9]
[10]
[11]
[12]
[13]
[14]
[15]
[16]
[17]
[18]
[19]
[20]
[21]
[22]
[23]
[24]
[25]
[26]
[27]
[28]
[29]
[30]
[31]
[32]
[33]
[34]
[35]
[36]
[37]
[38]
[39]
[40]
[41]
[42]
[43]
[44]
太平洋
涸沼
霞ケ浦
北浦
利根川
0 10 20km

茨城県市町村一覧〈明治22年(1889)・平成22年(2010)現在〉・初点灯年＊(西暦)

＊初点灯年：各域内へ営業用電気が通じた年　ただし全域一斉とは限らなかった

番号	明治22	平成22	番号	明治22	平成22	番号	明治22	平成22	番号	明治22	平成22
1 1915	関本村	北茨城市 1	23 1926	高倉村	常陸太田市 4	45 1926	生瀬村		67 1917	圷村	城里町 7
2 1913	平潟町		24 1926	天下野村		46 1926	袋田村		68 1926	七会村	
3 1913	大津町		25 1926	染和田村		47 1926	上小川村		69 1926	西郷村	
4 1913	関南村		26 1926	山田村		48 1926	下小川村	常陸大宮市 6	70 1916	石塚村	
5 1903	華川村		27 1926	金砂村		49 1926	諸富野村		71 1926	小松村	
6 1913	北中郷村		28 1926	金郷村		50 1919	山方村		72 1913	静村	那珂市 8
7 1913	南中郷村		29 1913	久米村		51 1926	嶐郷村		73 1917	瓜連村	
8 1913	松岡村	高萩市 2	30 1926	郡戸村		52 1926	桧沢村		74 1918	戸多村	
9 1913	松原町		31 1917	河内村		53 1926	八里村		75 1932	芳野村	
10 1927	高岡村		32 1926	佐都村		54 1926	小瀬村		76 1927	木崎村	
11 1913	櫛形村	日立市 3	33 1907	誉田村		55 1926	塩田村		77 1917	額田村	
12 1925	黒前村		34 1907	機初村		56 1926	世喜村		78 1927	神崎村	
13 1913	豊浦町		35 1907	太田町		57 1919	大賀村		79 1913	菅谷村	
14 1913	日高村		36 1917	佐竹村		58 1926	玉川村		80 1917	五台村	
15 1914 1927	日立村 高鈴村ほか		37 1907	西小沢村		59 1913	大宮町		81 1926	村松村	東海村 9
16 1915	河原子村 国分村 坂上村		38 1919	世矢村		60 1926	上野村		82 1926	石神村	
17 1907	中里村		39 1917	幸久村		61 1927	大場村		83 1919	佐野村	ひたちなか市 10
18 1915	久慈村		40 1926	黒沢村	大子町 5	62 1926	長倉村		84 1926	前渡村	
19 1913	坂本村		41 1914	宮川村		63 1926	伊勢畑村		85 1926 1919	勝田村 中野村 川田村	
20 1926	東小沢村		42 1914	大子町		64 1926	野口村		86 1917	平磯町	
21 1919	小里村		43 1928	佐原村		65 1927	沢山村		87 1912	湊町	
22 1919	賀美村		44 1928	依上村		66 1926	岩船村		88 1912	磯浜町	大洗

89	1912	大貫村	町11
90	1907 1907 1926	水戸市 常磐村 緑岡村	水戸市12
91	1907	渡里村	
92	1917	吉田村	
93	1926	酒門村	
94	1926	大場村	
95	1926	稲荷村	
96	1917	上大野村	
97	1926	下大野村	
98	1907	河和田村	
99	1926	上中妻村	
100	1926	飯富村	
101	1926	山根村	
102	1927	国田村	
103	1919	柳河村	
104	1926	中妻村	
105	1926	下中妻村	
106	1926	鯉渕村	
107	1910	笠間町	笠間市13
108	1916	北山内村	
109	1926	大池田村	
110	1926	南山内村	
111	1915	西山内村	
112	1919	宍戸町	
113	1926	大原村	
114	1926	北川根村	
115	1917	岩間村	
116	1926	南川根村	
117	1926	長岡村	茨城町14
118	1926	川根村	
119	1926	石崎村	
120	1926	沼前村	
121	1926	上野合村	
122	1917	堅倉村	小美玉市15
123	1917	竹原村	
124	1926	白河村	
125	1913	小川町	
126	1926	橘村	
127	1915	田余村	
128	1926	玉川村	
129	1926	現原村	行方市16
130	1915	立花村	
131	1915	玉造町	
132	1915	手賀村	
133	1926	玉川村	
134	1926	武田村	
135	1926	要村	
136	1926	津澄村	
137	1926	行方村	
138	1928	小高村	
139	1927	大和村	
140	1915	麻生町	
141	1929	太田村	
142	1919	夏海村	鉾田市17
143	1926	大谷村	
144	1934	徳宿村	
145	1917	巴村	
146	1926	諏訪村	
147	1916	鉾田町	
148	1917	新宮村	
149	1917	秋津村	
150	1926	上島村	
151	1926	白鳥村	
152	1931	大同村	鹿嶋市18
153	1931	中野村	
154	1931	豊郷村	
155	1931	波野村	
156	1919	豊津村	
157	1918	鹿島町	
158	1919	高松村	
159	1926	息栖村	神栖市19
160	1926	軽野村	
161	1931	若松村	
162	1926	矢田部村	
163	1917	東下村	
164	1915	香澄村	潮来市20
165	1915	八代村	
166	1914	潮来町	
167	1915	津知村	
168	1929	大生原村	
169	1919	延方村	
170	1915	北那珂村	桜川市21
171	1914	西那珂村	
172	1915	東那珂村	
173	1917	雨引村	
174	1926	大国村	
175	1913	真壁町	
176	1926	紫尾村	
177	1926	谷貝村	
178	1917	樺穂村	
179	1926	長讃村	
180	1913	下館町	筑西市22
181	1915	竹島村	
182	1918	養蚕村	
183	1926	嘉田生崎村	
184	1926	大田村	
185	1929	五所村	
186	1915	中村	
187	1918	河間村	
188	1918	大村	

番号	年	村町名	市町
189	1918	村田村	
190	1918	上野村	
191	1926	鳥羽村	
192	1913	関本町	
193	1926	河内村	
194	1918	黒子村	
195	1926	古里村	
196	1915	新治村	
197	1915	小栗村	
198	1913	下妻町	下妻市 23
199	1915	大宝町	
200	1918	騰波江村	
201	1915	上妻村	
202	1915	総上村	
203	1915	豊加美村	
204	1915	高道祖村	
301	1915	宗道村	
302	1915	玉村	
303	1927	蚕飼村	
304	1926	大形村	
205	1913	結城町	結城市 24
206	1926	山川村	
207	1916	江川村	

番号	年	村町名	市町
208	1926	上山川村	
209	1918	絹川村	
210	1926	中結城村	八千代町 25
211	1926	下結城村	
212	1926	安静村	
213	1926	西豊田村	
214	1926	川西村	
215	1913	古河町	古河市 26
216	1915	新郷村	
217	1918	香取村	
218	1918	桜井村	
219	1918	勝鹿村	
220	1926	岡郷村	
221	1917	幸島村	
222	1918	八俣村	
223	1926	名崎村	
224	1929	五霞村 27	五霞町
225	1915	境町	境町 28
226	1918	静村	
227	1918	長田村	
228	1913	猿島村	
229	1926	森戸村	
230	1926	逆井山村	

番号	年	村町名	市町
231	1926	生子菅村	坂東市 29
232	1919	沓掛村	
233	1926	七重村	
234	1926	長須村	
235	1915	岩井村	
236	1926	弓馬田村	
237	1939	飯島村	
238	1927	中川村	
239	1927	七郷村	
240	1918	神大実村	
241	1926	小桜村	石岡市 30
242	1917	小幡村	
243	1912	柿岡町	
244	1917	芦穂村	
245	1926	恋瀬村	
246	1926	瓦会村	
247	1926	園部村	
248	1926	林村	
249	1912	石岡町	
250	1913	高浜町	
251	1915	三村	
252	1915	関川村	
253	1917	志筑村	

番号	年	村町名	市町
254	1917	新治村	かすみがうら市 31
255	1926	七会村	
256	1918	下大津村	
257	1926	美並村	
258	1926	牛渡村	
259	1926	志士庫村	
260	1926	佐賀村	
261	1926	安飾村	
262	1911	土浦町	土浦市 32
263	1917	上大津村	
264	1917	斗利出村	
265	1915	藤沢村	
266	1926	山ノ荘村	
267	1913	筑波町	つくば市 33
268	1918	菅間村	
269	1918	作岡村	
270	1918	田水山村	
271	1918	大穂村	
272	1918	栗原村	
273	1926	旭村	
274	1918	吉沼村	
275	1915	田井村	
276	1913	北条村	

番号	初点灯年	旧町村	現市町村
277	1915	小田村	
278	1918	栄村	
279	1927	九重村	
280	1912	谷田部町	
281	1910	真瀬村	
282	1926	島名村	
283	1929	葛城村	
284	1927	小野川村	
285	1918	上郷村	
321	1927	茎崎村	
286	1915	大生村	常総市34
287	1919	三妻村	
288	1926	五箇村	
289	1926	菅原村	
290	1926	大花羽村	
291	1927	菅生村	
292	1912	水海道町	
293	1915	豊岡村	
294	1927	坂手村	
295	1927	内守谷村	
296	1915	石下町	
297	1926	豊田村	
298	1915	玉村	
299	1918	岡田村	
300	1918	飯沼村	
305	1917	守谷町	守谷市35
306	1917	高野村	
307	1926	大井沢村	
308	1926	大野村	
309	1913	取手町	取手市36
310	1917	寺原村	
311	1939	小文間村	
312	1917	稲戸井村	
313	1917	高井村	
341	1914	相馬町	
342	1918	六郷村	
343	1917	山王村	
344	1939	高須村	
314	1926	君原村	阿見町37
315	1917	舟島村	
316	1918	阿見村	
317	1915	朝日村	
318	1927	牛久村	牛久市38
319	1927	岡田村	
320	1927	奥野村	
322	1926	豊村	つくばみらい市39
323	1917	谷井田村	
324	1926	三島村	
325	1927	小張村	
326	1917	久賀村	
327	1927	板橋村	
328	1917	小絹村	
329	1918	谷原村	
330	1912	十和村	
331	1912	福岡村	
332	1917	木原村	美浦村40
333	1926	安中村	
334	1913	龍ヶ崎町	龍ヶ崎市41
335	1915	大宮村	
336	1919	長戸村	
337	1919	八原村	
338	1915	馴柴村	
339	1926	川原代村	
340	1926	北文間村	
345	1919	布川町	利根町42
346	1919	文村	
347	1919	文間村	
348	1927	東文間村	
349	1919	生板村	河内村43
350	1926	長竿村	
351	1926	源清田村	
352	1918	金江津村	
353	1913	江戸崎町	稲敷市44
354	1918	沼里村	
355	1918	君賀村	
356	1915	鳩崎村	
357	1918	柴崎村	
358	1919	根本村	
359	1926	太田村	
360	1915	古渡村	
361	1915	阿波村	
362	1926	浮島村	
363	1927	伊崎村	
364	1927	大須賀村	
365	1929	十余島村	
366	1929	本新島村	
367	1915	高田村	

（「茨城県市町村区域図」『角川　日本地名大辞典』8 茨城県　初点灯年は『電気事業要覧』各市町村史）

電気事業年表

年	月　国　内	月　茨城県域	月　福島.栃木.千葉.群馬県域
1878 明治 11	.3　電信中央局開局祝賀会で点灯（銀座）		
15			.10　安積疏水完成
16	.7　東京電燈設立許可 .　京都・大阪で試灯		
19	.7　東京電燈開業		
20			.1　東北本線仙台ー塩釜まで開通 .　富士製紙創業
21	.9　神戸電燈開業 .10　岡山紡績で点灯		
22	.4　市町村制施行 .5　大阪電燈開業 .7　京都電燈開業 .12　名古屋電燈開業	.4　市町村制施行	.4　市町村制施行
23	.4　品川電燈開業 .10　横浜共同電燈開業 .12　深川電燈開業		.12　足尾鉱山間藤水力発電所竣功
24	.5　京都蹴上発電所開業 .7　熊本電燈開業 .7　帝国電燈開業 .7　電気事業の所管が逓信省となる .10　札幌電燈舎開業 .11　北海道電燈開業 .12　電気取締規則発布（警視庁）	.　手綱炭鉱開鉱（現高萩市）	
25	.6　箱根電燈所開業	.　千代田炭鉱開鉱（現高萩市）	
26	.4　長崎電燈開業		.10　日光電力開業
27	.4　豊橋電気開業 .5　前橋電燈開業 .5　岡山電燈開業 .5　桐生電燈開業 .7　岐阜電気開業 .7　仙台電燈開業 .10　奈良電燈開業 .10　広島電燈開業	.　手綱炭鉱が千代田炭鉱を吸収	.5　前橋電燈開業 .5　桐生電燈開業
28	.1　徳島電燈開業 .1　小樽電燈舎開業 .10　松江電燈開業 .10　熱海電燈発電所開業 .11　高松電燈開業		.5　郡山絹糸紡績開業 .11　福島電燈開業

年			
1896 明治29	.1　函館電燈所開業 .5　神奈川電燈開業 .5　電気取締規則制定（逓信省） .11　馬関電燈開業 .11　札幌電燈開業 .12　東京電燈浅草発電所開設	.　茨城炭鉱開鉱（現北茨城市） .　秋山炭鉱開鉱（現高萩市）	
30	.2　静岡電燈開業 .3　青森電燈開業 .4　津電燈開業 .6　和歌山水力電気開業 .6　改正電気取締規則公布 .11　博多電燈開業	.2　常磐線平まで開通 .　茨城炭鉱が茨城無煙炭鉱となる（現北茨城市） .10　知事主催の栃木・群馬方面視察に前島平参加	
31	.3　新潟電燈開業 .5　長野電燈開業 .8　鹿児島電気開業		
32	.1　米沢水力電気開業 .4　富山電気開業 .12　松本電燈開業		.6　郡山絹糸紡績沼上発電所送電開始
1900 33	.5　甲府電力開業 .5　小田原電気鉄道開業 .6　金沢電気開業 .8　竹田水電開業		
34	.8　京浜電気鉄道開業 .8　秋田電気開業	.　茨城採炭が開鉱（現北茨城市）	
35	.1　会津電力開業 .1　宇都宮電燈開業		.1　若松市に会津電力開業 .1　宇都宮電燈開業
36	.1　伊予水力電気開業	.9　茨城無煙炭鉱第一発電所（火力45kW）開設	
37	.7　埼玉電燈開業 .11　谷村電燈開業 .12　高崎水力電気開業	.　野口遵が太田町の前島平を訪ねる	
38	.1　川越電気鉄道開業 .9　盛岡電気開業	.10　日立鉱山が陰作発電所開設（水力33kW） .10　太田町の前島平ら県初の事業所茨城電気を創業 .12　中里発電所起工式	
39	.6　宮ノ下水力電気開業 .10　宇治川電気設立	.8　茨城電気中里発電所を日立鉱山に譲渡 .12　茨城無煙炭鉱第二発電所（水力120kW）開設	.　好間炭鉱設立・火力発電所新設 .10　鬼怒川水力電気開業
40	.4　東京鉄道開業 .5　鳥取電燈開業 .6　千葉電燈開業	.3　中里発電所日立鉱山により完成（水力500kW） .6　笠間双立製材所開設	.6　千葉電燈開業

	.8　日向水力電気開業 .12　駒橋発電所送電開始	.8　茨城電気開業（水戸市瓦斯力75kW）	.　郡山絹糸紡績は郡山電気と改称 電気事業専業へ
1908 明治 41	.3　渡良瀬水力電気開業 .3　敦賀電燈開業 .8　利根電力開業	.3　山口無煙炭鉱創業 .4　茨城採炭発電所開業（火力100kW）	.8　日光電力・宇都宮電燈が合併し下野電力開業 .8　利根電力開業
42	.1　大田原電気開業 .2　高知県電気供給事業開始 .10　富士水電開業	.　日立鉱山が町屋発電所開設（水力300kW）	.1　大田原電気開業
43	.9　利根発電開業 .9　富士瓦斯紡績開業 .10　足尾電燈開業 .10　箱島水力電気開業 .12　成宗電気鉄道開業 .12　沖縄電気開業	.2　笠間双立製材所内に笠間電燈所開業 .10　日立製作所設立	.9　利根発電開業 .10　足尾電燈開業 .10　箱島水力電気開業 .12　銚子電燈開業（瓦斯力）
44	.2　静岡市静岡電気を買収 .3　近江水力電気開業 .3　電気事業法制定公布 .5　帝国瓦斯力電燈開業 .7　東京電燈タングステン電球採用 .8　東京市東京鉄道を買収 .9　京成電気軌道事業開始 .10　行田電燈開業 .11　王子電気軌道事業開始	.4　土浦電気開業 .4　茨城電気が日立鉱山より中里・町屋発電所を20万円で譲受 .10　日立鉱山が石岡第一発電所開設（水力3,000kW） ＊東京電燈駒橋発電所（水力3,500kW）に次ぐ国内第2位	.4　白河電燈開業 .10　猪苗代水力電気開業
45	.5　木更津電燈開業	.5　取手電燈開業 .6　笠間電燈所が笠間電気(株)となる .10　石岡電気開業 .11　水海道電気開業	.5　木更津電燈開業
1913 大正　2	.1　京王電気軌道事業開始 .7　日本電燈開業 .8　宇治川電気開業	.1　古河電気開業 .2　龍ヶ崎電燈開業 .3　常野電燈開業 .3　下館電燈開業 .9　多賀電気開業（石炭火力120kW） .10　真壁水力電気開業 .10　高浜電気開業 .11　江戸崎電気開業 .11　結城電気開業 .11　下妻電気開業 .12　筑波電気開業 .　茨城電気金属線電球を採用 電灯料金値下げへ	
3		.1　行方電気開業 .1　水浜電車開業	

	.5　帝国瓦斯力電燈が帝国電燈と改称 .11　猪苗代水力発電所一部竣功送電開始	.1　日立鉱山が石岡第二発電所開設（1,000 kW） .3　下館電燈開業，真岡電気を買収し常野電燈設立 .3　水海道電気が取手電燈を買収 .5　日立電気開業 .5　帝国電燈が龍ヶ崎電燈を買収 .5　西茨城電気開業，笠間電気と合併	.3　棚倉電気開業
1915 大正　4		.4　帝国電燈が龍ヶ崎電燈を買収 .8　江戸崎電気が土浦電気と合併 .10　茨城電気創立10周年記念式典を開催 .　**電灯未導入町村数269**	.4　猪苗代第一発電所送電開始 .9　小名浜電燈開業 .　岩室発電所完成
5		.2　岩間電気開業 .3　鉾田電気開業 .3　笠間電気が西茨城電気を合併 .11　大日本炭鉱創業 .　帝国電燈が常野電燈を買収 .　**県域点灯率17%**	.　郡山絹糸紡績は郡山電気と改称
6		.4　笠間電気が岩間電気を買収 .11　帝国電燈が土浦電気を買収	
7		.4　帝国電燈が水海道電気を合併 .5　多賀電気が松原第一発電所（現花貫川第一発電所630 kW）を開設 .　石岡電気利根発電より受電 .　東光炭鉱創業	.1　郡山電気が夏井川水電・常葉電気を合併 .10　植田電燈開業
8		.3　松原炭鉱創業 .3　茨城電気が賀美発電所を開設（540 kW） .11　石岡電気が高浜電気を買収 .12　行方電気が佐原電燈・東金電気と合併し常総電気設立 .　**電灯未導入町村数198**	.5　猪苗代第二発電所送電開始
9		.1　多賀電気が松原第二発電所（現花貫川第二発電所750 kW）を開設	

		.10　中里発電所洪水のため堰堤取水口を破損 .　茨城無煙炭鉱が大北川発電所開設（240 k W　現北茨城市） .　千代田炭鉱が茨城採炭に合併	.5　下野電力が常総電気を合併
1921 大正 10	.4　東京電燈利根発電を合併	.4　石岡電気が茨城電気に受電先切替 .5　茨城電力が川尻川発電所を開設（600 k W） .8　東野電力開業 .9　茨城電気が多賀電気と合併し茨城電力設立．専務取締役樫村定男没 .10　藤井川水力電気開業 .12　久慈電気開業	.4　東京電燈が利根発電を合併 .5　郡山電気が双葉電力を合併 .7　帝国電燈が下野電力を合併 .8　東野電力開業
11	.2　東京電燈桂川電力を合併 .3　帝国電燈が埼玉電燈を合併 .11　帝国電燈が武蔵水電を合併	.1　茨城電力が下妻電気・結城電気を合併 .2　茨城電力が笠間電気を合併 .4　茨城電力が高原発電所を開設（150 k W） .5　北浦電気開業し鉾田電気を買収 .9　恋瀬電気開業 .11　黒沢電燈開業	.10　桧枝岐水力電気開業
12	.2　東京電燈猪苗代水力電気を合併 .9　関東大震災による被害甚大	.5　茨城電力が里川発電所を開設（700 k W） .7　水浜電車開業	
13		.1　茨城電力が松原発電所を開設（300 k W） .2　帝国電燈古河電気・真壁水力電気を買収 .7　茨城電力異常渇水で日立鉱山･郡山電力から受電 .9　鹿南電気創立 .9　三郷電気開業 .11　袋田電燈開業	.8　皇太子殿下猪苗代第一発電所を見学
14		.1　茨城電力は郡山電気と合併し社名を東部電力と改称 .　磐城炭鉱が茨城採炭を合併	.1　郡山電気が東部電力と改称
15	.5　東京電燈が帝国電燈を合併	.4　帝国電燈が筑波電気を買収 .6　北総電気開業	

		.9　前島平水戸商工会議所会頭に就任 .　東部電力が小里川発電所を開設（800 k W） .　東部電力が徳田発電所を開設（600 k W） .　**電灯未導入町村数 25**	
1927 昭和　2	.　金融恐慌・銀行取付騒ぎ	.1　日立電気が水浜電車と合併 .4　常陽電気開業 .6　稲敷電気開業 .8　日立電力設立 .12　石岡電気が北総電気を買収 .　**電灯未導入町村数 16**	
3		.1　石岡電気が三郷電気を買収 .8　鹿中電気開業 .　**県域点灯率 73%**	
4	.10　ニューヨーク・ウォール街で株式大暴落	.　**電灯未導入町村数 10**	
5		.2　前島平茨城電気協会創立自ら会長を務める .　**電灯未導入町村数 6**	
6	.6　松永安左ェ門電力統制案発表 .9　満州事変	.12　石岡電気と北浦電気が合併し茨城電気設立 .　**電灯未導入町村数 2**	
7	.4　電力連盟結成 .12　新電気事業法施行		
8		.8　東部電力副社長前島平没 69 歳	
9		.12　水郡線開通 .　**電灯未導入町村数 0**	
10			
11	.2　二.二六事件	.6　東部電力が大日本電力と合併	
12	.7　日中戦争に拡大 .12　電力国策要項閣議決定		
13	.3　電力国家管理関連 4 法案成立 .4　国家総動員法公布	.12　大日本電力が久慈電気を買収	
14	.4　日本発送電(株)設立	.11　福島電燈が東野電力を買収	.11　福島電燈が東野電力を買収

1940 昭和15		.1　大日本電力が袋田電燈を買収 .2　東京電燈が恋瀬電気を買収 .3　大日本電力が藤井川水力電気を買収 .3　東京電燈が鹿南電気を買収 .4　福島電燈が黒沢電燈を買収	.2　東京電燈猪苗代臨時湖面低下工事完了 .4　福島電燈が黒沢電燈を買収
16	.3　国家総動員法改正 .4　第二次電力国家管理実施（勅令） .10　東京電燈日発に第一次強制出資 .12　太平洋戦争勃発	.6　東京電燈が常陽電気を合併 .6　東京電燈が鹿中電気を買収	
17	.3　東京電燈解散 .4　東京電燈日発に第二次強制出資 .4　関東配電開業	.4　県域の全事業所が関東配電に統合	.4　東北配電開業
18			
19		.8　茨城交通開業	
20	.8　太平洋戦争終結		
21	.9　電気事業法改正		
22			
23	.2　電気事業が集排法の指定を受ける		
24			
25			
26	.5　電力事業再編成　日発解体 .5　全国9電力事業所発足 .5　東京電力発足	.5　東京電力茨城支店発足	.5　東北電力福島支店発足 .5　東京電力栃木支店発足
27	.12　農山漁村電気導入促進法施行		
28		.4　東京電力花園川発電所送電開始（2,000kW） .　未点灯世帯数21,350	
29			
30		.5　第一回未点灯地区解消促進委員会開催（東京電力茨城支店にて）	

1956 昭和 31		.9　第三回未点灯地区解消促進委員会開催（最終回） .　町屋発電所廃止	
32		.2　茨城県電力協会が未点灯地区対策本部（本部長県知事）に対し申入書提出 .8　茨城電気50周年記念事業「電気事業創業の地」碑建立	
33			
34			.5　田子倉発電所送電開始
35			
36		.3　未点灯世帯数 4,257	
37			
38	.10　東海村でわが国初の原子力発電		
39	.10　東海道新幹線開業		
40		.6　日立火力発電所廃止 .　未点灯世帯ほぼ解消	

（『電気事業要覧』『茨城電力史』『ズリ山が語る地域誌』『関東の電気事業と東京電力』『現代日本産業発達史』Ⅲ電力 『東京電力30年史』『東北地方電気事業史』『福島県の歴史』）

茨城県域に開設された発電所　（明治～昭和30年代）

番号	発電所名	開設年	廃止年	用途別	出力(kW)	発電方式	備考
5	茨城電気（水戸）	明治40	大正 11	営	75	瓦斯力	営業用・瓦斯力初 1907年
10	土浦電気	44	6	営	70		
11	石岡電気	大正 元	6	営	75		1912年
12	水海道電気	元	6	営	85		
15	龍ヶ崎電燈	2	8	営	40		
16	高浜電気	2	8	営	60		火災により焼失
18	行方電気	3	7	営	42		
19	岩間電気	4	6	営	10		
33	鹿南電気	13	不明	営	45		
1	茨城無煙炭鉱第一	明治36	不明	自	45	火力	県域・火力初 1903年
7	茨城採炭（北中郷）	41	不明	自	100		
8	笠間電燈所	43	大正 6	営	28		火力→瓦斯力→受電
17	多賀電気	大正 2	8	営	120		
35	日立火力発電所	昭和 5	昭和 40	自	10,000		日立鉱山→東京電力
36	高萩発電所	10	平成 17	自	10,000		昭和人絹→日本加工製紙
2	陰作発電所	明治38	不明	自	33	水力	日立鉱山　水力初 1905年
3	茨城無煙炭鉱第二	39	昭和 46	自→営	120		平成23改築して再稼働中
4	中里発電所	39	稼働中	自→営	500		日立鉱山→茨城電気
6	町屋発電所	41	昭和 31	自→営	300		同上
9	石岡第一発電所	44	稼働中	自→営	3,000		日立鉱山→東京電力
13	石岡第二発電所	大正 2	稼働中	自→営	1,000		同上
14	山口発電所	2	大正13	営	28		真壁水力電気
20	賀美発電所	6	稼働中	営	540		
21	花貫川第一	7	稼働中	営	630		
22	花貫川第二	9	稼働中	営	750		
23	大北川発電所	9	昭和46	自	240		
24	川尻川発電所	10	稼働中	営	600		
25	藤井川発電所	10	昭和46	営	137		藤井川水力電気
26	里川発電所	11	稼働中	営	600		
27	恋瀬川発電所	11	昭和13	営	17		恋瀬電気
28	黒沢発電所	11	17	営	8		黒沢電燈
29	高原発電所	11	27	営	150		
30	松原発電所	12	稼働中	営	330		
31	小里川発電所	15	稼働中	営	800		
32	徳田発電所	15	稼働中	営	600		
34	八溝川発電所	昭和 2	昭和27	営（卸売り）	200		八溝川水力電気
37	花園川発電所	28	稼働中	営	2,000		東京電力
38	横川発電所	30	稼働中	自→営	2,400		常磐炭鉱→東京電力

数字は開設順　*使用開始とは不同もある　　自は自家用　営は一般営業用

（『電気事業要覧』『茨城電力史』『茨城県水力発電誌』）

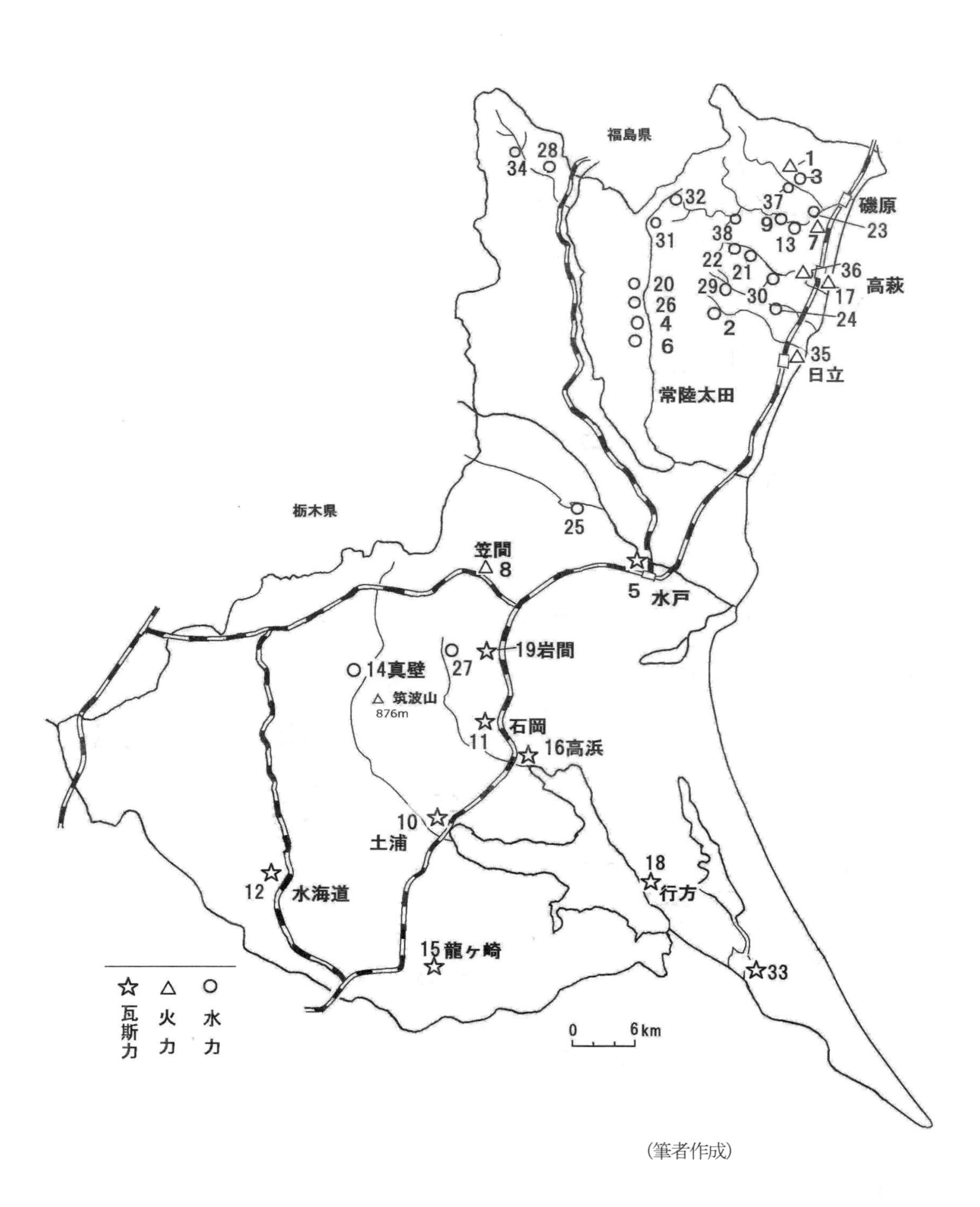
福島県
栃木県
磯原
高萩
日立
常陸太田
笠間
水戸
岩間
真壁
筑波山
876m
石岡
高浜
土浦
水海道
行方
龍ヶ崎
瓦斯力
火力
水力
0
6km

（筆者作成）

茨城県内の電気事業にかかわった人々　50音順　⇒本書ページ　〔　〕参考文献

A　地元の有力者

市村 貞造　北浦電気創設

柿岡町醤油醸造業　旧家　早稲田大学卒　大正5年県会議員　衆議院議員　大正5(1916)年北浦電気設立　同11年鉾田電気と合併後志半ばで病死　35歳　⇒146　〔鉾田町史 2001〕

遠藤 靖　日立電気取締役

明治元(1868)年4月17日生　日立村滑川　父は村会議員　22年日立村収入役　郡会議員　日立漁業組合長　直接国税112円納入　⇒98 136　〔茨城人名辞書　茨城新聞社 1915〕

小田部 藤一郎　真壁水力電気社長

西茨城郡西那珂村本郷生　栃木師範卒　下都賀郡立第二高等小学校長　早稲田大卒　県会議員　小田部家に養子へ　⇒98 137　〔茨城人名辞書　同上〕

樫村 定男　多賀電気取締役社長

十王町山部（現日立市十王町）生まれ　林業，農業、養蚕業者　明治27(1894)年より県会議員2期　自宅は長女の婿養子に任せ，松原町に転出　明治33年多賀銀行（資本金100万円）創設，頭取　大正2(1913)年多賀電気創設，取締役　安良川に火力発電所，大正7年花貫川に松原発電所（現花貫川第一発電所），松原第二発電所（現花貫川第二発電所）創設　大正8年本社を松原町本町に新設　大正10年茨城電気と合併し茨城電力となり専務取締役　新会社設立後間もなく病により同年逝去　⇒98 103 125 127 129 130 134　278　〔多賀郡史・茨城電力史・高萩市文化誌ゆずりは6号〕

木村 信義　笠間電気会社社長

⇒98 135　〔笠間市史下巻〕

久原 房之助　日立鉱山創設

明治2(1869)年山口県萩市生　11歳で大阪船場に転居　13歳で東京の商法講習所（一橋大の前身）卒。17歳で慶応義塾入学　明治23年森村組神戸支店倉庫番となる　24年秋田県小坂鉱山に赴任　明治33年同所長　銀山から銅山へと転換　羽口挿炭法の開発　明治38年久原房之助独立　12月茨城県赤沢銅山買山　同年前島平と出会う　中里発電所買収　その後石岡発電所，夏井川発電所等の開発　大雄院精錬所建設　大正4(1915)年大煙突完成　昭和3(1928)年2月立憲政友会入党　第一回普通選挙で山口県一区より立候補・当選　田中義一内閣逓信大臣　昭和14年立憲政友会総裁　日米開戦と同時に参戦に反対し政界引退　昭和40年1月97歳で没す　⇒90 118　〔天馬空を行く〕

小杉 徳　古河電気創設　社長

明治44(1911)年11月創設　取締役に平野甚助・野木弥兵衛　資本金15万円　⇒98　〔総和町史通史編　2005〕

田山 覚之助　笠間電燈所創設 支配人

明治43(1910)年2月15日，自らが経営する笠間双立製材所の廃材を燃やして蒸気を発生させ発電　吉村鉄之助の後援を得て明治45年資本金3万円で笠間電気を興す　木村信義が社長　田山覚之助は支配人　笠間町・西山内村・宍戸町へ電力を供給　⇒103 135　〔図説笠間市史 市制30周年記念 1988〕

友部 重太郎　恋瀬電気創設

明治元(1868)年3月16日生　加波山神社社司の長男　キリスト教徒　地主　栗・びわの栽培販売　村長　勲七等　大正11(1922)年加波山麓の未点灯地区に資本金4万円で恋瀬電気設立　水力発電で出力30kW　昭和9(1934)年需要家547　⇒149　〔茨城人名辞書　前出〕

中沢 清八　結城電気社長

多額納税者　茨城農工銀行取締役　明治11年1月生　先代の家業を継ぐ　結城郡結城町穀町　⇒98
〔大正人名事典上巻　日本図書センター 1987〕

浜 平右衛門　石岡電気社長

明治15(1882)年7月生　生家は米穀商・醤油醸造業の豪商　年少にして父・祖父を失い家業を継ぐ　石岡町町会議員　貴族院議員　勲4等　多額納税者　県信用組合連合会会長　石岡信用組合長　鹿島参宮鉄道会長　茨城電気鉄道会長　常陽銀行取締役　新治郡内の7か村に田45.4町歩，畑48.5町歩，計93.9町歩を所有し小作人290人を抱える　新治郡石岡町香丸1148　昭和24(1949)年没　⇒103　135 149
〔石岡市史・昭和人名事典 第2巻北海道・奥羽・関東・中部編 1987〕

広瀬 慶之助　高浜電燈会社社長

新治郡高浜町　慶応元(1865)年4月11日生　酒類醸造業組合長　「白菊」酒造　直接国税1000円納税　⇒98 146　〔茨城人名辞書 前出〕

前島 平　茨城電気取締役

慶応元(1865)年茨城郡渋井村（現水戸市）井坂幹の次男として生れる　明治12(1879)年太田町の亀宗呉服店に奉公　ここでの働きが評判となり前島家の養嗣子となる　明治26年太田銀行取締役　同30年太田商業会議所議員　同年栃木県への水力発電視察に参加　翌31年町会議員に選出　明治34年太田実業倶楽部設立　2代目会長就任　太田7人組を結成　明治38年茨城電気創立，取締役　大正10(1921)年多賀電気と合併し茨城電力発足，専務取締役　大正14年郡山電気と合併し東部電力発足，副社長　東京の本社勤務　昭和8(1933)年青山町の自邸にて逝去69歳　⇒98 103 108 115 140 147 226 244 275 279
〔常陸太田市史・茨城電力史〕

山崎 義造　江戸崎電燈創設

安政2(1855)年7月　稲敷郡阿浜村（阿波村の誤りか?）生　博愛心に富む　半生は公共のために尽くす　江戸崎町の発展に貢献　明治25(1892)年から45年まで江戸崎学校組合会議　江戸崎町会議員　江戸崎町長(明治38年)　鳩崎村長　江戸崎郵便局長　郡会議員(明治44年)　利根川工事　「光輝ある氏の功績は電灯の光とともに永く地方の暗面に向かいて照らさん」　⇒98 102　〔茨城人名辞書 前出〕

B　県外の出身者

岡部 則光　龍ヶ崎電燈社長

愛媛県宇和島生　文久元(1861)年1月18日　従六位　勲五等

東北電気・村上水電・柏原電燈・龍ヶ崎電燈・水沢電燈・小浜電燈・佐渡電燈・大原電燈・松永電燈・下館電燈・鴨川電力・気仙沼電燈各取締役

慶応義塾卒　明治15(1882)年神奈川県庁出仕　19年兵庫県庁　20年兵庫県立神戸高等学校長　26年逓信省へ　日清戦争で朝鮮へ　通信事務の働きで勲七等瑞宝章賞金 200 円受領　31 年赤間関郵便電信局長　勲六等　33 年熊本郵便電信局長　金澤一等郵便電信局長　勲五等　実業界へ　北海道炭鉱鉄道経理課長

⇒71 98　〔大正人名事典 下巻 日本図書センター 1987〕

才賀 藤吉　下妻電気・行方電気・筑波電気社長

電気事業家　明治3(1870)年7月　大阪西区南堀江生　電気工場入社　学理と技術を身につける　29年独立京都に才賀電機会社設立　大阪へ工場を移し東京・京都・松山に支店　全国30余か所に出張所　事務員160名技術員92名　このほかに60余会社社長・重役　衆議院議員　東京市京橋区弥左衛門町4

⇒98 102　〔明治人名事典 下巻 日本図書センター 1987〕

桜内 幸男　土浦電気(社長は吉村鉄之助)の創立発起人

東京の実業家　第2次若槻内閣の商工大臣　⇒136　〔土浦市史 1966〕

芹沢 登一　常野電灯社長

東京都出身　明治6(1873)年11月生まれ　明治28年独逸学協会学校卒業　32年白耳義(ベルギー)領事館通訳官　37年白露戦高等通訳官　佐倉電燈・八日市場電力・鴨川電力・小浜電燈・帝国瓦斯水力電燈・気仙沼電燈・東京勤業会社等重役　⇒98　〔大正人名事典 上巻 日本図書センター 1987〕

吉村 鉄之助　笠間電燈所開設時に後援，土浦電気社長

東京市芝区白金台町2−6　安政5(1858)年8月1日　滋賀県人吉村（現大津市）生

満州製粉・大日本電球・吉村木工所各社長　吉村商会（株）取締役　相模紡績・北海道殖産・岩手電力企業・東京テレジング商会・石渡電機取締役　東京市街自動車・帝国製糖・北海道製糖監査役　電気諸機械製造業　土浦電気・常野電気社長　江戸崎電気発起人　江刺鉄道・南満州鉄道・南満州製糖理事

同志社大学に学び新島譲の薫陶を受ける　衆議院議員2期　キリスト教徒　家庭学校を創立

⇒98 135 136　〔大正人名事典 II 上巻 日本図書センター 1989〕

茨城県域主要電気事業所供給区域の変遷

（筆者作成）

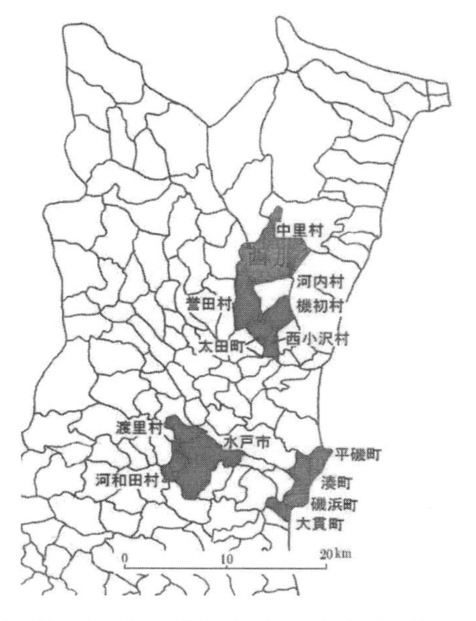

郡	大正元年(1912)
	水戸市
東茨城	磯浜,大貫町　河和田,常盤,渡里村
久慈	太田町 西小沢,河内,中里,機初,誉田村
那珂	平磯,湊町

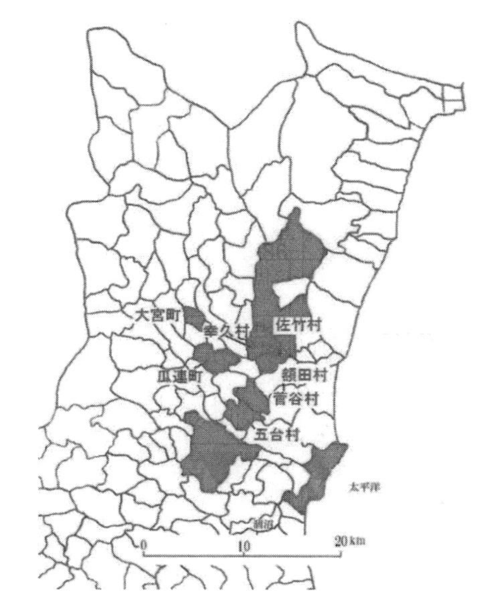

市・郡		大正５年(1916)
水戸市	→	
東茨城	→	新規なし
久慈	→	幸久,佐竹村
那珂	→	瓜連,大宮町　五台,菅谷,額田村

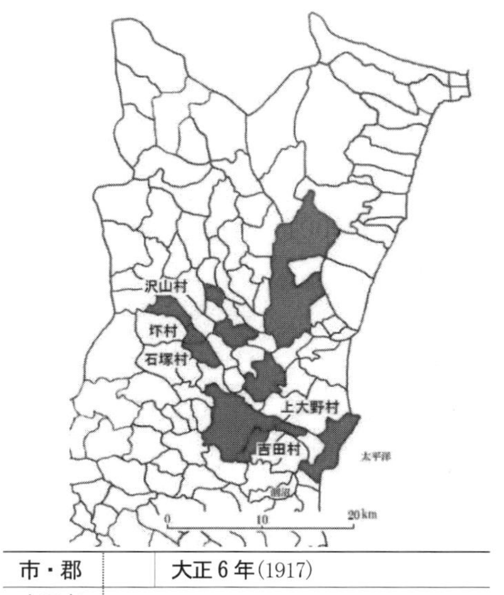

市・郡		大正６年(1917)
水戸市	→	
東茨城	→	圷,石塚,上大野,沢山,吉田村
久慈	→	新規なし
那珂	→	

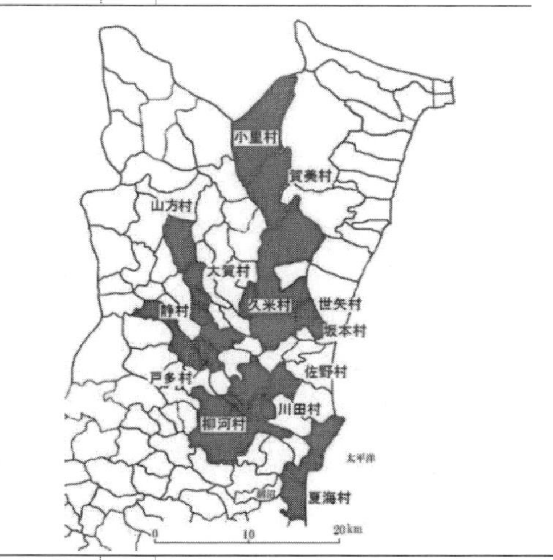

市・郡		大正９年(1920)
水戸市	→	
東茨城	→	新規なし
久慈	→	小里,賀美,久米,坂本,世矢村
那珂	→	大賀,川田,佐野,静,戸多,柳河,山方村
鹿島		夏海村

茨城電気（→茨城電力→東部電力→大日本電力）①　　（『電気事業要覧』各年版）

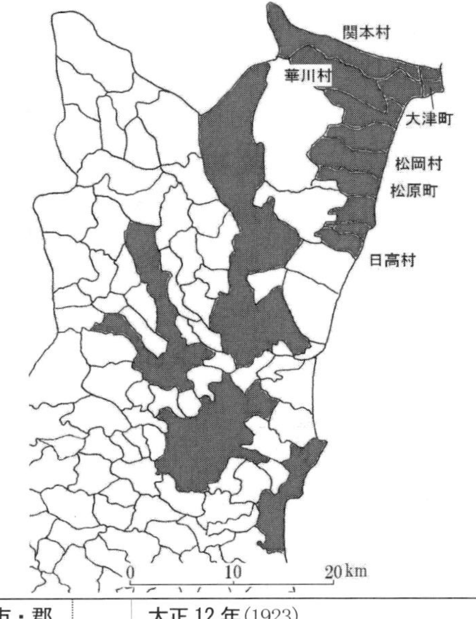

市・郡		大正 10 年(1921)
水戸市	→	
東茨城	→	新規なし
久慈	→	
那珂	→	
鹿島	→	
多賀		大津,豊浦,平潟,松原町　櫛形,関南,関本,北中郷,南中郷,華川,日高,松岡村

市・郡		大正 12 年(1923)
水戸市	→	
東茨城	→	新規なし
久慈	→	
那珂	→	
鹿島	→	
多賀	→	
西茨城		笠間,宍戸町　岩間,北那珂,西那珂,東那珂,北山内,西山内村
結城		石下,結城町　飯沼,江川,岡田,絹川,宗道,玉,豊加美,総上,三妻村
猿島		沓掛,幸島,八俣村
真壁		下妻,関本町　大宝,上妻,黒子,騰波ノ江村

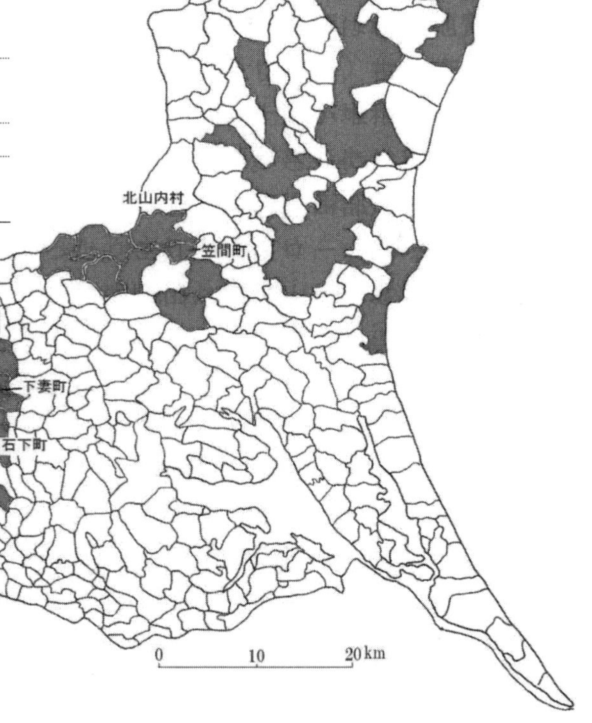

茨城電気（→茨城電力→東部電力→大日本電力）②　多賀電気・笠間電気・結城電気・下妻電気合併

市・郡		大正 15 年(1926)
水戸市	→	
東茨城	→	飯富,川根,鯉渕,酒門,中妻,上中妻,下中妻,長岡,山根村
久慈	→	佐都村　一久米村
那珂	→	大場,塩田,玉川,桧沢,前渡,滝郷村
鹿島	→	新規なし
多賀	→	黒前村
西茨城	→	大原,北川根,南川根,南山内村
結城	→	安静,大形,大花羽,蚕飼,菅原,豊田,西豊田,名崎,山川,上山川,中結城,下結城村　一飯沼村
猿島	→	生子菅,逆井山村　一沓掛村
真壁	→	大田,嘉田生崎,河内,川西,鳥羽村

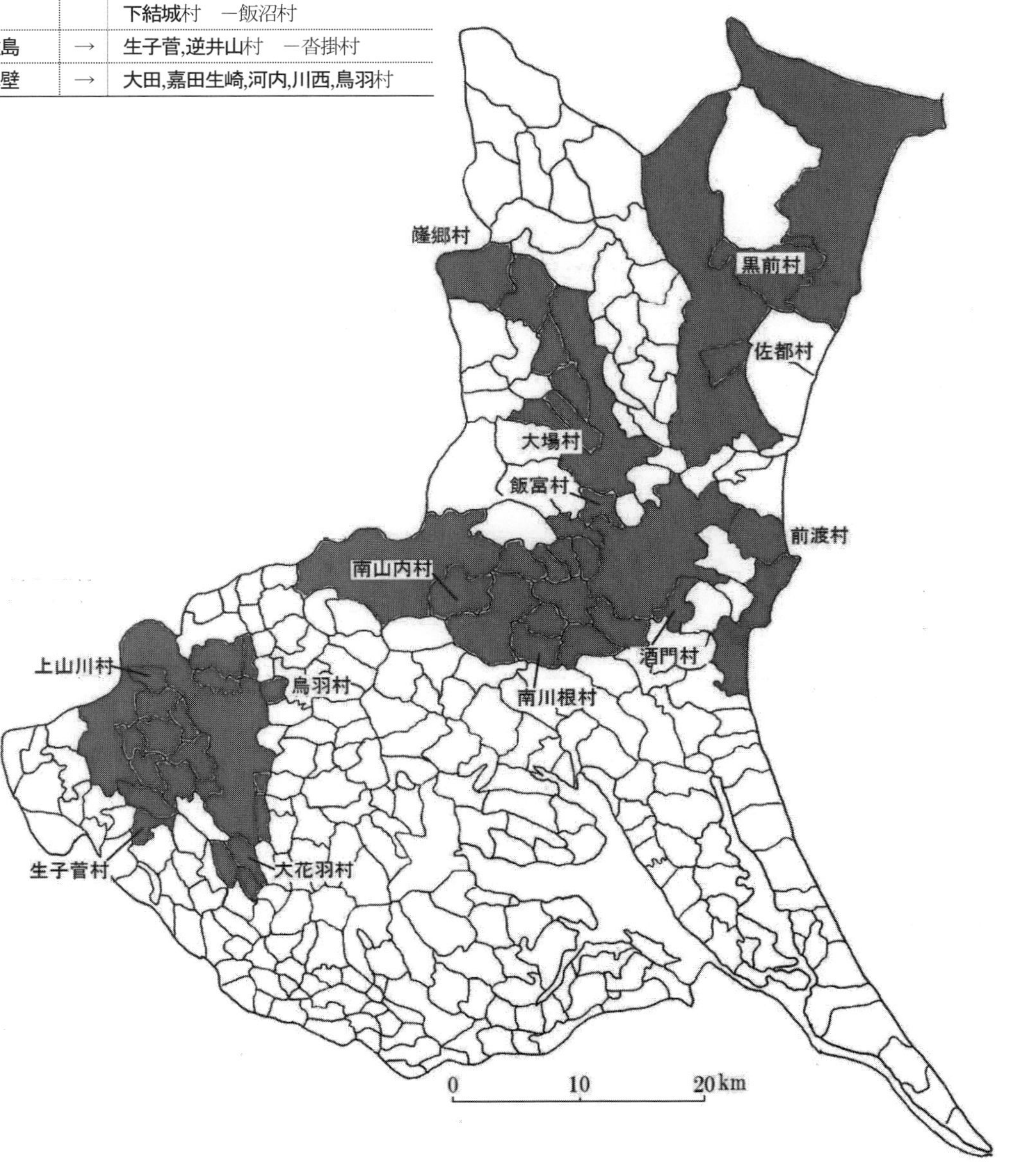

滝郷村
黒前村
佐都村
大場村
飯富村
前渡村
南山内村
酒門村
上山川村
鳥羽村
南川根村
生子菅村
大花羽村
0　10　20 km

茨城電気（→茨城電力→東部電力→大日本電力）③　　（『電気事業要覧』大正 15 年版）

市・郡		昭和2年(1927)
水戸市	→	
東茨城	→	新規なし
久慈	→	久米村
那珂	→	神埼,木崎,国田村
鹿島	→	新規なし
多賀	→	高岡村
西茨城	→	新規なし
結城	→	一安静,大花羽,岡田,菅原,下結城村
猿島	→	一生子菅,逆井山村
真壁	→	新規なし

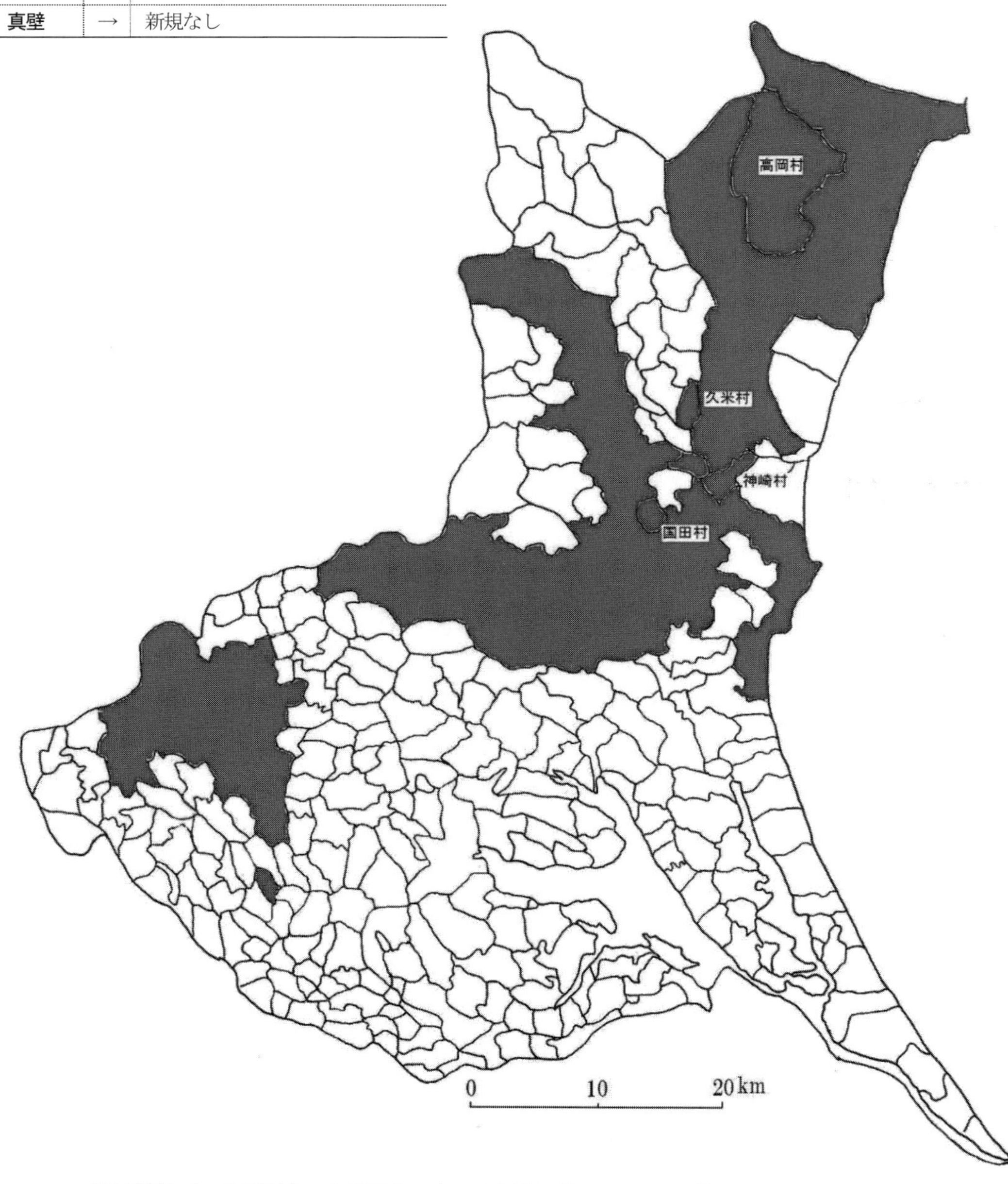

茨城電気（→茨城電力→東部電力→大日本電力）④　　（『電気事業要覧』昭和2年版）

市・郡		昭和６年(1931)
水戸市	→	
東茨城	→	新規なし
久慈	→	
那珂	→	
鹿島	→	
多賀	→	
西茨城	→	
結城	→	安静,大花羽,岡田,菅原,下結城村
猿島	→	生子菅,岡郷,逆井山,桜井村
真壁	→	新規なし

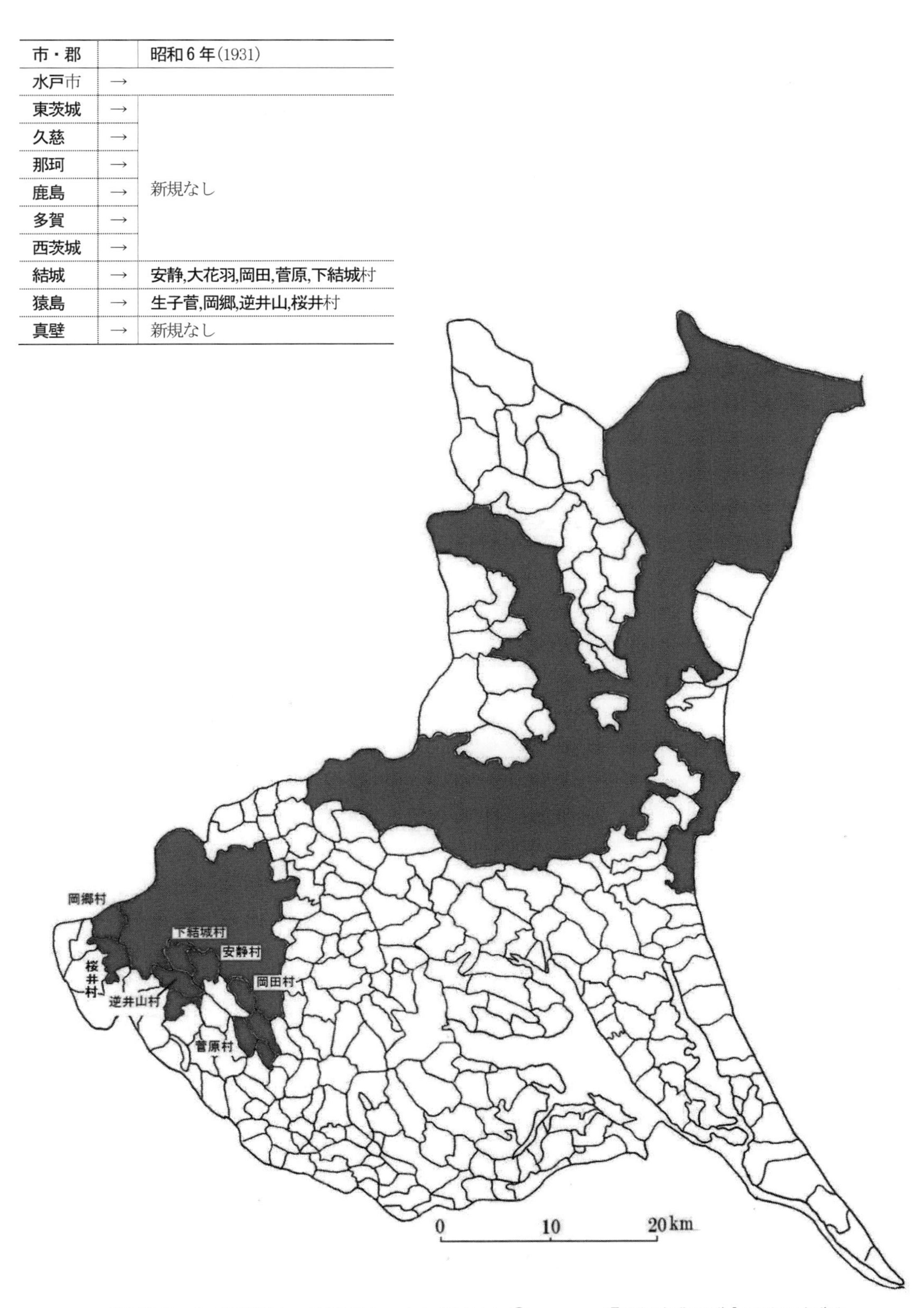

茨城電気（→茨城電力→東部電力→大日本電力）⑤　　　　（『電気事業要覧』昭和６年版）

市・郡		昭和14年(1939)
水戸市	→	
東茨城	→	新規なし
久慈	→	金郷,金砂,郡戸,天下野,世喜,染和田,高倉,山田村
那珂	→	上野村,芳野村(昭和8年)
鹿島	→	新規なし
多賀	→	
西茨城	→	
結城	→	
猿島	→	
真壁	→	

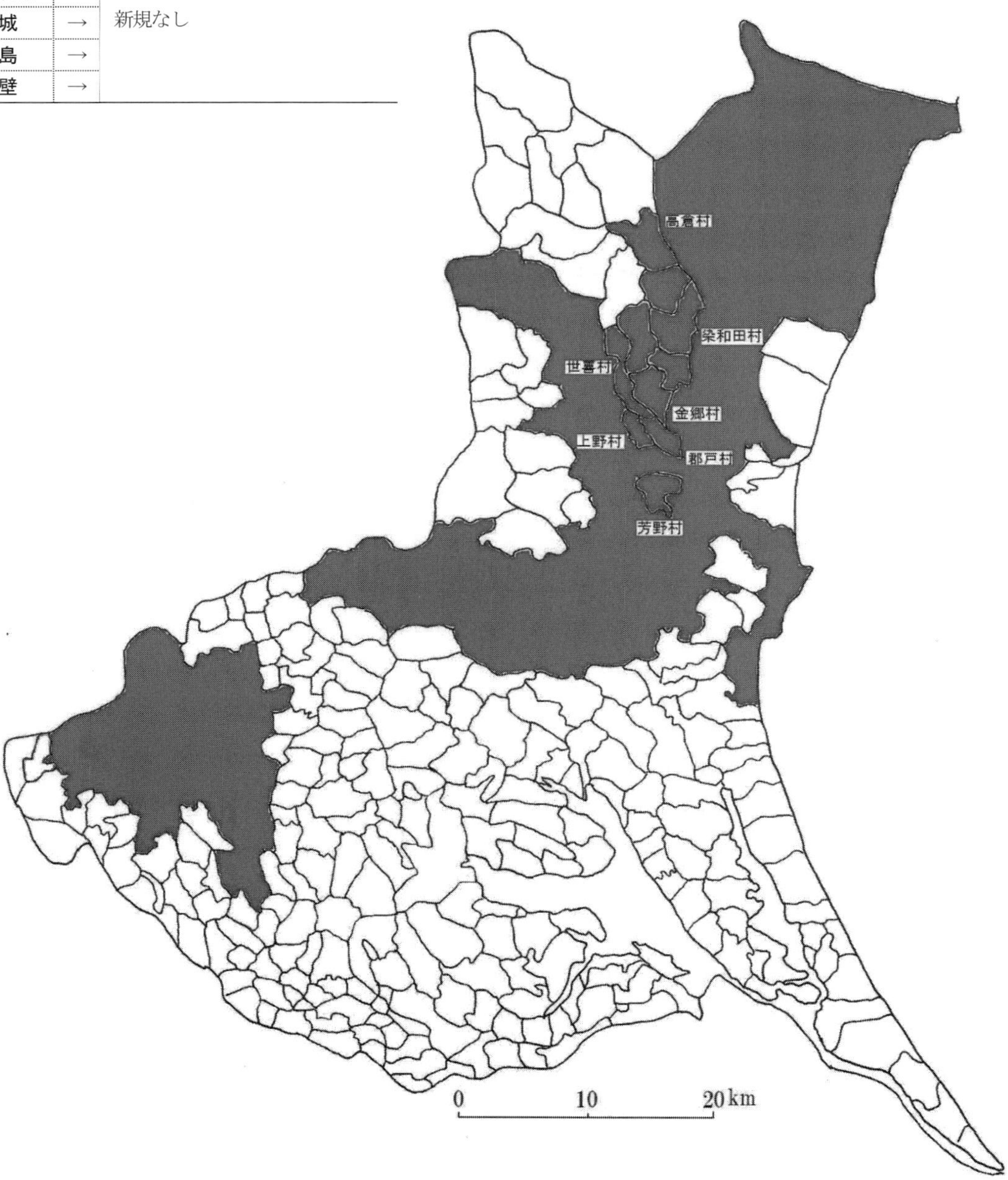

0　10　20km

茨城電気（→茨城電力→東部電力→大日本電力）⑥　久慈電気合併（『電気事業要覧』昭和14年版）

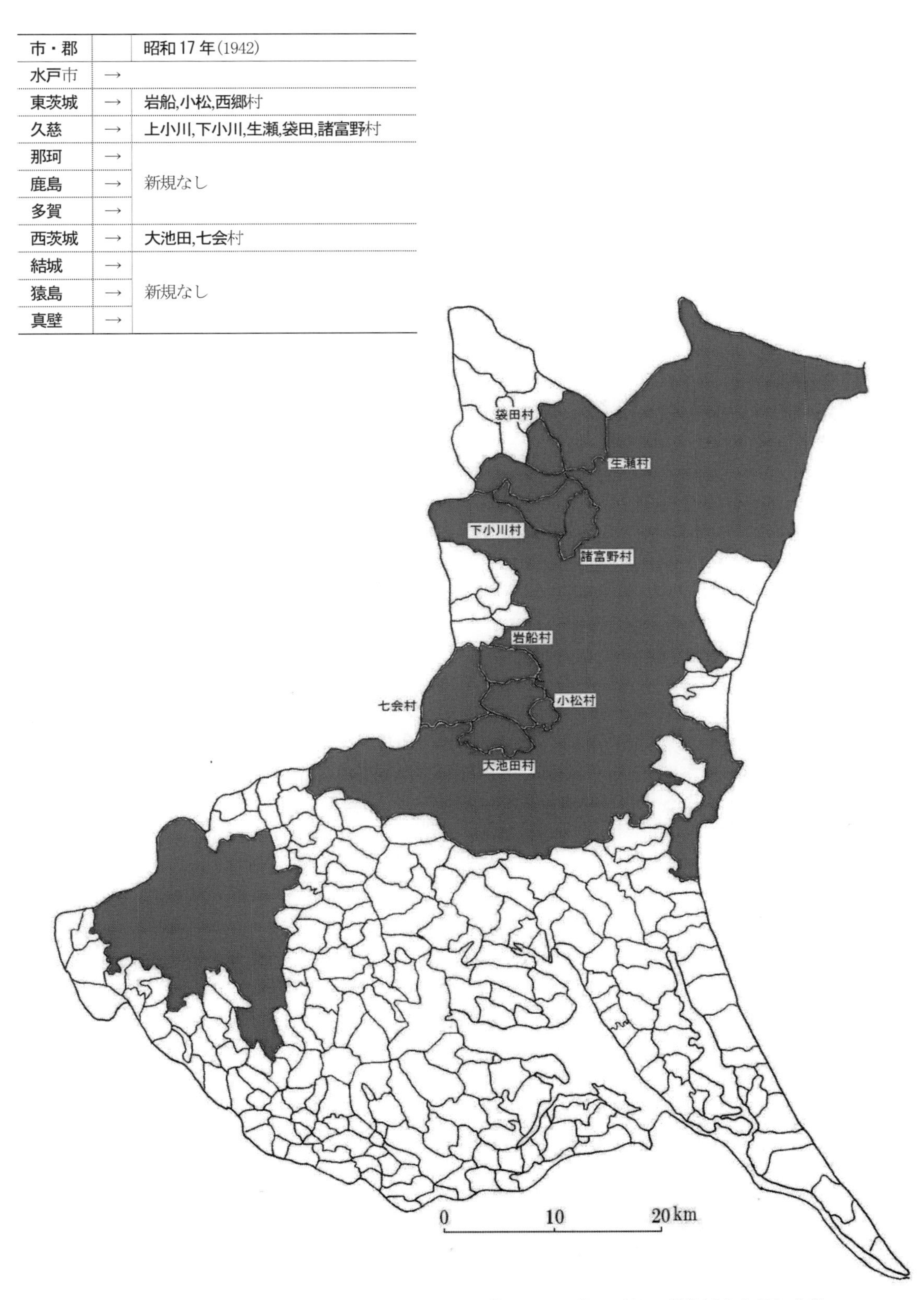

市・郡		昭和17年(1942)
水戸市	→	
東茨城	→	岩船,小松,西郷村
久慈	→	上小川,下小川,生瀬,袋田,諸富野村
那珂	→	新規なし
鹿島	→	
多賀	→	
西茨城	→	大池田,七会村
結城	→	新規なし
猿島	→	
真壁	→	

茨城電気（→茨城電力→東部電力→大日本電力）⑦　　袋田電燈・藤井川水力電気合併

郡	大正元年(1912)
新治	石岡町

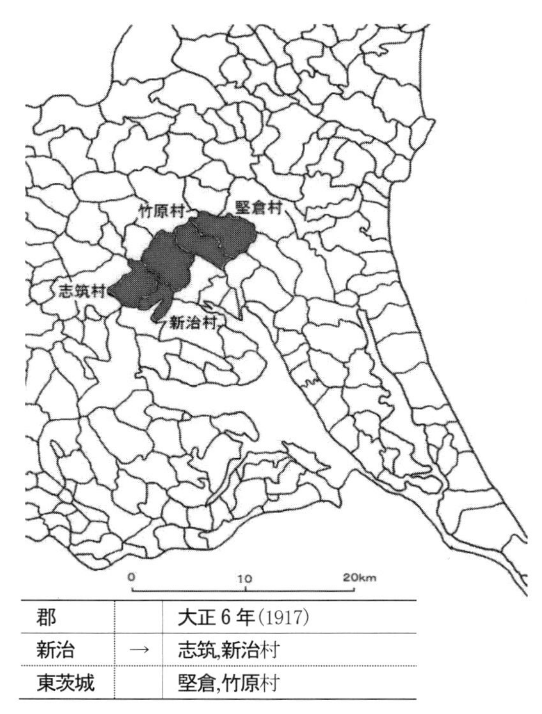

郡		大正 6 年(1917)
新治	→	志筑,新治村
東茨城		堅倉,竹原村

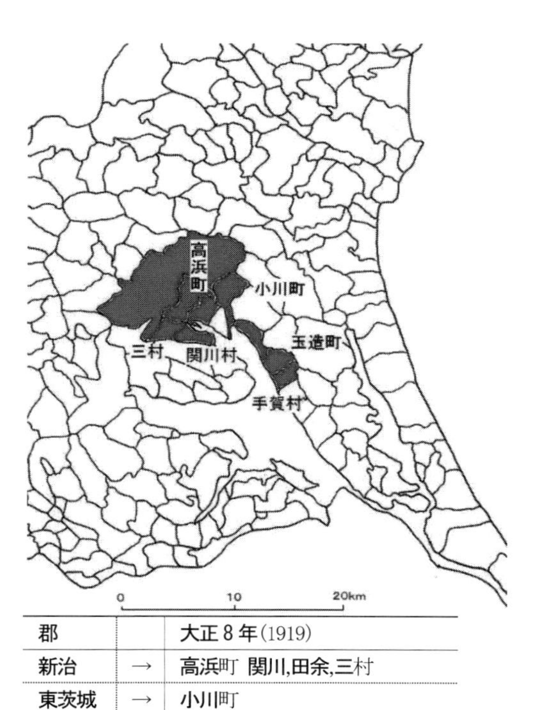

郡		大正 8 年(1919)
新治	→	高浜町 関川,田余,三村
東茨城	→	小川町
行方		玉造町 立花,手賀村

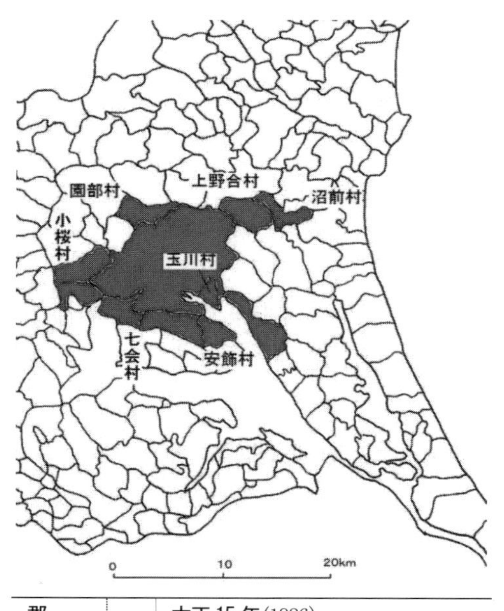

郡		大正 15 年(1926)
新治	→	安飾,小桜,志士庫,園部,玉川,七会,山ノ荘村
東茨城	→	上野合村
行方	→	新規なし
鹿島		沼前村

石岡電気（→茨城電気）①　　高浜電気合併　　(『電気事業要覧』各年版)

郡		昭和3年(1928)
新治	→	斗利出村
東茨城	→	新規なし
行方	→	小高,玉川,行方村
鹿島	→	新規なし
猿島	→	中川,長須,七郷村
北相馬		内守谷,大井沢,坂手,菅生村

郡		昭和9年(1934)
新治	→	新規なし
東茨城	→	白河,橘村
行方	→	秋津,現原,要,武田,津澄,大和村
鹿島	→	鉾田町 大谷,上島,白鳥,新宮,諏訪,徳宿,巴村
猿島	→	新規なし
北相馬	→	

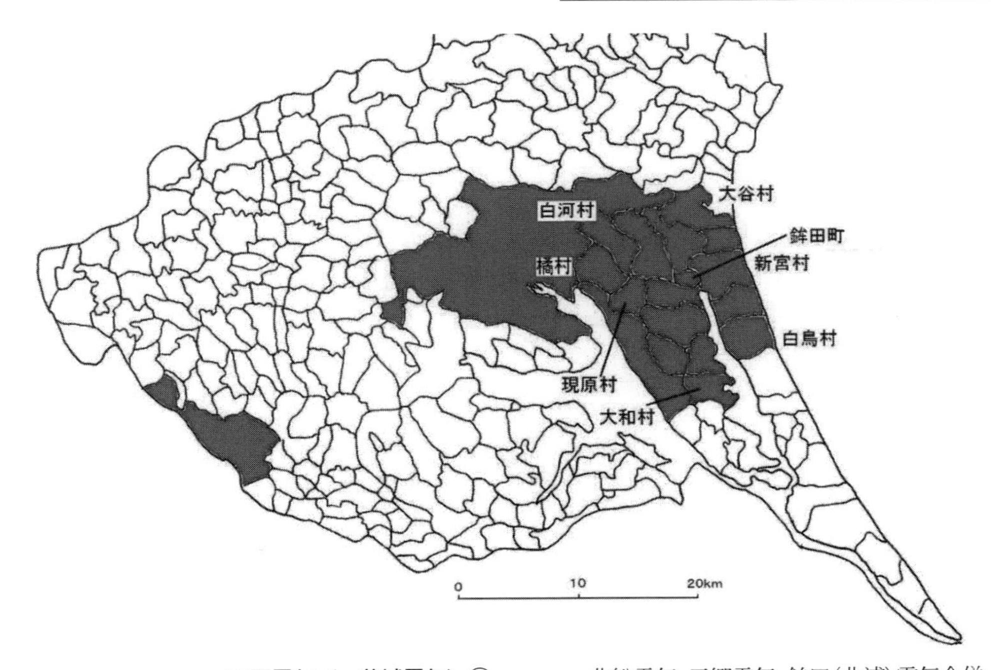

石岡電気（→茨城電気）②

北総電気・三郷電気・鉾田(北浦)電気合併

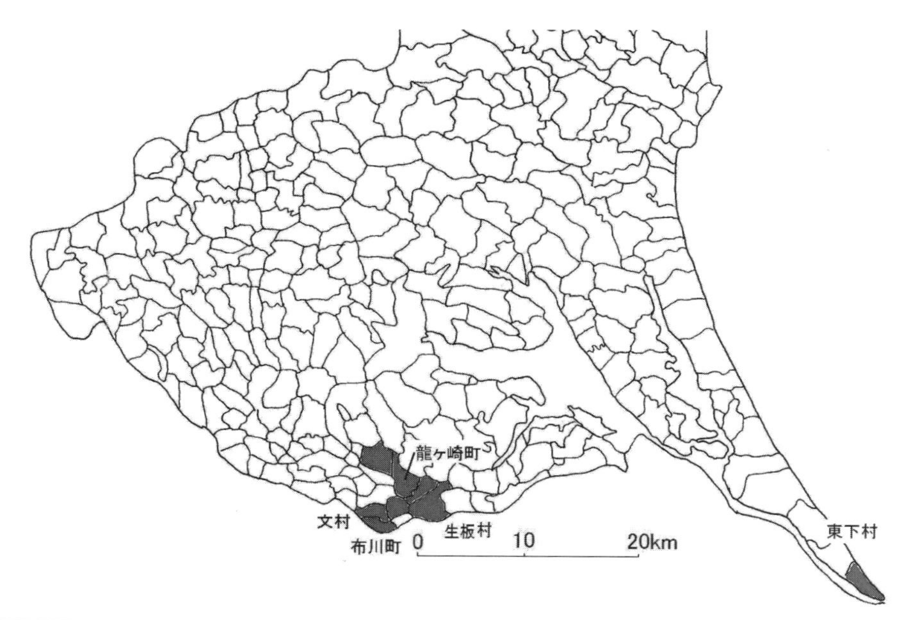

郡	大正6年(1917)
稲敷	龍ヶ崎町 大宮,馴柴,生板村
北相馬	布川町 文,文間村
鹿島	東下村

郡		大正7年(1918)
稲敷	→	長戸,根本,八原村
北相馬	→	新規なし
鹿島	→	
真壁		下館町 伊讃,大,小栗,河間,養蚕,竹島,中,新治,村田村

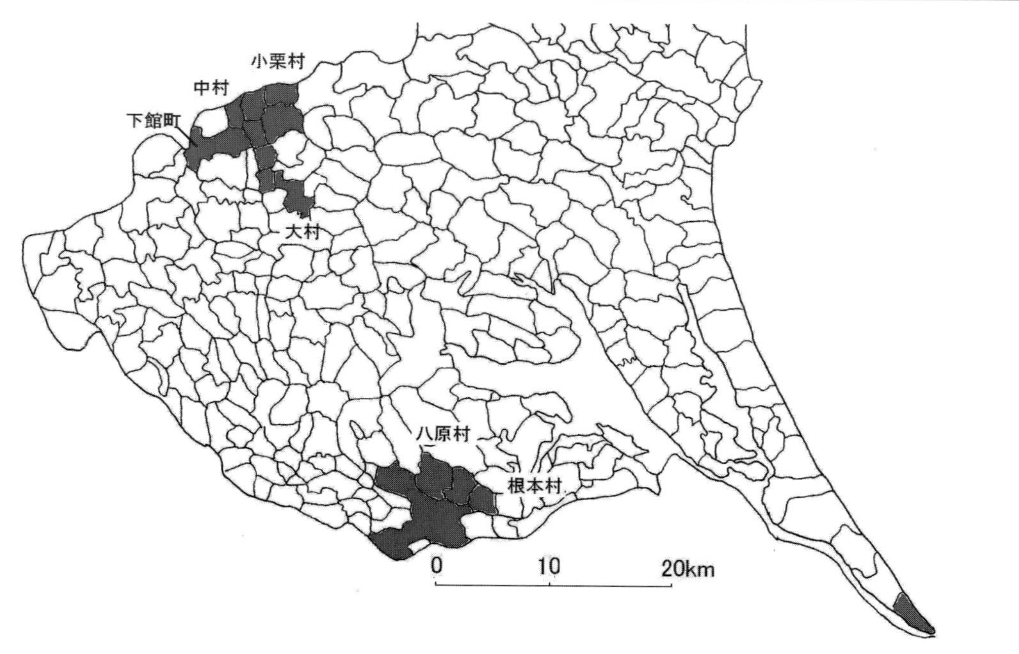

帝国電燈（→東京電燈）① 龍ヶ崎電燈・銚子電燈・常野電燈合併 (『電気事業要覧』各年版)

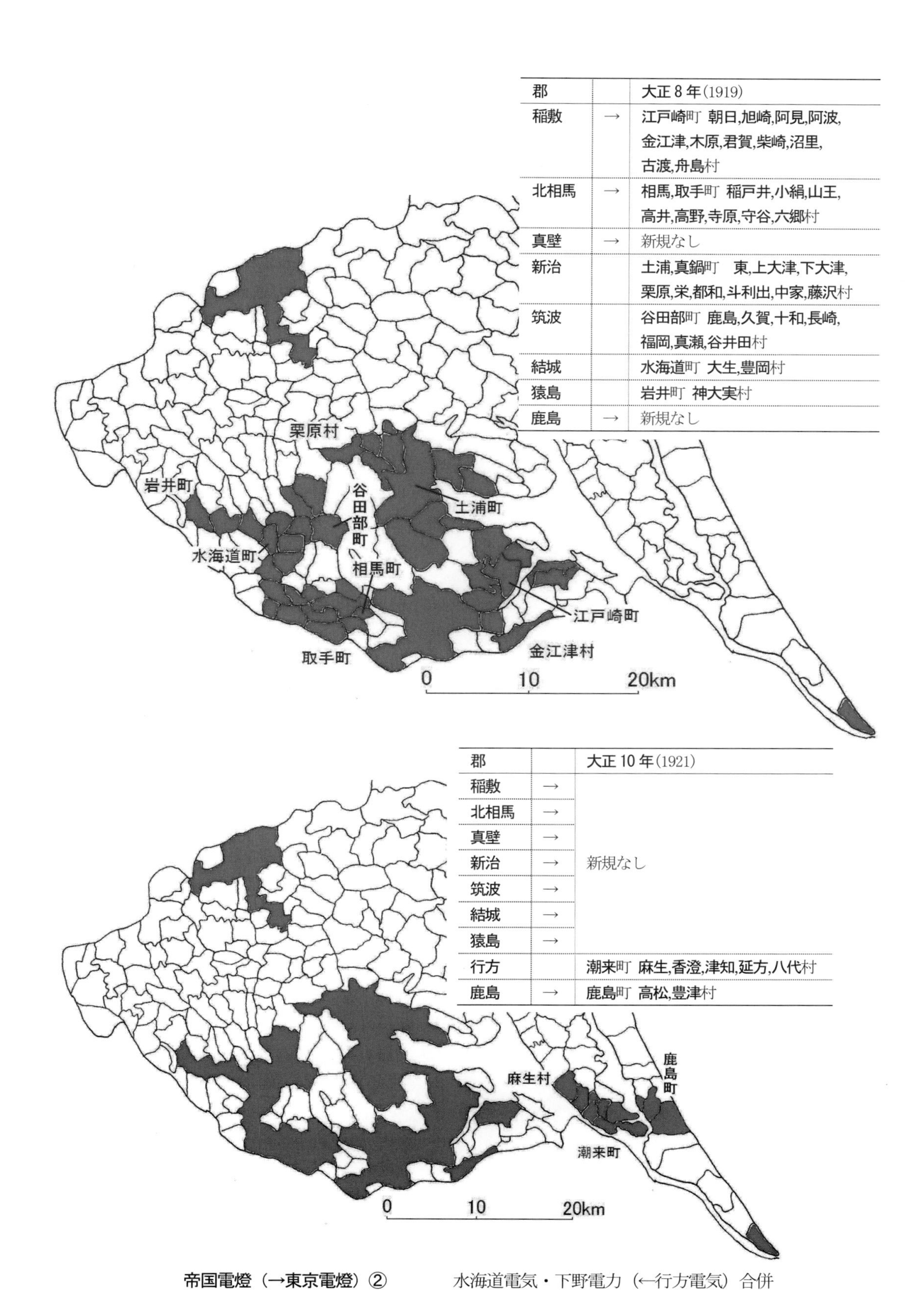

郡		大正 8 年(1919)
稲敷	→	江戸崎町 朝日,旭崎,阿見,阿波,金江津,木原,君賀,柴崎,沼里,古渡,舟島村
北相馬	→	相馬,取手町 稲戸井,小絹,山王,高井,高野,寺原,守谷,六郷村
真壁	→	新規なし
新治		土浦,真鍋町 東,上大津,下大津,栗原,栄,都和,斗利出,中家,藤沢村
筑波		谷田部町 鹿島,久賀,十和,長崎,福岡,真瀬,谷井田村
結城		水海道町 大生,豊岡村
猿島		岩井町 神大実村
鹿島	→	新規なし

郡		大正 10 年(1921)
稲敷	→	新規なし
北相馬	→	
真壁	→	
新治	→	
筑波	→	
結城	→	
猿島	→	
行方		潮来町 麻生,香澄,津知,延方,八代村
鹿島	→	鹿島町 高松,豊津村

帝国電燈（→東京電燈）②　　水海道電気・下野電力（←行方電気）合併

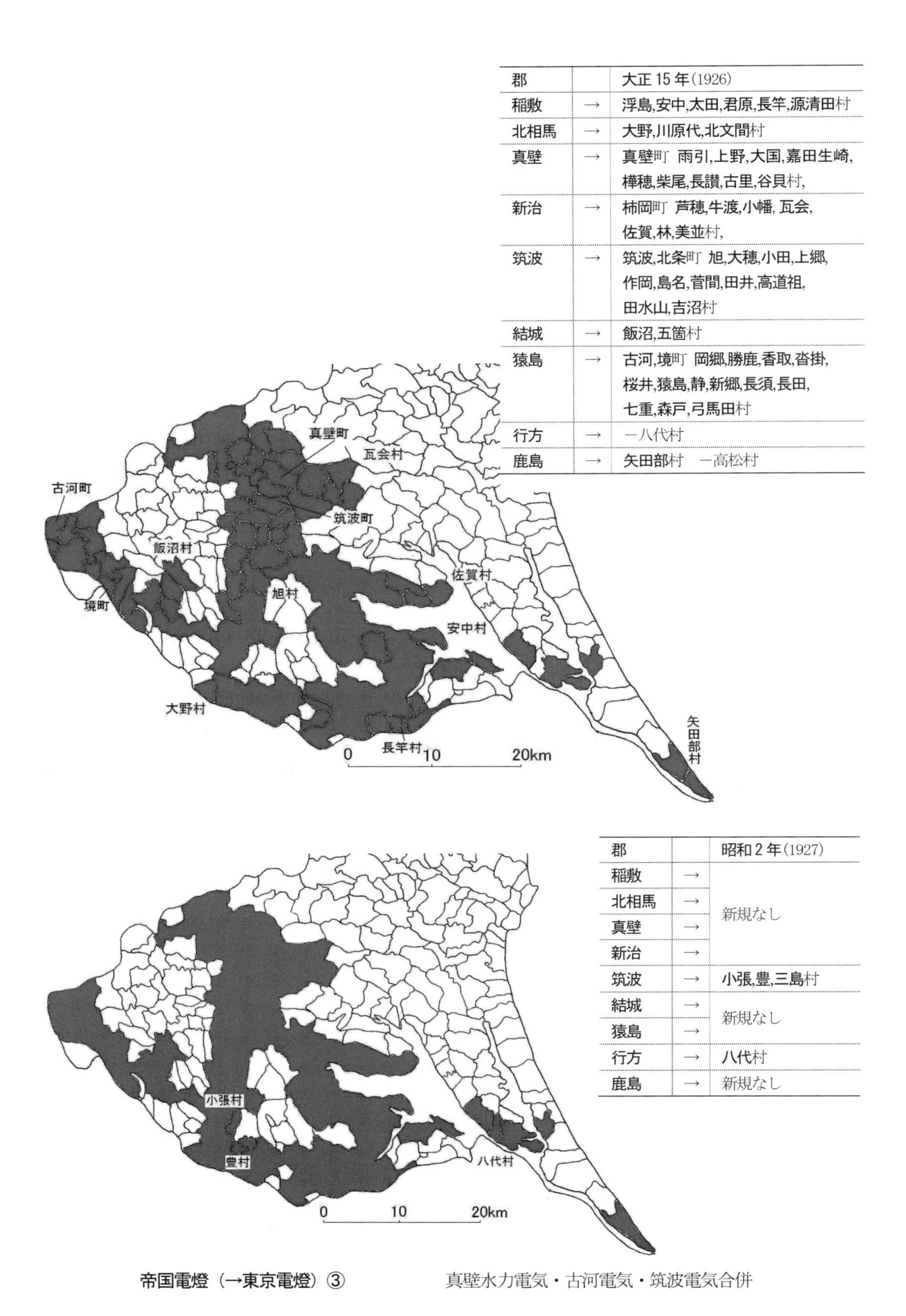

郡		大正 15 年(1926)
稲敷	→	浮島,安中,太田,君原,長竿,源清田村
北相馬	→	大野,川原代,北文間村
真壁	→	真壁町 雨引,上野,大国,嘉田生崎,樺穂,柴尾,長讃,古里,谷貝村,
新治	→	柿岡町 芦穂,牛渡,小幡, 瓦会,佐賀,林,美並村,
筑波	→	筑波,北条町 旭,大穂,小田,上郷,作岡,島名,菅間,田井,高道祖,田水山,吉沼村
結城	→	飯沼,五箇村
猿島	→	古河,境町 岡郷,勝鹿,香取,沓掛,桜井,猿島,静,新郷,長須,長田,七重,森戸,弓馬田村
行方	→	ー八代村
鹿島	→	矢田部村 ー高松村

郡		昭和 2 年(1927)
稲敷	→	新規なし
北相馬	→	
真壁	→	
新治	→	
筑波	→	小張,豊,三島村
結城	→	新規なし
猿島	→	
行方	→	八代村
鹿島	→	新規なし

帝国電燈（→東京電燈）③　　真壁水力電気・古河電気・筑波電気合併

郡		昭和14年(1939)
稲敷	→	十余島,本新島村
北相馬	→	井野,高須,小文間,東文間村
真壁	→	五所村
新治	→	新規なし
筑波	→	葛城,谷原村
結城	→	新規なし
猿島	→	飯島,五霞村　－岡郷,桜井村
行方	→	大生原,太田,大和村
鹿島	→	新規なし

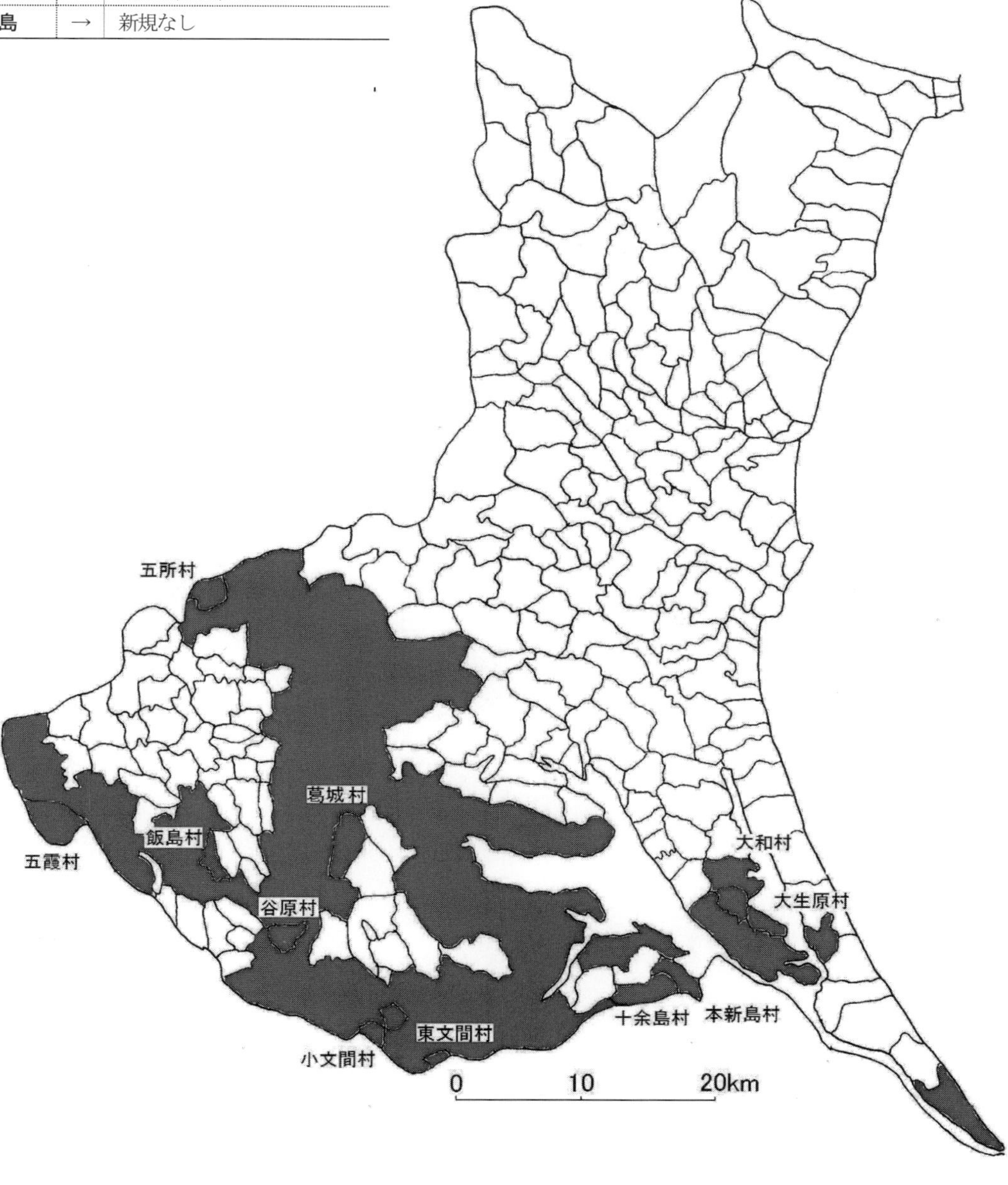

帝国電燈（→東京電燈）④　　（『電気事業要覧』昭和12年版）

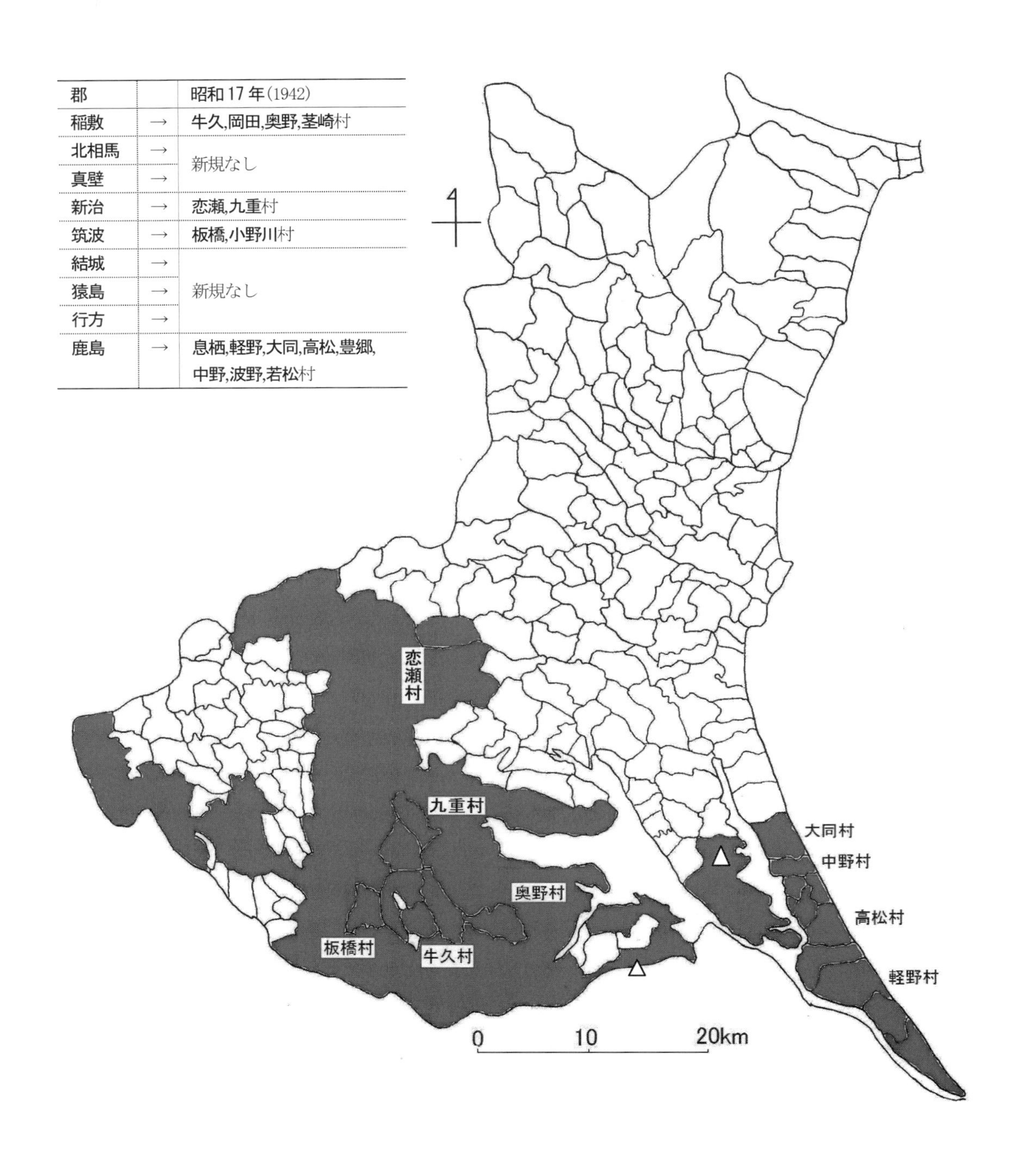

郡		昭和 17 年(1942)
稲敷	→	牛久,岡田,奥野,茎崎村
北相馬	→	新規なし
真壁	→	
新治	→	恋瀬,九重村
筑波	→	板橋,小野川村
結城	→	新規なし
猿島	→	
行方	→	
鹿島	→	息栖,軽野,大同,高松,豊郷, 中野,波野,若松村

＊△他事業所と競合地　茨城電気（大和村）
稲敷電気（十余島村）

帝国電燈（→東京電燈）⑤　　恋瀬電気・鹿中電気・鹿南電気・常陽電気合併

農山漁村電気導入促進法　（昭和27年12月29日　法律第358号）

農山漁村電気導入促進法をここに公布する

農山漁村電気導入促進法

（目的）

第一条　この法律は，電気が供給されていないか若しくは十分に供給されていない農山漁村又は発電水力が未開発のまま存する農山漁村につき電気を導入して，当該農山漁村における農林漁業の生産力の増大と農山漁家の生活文化の向上を図ることを目的とす。

（都道府県農山漁村電気導入計画）

第二条　都道府県知事は，電気が供給されていないか若しくは十分に供給されていないと認められる農山漁村又は発電水力が未開発のまま存すると認められる農山漁村について，当該農山漁村にある農業，林業又は漁業を含むものが組織する営利を目的としない法人で政令で定めるもの（当該法人が主たる出資者となっている法人で政令で定めるものを含む。以下「農林漁業団体」という。）で当該農山漁村につき電気の導入（当該農山漁村に電気を供給するものに対し，その発電水力を開発して省令で定める規模の発電を行い，電気を供給することを含む。第五条及び第九条第一項を除き，以下同じ）の事業を行おうとするものの申請に基き，その事業により電気の導入がされることとなる地域を管轄する市町村長の意見を聞いて，電気導入計画を定め，これを農林大臣に提出しなければならない。

2　前項の電気導入計画には，下記の事項を調査の上，省令の定めるところにより記載しなければならない。

一　当該農山漁村につき電気の導入をする方法

二　当該農山漁村につき電気の導入をするための施設の建設計画

三　前号の施設の利用計画

（全国農山漁村電気導入計画）

第三条　農林大臣は，前条の計画に基いて，通商産業大臣と協議の上，毎年度，全国農山漁村電気導入計画を定めなければならない。

（資金の貸付）

第四条　農林漁業金融公庫は，農林漁業団体に対し，当該農林漁業団体が第二条第一項の規定により電気導入計画が定められた農山漁村につき電気の導入をするために必要とする下記の各号にかかげる資金を貸し付ける場合には，前条の計画を基準としなければならない。

一　発電施設（これに伴う送電変電配電施設を含む。以下同じ）の改良，造成，復旧又は取得に必要な資金

二　送電配電施設（変電受電設備を含む。以下同じ。）の改良，造成，復旧又は取得に必要な資金

三　電気事業者（電気事業法（昭和39年法律第170号）第二条第六項に規定するものを言う。以下同じ。）に対して負担する工事負担金

（国の補助）

第五条　国は，開拓地，離島振興法（昭和28年法律第72号）第二条（指定）の規定による離島振興対策実施地域その他経済的に遅れており，かつ，電気の導入に関する条件が著しく悪いため農林漁業金融公庫からの貸付のみでは電気の導入をすることが困難であると認められる地域における農林漁業団体が必要とする前条各号に掲げる資金に対して都道府県が補助を行うに要する経費に対し，毎年度，予算の範囲内において，政令の定めるところにより，補助金を交付することができる。

（事業計画書の提出）

第六条　第四条（資金の貸付）の規定により資金の融通を受け又は前条の規定により補助金の交付を受けて発電施設又は送電配電施設を造成，復旧又は取得しようとする農林漁業団体は，省令の定めるところにより，左の各号に掲げる事項を記載した事業計画書を農林水産大臣に提出しなければならない。

一　第二条第二項各号（電気導入計画）の事項

二　当該事業の実施者

三　当該施設による受益範囲

四　当該施設の利用上必要となる電気の供給又は発生した電気の託送若しくは売買に関する事項

五　その他省令で定める事項

（農林水産大臣の指導）

第七条　農林水産大臣は，第四条（資金の貸付）の規定により資金の融通を受け，又は第五条（国の補助）の規定により補助金の交付を受けて発電施設又は送電配電施設を造成，復旧若しくは取得しようとする農林漁業団体に対し，当該施設の建設に関し，当該施設を造成，復旧又は取得したこれらの農

林漁業団体に対しては当該施設の維持，管理又は利用に関し，政令の定めるところにより，必要な事項について指導しなければならない。

（都道府県その他の団体の指導）

第八条　農林水産大臣は，前条の指導の事務を，都道府県その他の法人で省令で定めるものに行わせることができる。

2　政府は，毎年度，予算の範囲内で，政令の定めるところにより，都道府県に対しては第二条第二項（電気導入計画）の調査を行うために必要な経費の一部を，前項の規定により同項の事務を行うものに対しては当該事務を行うために必要な経費の一部を補助することができる。

（電気事業者との協議等）

第九条　農林漁業団体で当該農山漁村につき電気の導入の事業を行おうとするものは，その造成，復旧若しくは取得しようとする発電施設又は送電配電施設の利用上必要な電気の供給又は発生する電気の託送若しくは売買について，電気事業者に協議を求めることができる。

2　前項に規定する協議が整わないとき又は協議することができないときは，当該農林漁業団体は，当該事業の公益性及び緊急性について農林水産大臣の認定を受けた上，政令の定めるところにより，通商産業大臣に裁定を求めることができる。但し，認定を受けた日から二ヶ月を経過したときは，この限りではない。

3　裁定は，公開による聴聞会を開いて当事者及び利害関係人の意見を聞いて，前項の申請があった日から 120 日以内になされなければならない。

4　通商産業大臣は，裁定にあたっては，左に掲げる基準によってしなければならない。

一　電気の供給については，当該農林漁業団体が真に必要とする最低量をこえず，発生した電気の託送又は売買については，当該施設を維持するため真にやむをえない程度をこえないこと。

二　電気事業者の電気の供給，設備，経理その他の事情を考慮し，一般需要者及び電気事業者に不当な負担を課さないこと。

5　裁定は，その申請の範囲をこえることができない。

6　通商産業大臣は，裁定の効力に期限を附すことができる。

7　通商産業大臣は，裁定をしようとするときは，農林水産大臣に協議しなければならない。

8　第二項の裁定の通知が当事者になされたときは，裁定の定めるところにより，当事者間に協議がととのったものとみなす。

9　裁定の後において，事情の変更その他新たな事由が生じたときは，当事者の一方は協議の内容の変更又は解除について，通商産業大臣に裁定を求めることができる。この場合においては，第三項から前項までの規定を準用する。

（対価等の不服の訴）

第十条　前条第二項若しくは第九項の裁定において定める電気の供給又は発生する電気の託送若しくは売買の対価又は料金の額に不服がある当事者は，同第八項の通知を受けた日から 90 日以内に訴をもってその増減を請求することができる。

2　前項の訴においては，裁定の際の他の一方の当事者又はその承継人を被告とする。

（土地改良事業との調整）

第十一条　政府は，この法律の目的を達成するため，土地改良法（昭和 24 年法律第 195 号）の規定により施行される土地改良事業がかんがい排水施設（えん提及び水路をいう）を伴う場合において，当該土地改良事業と発電事業との調整，必要な資金の確保等発電水力の開発について，適切な措置を講じなければならない。

（電気事業法との関係）

第十二条　この法律は，電気事業法の適用を排除するものではない。

1　この法律は，交付の日から施行する。

2　農林資金融通法の一部を次のように改正する。（略）

高萩市君田地区と海岸部の気温比較

月	最高気温		最低気温		平均気温	
11	君田	海岸	君田	海岸	君田	海岸
1	−	13.5	−	4	−	8.8
2	−	14.5	−	8.5	−	11.5
3	−	15.5	−	8	−	11.8
4	16	13.5	4	7.5	10	10.5
5	−	13	−	10	−	11.5
6	−	11	−	9	−	10
7	−	12	−	9	−	10.5
8	14	14.5	3	7.5	8.5	11
9	20	13.5	13	6.5	17	9.8
10	−	13	−	11		12
11	17	16.5	9	9.5	13	13
12	11	15	1	5	6	10
13	15	12.5	5	5	10	8.8
14	11	12.5	3	4	7	8.3
15	11	10.5	−1	2.5	5	6.5
16	13	14	0	8	6.5	11
17	15	18	5	7	7	12.5
18	15	12	−1	5	7	8.5
19	12	14.5	9	4.5	8	9.5
20	12	12	1	3	6	7.5
21	13	14	−1	3.5	6	8.8
22	11	8	2	0.5	6.5	4.3
23	12	11	−5	0.5	3.5	5.8
24	11	12.5	1	4	6	8.3
25	10	10.5	3	4	6.5	7.3
26	−	7	−	1	−	4
27	−	5	−	−1	−	2
28	5	7.5	2	−2	3.5	2.8
29	9	8	−4	−2	2.5	3
30	13	13.5	−3	0	5	6.8
平均	12.7	12.3	2.2	4.8	7.4	8.5

月	最高気温		最低気温		平均気温	
12	君田	海岸	君田	海岸	君田	海岸
1	9	9.5	5	3	7	6.3
2	12	13.5	−2	1	5	7.3
3	10	14	0	2.5	5	8.3
4	8	8	7	3.2	7.5	3.5
5	3	8	−3	3.8	0	3.5
6	3	7	−1	3.4	1	4
7	4	8	−3	3.6	0.5	3.5
8	8	9.5	−2	4.5	3	4.5
9	6	9	−3	4.2	1.5	4.3
10	10	10	−2	5.6	4	5.5
11	10	11	−2	8.2	4	5.8
12	5	8	0	3.9	2.5	4
13	9	10.5	−4	4.7	2.5	4.3
14	1	11	0	6.3	0.3	6.5
15	9	5.5	−2	3.1	3.5	2
16	5	6.5	−2	2.6	1.5	3.3
17	2	2	−4	0	−1	0.3
18	−4	0	−	−0.7	−	−1
19	−	7	−8	1.4	−2	4.3
20	3	2.5	−1	−2	1	0.3
21	7	6.5	−1	−4	3	1.3
22	8	8.5	−5	−2	1.5	3.3
23	4	10	−5	1.5	−1	5.8
24	3	3	−2	−1.5	0.5	1.3
25	−	5	−	−1	−	2
26	−	3.5	−	−2	−	0.8
27	−	4	−	−4	−	0
28	−	4.5	−	−5	−	−0.3
29	−	5.5	−	−2	−	1.8
30	−	5	−	−3	−	1
31	−	6	−	−0.5	−	2.8
平均	6.2	7.2	−1.8	−0.8	2.2	3.2

昭和 58 年 11 月～59 年 8 月（1983～1984）
気 温は℃
測定地 君田は君田中学校 校舎西側百葉箱
海岸部は高萩市消防署

月	最高気温		最低気温		平均気温	
1	君田	海岸	君田	海岸	君田	海岸
1	–	6.5	–	-3.5	–	1.5
2	–	6	–	-3	–	1.5
3	–	2	–	1	–	0.5
4	–	4	–	-1.5	–	1.3
5	–	5	–	-3	–	1
6	–	5	–	-2	–	1.5
7	–	5	–	-4	–	0.5
8	–	4.5	–	-6	–	-0.8
9	–	7.5	–	-2	–	2.8
10	–	8	–	-3	–	2.5
11	3	4	-3.5	-5	-0.3	-0.5
12	3	3.5	-10	-7	-3.5	-2
13	5	7	-9	-6	-2	0.5
14	0	5	-6	-2	-3	1.5
15	–	10	–	-2	–	4
16	–	3	–	-4.5	–	-0.8
17	-1	2	-9	-6.5	-5	-2.3
18	2	3.5	-12	-8	-5	-2.3
19	2	-2	-6	-3	-1.5	-2.5
20	-3	3	-9	3	-5.5	-2.5
21	2	2	-12	2	-4	-1
22	–	2.5	–	2.5	–	0.8
23	3	5.5	-2	5.5	0.5	1.8
24	3	5	-5	5	-1	1
25	5	5	-11	5	-3	0.5
26	3	3.5	-8	3.5	-2.5	0.3
27	3	5	-5	5	-1	1.8
28	1.5	5	-6	5	-2.3	1.5
29	–	4	–	4	–	1.5
30	3	3.5	-6	3.5	-1.5	-0.3
31	4	-0.5	-7	-0.5	-1.5	-0.8
平均	2.4	4.3	-7	-3.5	-2.4	0.4

月	最高気温		最低気温		平均気温	
2	君田	海岸	君田	海岸	君田	海岸
1	7	5.5	-2	-1	2.5	2.3
2	1	8.5	-8	-2.5	-3.5	3
3	-1	2	-4	-4	-2.5	-1
4	1.5	8	-12	0	-5.5	-2.3
5	–	2	–	-6.5	–	4
6	-2	0	-11	-5	-6.5	-2.5
7	-3	-1	-12	-7	-7.5	-4
8	-2	0	-12	-8	-7	-4
9	-2	1	-14	-7	-8	-3
10	1	3	-13	-6	-6	-1.5
11	–	4	–	-6	–	-1
12	–	3	–	-5	–	-1
13	2	3	-11	-2.5	-4.5	0.3
14	3	3	-6	-2.5	-1.5	0.3
15	3	3	-7	-2	-2	0.5
16	-3	2.5	-10	-5.5	-6.5	-1.5
17	-2	1	-8	-4	-5	-1.5
18	2	2	-8	-5	-5	-1.5
19	–	2.5	–	-5.5	–	-1.5
20	3	3	-10	-5	-3.5	-1
21	5	4	-5	-3.5	0	0.3
22	3	6	-10	-4	-3.5	1
23	3	2.5	-4	-1	-0.5	0.8
24	0	5	-1	-1.5	-0.5	1.8
25	0	4	-8	-2	-4	1
26	–	5	–	0	–	2.5
27	4	6	0	-0.5	2	3.3
28	-2	2	-4	-4	-3	-1
29	-1	3	-11	-5	-5	-1
平均	0.9	2.7	-8	-3.8	-3.6	-0.3

月	最高気温		最低気温		平均気温	
3	君田	海岸	君田	海岸	君田	海岸
1	3	3.5	-11	-6	-4	-1.3
2	4	3.5	-9	-3.5	-2.5	0.5
3	1	8	-9	-2	-4	3
4	–	4	–	-1	-1.5	1.5
5	–	5.5	–	-2	-2	1.8
6	4	5.5	-7	-3	-3.5	1.3
7	3	4.5	-7	-4	-1.5	0.3
8	4	5	-11	-3	-1	1
9	4	5	-7	-3.5	-4	0.8
10	4	2	-6	-2	-6	0
11	0	4	-8	-2	-1	1
12	-4	8.5	-8	-2	-4	3.3
13	2	3	-4	-3.5	-6	-0.3
14	-1	2	-5	-3	-1	-0.5
15	3	4	-9	-3	-3	0.5
16	4	4	-4	-1.5	-3	1.3
17	-1	7.5	-1	3	-1	5.3
18	–	8.5	–	2	–	4.3
19	0	5	-2	-0.5	-1	1.3
20	–	3	–	-0.5	–	5.3
21	0	6	-3	-1	-1.5	2.5
22	4	5	-3	-0.5	0.5	2.3
23	3	5	-5	-1.5	-1	1.8
24	–	5	-8	-3	–	1
25	–	10	–	1	–	5.5
26	–	8	–	-1	–	3.5
27	–	5.5	–	-1	–	2.3
28	–	4.5	–	-1	–	1.8
29	–	1.5	–	-0.5	–	7.3
30	–	7.5	–	2	–	4.8
31	–	11.5	–	1	–	6.3
平均	1.9	5.8	-6.4	-1.4	-2.2	2.2

月	最高気温		最低気温		平均気温	
4	君田	海岸	君田	海岸	君田	海岸
1	－	1.5	－	0	－	0.8
2	－	5	－	0	－	2.5
3	－	5.5	－	-1	－	2.3
4	－	12	－	1	－	6.5
5	－	11.5	－	8	－	9.8
6	－	15	－	5.5	－	10.3
7	8	7	1	2	4.5	4.5
8	17	7	-4	0	6.5	3.5
9	－	6.5	－	-1	－	2.3
10	－	9.5	－	3.5	－	6.5
11	9	8.5	1	5	5	6.8
12	12	8.5	3	3	7.5	5.8
13	9	7	2	1	5.5	4
14	12	10	2	0.5	7	5.3
15	－	11	－	-1	－	5
16	14	10.5	-2	3.5	6	7
17	13	7	5	5	9	6
18	22	19	4	7.5	13	13.3
19	6	9	2	3.5	4	6.3
20	11	15.5	1	5	6	10.3
21	9	8	3	5	6	6.5
22	－	10	－	5	－	7.5
23	－	10	－	4	－	7
24	14	12.5	1	1	7.5	6.8
25	－	17	－	6	－	11.5
26	－	13	－	6	－	9.5
27	14	15	5	6.5	9.5	10.8
28	－	13	－	5.5	－	9.3
29	10	9	1	6	5.5	7.5
30	－	9	－	6	－	7.5
平均	12.9	10.1	1.7	3.4	6.8	6.8

月	最高気温		最低気温		平均気温	
5	君田	海岸	君田	海岸	君田	海岸
1	14	12	0	8	7	10
2	14	13	2	8	8	10.5
3	18	16.5	3	5	10.5	10.8
4	18	16	8	7	13	11.5
5	－	18	－	7.5	－	12.8
6	－	16.5	－	8	－	12.3
7	21	19	5	11	13	15
8	24	20	10	13	17	16.5
9	－	19.5	－	12	－	15.8
10	17	16.5	8	8.5	12.5	12.5
11	17	15	5	9	11	12
12	11	12	10	9.5	10.5	10.8
13	－	11	－	8	－	9.5
14	20	11	9	8	14.5	9.5
15	12	11	10	6.5	11	8.8
16	13	10	5	8	9	9
17	18	12	8	8	13	10
18	－	13	－	8	－	10.5
19	16	15	14	7	15	11
20	－	15	－	11	－	13
21	16	15	6	11.5	11	13.3
22	15	14	10	9.5	12.5	11.8
23	15	13	7	10	11	11.5
24	12	14.5	11	11.5	11.5	13.5
25	17	15	2	9.5	9.5	12.3
26	18	14	9	9	12.5	11.5
27	－	19	－	10	－	14.5
28	20	21	11	15	15.5	18
29	19	16	12	14	15.5	15
30	18	18	12	12.5	15	15.3
31	18	17	12	14	15	15.5
平均	16.7	14.8	7.8	9.4	12.3	12.4

月	最高気温		最低気温		平均気温	
6	君田	海岸	君田	海岸	君田	海岸
1	－	18	－	14	－	16
2	－	16	－	12	－	14
3	－	13.5	－	11	－	12.3
4	20	15	15	11	17.5	13
5	21	18	15	13	18	15.5
6	22	19	11	13	16.5	16
7	22	22	14	14	18	18
8	23	20	17	15.5	20	17.8
9	21	21	16	18	18.5	19.5
10	－	19	－	17	－	18
11	22	19.5	16	17	19	18.3
12	19	23	16	17	17.5	20
13	－	18	－	16	－	17
14	20	20	16	16	18	18
15	22	20.5	16	16	19	18.3
16	23	23	17	16	20	19.5
17	－	20.5	－	19	－	19.8
18	23	23	19	18	21	20.5
19	28	25.5	20	16.5	24	21
20	26	24	19	18	22.5	21
21	15	17	15	15	15	16
22	18	17	14	15	16	16
23	17	17.5	14	15	15.5	16.3
24	－	17.5	－	15	－	16.3
25	－	18	－	16	－	17
26	－	17.5	－	15	－	16.3
27	－	18.5	－	15	－	16.8
28	22	19.5	15	16	18.5	17.8
29	20	19	16	16	18	17.5
30	23	19	14	15.5	18.5	17.5
平均	21.4	19.4	15.8	15.4	18.6	17.4

月	最高気温		最低気温		平均気温		月	最高気温		最低気温		平均気温	
7	君田	海岸	君田	海岸	君田	海岸	8	君田	海岸	君田	海岸	君田	海岸
1	−	18		14	−	16	1	27	29	22	23	24.5	26
2	27	18.5	12	13.5	19.5	16	2	32	31	20	23	26	27
3	30	28.5	23	17	26.5	22.8	3	29	31	20	23	24.5	27
4	31	30	22	21	26.5	25.5	4	29	31	21	22	25	26.5
5	30	31	21	21	25.5	26	5	31	32	20	22	25.5	27
6	28	23	21	17	19.5	20	6	32	31.5	22	24	27	27.8
7	21	19	16	17	18.5	18	7	32	31	19	23	25.5	27
8	−	18.5	−	17	−	17.8	8	28	29.5	19	24	23.5	26.8
9	26	20	15	18	20.5	19	9	30	30.5	21	23	25.5	26.8
10	23	20	19	18	21	19	10	36	32	22	23	24	27.5
11	24	27	18	18	21	22.5	11	27	29.5	21	23	24	26.3
12	21	21	15	19	18	20	12	32	30	26	25	29	27.5
13	22	24	20	20	21	22	13	25	26.5	24	23.5	24.5	25
14	24	25	19	21.5	21.5	23.3	14	28	27	23	22.5	25.5	24.8
15	−	24	−	22	−	23	15	30	29	20	22	25	25.5
16	26	27	23	22	24.5	24.5	16	32	30	22	23	27	26.5
17	27	27	20	22	23.5	24.5	17	30	30	23	23	26.5	26.5
18	27	28	20	22	23.5	25	18	28	30.5	21	24	24.5	27.3
19	21	24	21	21	21	22.5	19	27	31	22	25	24.5	28
20	23	26	21	22	22	24	20	30	29	19	23	24.5	26
21	25	26	19	22	22	24	21	26	31	20	24	23	27.5
22	−	27	−	21	−	24	22	28	31.5	22	24	25	27.8
23	25	26.5	22	21	23.5	23.8	23	−	34.5	−	23	−	28.8
24	25	26	21	20	23	23	24	29	22	23	20	26	21
25	28	28	21	22.5	24.5	25.3	25	30	24	30	20	23.5	22
26	−	28	−	21.5	−	24.8	26	29	26	29	19	23	22.5
27	26	27.5	18	22	22	24.8	27	−	29	−	22.5	−	25.8
28	25	29	20	23	22.5	26	28	26	31	26	22	22.5	26.5
29	28	29.5	20	20	27	24.8	29	28	25	28	20	22	22.5
30	28	27	18	21.5	23	24.3	30	22	22.5	22	20	19.5	21.3
31	24	29	21	21.5	22.5	25.3	31	28	29	28	20.5	20	24.8
平均	25.3	25.3	19.6	20	22.5	22.5	平均	28.7	29.4	20.3	22.5	24.5	25.9

タービン水車調査日記

昭和	60年	1985
8月	27日	君田中生徒２名と中里発電所見学。見学した内容を中川浩一先生あて送付。
9月		中川浩一先生より君田地区のタービン水車遺構を調査するよう勧められる。
		学校近辺のタービン水車について聞き取り調査。
10月	5日	佐川製材所訪問（上手綱関口）。　佐川良祥さん宅（有明町）訪問。
	7日	佐川良祥さん宅訪問。
10月		生徒の案内で片添水車見学。
	19日	鈴木広次さんの案内で中川浩一先生と君田地区調査。
	26日	下君田大荷田水車見学。　地域の方が精米をしていた。
	30日	上君田宿　商店主さんの話を聞く。
11月	8日	下君田宿　地区の方の話を聞く。
	11日	東電高萩出張所より電話。　君田地区の点灯時期がわかる。
11月		君田小・中学校の学校沿革史閲覧。
12月	1日	安良川黒澤正明さん宅訪問（多賀電気の件）。
	2日	黒沢さんより電話連絡あり。　安良川「みのりや」裏に多賀発電所あった。
		元多賀電気社員佐藤二郎さんを紹介される。
	15日	佐藤二郎さん宅訪問。　多賀電気のことについて話を聞く。
	21日	君田中生徒２名と君田地区調査。
		井戸沢，根岸，片添，久川，大畑，大荷田，大能の小型発電所遺構確認。
	23日	高萩市本町の浅田さん宅聞き取り調査。
		高萩市若栗で5，6年前まで杉線香製品を作っていた。2，3年前までは杉線香の粉作りをしていた。粉は本町へ。当時は若栗から馬車で運ぶ。
		栃木県今市の浅田杉線香水車場は親戚。
	28日	上君田訪問。　聞き取り調査。　久川地区が最初に発電。

昭和	61年	1986
1月	8日	上君田訪問。　東電高萩出張所，土木事務所訪問。
	11日	上君田訪問。　自家発電の様子がすこしわかる。
		平沢電業社訪問。　社長さん在宅。　高萩市大和町
		佐川良祥さん宅訪問（上手綱関口製材所）。　市村鉄工所の場所を聞いた。
	12日	下君田訪問。　横川の持山地区訪問。
		午後 水戸市柵町　市村鉄工所跡へ。　親戚の方から志賀宗一さんを紹介される。
	15日	志賀宗一さん宅へ。　光電気工業所　水戸市元吉田町
		写真　資料　日記閲覧　写し取る。多くの資料を借用。
	21日	茨城大学にて中川浩一先生と打ち合わせ。
		県庁土木部河川課訪問。
	24日	東電高萩出張所訪問。　高萩図書館で「農山漁村電気導入促進法」閲覧。
	25日	広木充明さん宅訪問。　若栗　電力導入時の話を聞く。
	28日	県庁土木部河川課訪問。
		下君田の方から十王町に自家発電があることを教えられる。
2月	8日	十王町高原地区訪問。　ペルトン水車で自家発電中。
	9日	文添，根岸，　内の草調査。　営林署訪問。
	11日	大荷田写真撮り。
	19日	大雪の日生徒を送って大荷田へ　水車小屋の写真（雪景色）。
4月	3日	「君田に電灯が灯った」の原稿を出版社クオリへ送付。
	20日	北茨城（平袖・楊枝方地区）　調査　電力の導入は昭和39年。

4月	29日	福島県矢祭町東館，入宝坂，大子町蛇穴，里美村調査。
5月	13日	クオリより本の内容 書名変更連絡。
7月	21日	クオリ肥留間博氏高萩へ。　夜平潟で懇親会（野口秀雄，佐藤弘之さん同席）。 「山村の燈　自家発電水車」刊行。 君中職員，高中職員，市教委，地区などへ配布。
10月	18日	那珂郡美和村調査。
11月	24日	緒川村調査。

昭和	62年	1987
1月	18日	高萩市横川地区調査。
	25日	笠間市（北吉原）高野栄二先生とともに調査。 中村泰さんの水車発見。
4月	2日	笠間市（鉄砲町・真端・大広地区）調査。
	5日	中川浩一先生と産業考古学会水車と臼の分科会事前調査　大荷田，笠間，横川。
5月	16日 17日	産業考古学会水車と臼の分科会・電気分科会と共催「北茨城の水車と小水力発電所見学会」　石岡，君田，笠間，里美ほか見学。横川温泉中野屋旅館泊。(20名参加)
6月	21日	高萩市神宮司地区（多賀電気社長樫村定男のお孫さん宅）訪問。

昭和	63年	1988
1月	24日	産業考古学会水車と臼の分科会第7回シンポジウム参加（名古屋科学館）。
3月	27日	産業考古学会シンポジウム「江戸のメカニズム」参加。
4月	24日	真壁町（羽鳥地区）調査。 町田地区，車坪地区，羽鳥地区調査。　八郷杉線香水車（駒村清明堂）調査。
	29日	真壁町羽鳥地区調査。
5月	28日	産業考古学会総会参加。　関東学院大
	29日	総会第2日
7月	17日	栃木県黒羽町須賀川地区（須藤歌之介さん）　馬頭町（馬頭）調査。 大子町（上川原，上金沢，下金沢，町付，佐貫，下の宮地区）調査。 たくさんの水車に出会った。
	23日	大子町調査。
	24日	大子町（佐貫地区，町付地区）調査。
8月	2日	黒羽町須賀川地区，大子町（芦の倉地区，初原地区）調査。
	3日	大子町（小生瀬地区　佐貫地区）調査。
9月	30日	北茨城市楊子方地区，水沼地区，花園地区，才丸地区調査。
10月	10日	水戸市村鉄工所跡，笠間中村さん宅，緒川村上小瀬森嶋さん宅訪問。
	16日	栃木県那須郡黒羽町須賀川 須藤歌之助さん宅，美和村高部地区調査。 大子町頃藤地区調査
10月	23日	日立市郷土博物館で産業考古学会全国大会開催。タービン水車について事例発表。
11月	3日	水戸市千波地区調査
	14日	水戸市千波地区調査
	23日	大内鋳造所訪問。　水戸市城東2丁目　社長大内康夫さんから聞き取り調査。
12月	7日	大内鋳造所調査。
	20日	大内鋳造所調査。
	21日	大内鋳造所調査。
	27日	大内鋳造所調査。　最後の火入れ。

平成	元年	1989
1月	15日	福島県矢祭町内川地区調査。
	22日	水戸市千波地区　大内鋳造所訪問。　片づけ中。

1月	29日	水戸市千波地区調査。　逆川岸に水戸藩の火薬製造水車跡発見。
2月	19日	那珂湊調査。　日立市水木町調査。
7月	23日	栃木県黒羽町調査。

平成	2年	1990
4月	1日	「日本の産業遺産300選」用の写真撮影。
8月	1日	緒川村上小瀬地区調査。
	2日	美和村氷の沢地区調査。
	5日	高萩市本町鈴木製作所（鋳物工場）高萩中生徒2人と見学。
9月	2日	美和村（小田野口地区，上桧沢地区，下桧沢地区）調査。
10月	7日	緒川村（上小瀬地区，下小瀬地区，子舟地区），美和村氷の沢地区，御前山村門井地区調査。
11月	4日	大子町（上郷地区　蛇穴新田地区）調査。
	12日	大子町（町付地区　上郷白坂地区）調査。
	14日	大子町（上野宮地区）調査。
12月	16日	大子町（下野宮地区　中郷地区　町付地区　上野宮地区）調査。
	24日	大子町松本さん宅訪問　水車臼杵計測。
	25日	大子町佐貫地区調査。

平成	3年	1991
1月	27日	大子町（初原地区，佐貫地区）調査。
5月	26日	産業考古学会総会参加　国立科学博物館。
8月	9日	大子町松本さん宅訪問。
9月	16日	大子松本さん宅訪問。　水戸市千波町訪問。
10月	13日	志賀宗一さんより電話あり。

平成	4年	1992
4月	4日	志賀宗一さん宅訪問。　会えず。
5月	18日	多賀電気の写真を茨城新聞社にあるかどうか問い合わせ。
	23日	北茨城市 雨情記念館訪問。　多賀電気の写真を発見。
	24日	緒川村調査。　長谷川清先生同行。
	29日	多賀電気写真借用（雨情記念館より）。
6月	12日	高萩市佐藤みよしさん（佐藤二郎さん夫人）宅訪問。
7月	7日	高萩市神宮寺地区訪問。
	13日	池辺晋一郎さん（多賀電気創設者樫村定男のひ孫）宅訪問を電話す。
	20日	池辺晋一郎さん宅訪問延期。
	31日	東京学芸大地理教育学会 長谷川清先生と参加。
9月	13日	多賀郡十王町高原地区調査。
11月	29日	高萩市（島名地区　上手綱地区　下手綱地区）調査。

平成	5年	1993
7月	30日	いわき市田人町　鮫川村渡瀬地区調査。

平成	12年	2000
8月	4日	久慈郡里美村下幡地区に稼働中の水車発見。

平成	14年	2002
11月	13日	高萩市君田　里美村下幡地区調査。

平成	17年	2005
6月	12日	里美村下幡地区の水車調査。
9月	18日	栃木県黒羽町　須藤歌之介さん宅訪問。
10月	10日	福島県いわき市田人地区　貝泊地区調査。

平成	18年	2006
4月	28日	茨城大学図書館にて資料探索。
6月	16日	君田地区訪問。
	23日	日立市小平記念館，日立法務局訪問。
7月	27日	中川浩一先生を訪問（神奈川県藤野町）。
8月	11日	逓信総合博物館（東京大手町）資料調査。
	17日	逓信総合博物館資料調査。
10月	8日	北茨城市華川発電所（旧常磐炭鉱所有）見学。
	13日	日鉱記念館見学。
	22日	華川発電所写真撮影。　日立鉱山所有旧蔭作発電所所在地を特定。

平成	20年	2008
8月		福島県棚倉町 川上発電所見学。小規模だがしっかりしたつくり。建屋改築。無人化。
9月	5日	福島県母畑発電所跡見学　場所を特定できず。
		福島県棚倉町　雨谷発電所見学。　稼働点検中。
11月	30日	東京銀座２丁目　東京電燈のアーク燈記念レリーフ撮影。

平成	22年	2010
7月	8日	国立国会図書館資料調査。

表・図・写真の一覧

本扉　高萩市土岳山頂599mから多賀・八溝山地を望む　2008. 9. 14. 撮影

口絵　旧緒川村航空写真　『航空写真集 茨城県』科学万博つくば '85 開催記念　茨城新聞社　1983

第1部　表

図

写真

第2部　表

図

写真

第3部 表

図

写真

26	〔営業用電力導入〕　電気導入組合事務局長への感謝状		196
27	【日立市】〔沢畑純男タービン水車〕　製麺作業所	1986. 1. 25.	204
28	泉川からの水路と養魚場	同上	205
29	在来型水車名残りの水槽跡	1986. 1. 25.	205
30	タービン水車の位置を説明する沢畑純一さん	同上	206
31	イトヨの里泉が森公園から沢畑家を望む	不明	
32	【福島県いわき市】〔田人町の水車〕　水門跡と緑川万七さん	1993. 7. 30.	207
33	【栃木県黒羽町】		
	〔須藤歌之助タービン水車〕　泥に埋もれた横軸タービン	1988. 7. 17.	211
34	床下のタービン水車軸・プーリー	同上	
35	屋敷内を流れる水路	同上	
36・37	発電機・配電盤を説明する須藤さん	同上	212
38	須藤歌之助水車小屋と押川の流れ	同上	225
39	【大子町】　掘り起こしたこんにゃく玉	不明	229
40	こんにゃく畑	2010. 7. 25.	
41	〔松本武タービン水車〕　松本武水車を南から遠望	不明	234
42	八溝川水車用水路の取水堰堤	不明	
43	水車用水路	不明	
44	水車小屋	1988. 10. 10.	
45	水車動力部	同上	236
46	杵・臼・ベルト	同上	
47	あおりのついた杵	1990. 8. 2.	
48	杵列間の集塵装置	1990. 10. 7.	
49	〔鈴木春身タービン水車〕　水路幅で設置された水槽	1988. 8. 3.	240
50	用水取り入れ口の堰堤	同上	241
51	水門操作	同上	
52	回転中の水車小屋内部	同上	
53	タービン用水槽	同上	
54	【常陸大宮市】　うどん干し場	1990. 8. 1.	245
55	緒川で遊ぶ子ども	同上	
56	〔森嶋延吉タービン水車〕　バス停の名は今もタービン前	1986. 10. 18.	260
57	取水口跡	同上	248
58	隧道出口跡と水車小屋に向かう水路跡	2010. 10. 11.	249
59	水車位置を説明する森嶋さん	1986. 10. 18.	
60	森嶋製材所跡に建つ工場と蛇行する緒川	2010. 11.	
61	〔相田しょう一タービン水車〕　タービン水車と水車小屋	1992. 5. 24.（長谷川清）	252
62	タービン水車竪軸部	同上	
63	フライホイールと平ベルト	同上	
64	水車小屋内部	同上	
65	在来型水車部品を手に相田さん	同上	
66	〔長岡水次タービン水車〕　堰堤	1990. 9. 2.	254
67	水量調整弁	2010. 10. 11.	
68	水量調整枡内部	同上	
69	2階まで伸びる水車軸	2010. 11. 31.	
70	竪軸露出型タービン水車	同上	
71・72	現在は電動で稼働中の精米機・製粉機など	同上	
73	旧排水路から見た作業場	同上	255

あとがき

すべての事象は突出的，個別的に見られるわけではなく，広く周囲を見回すと必ず大きな動きの一部としてとらえることができる。終戦後の昭和30年代まで旧高岡村で行われていた自家用小規模発電は，多賀・八溝山地全体に広く普及していた。これは営業用電気の普及と無関係ではない。

さらに言えば，大正 2(1913)年創設の[多賀電気]の存在は地元ですらほとんど知られていないが，常磐炭田地帯では北茨城市華川地区において明治 36(1903)年すでに[茨城無煙炭鉱]が石炭火力発電によって発電事業を始めていた。いわき市平地区においても明治44年に［磐城電気]が創業していた。出力90ｋＷで平町，内郷町，湯元町に点灯したのである。各炭鉱が所有していた自家用火力発電所は，明治30年代後半より稼働してきた。これらの発電事象が当時の人びとには身近な事実として受け入れられ，周辺の電気事業所の創設に影響を与えたと考える。さらに[多賀電気]創業後，大正4年(1915)にはいわき市の[小名浜電灯]が瓦斯力発電により30ｋＷの出力を得て小名浜町，江名村，豊間村に点灯し，同市植田地区では大正7年に[植田電灯]が石炭火力発電により50ｋＷの出力を得て鮫川村他4か村に送電している。[多賀電気]の石炭火力発電による創業はこれらの動きの中で捉えられよう。創設者樫村定男をはじめ多くの方々の地域に尽した努力を讃えたい。

旧高岡村をはじめとして多賀山地では長い間営業用電灯が灯ることがなく，たいへん不自由な生活を強いられていたであろう。しかし振り返って同時期（昭和 28･1953年）の茨城県内全域をみると2万1千世帯（県内全世帯数の7%）にのぼる未点灯世帯が存在した。そしてこれは北海道に次ぐ全国第2位の世帯数であった。そうした中で生活向上のために地域ぐるみで小規模発電に取り組んだ地域は，旧高岡村以外にも日立市十王地区，北茨城市花園・才丸地区やいわき市田人町貝泊・井出･戸草地区など多賀山地の各地で見られる事実を明らかにできた。小型タービン水車による地区共同の小規模発電は誇りにすべき地域の文化史に他ならないであろう。

調査を始めるまで水車の知識は皆無であった。全くの素人が水車の調査とは畏れ多いことである。

タービン水車の聞き取り調査は，地域の人びとに水車の仕組や運営の概要を伺いながら現地に立つことで深められた。「調査に出かければ何かがわかる」という「わかる楽しさ」を実感する調査行であった。これが長続きする原因であったかもしれない。水車所有者及び関係者にはその都度ていねいな解説をしていただいてたいへん感謝している。おかげで何度も聞き取り調査を繰返す中で，地形や河川の様子から水車が設置されていた地点を予測するなど，水車の理解が自分なりに深まった。

職務の関係上，水車の調査は中断することが多く，平成 6(1994)年以後はほとんど調査に出向くことはなかった。けれども，ほこりをかぶった資料を見るにつけ「退職後は余暇があるだろう，そうしたら水車の調査を再開しよう」という気持ちが日に日にふくらんでいった。

私は学生時代に地理学研究会というサークルに所属し，いくつかの地域を調査し，地域調査の楽しみにも出会った。この体験がいつまでも自分の中で生き続けている。指導してくださった櫻井明俊先生はじめ諸先生方，お世話になった先輩・同僚・後輩の方々に深く感謝申し上げたい。

しかし何よりも記さねばならないことは，私に水車と出会わせてくださった中川浩一先生のことである。人生はめぐり逢いというが，先生とはじめてお会いしたのは昭和 60 年 4 月，茨城大学教育学部Ａ棟 310 号室前であった。 私は約束通りドアの前に立って先生を待っていた。やがてスマートな先生が現れ，内地留学についての打ち合わせが始まった。研修中の先生の講義はこれまで考えもしなかった視点から教材を開発した内容でたいへん興味深かった。研修が終了し水車調査を始めてからも，ご自身で収集なされた文献・資料を参考にするようにとお送りくださった。多くの資料の所在を知ったのは先生の話からである。さらに今回の出版に際しては体調不十分のところ「序文」,「総論」の部分を執筆していただいた。早く体調を回復され，また楽しいお話をお聞きしたいと思っていたが，先生は平成 20 年 8 月，病によりご逝去された。ご冥福を心よりお祈りし，これまでのご指導に感謝申し上げたい。

笠間の水車を案内してくださった高野栄二先生（当時笠間市立箱田小学校教諭）にお礼を申し上げたい。内地留学の後，メンバーが集まって親交を温める会が開かれた。私は少し早く着いたので近くにいた何人かで温泉に入った。ゆったり湯につかりながらつい水車調査を始めたことを話した。すると隣にいた高野先生が「笠間に水車があるよ」とのこと。後日連れ立って出向いたのはもちろんである。また水車調査に協力してくださったのは長谷川清先生（当時高萩市立東小学校教諭）である。児童の自由作品研究にまとめたことは前述のとおりである。

このほか貴重な情報の提供をいただいた多くの方々にお礼申し上げたい。心からの励ましは不案内な私をことさら勇気づけてくれた。調査にご協力いただいた多くの方々に心よりお礼を申し上げ，ささやかながらこの冊子を贈呈したい。もし皆様方の協力がなかったなら，こんな楽しみには出会えなかったわけだから。

調査では「調べてどうするの？」という地域の方々の問いかけが何度も聞かれた。「社会科の教材にします」と答えると，誰もが快く協力してくださった。しかしこの約束は十分には果たすことができなかった。今後関連する市町村における社会科の学習はもちろんのこと総合的な学習の時間等でこの調査内容が活用されることを願っている。

編集者である杓水舎の肥留間博氏について記したい。肥留間氏には 20 数年前より調査についてのアドバイスをいただいてきた。本書の発行に際しては久しぶりにお会いしたにもかかわらず快くお引き受けいただき，自らも地域史を研究する者の立場から示唆に富むご指摘をいただいた。心より感謝申し上げたい。

タービン水車は業者の販売実績記録に照らして，まだまだその多くが埋もれたままで発見されるのを待っている。出版をきっかけとしてさらに調査研究を進展させて下さる方の出現を願うものである。その意味でこの冊子に全国への流通販路が開かれ，より多くの読者の目に触れる機会を与えて下さったことは望外の幸せといえる。発売元をご快諾いただいた三樹書房社長小林謙一様はじめ皆様方に，末筆ながら厚くお礼申し上げる。

調べれば調べるほど疑問点が生まれ，課題の尽きることはない。また自らの不明を恥じるばかりである。不完全な内容ではあるがここに一応の区切りとし，今後は全国の小水力水車遺構や電力事業の歩みを考える上で核となった発電所を訪ね，自分なりに思考を深めていきたい。

なお本研究は平成 4 年度文部省科学研究費補助金（奨励研究（B））の交付を受けた。

平成 26 年 11 月　　著者記す

お世話になった公共施設・事業所

茨城県立図書館	〒310-0011	茨城県水戸市三の丸 1-5-38（029-228-3583）
高萩市立図書館	〒318-0034	茨城県高萩市高萩 8-1（0293-23-7174）
石岡市立中央図書館	〒315-0017	茨城県石岡市若宮 1-6-31（0293-24-1507）
茨城大学図書館	〒310-8512	茨城県水戸市文京 2-1-1（029-228-8078）
栃木県立図書館	〒320-0027	栃木県宇都宮市塙田 1-3-23（028-622-5111）
東京電力茨城支店	〒310-0021	茨城県水戸市南町 2-6-2（029-360-1211）
東京発電茨城事業所	〒317-0061	茨城県日立市東町 1-8-11（0294-91-5555）
日鉱記念博物館	〒317-0055	茨城県日立市宮田町 3585（029-21-8411）
いわき市石炭化石館	〒972-8321	福島県いわき市常磐湯元町向田 3-1（0246-42-3155）
逓信総合博物館		東京都千代田区大手町　＊機能移転 ⇒現・郵政博物館
電気の資料館	〒230-0002	神奈川県横浜市鶴見区江ヶ崎町 4-1（045-394-5900）
国立国会図書館	〒100-0004	東京都千代田区永田町 1-10-1　（03-3581-2331）
国土地理院	〒305-0811	茨城県つくば市北郷 1　（029-864-5957）

鈴木 良一（すずき りょういち）　　日本地理学会正会員

昭和18(1943)年　茨城県多賀郡松岡町(現 高萩市)に生れる。
昭和41(1966)年　茨城大学教育学部卒業。茨城県那珂郡美和村立小田野小学校教諭。
昭和55(1980)年　美和村立鷲子小学校，北茨城市立水沼小学校，北茨城市立明徳小学校を経て高萩市立君田中学校教諭。生徒の郷土自由研究を指導する。
昭和60(1985)年　茨城大学教育学部内地留学研修，中川浩一教授より自家発電水車の調査を地域教材開発の素材にと勧められ，生徒からの情報も得て探索に着手する。
昭和61(1986)年　高萩市立高萩中学校教諭。『山村の燈・自家発電水車』(クオリ発行)。
昭和62(1987)年　産業考古学会水車と臼の分科会・電気分科会共催〈北茨城の水車と小水力発電所見学会〉を中川浩一教授とともに企画・案内をする。
昭和63(1988)年　産業考古学会水車と臼の分科会第7回シンポジウムに参加。産業考古学会全国大会(茨城)で研究発表「八溝・多賀山地で稼動する小型タービン水車」。タービン水車調査範囲を隣接する栃木県・福島県にも拡大し普遍性を追究。
平成8(1996)年　牛久市立向台小学校教頭を経て高萩市立高萩中学校教頭。
平成16(2004)年　日立市立大みか小学校校長，日立市立田尻小学校校長を経て高萩市立秋山小学校校長を最後に定年退職する。タービン水車調査のまとめにかかる。
平成26(2014)年　東日本大震災被災で頓挫していた原稿を完成させる。

現役唯一のタービン水車精米所に立つ著者　　常陸太田市上深荻町下幡　　2010年9月撮影

多賀・八溝山地 小型タービン水車の研究
－小水力自家発電と茨城県電気事情の調査－

2015年3月11日 発行

著　者　　鈴木　良一 ©
発行者　　肥留間　博
発行所　　杓 水 舎
〒177-0045 東京都練馬区石神井台7－1－15－102
電話 080-2371-5241
e-mail　shakusui102 @ hotmail.co.jp
郵便振替　00180-5-9748

発売元　三樹書房　〒101-0051 東京都千代田区神田神保町1－30
電話 03-(3295)-5398　FAX 03-(3291)-4418

印刷・製本　シナノパブリッシングプレス